Peter Baumgartner

Energy Technology Dictionary with Examples on Usage

with special emphasis on present-day technologies such as biomass, fuel cells, geothermal energy, combined-cycle power generation, cogeneration, solar energy, hydropower and wind energy

German-English · English-German

2001

OSCAR BRANDSTETTER VERLAG · WIESBADEN

Peter Baumgartner

Wörterbuch der Energietechnik mit Anwendungsbeispielen

unter besonderer Berücksichtigung aktueller Technologien wie Biomasse, Brennstoffzellen, Geothermie, Kombikraftwerke, Kraft-Wärme-Kopplung, Solarenergie, Wasserkraft und Windenergie

Deutsch-Englisch · Englisch-Deutsch

2001

OSCAR BRANDSTETTER VERLAG · WIESBADEN

Die Deutsche Bibliothek - CIP-Einheitsaufnahme

Ein Titeldatensatz für diese Publikation ist bei
Der Deutschen Bibliothek erhältlich

In this dictionary, as in reference works in general, no mention is made of patents, trademark rights, or other proprietary rights which may attach to certain words or entries. The absence of such mention, however, in no way implies that the words or entries in question are exempt from such rights.

In diesem Wörterbuch werden, wie in allgemeinen Nachschlagewerken üblich, etwa bestehende Patente, Gebrauchsmuster oder Warenzeichen nicht erwähnt. Wenn ein solcher Hinweis fehlt, heißt das also nicht, dass eine Ware oder ein Warenname frei ist.

1. Auflage 2001

Satz: Lieselotte Kuntze, Wiesbaden
Druck und Binden: Universitätsdruckerei H. Stürtz AG, Würzburg

ISBN 3-87097-168-1

Printed in Germany

Preface

This descriptive and sentence-oriented dictionary evolved from the desire to compile general and specialized terminology on energy technology in such areas as biomass, fuel cells, geothermal energy, combined-cycle power generation, cogeneration, solar energy, hydropower and wind energy. The individual terms have been enriched by typical examples on usage in the form of sentences or phrases which may help the reader in his own formulations.

The dictionary is descriptive, i. e. it describes the actual state of terminology. This is reflected in the many different designations for one and the same concept and in the different spellings of some of the terms.

The dictionary does not claim to provide full coverage of the above-mentioned energy technologies.

My thanks go to all those who encouraged me and assisted in completing this publication.

Flensburg, March 2001 Peter Baumgartner

Vorwort

Dieses deskriptive und satzorientierte Wörterbuch entstand aus dem Bedürfnis heraus, zentrale allgemeine und spezielle Termini zur Energietechnik in den Bereichen Biomasse, Brennstoffzellen, Erdwärme, Kombikraftwerke, Kraft-Wärme-Kopplung, Solarenergie, Wasserkraft und Windenergie zu sammeln und typische Verwendungsbeispiele in Form von Sätzen oder Wortgruppen zu geben, die dem Sprachanwender bei eigenen Formulierungen hilfreich sein können.

Das Wörterbuch ist deskriptiv, beschreibt also den Ist-Zustand, was in der Vielzahl von Benennungen für ein und denselben Begriff und den angeführten unterschiedlichen Schreibweisen zum Ausdruck kommt.

Das Wörterbuch erhebt keinen Anspruch darauf, die genannten Gebiete der Energietechnik vollständig abzudecken.

Dank sei allen, die durch Rat und Tat diese Publikation ermöglicht haben.

Flensburg, März 2001

Peter Baumgartner

Wörterbuch der Energietechnik mit Anwendungsbeispielen

Teil I
Deutsch-Englisch

Abkürzungen im Teil Deutsch-Englisch

adj	Adjektiv	adjective
adv	Adverb	adverb
Bio	Biomasse	biomass
BZ	Brennstoffzelle	fuel cell
f	Femininum	feminine
fpl	Femininum Plural	feminine plural
GB	britisches Englisch	British English
Geo	Geothermie	geothermal energy
m	Maskulinum	masculine
mpl	Maskulinum Plural	masculine plural
n	Neutrum	neuter
n	Substantiv	noun
npl	Neutrum Plural	neuter plural
Solar	Solarenergie	solar energy
US	amerikanisches Englisch	American English
Wasser	Wasserkraft	hydropower
Wind	Windenergie	wind energy

A

Abbau m *(Bio)* decomposition

- der Abbau organischer Stoffe durch Bakterien
- bacterial decomposition of the organic matter

Abfall n waste

- Abfälle tierischer Herkunft
- pflanzliche Abfälle
- fester Abfall
- landwirtschaftlicher Abfall
- kommunaler Abfall
- die Anlage produziert nur geringe Mengen an flüssigen Abfällen
- Kraft-Wärme-Kopplungsanlagen können mit brennbaren Abfällen betrieben werden
- animal waste
- plant waste
- solid waste
- agricultural waste
- municipal waste
- the plant produces only minor amounts of liquid wastes
- burnable wastes can be used to fuel cogeneration plants

Abfallbeseitigung f waste disposal

- die Anlage bietet eine kostengünstige kommunale Abfallbeseitigung
- the plant offers low-cost municipal waste disposal

Abfallbeseitigungsproblem n waste-disposal problem

- die Gemeinden waren mit einem Abfallbeseitigungsproblem konfrontiert
- the communities were faced with a waste-disposal problem

Abfallholz n waste wood

- ABC verfeuert nun schon fast zwanzig Jahre lang zusätzlich Abfallholz und andere alternative Brennstoffe
- ABC has cofired waste wood and other alternative fuels for nearly a decade

Abfallprodukt n waste product

- als einziges Abfallprodukt fällt reines, trinkbares Wasser an
- die einzigen Abfallprodukte sind Kohlendioxid und Wasser
- the only waste product is pure, drinkable water
- the only waste products are carbon dioxide and water

Abfallstoff m waste material

- diese Anlagen werden hauptsächlich mit Abfallstoffen aus landwirtschaftlichen und industriellen Verarbeitungsprozessen betrieben
- Abfallstoffe in Biogas umwandeln
- these systems primarily burn waste materials from agricultural or industrial processes
- to convert waste materials to biogas

Abgas n exhaust gas

- die Abgase der Zellen haben Temperaturen von 500 °C bis 850 °C
- die heißen Abgase einer Gasturbine werden zur Erwärmung von Wasser zur Dampferzeugung verwendet
- the temperature of exhaust gases from the cells is 500°C to 850°C
- the hot exhaust gases from a gas turbine are used to heat water to provide steam

abgasarmes Auto nearly exhaust-free automobile

- Brennstoffzellen können als Energiequelle für den Antrieb abgasarmer Autos eingesetzt werden
- fuel cells can be used as power source for nearly exhaust-free automobiles

Abgasemissionsreduktion f exhaust reduction

- die örtlichen Umweltgesetze verlangen eine Abgasreduktion
- local environmental laws require an exhaust reduction

abgasfrei adj exhaust-free

- abgasfreie Autos — exhaust-free automobiles
- nahezu abgasfreie Autos — nearly exhaust-free automobiles

abgelegen adj remote; isolated

- Brennstoffzellen für den Einsatz in abgelegenen Hotels — fuel cells for use in remote hotels
- PV wird zu weit mehr als nur der Stromversorgung abgelegener Wohnhäuser eingesetzt — PV is used for much more than powering isolated homes
- in abgelegenen Gegenden eine echte Alternative zu Dieselaggregaten bieten — to offer a viable alternative to diesel generators in remote areas/locations

Abhängigkeit f dependence

- Abhängigkeit von fossilen Brennstoffen — dependence on fossil fuels
- die Abhängigkeit des Landes von importiertem Öl — the country's dependence on imported oil

Abhitzekessel m waste heat boiler

- das Kombikraftwerk besteht aus zwei Gasturbinen, zwei Abhitzekesseln und einer Dampfturbine — the combined cycle plant consists of two gas turbines, two waste heat boilers, and a steam turbine
- die Abgase der Gasturbine strömen in einen Abhitzekessel — the gas turbine exhausts into a waste heat boiler
- mit Hilfe der Abwärme aus der Turbine kann ein großer Teil des Eigenbedarfs an Dampf in einem Abhitzekessel erzeugt werden — the waste heat from a gas turbine can be used to raise a substantial proportion of site steam demand in a waste heat boiler

Abnehmer m consumer

- weit entfernte Abnehmer werden mit Energie versorgt — energy is supplied to consumers in remote locations

Abschaltgeschwindigkeit f *(Wind)* cut-out speed; cut-out wind speed/windspeed

Abschaltwindgeschwindigkeit f *(Wind)* cut-out wind speed/windspeed; cut-out speed

- bei der Abschaltwindgeschwindigkeit kann die Turbine abgeschaltet werden, um sie gegen Beschädigung zu schützen — the cut-out speed is the wind speed at which the turbine may be shut down to protect it from damage

Abschattung f *(Solar)* shadowing; shading

- Verluste/Leistungseinbußen durch Abschattung — shadowing losses
- Abschattung kann zu beträchtlichen Leistungseinbußen führen — shading can substantially reduce performance
- bei Abschattung des Solarmoduls bietet die Bypass-Diode einen alternativen Strompfad — the bypass diode provides an alternate current path in case of module shading

Absorber m *(Solar)* absorber

- der Absorber nimmt die Sonnenenergie auf — the absorber takes in the sun's energy

Absorberschicht f *(Solar)* absorber layer

- durch die Wechselwirkung zwischen dem Licht und der Absorberschicht kommt es zur Bildung freier Elektronen — free electrons occur as a result of the interaction of the light with the absorber layer

absorbieren v absorb
- Sonnenlicht absorbieren
- to absorb sunlight

Absorption f absorption
- die Absorption von einfallender und reflektierter Strahlung
- the absorption of incident and reflected radiation

Abspannseil n *(Wind)* guy cable
- die Turbinen werden mit Hilfe von Abspannseilen in ihrer Position gehalten
- guy cables are used to keep the turbine erect

Abwärme f waste heat
- diese Brennstoffzellen produzieren hochwertige Abwärme
- these fuel cells produce high-quality waste heat
- der Wirkungsgrad kann durch Nutzung der Abwärme der Brennstoffzelle noch weiter gesteigert werden
- efficiency can be boosted further by using the cell's waste heat
- die Abwärme für Warmwasser und Heizung nutzen
- to recover the waste heat for space and water heating
- die anfallende Abwärme eignet sich sehr gut für KWK- und Prozesswärme-Anwendungen
- the waste heat produced is well-suited to cogeneration or process heat applications
- wenn die Abwärme genutzt wird, könnte der Anlagenwirkungsgrad 85 % erreichen
- if the waste heat is harnessed, plant efficiencies could reach 85 %
- die Umwandlung von Abwärme in Nutzwärme
- the conversion of waste heat to useful heat

Abwärmenutzung f waste heat utilisation *(GB)*/utilization *(US)*; utilisation *(GB)*/utilization *(US)* of waste heat
- die Abwärmenutzung für Heizung und Warmwasser führt zu einer weiteren Reduzierung der CO_2-Emissionen
- waste heat utilization for water or space heating further reduces CO_2 emissions

Achse f *(Wind)* axis (pl axes)
- die Blätter drehen sich um eine horizontale Achse
- the blades revolve on a horizontal axis

aerodynamische Bremse *(Wind)* aerodynamic brake
- die Norm verlangt keine aerodynamische Bremse
- the standard does not call for aerodynamic brakes

aerodynamischer Auftrieb *(Wind)* aerodynamic lift
- auf Grund dieser Druckdifferenz entsteht eine Kraft, die man als aerodynamischen Auftrieb bezeichnet
- this pressure differential results in a force, called aerodynamic lift

AFC alkaline fuel cell (siehe **Alkalische Brennstoffzelle**)

Aktionsturbine f impulse turbine
- diese Aktionsturbinen werden als Pelton-Turbinen bezeichnet
- these impulse turbines are known as Pelton wheels

aktive Fläche *(BZ)* active area
- die Leistung einer PEM-Brennstoffzelle wird oft in Milliampere pro Quadratzentimeter aktive Fläche gemessen
- a PEM fuel cell's performance is often measured in terms of milliamperes per square centimeter of active area

Akzeptanz f acceptance

- die Windenergie findet endlich Akzeptanz als eine echte/gleichberechtigte Energiequelle
- wind power is finally winning acceptance as a legitimate energy source
- die Akzeptanz der Brennstoffzellentechnologie verbessern
- to enhance the acceptance of fuel cell technology

Alkalikarbonatschmelze f molten alkali carbonate

- bei dieser Brennstoffzelle wird eine Alkalikarbonatschmelze als Elektrolyt verwendet
- this fuel cell uses molten alkali carbonate as the electrolyte

Alkalikarbonat-Schmelzelektrolyt m molten alkali carbonate electrolyte

- dieser Brennstoffzellentyp mit Alkalikarbonat-Schmelzelektrolyt und kohlenwasserstoffhaltigem Brennstoff ist gründlich erforscht
- this fuel cell type, using molten alkali carbonate electrolyte and hydrocarbon fuel, has been extensively studied

Alkalische/alkalische Brennstoffzelle alkaline fuel cell (AFC)

- die Alkalische Brennstoffzelle hat einen Wirkungsgrad von bis zu 65 %
- the alkaline fuel cell is up to 65% efficient
- alkalische Brennstoffzellen für Verkehrsanwendungen
- alkaline fuel cells for transport applications
- die alkalische Brennstoffzelle eignet sich nur für eine beschränkte Anzahl von Anwendungen
- the alkaline fuel cell has a limited number of applications
- einer der größten Nachteile der AFC ist, dass sie mit reinem Wasserstoff betrieben werden muss
- one of the greatest drawbacks of the AFC is that it needs to be fed by pure hydrogen

alkalischer Elektrolyt alkaline electrolyte

- sie arbeiteten an der Entwicklung einsatzfähiger Brennstoffzellen mit alkalischem Elektrolyt
- they worked on creating practical fuel cells with an alkaline electrolyte

alkalische Zelle *(BZ)* alkaline cell (siehe auch **Alkalische Brennstoffzelle**)

- von allen bekannten Brennstoffzellentypen besitzt die alkalische Zelle den höchsten elektrochemischen Wirkungsgrad
- alkaline cells offer the highest electrochemical efficiency among the known fuel cell types

alternative Energie alternative energy

- anstelle der Bezeichnung „erneuerbare Energie" wird häufig auch die Bezeichnung „alternative Energie" verwendet
- another term that is often used interchangeably with renewable energy is alternative energy

alternativer Brennstoff alternative fuel; alternate fuel

- mit Hilfe von Brennstoffzellen kann der Einsatz alternativer Brennstoffe gesteigert werden
- fuel cells can increase use of alternative fuels
- alternative Brennstoffe wie zum Beispiel Ethanol und Methanol
- alternate fuels such as ethanol and methanol

amerikanische Windturbine American windmill

amorphe Siliziumzelle amorphous silicon cell

- eine amorphe Siliziumzelle mit einem Wirkungsgrad von ... Prozent herstellen
- to make an amorphous silicon cell with an efficiency of ... per cent
- amorphe Siliziumzellen haben zur Zeit einen Wirkungsgrad von ca. 10 %
- amorphous silicon cells are presently about 10% efficient

amorphes Silizium amorphous silicon
- neun Schichten aus amorphem Silizium
- Erzeugnisse aus amorphem Silizium weisen bei höheren Temperaturen gegenüber anderen Produkten Vorteile auf
- in amorphem Silizium sind die Atome unregelmäßig angeordnet

- nine layers of amorphous silicon
- amorphous-silicon products have advantages at higher temperatures over other products
- in amorphous silicon, the atoms are not arranged in an orderly pattern

Amortisationszeit f payback period; payback time
- Gasturbinen haben kurze Amortisationszeiten
- eine Amortisationszeit von zwei Jahren
- die Amortisationszeit für die Wasserkraftanlage beträgt daher ca. 2,7 Jahre

- gas turbines have a short payback time
- a two-year packback period
- the payback period for the hydro system is therefore about 2.7 years

amortisieren, sich amortisieren v pay back; pay for o.s.
- bei einer durchschnittlichen Windfarm amortisiert sich der Energieaufwand für ihre Erstellung innerhalb von drei bis fünf Monaten
- diese Windturbinen amortisieren sich innerhalb eines Jahres

- the average wind farm will pay back the energy used in its manufacture within three to five months
- these wind turbines will pay for themselves within one year

anaerober Abbau *(Bio)* anaerobic digestion
- unter anaerobem Abbau versteht man die Zersetzung von Biomasse durch Bakterien unter Sauerstoffabschluss

- anaerobic digestion is the decomposition of biomass through bacterial action in the absence of oxygen

an Bord on board
- gasförmigen Wasserstoff an Bord unter Druck speichern
- Wasserstofftanks an Bord des Fahrzeuges mitführen

- to store gaseous hydrogen on board under pressure
- to carry hydrogen tanks on board the vehicle

Anemometer n *(Wind)* anemometer n
- vor kurzem sind Anemometer an den Standorten installiert worden
- die Verfahren zur Kalibrierung von Anemometern sind verbessert worden

- anemometers were recently installed at the sites
- the procedures for the calibration of anemometers have been improved

Anfahren n start-up
- Anfahren und Abfahren der Anlage müssen unbeaufsichtigt erfolgen

- start-up and shutdown must occur without operator attention

Anlagenbetreiber m plant operator

Anode f *(BZ)* anode
- die Anode besteht aus Nickel
- eine einzelne Zelle besteht aus zwei Elektroden, einer Anode und einer Kathode
- an der Anode werden Wasserstoffatome durch einen Katalysator in Protonen und Elektronen aufgespalten
- als Anode wird ganz einfach die Seite bezeichnet, die mit dem Wasserstoff reagiert

- the anode is made of nickel
- a single cell consists of two electrodes, an anode and a cathode
- at the anode, hydrogen atoms are split by a catalyst into protons and electrons
- the anode is simply defined as the side that reacts with hydrogen

Anodenkatalysator m *(BZ)* anode catalyst
- einen geeigneten Anodenkatalysator verwenden
- der Anodenkatalysator enthält Platin

- to use a suitable anode catalyst
- the anode catalyst contains platinum

Anodenreaktion f *(BZ)* anode reaction

- die elektrochemische Reaktion besteht aus einer Anodenreaktion und einer Katodenreaktion
- the electrochemical reaction consists of an anode reaction and a cathode reaction

Anschaffungskosten pl capital cost; initial costs

- die Anschaffungskosten für eine Turbine betragen zur Zeit
- the current capital cost for a turbine is about $ ...
- die Anschaffungskosten für eine moderne Turbine liegen zur Zeit schätzungsweise bei ... Dollar
- the capital cost for an advanced turbine is estimated to be $ ...
- Wettbewerbsnachteile aufgrund hoher Anschaffungskosten
- competitive disadvantages due to high initial costs

Antireflektionsschicht f *(Solar)* antireflection layer; layer of antireflection coating (siehe auch **Antireflexschicht**)

Antireflexschicht f *(Solar)* antireflection layer; antireflective coating; layer of antireflection coating

- die Antireflexschicht hat die Aufgabe, das auf die Solarzelle fallende Licht einzufangen
- the function of the antireflection layer is to trap the light falling on the solar cell
- Siliziumoxide oder Titaniumdioxid werden als Antireflexschicht in Solarzellen eingesetzt
- silicon oxides or titanium dioxide are employed as the antireflection layer in solar cells
- eine Antireflexschicht wird auf die Oberseite der Zelle aufgebracht
- an antireflective coating is applied to the top of the cell

Antrieb m drive system; power plant (siehe auch **Antriebssystem**)

- ein Fahrzeug mit diesem Antrieb könnte 34 km pro Liter Brennstoff fahren
- a vehicle using this power plant could travel 34km per litre of fuel

Antriebsstrang m (1) *(BZ)* drivetrain; drive train; powertrain

- elektrische Antriebsstränge für Brennstoffzellenfahrzeuge entwickeln
- to develop electric drivetrains for fuel-cell-powered vehicles
- einen Antriebsstrang konstruieren, der mit jeder Gleichstromquelle betrieben werden kann
- to design a drivetrain capable of running on any DC power source
- bei diesem Brennstoffzellenauto ist der Antriebsstrang unter dem Fahrzeugboden versteckt
- this fuel cell car hides its powertrain under the floor

Antriebsstrang m (2) *(Wind)* drivetrain; drive train

- durch den integrierten Antriebsstrang werden viele kritische Schraubenverbindungen überflüssig
- the integrated drivetrain eliminates many critical bolted joints
- der neue Antriebsstrang wiegt weniger als die herkömmlichen Antriebsstränge
- the new drivetrain weighs less than conventional drivetrains

Antriebssystem n drive system

- Antriebssysteme für kommerzielle und industrielle Anwendungen
- drive systems for commercial and industrial applications
- ABC arbeitet an der Entwicklung von elektrischen Antriebssystemen für Brennstoffzellen-Fahrzeuge
- ABC is developing electric drive systems for fuel cell-powered vehicles

Antriebstechnologie f drive technology; power technology

- die Brennstoffzelle ist die vielversprechendste alternative Antriebstechnologie
- the fuel cell is the most promising alternative drive technology

- ABC begrüßt dieses Auto als Durchbruch in der Antriebstechnologie
- ABC is hailing this car as a breakthrough in power technology

Antriebswelle f *(Wind)* drive shaft

- die Nabe ist an der Antriebswelle befestigt
- the hub is attached to the drive shaft
- diese Windturbinen haben eine horizontale Antriebswelle
- these wind turbines have a horizontal drive shaft

Anwendung f application; use

- automobile Anwendung — automotive application
- kommerzielle Anwendung — commercial application
- landgestützte Anwendung — land-based application
- Marineanwendung — naval application
- maritime Anwendung — maritime application
- militärische Anwendung — military application
- mobile Anwendung — mobile application
- portable Anwendung — portable application
- stationäre Anwendung — stationary application
- tragbare Anwendung — portable application
- terrestrische Anwendung — terrestrial application
- zivile Anwendung — civilian use
- Anwendung finden — to find application/use

Anwendungsfall m application

- für spezielle Anwendungsfälle
- for specialized applications/uses; for special applications; for specific applications; for specialty applications

Anwendungsmöglichkeit f potential application

- für Brennstoffzellen gibt es viele Anwendungsmöglichkeiten
- there are many potential applications for fuel cells

Anzapfdampf m extraction steam

- viele Jahre nutzten amerikanische Unternehmen Anzapfdampf für ihre verfahrenstechnischen Anlagen
- for many years American industries used extraction steam for their process equipment
- Anzapfdampf aus der Turbine wird als Prozessdampf und zur Heizung von Gebäuden verwendet
- extraction steam from the turbine is used as process steam and for the heating of buildings

anzapfen v *(Geo)* tap

- das Thermalwasser wird in einer Tiefe von 1,5 bis 4,0 km angezapft
- the thermal water is tapped at 1.5 to 4.0 km
- Strom wird erzeugt, indem man eine unterirdische Dampflagerstätte anzapft und den Dampf unmittelbar Turbinen zuführt
- electricity is produced by tapping underground steam that is delivered directly to turbines
- diese Energie wird angezapft, indem man die Lagerstätten anbohrt
- this energy is tapped by drilling wells into the reservoirs

Aquifer m *(Geo)* aquifer

- in geringerer Tiefe gelegene Aquifere mit Wärmepumpen für Heiz- und Klimatisierungszwecke nutzen
- to exploit shallow aquifers with heat pumps for heating and air conditioning
- ein Aquifer ist eine wasserführende Sand-, Gesteins- oder Kiesschicht
- an aquifer is a water-bearing stratum of sand, rock, or gravel

Arbeitstemperatur f operating temperature

- die Arbeitstemperatur liegt bei 950 °C — the operating temperature is about 950°C
- die Arbeitstemperatur ist ungefähr gleich — the operating temperature is much the same
- Brennstoffzellen werden nach ihrer Arbeitstemperatur klassifiziert — fuel cells are classified by their operating temperature

Arbeitsvermögen n capacity to do work

Aschegehalt m ash content

- der Aschegehalt von Biomasse ist niedriger als der von Kohle — the ash content of biomass is lower than that of coal

Asynchrongenerator m asynchronous generator; induction generator

- dieser Asynchrongenerator wurde speziell für Windturbinen konzipiert und gebaut — this asynchronous generator is designed and built specially for wind turbines
- ein Asynchrongenerator erzeugt Drehstrom — an induction generator produces three phase alternating current electricity
- doppeltgespeister Asynchrongenerator — double-feed asynchronous generator
- netzgekoppelter Asynchrongenerator — grid-connected induction generator

Atmosphäre f atmosphere

- das Gas entweicht in die Atmosphäre — the gas leaks into the atmosphere
- ein Filter beseitigt das Kohlenstoffdioxidgas und verhindert so, dass es in die Atmosphäre freigesetzt wird — a filter removes the carbon dioxide gas, preventing its release to the atmosphere
- jährlich etwa 55.000 Tonnen Kohlendioxid in die Atmosphäre emittieren — to discharge about 55,000 tonnes of carbon dioxide into the atmosphere annually

Atmosphärendruck m atmospheric pressure

- diese Brennstoffzelle arbeitet bei Atmosphärendruck — this fuel cell operates at atmospheric pressure

Atomstrom m nuclear-generated electricity

atro *(Bio)* absolut trocken

Aufbau m construction; structure

- der Aufbau von Brennstoffzellen ist überraschend einfach — fuel cells are surprisingly simple in their construction
- die neuen Solarzellen haben einen viel komplexeren Aufbau — the new solar cells have a much more complex structure

aufbrechen *(Geo)* fracture

- das Gestein wird durchlässig gemacht, indem man es aufbricht — the rock is rendered permeable by fracturing it

aufeinander stapeln *(BZ)* stack

- oft werden mehrere Brennstoffzellen aufeinander gestapelt, um ihre Leistung zu erhöhen — a series of fuel cells are often stacked one on another to increase power output

aufstauen v dam

- der Fluss ist an neun Stellen aufgestaut — the river is dammed in nine places

Auftriebsläufer m *(Wind)* lifting rotor

Ausbau m development

- Ausbau von Fernwärmenetzen — development of community heating systems

- Ausbau der Erdwärme des Landes
- development of the country's geothermal energy
- Ausbau der Wasserkraft
- hydropower development
- Ausbau der Windenergie
- development of wind energy

ausbauen v develop

- die meisten der in Frage kommenden Standorte sind schon ausgebaut
- most of the feasible sites have already been developed
- das Wasserkraftpotential des Landes ist schon zu ca. 75 % ausgebaut
- about 75 percent of the potential waterpower in the country has already been developed
- die Kraft-Wärme-Kopplung in Großbritannien ist noch nicht voll ausgebaut
- CHP is not developed to its full technical potential in the UK

Ausbaupotential n potential for further development

- das Ausbaupotential der Kraft-Wärme-Kopplung ist noch immer beträchtlich
- there is still considerable development potential for cogeneration

ausbeuten v exploit

- geothermische Ressourcen/Lagerstätten/Vorkommen ausbeuten
- to exploit geothermal resources

Ausgangsmaterial für Biomasse biomass feedstock

- Erzeugung spezieller Ausgangsmaterialien für Biomasse im großen Maßstab
- large-scale production of dedicated biomass feedstocks

Ausgangsspannung f *(BZ)* output voltage

- bei steigendem Ausgangsstrom sinkt die Ausgangsspannung einer Brennstoffzelle
- a fuel cell's output voltage will decrease as its output current increases

Ausgangsstoff für Biomasse biomass feedstock

ausgereift adj mature

- die SOFC ist die am wenigsten ausgereifte der drei Brennstoffzellenarten
- The SOFC is the least mature of the three fuel cell types

äußerer Stromkreis external circuit

- in einem äußeren Stromkreis einen Strom erzeugen
- to produce a current in an external circuit
- die Elektronen wandern über einen äußeren Stromkreis von der Anode zur Kathode
- the electrons travel from anode to cathode through an external circuit
- die Elektronen fließen über einen externen Stromkreis zu einem Verbraucher und dann zur Sauerstoffelektrode
- the electrons move through an external circuit to a load and then to the oxygen electrode

Autohersteller m automaker; car maker

- durch die Einbeziehung der Autohersteller wird sichergestellt, dass das Hauptaugenmerk auf modernen und kostengünstigen Fertigungsverfahren liegt
- involvement of the automakers will assure that emphasis is placed on advanced, low cost manufacturing techniques
- ausländische Autohersteller haben auf dem Gebiet der Brennstoffzellen die Führung übernommen
- foreign car makers have taken the lead in fuel cells
- ABC gehört zu den führenden Autoherstellern auf dem Gebiet der Brennstoffzellen
- ABC is one of the leading car makers in the fuel cell field

Autoindustrie f car industry; auto industry

- sie haben Jointventures angekündigt, die die Automobilindustrie auf der ganzen Welt mit Brennstoffzellenantrieben versorgen sollen
- they have announced joint ventures to supply fuel cell engines to the world's auto industry
- die Autoindustrie konzentriert sich auf Alternativen zu den aus Erdöl hergestellten Kraftstoffen
- the car industry is focusing on alternatives to oil-based fuels

Azimutantrieb m *(Wind)* yaw drive

- Leeläufer können mit einem Azimutantrieb ausgerüstet sein
- downwind turbines may have a yaw drive

B

Bagasse f *(Bio)* bagasse
- Bagasse ist ein Nebenprodukt der Zuckerrohrverarbeitung
- der bei der Zuckerrohrverarbeitung entstehende Abfall wird als Bagasse bezeichnet
- die Zuckerrohrindustrie erzeugt große Mengen an Bagasse

- bagasse is a by-product of sugarcane processing
- the waste from processing sugar cane is called bagasse
- the sugar cane industry produces large volumes of bagasse

Bandlücke f *(Solar)* band gap; bandgap
- die Bandlücke bestimmt die Stärke des elektrischen Feldes
- unterschiedliche Stoffe haben unterschiedliche Bandlücken

- the band gap determines the strength of the electric field
- different materials have different band gaps

Batterie f battery
- die Brennstoffzelle hat große Ähnlichkeit mit einer Batterie
- im Gegensatz zur Batterie verbraucht eine Brennstoffzelle Brennstoff und muss nicht nachgeladen werden
- die vorhandene Nickel-Cadmium-Batterie dient zur Abdeckung der Spitzenlast

- the fuel cell is very much like a battery
- unlike a battery, a fuel cell consumes fuel and does not require recharging
- a nickel-cadmium battery is available for peak-power needs

Batterieersatz m battery replacement
- Brennstoffzellen als Batterieersatz

- fuel cells for use as battery replacements; fuel cells for battery replacement applications

Batteriespeicher m battery store; battery storage; battery bank
- die Anlage besteht aus sechs Windturbinen, einem PV-Feld, einem Wechselrichter und einem Batteriespeicher
- die Batteriespeicher sind üblicherweise für eine Reservekapazität, die für ein bis drei Tage reicht, ausgelegt

- the system includes six wind turbines, a PV array, an inverter, and a battery bank
- battery bank sizes typically range from one to three days of back-up capability

Batteriespeicheranlage f battery bank (siehe **Batteriespeicher**)

Bau m construction
- theoretisch könnte im Jahre 20.. mit dem Bau begonnen werden
- man geht davon aus, dass mit dem Bau des Kraftwerks bald begonnen wird

- potentially, construction could commence in 20..
- construction of the powerplant is expected to get underway soon

Baugenehmigung f construction approval
- die Baugenehmigungen zu erhalten war schwierig

- construction approvals were difficult to obtain

Baustelle f construction site

BEA (siehe **Brennstoffzellen-Energieanlage**)

Bedarfsspitze f (siehe **Spitzenbedarf**)

Befürworter m advocate
- Befürworter der Windenergie
- Befürworter von Brennstoffzellen

- wind power advocates
- fuel-cell advocate

Beheizung f heating

- Beheizung von Gebäuden
- heating of buildings/residential heating

Belastungsspitze f load peak

- die Leistung kurzzeitig erhöhen, wenn Belastungspitzen auftreten
- to increase the output during short periods at load peaks

Benzin n gasoline *(US)*; petrol *(GB)*

- die Brennstoffzelle spaltet aus Benzin Wasserstoff ab
- the fuel cell separates hydrogen from gasoline
- die Umwandlung von handelsüblichem Benzin in Wasserstoff ermöglichen
- to enable conversion of commercially available gasoline into hydrogen
- die Entwicklung einer effizienten Brennstoffzelle, die mit Benzin betrieben wird
- the development of an efficient fuel cell that utilizes gasoline
- Benzin in Wasserstoff und dann in Elektrizität und schließlich in Bewegung umwandeln
- to turn gasoline into hydrogen and then to electricity and finally to motion
- diese Brennstoffzelle wird mit Benzin betrieben
- this fuel cell operates on gasoline
- bei dieser Brennstoffzelle wird Benzin anstelle von Wasserstoff als Brennstoff verwandt
- this fuel cell uses petrol as a fuel instead of hydrogen
- außer Benzin können bei dieser Technologie auch andere Brennstoffe eingesetzt werden
- as well as using petrol, the technology can also use other fuels
- ABC verwendet als erstes Unternehmen Benzin in Brennstoffzellen
- ABC becomes first company to use gasoline in fuel cell

Benzinauto n gasoline car *(US)*

- sauberer und leiser als Benzinautos
- cleaner and quieter than gasoline cars

benzinbetriebene Brennstoffzelle petrol fuel cell *(GB)*; petrol-driven fuel cell *(GB)*; gasoline-powered fuel cell *(US)*

Benzin-Brennstoffzelle petrol fuel cell *(GB)*; petrol-driven fuel cell *(GB)*; gasoline fuel cell *(US)*

- diese Projekte beschäftigen sich mit Benzin-Brennstoffzellen, die an Bord des Fahrzeugs mitgeführt werden
- these projects look at onboard gasoline fuel cells

Benzinmotor m gasoline powered internal combustion engine

Benzinreformierung f gasoline reforming

- bordseitige Benzinreformierung
- on-board gasoline reforming

beschleunigen v accelerate

- das Fahrzeug kann in 20 Sekunden von 0 auf 50 km/h beschleunigen
- the vehicle is be able to accelerate from 0–50km/h in 20 seconds

Beschleunigung f acceleration

- starke Beschleunigung
- hard acceleration
- eine Batterie liefert die bei der Beschleunigung erforderliche zusätzliche Leistung
- a battery provides the additional power needed during acceleration
- Beschleunigung aus dem Stillstand
- acceleration from rest

Beschränkung f limitation

- es werden die Vorteile und Beschränkungen jeder Anwendung aufgezählt
- the advantages and limitations of each application are enumerated

bestrahlen v: **mit Licht bestrahlen** expose to light; shine light on

- einige Stoffe erzeugen elektrische Energie, wenn sie mit Licht bestrahlt werden
- man kann Elektrizität erzeugen, indem man bestimmte chemische Stoffe mit Licht bestrahlt

- some materials produce electricity when they are exposed to light
- an electric current can be produced by shining a light onto certain chemical substances

Bestrahlungsstärke f *(Solar)* solar irradiance

- die Bestrahlungsstärke ist diejenige Solarenergiemenge, die innerhalb einer bestimmten Zeit auf eine bestimmte Fläche übertragen wird

- solar irradiance is the amount of solar energy that arrives at a specific area of a surface during a specific time interval

Betankung f refueling

- die Betankung soll nur ca. 10 Minuten dauern
- schnelle Betankung

- refueling is said to take only about 10 minutes
- rapid refueling

Betankungsinfrastruktur f fueling infrastructure; refueling infrastructure

- die Notwendigkeit, eine neue Betankungsinfrastruktur zu entwickeln
- die bestehende Betankungsinfrastruktur nutzen

- the need to develop a new fueling infrastructure
- to use the existing fueling infrastructure

Betankungszeit f refueling time

- Brennstoffzellenautos bieten größere Reichweite und kürzere Betankungszeiten als batteriebetriebene Elektrofahrzeuge

- fuel cell cars provide greater range and faster refueling times than battery-powered electric cars

Betonfundament n *(Wind)* concrete foundation

- mehr als ein Drittel der Gesamtenergie, die bei der Herstellung einer Windturbine verbraucht wird, ist im Betonfundament und im Turm enthalten

- more than one-third of the total energy consumed by the wind turbine is contained in the concrete foundation and tower

Betonturm m *(Wind)* concrete tower

Betreiber m operator

- Betreiber eines Windkraftwerks
- Planer und Betreiber von Windturbinen an der Ausarbeitung von Normen beteiligen

- wind plant operator
- to include planners and operators of wind turbines in the process of development of standards

Betrieb m: **in Betrieb** in operation; operational

- es befinden sich etwa 30.000 Windturbinen in Betrieb
- die ABC ist die größte Windturbine, die sich zur Zeit in Betrieb befindet
- die Prüfeinrichtung ist seit 1990 in Betrieb

- there are around 30,000 operational wind turbines
- the ABC is the largest wind turbine in operation
- the test facility has been in operation since 1990

Betrieb m: **in Betrieb nehmen** commission

- die Prüfeinrichtung wurde im Sommer 1997 in Betrieb genommen
- der viertgrößte Stromerzeuger des Landes hat seine erste Windturbine erfolgreich in Betrieb genommen
- ABC beginnt nun mit der Inbetriebnahme des 660-MW-Kraftwerks

- the test facility was commissioned in the summer of 1997
- the country's fourth largest power generator has successfully commissioned its first wind turbine
- ABC is now starting to commission the 660MW station

Betriebsdaten pl operational data

- dieses System ermöglicht die Erfassung von Betriebsdaten
- diese Versuchsanlage wird uns mit wichtigen Prüf- und Betriebsdaten versorgen

- this system allows for the collection of operational data
- this trial plant will provide important test and operational data to us

Betriebsdauer f service life

- die Betriebsdauer verlängern
- längere Betriebsdauer

- to extend the service life
- increased service life

Betriebserfahrung f operating experience

- die Marine verfügt schon über mehr als ein Jahr Betriebserfahrung mit drei 200-kW-Brennstoffzellen
- Betriebserfahrungen sammeln
- erste Betriebserfahrungen mit Windkraftanlagen

- the Navy has more than a year of operating experience with three 200-kilowatt fuel cells
- to acquire operating experience
- initial operating experience with wind power plants

Betriebsführungssystem f *(Wind)* control system

- intelligente Betriebsführungssysteme können Änderungen der Windgeschwindigkeit entdecken und die einzelnen Turbinen entsprechend einstellen

- smart control systems can detect wind-speed changes and adjust individual turbines

Betriebskosten pl operating costs

- die Betriebskosten von Brennstoffzellen werden niedriger sein als die Kosten für den Bezug von Strom aus dem Verteilungsnetz eines EVU
- zu den Vorteilen von Brennstoffzellen gehören niedrige Betriebs- und Wartungskosten
- diese neuartige Technologie soll gegenüber der gegenwärtig benutzten Technologie für um mindestens 10 % niedrigere Betriebskosten sorgen

- fuel cell operating costs will be lower than the cost of electricity delivered through a utility's distribution system
- the benefits of fuel cells include low operating and maintenance costs
- this novel technology is also designed to reduce power plant operating costs by at least 10% compared to today's technology

Betriebsspannung f operating voltage

- mehrere Solarmodule werden zusammengeschaltet, um die vom Verbraucher benötigte Betriebsspannung zu erhalten

- several solar modules are interconnected electrically to obtain the operating voltage required by the load

Betriebsstunde f hour of operation

- zehn der Brennstoffzellen haben im September die Zahl von 20.000 Betriebsstunden überschritten
- bis März 1995 hatten vier dieser Brennstoffzellen 20.000 Betriebsstunden erreicht

- ten of the fuel cells passed 20,000 hours of operation in September
- by March 1995, 4 of these fuel cells had achieved 20,000 hours of operation

Betriebstemperatur f operating temperature (siehe auch **Arbeitstemperatur**)

- die Betriebstemperatur hängt vom Schmelzpunkt des Elektrolyts ab
- höhere Betriebstemperaturen führen zu höheren Wirkungsgraden bei der Stromerzeugung

- the operating temperature is determined by the melting point of the electrolyte
- higher operating temperatures increase power-generating efficiencies

Betriebsweise f operation

- umweltfreundliche Betriebsweise

- clean operation

bewegliches Teil moving part

- Brennstoffzellen erzeugen Strom geräuschlos und ohne bewegliche Teile
- Brennstoffzellen sind elektrochemische Geräte ohne bewegliche Teile
- die Abwesenheit von beweglichen Teilen ermöglicht einen geräuscharmen Betrieb der Brennstoffzellen

- fuel cells produce electricity without noise or moving parts
- fuel cells are electrochemical devices with no moving parts
- the absence of moving parts allows fuel cells to operate quietly

Bewegungsenergie f energy of motion; kinetic energy (siehe auch **kinetische Energie**)

- die potentielle Energie des Wassers wird in Bewegungsenergie umgewandelt

- the potential energy in the water is turned into kinetic energy

BHKW (siehe **Blockheizkraftwerk**)

Binnenland-Standort m *(Wind)* inland site

- viele Binnenland-Standorte sind ungeeignet

- many inland sites are unsuitable

Biobrennstoff m biofuel; bio-based fuel

- langfristig werden Biobrennstoffe wahrscheinlich Gas in vielen neuen Anlagen verdrängen

- in the longer term biofuels are likely to supersede gas in many new installations

Biodiesel m biodiesel

- Sojabohnen werden zur Herstellung von so genanntem Biodiesel verwendet
- Biodiesel wird als Treibstoff für landwirtschaftliche Maschinen eingesetzt

- soybeans are used to produce so-called biodiesel
- biodiesel is used to fuel farm machinery

Bioenergie f bioenergy

- die Fachzeitschrift beschäftigt sich mit den Umweltaspekten der Bioenergie
- die chemische Energie, die in Pflanzen und Tieren gespeichert ist, bezeichnet man als Bioenergie

- the journal deals with the environmental aspects of bioenergy
- the chemical energy stored in plants and animals is called bioenergy

Bioenergiemarkt m bioenergy market

- einen Bioenergiemarkt aufbauen

- to develop a bioenergy market

Biogas n biogas

- mit dem Biogas wird eine kleine Gasturbine befeuert
- mit dem Biogas wird anschließend eine Hochleistungsgasturbine angetrieben

- the biogas is fired in a small gas turbine
- the biogas is then used to drive a high-efficiency gas turbine

biogene Rohstoffe für die energetische Nutzung biomass energy feedstock(s)

Biokraftstoff m bio-based fuel; biofuel

- die Anhänger von Biokraftstoffen bekommen Auftrieb
- Ethanol ist der am weitesten verbreitete Biokraftstoff

- proponents of using bio-based fuels are gaining momentum
- ethanol is the most widely used biofuel

biologisch abbaubar biodegradable

- aus biologisch abbaubarem Müll Methan herstellen

- to produce methane from biodegradable waste

Biomasse f biomass; biomass material

- dieser flüssige Brennstoff lässt sich kostengünstig aus Biomasse herstellen — this liquid fuel can be made cheaply from biomass
- Biomasse in Methanol umwandeln — to convert biomass to methanol
- diese Brennstoffzellen-Kraftwerke werden mit Biomasse betrieben — these fuel cell power plants operate on biomass
- Biomasse macht heute insgesamt etwa 3 % der gesamten Energieerzeugung des Landes aus — biomass today accounts for about 3% of the country's total energy production
- Energiegewinnung aus Biomasse — biomass energy production
- Biomasse ist einer der ältesten Brennstoffe, die der Mensch kennt — biomass is one of the oldest fuels known to human kind
- nur ganz bestimmte Arten von Biomasse eignen sich für die direkte Verbrennung — only certain types of biomass materials can be used for direct combustion
- Biomasse ist ein Primärenergieträger, der viele Ausgangsstoffe mit einer Vielzahl von Eigenschaften umfasst — biomass is a primary energy resource which encompasses a variety of feedstocks with wide ranging properties
- Biomasse ist gespeicherte Sonnenenergie — biomass is stored solar energy
- feste, flüssige und gasförmige Biomasse — solid, liquid and gaseous biomass

Biomasseanlage f biomass plant

- die Asche aus einer Biomasseanlage kann als Düngemittel verwendet werden — the ash that is recovered from a biomass plant can be used for fertilizer
- die Asche aus einer Biomasseanlage enthält einen relativ hohen Anteil an unverbranntem Kohlenstoff — ash from a biomass plant contains a relatively large amount of unburned carbon
- Hochleistungsbiomasseanlage — high-efficiency biomass plant

biomassebefeuert adj biomass-fired

- biomassebefeuertes Kraftwerk — biomass-fired powerplant

Biomassebrennstoff m biomass fuel

- Biomassebrennstoffe können zur Stromerzeugung verwendet werden — biomass fuels can be used to generate electricity
- diese modernen Energieerzeugungsanlagen sind für den ausschließlichen Betrieb mit Biomassebrennstoffen optimiert — these advanced generating systems are optimized to run entirely on biomass fuel
- die Anlage könnte mit Biomassebrennstoffen betrieben werden — the plant could run on biomass fuels

Biomasse-Energie f biomass energy

- Biomasse-Energie ist eine der ältesten Energiequellen, die der Mensch kennt — biomass energy is one of the oldest energy sources known to man
- bei der Biomasse-Energie wird die in organischen Stoffen enthaltene Energie genutzt — biomass energy uses the energy embodied in organic matter

Biomassekraftwerk n; **Biomasse-Kraftwerk** n biomass power plant; biomass-fired electricity plant; biomass-fired powerplant

- die Behandlung der Biomasse-Rauchgase ist ein wichtiger Aspekt, der beim zukünftigen Einsatz von Biomassekraftwerken berücksichtigt werden muss — an important consideration for the future use of biomass-fired power plants is the treatment of biomass flue gases
- diese Biomassekraftwerke produzieren mehr als 7.500 Megawatt Strom — these biomass power plants generate over 7,500 megawatts of electricity
- ABC wird das größte Biomassekraftwerk Europas sein — ABC will become the largest biomass-fired electricity plant in Europe

Biomassenutzung f biomass use

- das Land will bis zum Ende des Jahrzehnts die Biomassenutzung verdoppeln
- the country hopes to double its biomass use by the end of the century

Biomasserohstoff m biomass feedstock

- es gibt eine Vielzahl von Pflanzen, die sich zum Anbau als Energiepflanzen für die Verwendung als Biomasserohstoffe eignen
- a wide assortment of plants can be grown as energy crops for use as biomass feedstocks
- Biomasserohstoffe sind voluminös und ihr Transport ist teuer
- biomass feedstocks are bulky and costly to transport

Biomassestrom m biomass power; biomass electricity; electricity from biomass

- Abfälle aus dem kommunalen Bereich sind die zweitgrößte Quelle für Biomassestrom
- municipal waste is the second largest source of biomass power
- das wachsende Interesse an Biomassestrom
- the growing interest in biomass power
- Biomassestrom stößt bei einigen Stromerzeugern auf sehr starkes Interesse
- biomass power is enjoying a wave of interest among some electric utilities
- Forscher arbeiten an der Entwicklung von modernen Verfahren zur Reduzierung der Kosten von Biomassestrom
- researchers are developing advanced technologies that reduce the cost of biomass electricity
- Biomassestrom ist viel billiger als Solarstrom
- electricity from biomass is much cheaper than electricity from PV systems

Biomasseverbrennung f biomass combustion; combustion of biomass

- die Biomasseverbrennung kann zur Erzeugung von Strom und Wärme eingesetzt werden
- biomass combustion can be used to generate heat and steam
- bei der Biomasseverbrennung entsteht im Allgemeinen weniger Asche als bei der Verbrennung von Kohle
- the combustion of biomass generally produces less ash than coal combustion

Biomassevergasung f biomass gasification; gasification of biomass

- Biomassevergasung zur Stromerzeugung
- biomass gasification for electricity production
- die Biomassevergasung befindet sich noch im Forschungs- und Entwicklungsstadium
- biomass gasification is still at a research and development stage
- durch diese Technologie wird die Biomassevergasung konkurrenzfähig zu herkömmlichen Stromerzeugungsverfahren
- this technology makes biomass gasification competitive with conventional electricity generating technologies
- die Biomassevergasung ist eine vielversprechende Technologie
- the gasification of biomass is a promising technology

Biomassevergasungsanlage f biomass gasification plant

- Mitverbrennung von Gas aus einer Biomassevergasungsanlage in einem Kohlekraftwerk
- co-firing of gas from a biomass gasification plant in a coal-fired power plant

Biotreibstoff m biofuel

Bipolarplatte f *(BZ)* bipolar plate

- es wurden kostengünstige Bipolarplatten entwickelt
- low-cost bipolar plates have been developed
- metallische Bipolarplatte
- metallic bipolar plate
- die zurzeit verwendeten Bipolarplatten auf Graphitbasis sind teuer, schwer und groß
- present graphite bipolar plates are expensive, heavy, and large

Blatt n *(Wind)* blade

- die meisten Windturbinen haben heute zwei Blätter
- the majority of modern wind turbines have two blades

Blatteinstellwinkel m *(Wind)* pitch angle

- einige Turbinen verändern den Blatteinstellwinkel automatisch
- some turbines automatically vary the pitch angle

Blattspitze f *(Wind)* blade tip; tip of the blade

- die Blattspitzen beschreiben bei der Drehbewegung einen Kreis
- the blade tips move along a circle during rotation

Blattspitzengeschwindigkeit f *(Wind)* blade tip speed; tip speed

Blattverstellmechanismus m *(Wind)* blade pitch mechanism; blade pitch change mechanism

Blattverstellung f *(Wind)* pitch control; blade pitch adjustment

- einige Turbinen sind mit einer rechnergesteuerten Blattverstellung ausgerüstet
- some turbines have computer-controlled blade pitch adjustments

Blindleistung m reactive power

- netzgekoppelte Windkraftanlagen nehmen Blindleistung aus dem Netz auf
- grid-connected wind power systems absorb reactive power from the grid

Blitz m lightning

- drei Windturbinen wurden vom Blitz getroffen
- three wind turbines were struck by lightning
- im Verlauf des Jahres ist jede Windturbine vom Blitz getroffen worden
- each wind turbine has been hit by lightning over the year

Blitzschutz m *(Wind)* lightning protection; lightning protection system

Block m *(Solar)* ingot n

- der als Ausgangsmaterial verwendete hochreine monokristalline Silizium-Block wird in Scheiben geschnitten
- the source silicon is highly purified and sliced into wafers from single-crystal ingots

Blockheizkraftwerk n engine-driven cogenerator; engine cogeneration system; reciprocating engine-powered CHP plant; engine-based cogeneration system; residential combined heat and power scheme; small-scale residential CHP; CHP unit; cogeneration unit

- das Unternehmen konzentriert sich auf kleine dezentrale Blockheizkraftwerke
- the company concentrates on small scale, decentralised engine-based cogeneration systems
- Blockheizkraftwerke für Wohngebäude fördern
- to promote small-scale residential CHP
- das dritte von 50 Blockheizkraftwerken zur Versorgung von Wohngebäuden wurde letzten Monat in Betrieb genommen
- the third of 50 residential combined heat and power schemes was opened last month
- das College wurde mit einem rechnergesteuerten BHKW ausgerüstet, das 176 kW elektrische Energie und 275 kW Wärme liefert
- the college has been fitted with a computer-controlled CHP unit that produces 176kW of electricity and 275kW of heat
- das BHKW versorgt den Campus mit Wärme und Strom
- the CHP unit supplies heat and mains power to the campus

Blockheizkraftwerk auf motorischer Basis engine-based cogeneration system; engine cogeneration system; engine-driven cogenerator; engine-powered CHP plant (siehe **Blockheizkraftwerk**)

Blockheizkraftwerk mit Gasmotor gas engine CHP

Blockkraftwerk n electric generating plant with internal combustion engine

Bö f gust

- durch Böen verursachte mechanische Beanspruchungen
- mechanical stresses caused by gusts
- eine Bö ist ein plötzlicher und kurzzeitiger Anstieg der Windgeschwindigkeit
- a gust is a sudden and brief increase of the wind speed

Boden m *(Wind)* ground

- die Windgeschwindigkeit nimmt im Allgemeinen mit zunehmender Höhe über dem Boden zu
- wind speed generally increases with height above ground
- die Blätter drehen sich in einer Ebene, die parallel zum Boden ist
- the blades spin in a plane that is parallel to the ground

bodengebundenes Verkehrsmittel *(BZ)* ground transportation

- Autos, Busse und andere bodengebundene Verkehrsmittel antreiben
- to power automobiles, buses and other ground transportation

bohren v *(Geo)* drill

- mit finanzieller Unterstützung des Energieministeriums ist ein zwei Kilometer tiefes Loch gebohrt worden
- a 2km hole has been drilled with funding from the Department of Energy
- eine Möglichkeit zur Nutzung all dieser Wärme besteht darin, dass man zwei Löcher in heißes zerklüftetes Gestein bohrt
- one way of harnessing all this heat is to drill two holes into hot, fractured rock

Bohrkosten pl *(Geo)* drilling costs

- einschließlich der Bohrkosten betrugen die Kapitalkosten für das Kraftwerk 135 Millionen Dollar
- the capital cost of the power project, including drilling costs, was $135 million

Bohrloch n *(Geo)* borehole; bore; well

- Bohrlöcher in einer Tiefe von 100 bis 4000 m
- boreholes in a depth range of 100 – 4,000 m
- Wasser in Bohrlöcher verpressen
- to inject water into boreholes

Bor n boron

- Bor hat nur drei Elektronen in seiner äußeren Schale
- boron has only 3 electrons in its outer shell
- das Silizium wird mit einer geringen Menge Bor dotiert
- the silicon is doped with a small quantity of boron

Boratom n atom of boron; boron atom

- eine Schicht wird mit Boratomen dotiert
- one layer is doped with atoms of boron

bordeigen adj on-board; onboard

- bordeigener Reformer
- onboard reformer
- bordeigene Brennstoffverarbeitung
- on-board fuel processing
- bordeigene Reformierung
- on-board reformation

bordotiert adj boron-doped; doped with boron

Braunkohle f brown coal; lignite; lignite coal

- Strom aus Braunkohle — electricity from lignite coal
- diese Umweltprobleme sind vor allem auf die Verwendung von Braunkohle zurückzuführen — main cause of these environmental problems is the use of brown coal
- die Qualität der Braunkohle hat sich ständig verschlechtert — brown-coal quality has been deteriorating

braunkohlegefeuertes Kraftwerk lignite-fired plant; lignite-burning powerplant

- ABC ist ein aus drei Blöcken bestehendes braunkohlegefeuertes Kraftwerk — ABC is a three-unit lignite-fired plant
- die Lagerung von Abfällen aus braunkohlegefeuerten Kraftwerken — the storage of wastes from lignite-burning powerplants

Braunkohleindustrie f lignite coal industry

- das Projekt wird auch von der Braunkohleindustrie unterstützt — the project has also received support from the lignite coal industry

Braunkohlekraftwerk n lignite-fired plant; lignite-burning powerplant

Breitengrad m latitude

- in höheren Breitengraden — at higher latitudes
- auf diesem Breitengrad kann die Sonneneinstrahlung zwischen 92 % und 38 % des theoretischen Maximums schwanken — at this latitude, solar radiation may vary from 92% to 38% of theoretical maximum insolation

Bremssystem n *(Wind)* braking system

- die aerodynamischen und mechanischen Bremssysteme sind verbessert worden — the aerodynamic and mechanical braking systems have been improved

brennbar adj combustible; flammable; burnable

- durch diese Reaktionen entsteht ein brennbares Gas — due to these reactions, a combustible gas is produced
- die brennbaren Bestandteile des Mülls — the combustible constituents of waste
- brennbares Methan — burnable methane

Brenngas n fuel gas

Brennkammer f *(Gasturbine)* combustion chamber; combustor

- ein Verdichter fördert hochkomprimierte Luft in die Brennkammer — a compressor provides high-pressure air to the combustion chamber
- bei dieser Gasturbine befindet sich zwischen Verdichter und Brennkammer ein Wärmetauscher zur Wärmerückgewinnung — this gas turbine employs a heat exchanger between the compressor and the combustor for the purpose of recovering heat

Brennstoff m fuel

- zu den möglichen Brennstoffen für diese Anwendungen gehören Wasserstoff, Erdgas, Propan oder flüssige Brennstoffe wie Benzin — potential fuels for these applications include hydrogen, natural gas, propane or liquid fuels such as gasoline
- wie viel Brennstoff verbraucht eine Brennstoffzelle — how much fuel does a fuel cell consume
- welche Art von Brennstoff benötigt eine Brennstoffzelle — what kind of fuel does a fuel cell use
- Brennstoffzellen arbeiten ununterbrochen, solange sie mit Brennstoff versorgt werden — fuel cells operate continuously as long as they are supplied with fuel
- preisgünstiger Brennstoff — low-cost fuel
- fossiler Brennstoff — fossil fuel
- gasförmiger Brennstoff — gaseous fuel

Brennstoffaufbereitung f fuel processing; fuel treatment

• durch Brennstoffaufbereitung an Bord können herkömmliche und alternative Brennstoffe zur Herstellung von Wasserstoff reformiert werden	• on-board fuel processing can reform conventional fuels and alternative fuels to produce the required hydrogen
• es sind große Fortschritte auf dem Gebiet der Brennstoffaufbereitung erforderlich	• significant advances in fuel processing are necessary
• die Abwärme kann bei der Brennstoffaufbereitung verwendet werden	• the waste heat can be used in fuel processing

Brennstoffaufbereitungsanlage f *(BZ)* fuel processor; fuel processing system

• in der Brennstoffaufbereitungsanlage wird Brennstoff katalytisch in Wasserstoffgas und Kohlendioxid umgewandelt	• within a fuel processor a catalytic reaction converts a fuel to hydrogen gas and carbon dioxide
• wenn die Brennstoffaufbereitungsanlage Methanol in Wasserstoff umwandelt, erzeugt sie auch Kohlendioxid	• when the fuel processing system converts methanol to hydrogen, it also produces carbon dioxide

Brennstoff auf Kohlenstoffbasis carbon-based fuel

• bei dieser Brennstoffzelle werden Brennstoffe auf Kohlenstoffbasis intern reformiert	• this fuel cell internally reforms carbon-based fuels
• alle Brennstoffe auf Kohlenstoffbasis enthalten Schwefel	• sulfur is found in all carbon-based fuels

Brennstoffausnutzung f fuel utilisation *(GB)*/utilization *(US)*; fuel efficiency (siehe auch **Brennstoff-Ausnutzungsgrad**)

• die Brennstoffausnutzung kann sich auf über 80 % erhöhen	• fuel efficiencies can increase to over 80%
• durch diese Konstruktion wird eine bessere Brennstoffausnutzung ermöglicht	• this design allows improved fuel utilization

Brennstoff-Ausnutzungsgrad m fuel efficiency; fuel utilisation efficiency *(GB)*/utilization efficiency *(US)* (siehe auch **Brennstoffausnutzung**)

• die Anlage hat einen Brennstoffausnutzungsgrad von 80 %	• the plant has a fuel efficiency of 80%
• durch einen besseren Brennstoffausnutzungsgrad können die Schwefeldioxidemissionen reduziert werden	• increased fuel utilisation efficiency can help to reduce emissions of sulphur dioxide

Brennstoffeinsparung f fuel saving

• dieses Verfahren bringt beträchtliche Brennstoffeinsparungen im Vergleich zu getrennten Anlagen zur Erzeugung von Wärme und Strom	• this process yields significant fuel savings relative to separate production facilities for heat and power
• eine Abschätzung der Brennstoffeinsparungen kann schwierig sein	• estimating fuel savings can be difficult

Brennstoffelektrode f *(BZ)* fuel electrode

• der Elektrolyt verhindert, dass Stickstoff von der Luftelektrode zur Brennstoffelektrode gelangt	• the electrolyte does not allow nitrogen to pass from the air electrode to the fuel electrode

Brennstoffersparnis f fuel economy (siehe **Brennstoffeinsparung**)

Brennstoff-Infrastruktur f fuel infrastructure

• die schon vorhandene herkömmliche Brennstoff-Infrastruktur nutzen	• to utilize the existing conventional fuel infrastructure

Brennstoffkosten pl fuel costs

- steigende Brennstoffkosten — rising fuel costs
- Einsparungen an Brennstoffkosten — fuel cost savings
- jährliche Brennstoffkosten — annual fuel costs
- Verbesserungen des Wirkungsgrades werden zu einer weiteren Reduzierung der Brennstoffkosten führen — improvements in efficiency will further reduce fuel costs

Brennstoffverbrauch m fuel consumption

- er meint, es sei möglich, den Brennstoffverbrauch um weitere 20 – 30 % zu senken — he believes it will be possible to cut fuel consumption by a further 20 – 30%
- durch den hohen Umwandlungswirkungsgrad einer Brennstoffzelle wird der gesamte Brennstoffverbrauch reduziert — the high conversion efficiency of a fuel cell reduces total fuel consumption
- den Brennstoffverbrauch durch den prinzipbedingt hohen Wirkungsgrad der Brennstoffzellen reduzieren — to reduce fuel consumption via the inherently high efficiency of fuel cells

Brennstoffversorgung f fuel supply

- solange die Brennstoffversorgung aufrechterhalten wird — as long as the fuel supply is maintained

Brennstoffzelle f fuel cell (FC)

- diese Brennstoffzelle arbeitet bei 120 °C — this fuel cell operates at 120°C
- Brennstoffzellen erzeugen Strom auf direktem Weg — fuel cells generate power directly
- Brennstoffzellen sind keine neue Technologie — fuel cells are not a new technology
- es gibt verschiedene Arten von Brennstoffzellen — there are various types of fuel cell
- anstelle von Akkus Brennstoffzellen verwenden — to use FCs instead of rechargeable batteries
- Brennstoffzellen wandeln Wasserstoff direkt in Strom um — fuel cells convert hydrogen directly to electricity
- im Prinzip arbeitet eine Brennstoffzelle wie eine Batterie — in principle, a fuel cell operates like a battery
- der Verkehrssektor bietet noch größere Absatzmöglichkeiten für Brennstoffzellen als stationären Anwendungen — transport offers an even larger market for FCs than stationary applications
- die Suche nach kostengünstigen Brennstoffzellen — the search for low-cost fuel cells
- eine Brennstoffzelle betreiben — to run a fuel cell
- bei diesen Brennstoffzellen sind noch Verbesserungen möglich — there is still room for improvement in these fuel cells
- die Brennstoffzellen sind in Reihe geschaltet — the cells are connected in series
- diese Brennstoffzelle befindet sich noch im Entwicklungsstadium — this cell is still under development
- gleichmäßige Gasversorgung der einzelnen Brennstoffzellen — uniform gas distribution to each cell

brennstoffzellenangetriebenes Auto fuel cell driven car; fuel cell powered car (siehe **Brennstoffzellenauto**)

brennstoffzellenangetriebenes Fahrzeug fuel cell powered vehicle (siehe **Brennstoffzellenfahrzeug**)

Brennstoffzellenanlage f fuel cell plant/system; FC installation; fuel cell installation

- Nordamerika ist der größte Markt für Brennstoffzellenanlagen mit einer Leistung von mehr als 30 MW
  - North America is the largest market for 30MW-plus FC installations
- Abbildung 1 zeigt eine typische Brennstoffzellenanlage
  - a typical fuel cell installation is shown in Figure 1
- heute befinden sich mehr als ... Brennstoffzellenanlagen in Betrieb
  - today there are over ... fuel cell systems in operation
- Brennstoffzellenanlagen bestehen aus mehreren Zellen, die in Reihe geschaltet sind
  - fuel cell plants consist of multiple cells electrically interconnected in series

Brennstoffzellenantrieb m fuel cell propulsion system; fuel cell engine; fuel cell power system

- den Brennstoffzellenantrieb kommerzialisieren
  - to commercialize the fuel cell propulsion system
- Autos mit Brennstoffzellenantrieb werden in nicht allzu ferner Zukunft über die Straßen fahren
  - cars powered by fuel cells will traverse the roads in the not-too-distant future
- ein Bus mit Brennstoffzellenantrieb verkehrt auf Stuttgarts Straßen
  - a bus powered by fuel cells is cruising the streets of Stuttgart
- dieser Brennstoffzellenantrieb erfüllt die Erwartungen der Kunden in Bezug auf Kosten und Leistung
  - this fuel cell propulsion system meets customer expectations in terms of cost and performance
- die Entwicklung von Brennstoffzellenantrieben mit geringen oder gar keinen Emissionen als Alternative zum Verbrennungsmotor fördern
  - to promote the development of low or zero emission fuel cell power systems as a viable alternative to the ICE
- einen Brennstoffzellenantrieb in ein Fahrzeug integrieren
  - to integrate a fuel cell power system into a vehicle

Brennstoffzellenantriebsstrang m fuel cell powertrain

- der gesamte Brennstoffzellenantriebsstrang passt unter Fahrzeughaube und -boden
  - the entire fuel cell power train fits under the hood and floor of the car

Brennstoffzellenantriebssystem n fuel cell propulsion system; fuel cell power system (siehe **Brennstoffzellenantrieb**)

Brennstoffzellenanwendung f fuel cell application

- die internationale Konkurrenz ist uns bei dieser Brennstoffzellenanwendung voraus
  - we are behind our international competitors in this fuel cell application
- mobile und stationäre Brennstoffzellenanwendungen
  - mobile and stationary fuel cell applications

Brennstoffzellen-Applikation f fuel cell application (siehe **Brennstoffzellenanwendung**)

Brennstoffzellenauto n fuel cell car; fuel cell driven car; fuel cell powered car; fuel cell automobile

- die Autohersteller arbeiten zusammen an Plänen zur Herstellung eines Brennstoffzellenautos
  - car makers are collaborating on plans for a fuel cell-driven car
- das Unternehmen wird ein neues Brennstoffzellenauto vorstellen
  - the company will unveil a new fuel cell powered car
- Brennstoffzellenautos werden dreimal so energieeffizient sein wie heutige Autos
  - fuel cell cars will be three times as energy efficient as today's cars
- ABC baut zur Zeit ein mit Methanol betriebenes Brennstoffzellenauto, das bis zum Jahr 2... fertiggestellt werden soll
  - ABC is building a methanol fuel cell car to be completed by 2...

Brennstoffzellenautomobil n fuel cell automobile; fuel-cell automobile

- BZ-Automobile befinden sich noch in einer früheren Entwicklungsphase als Batterie-betriebene Autos
- fuel cell automobiles are at an earlier stage of development than battery-powered cars
- die beiden Unternehmen stellten vergangenes Jahr Brennstoffzellenautomobile vor
- the two companies unveiled fuel-cell automobiles last year

Brennstoffzellen-Batterie f fuel cell battery

- Wissenschaftler entwickeln Methoden zur Herstellung dünnerer und billigerer Brennstoffzellen-Batterien
- scientists are developing ways to make fuel cell batteries thinner and cheaper

brennstoffzellenbetrieben adj (siehe **brennstoffzellenangetrieben**)

Brennstoffzellenbus m fuel cell bus; fuel cell powered bus; fuel-cell powered bus; fuel cell-powered bus

- Kanadas Brennstoffzellenbus wird von einem britischen Motor angetrieben
- Canada's fuel cell bus is driven by a UK motor
- das Unternehmen stellte im Jahre 1990 den ersten Brennstoffzellenbus fertig
- the company completed the first fuel cell powered bus in 1990
- das Unternehmen stellte am 21. Mai einen Brennstoffzellenbus vor
- the company unveiled a fuel cell bus May 21
- der erste Brennstoffzellenbus der Welt fährt auf Kanadas Straßen
- the world's first fuel-cell powered bus has taken to the streets of Canada
- die technische Realisierbarkeit von Brennstoffzellenbussen beweisen
- to demonstrate the technical feasibility of fuel cell buses
- dieser Brennstoffzellenbus wird direkt mit Wasserstoffgas betrieben und ist emissionsfrei
- running directly on hydrogen gas, this fuel cell powered bus has no emissions

Brennstoffzelleneinheit f; **Brennstoffzellen-Einheit** f fuel-cell unit

- die kompakte Brennstoffzelleneinheit ist im Heck der Limousine untergebracht
- the compact fuel-cell unit is located at the rear of the sedan
- die Abwärme von der Brennstoffzelleneinheit wird zur Raumheizung eingesetzt
- the waste heat from the fuel cell unit is used to heat space

brennstoffzellenelektrischer Antriebsstrang fuel cell electric drivetrain

- der Übergang zum brennstoffzellenelektrischen Antriebsstrang wird innovative Änderungen bei Konstruktion und Werkstoffen erleichtern
- the move to a fuel cell electric drive train will facilitate innovative changes in design and materials

Brennstoffzellen-Elektroauto n fuel-cell electric car

- auf diese Weise könnten Brennstoffzellen-Elektroautos das vorhandene Tankstellennetz benutzen
- this would enable a fuel-cell electric car to use the existing network of gasoline stations

Brennstoffzellen-Elektrofahrzeug n fuel-cell electric vehicle; fuel cell electric vehicle (FCEV)

- wir wollen bis zum Jahre 2004 ein produktionsreifes Brennstoffzellen-Elektrofahrzeug herstellen
- we plan to produce a production-ready fuel cell electric vehicle by 2004
- Brennstoffzellen-Elektrofahrzeuge zählen nicht zu den Nullemissionsfahrzeugen
- fuel cell electric vehicles (FCEV) are not considered zero-emission vehicles

Brennstoffzellen-Energieanlage f fuel cell energy system

Brennstoffzellenentwickler m fuel cell developer

- das amerikanische Energieministerium schließt Verträge mit den Brennstoffzellenentwicklern
- DOE establishes contracts with the fuel cell developers
- Jointventure eines amerikanischen EVU und des Brennstoffzellenentwicklers ABC
- a joint venture between a US utility and fuel-cell developer ABC

Brennstoffzellenentwicklung f fuel cell development

- ABC ist schon seit mehr als 25 Jahren aktiv an der Brennstoffzellenentwicklung beteiligt
- ABC has been actively involved in fuel cell development for more than 25 years
- die Forscher glauben einen bedeutenden Durchbruch auf dem Gebiet der Brennstoffzellenentwicklung erreicht zu haben
- researchers believe they have come across a significant technological breakthrough in fuel cell development
- zur Brennstoffzellenentwicklung für Verkehrsanwendungen gehört die Entwicklung von Komponenten und Teilsystemen
- fuel cell development for transportation applications includes component and subsystem development

Brennstoffzellenexperte m fuel cell expert

- die Studie wurde von vier unabhängigen Brennstoffzellenexperten angefertigt
- the study was prepared by four independent fuel cell experts

Brennstoffzellenfahrzeug n; **Brennstoffzellen-Fahrzeug** n fuel cell vehicle; fuel-cell vehicle; fuel cell-powered vehicle

- die Aussichten für Brennstoffzellenfahrzeuge sind vielversprechend
- the prospects for fuel cell vehicles look promising
- die Fähigkeit der Brennstoffzellenfahrzeuge, den Energie- und Luftqualitäts-Bedürfnissen unserer Gesellschaft gerecht zu werden
- the ability of fuel cell vehicles to meet the energy and air quality needs of our society
- das Unternehmen stellte eine neue Version seines Brennstoffzellenfahrzeugs vor
- the company unveiled a new version of its fuel cell vehicle
- in Europa laufen mehrere Projekte mit Brennstoffzellenfahrzeugen
- in Europe, several schemes involving fuel cell-powered vehicles are under way
- Brennstoffzellenfahrzeuge sind auf der IAA stark vertreten
- fuel cell vehicles abound at Frankfurt Auto Show
- die Autohersteller werden auch sicherstellen, dass Sicherheit, Leistung und Zuverlässigkeit der Brennstoffzellenfahrzeuge den Erwartungen der Autofahrer entsprechen
- the automakers will also assure that safety, performance, and reliability of fuel cell vehicles meet the expectations of the driving public
- es werden zur Zeit auch mehrere kleinere Brennstoffzellenfahrzeuge gebaut
- several smaller fuel cell vehicles are under construction as well
- Brennstoffzellenfahrzeuge müssen in der Leistung den heutigen verbrennungsmotorisch angetriebenen Fahrzeugen vergleichbar sein
- fuel cell vehicles must offer performance comparable to current i.c. engine vehicles

Brennstoffzellenfahrzeug-Entwicklung f fuel cell vehicle development

- die Vereinigten Staaten beschäftigten sich als Erste mit der Entwicklung von Brennstoffzellenfahrzeugen
- the U.S. pioneered fuel cell vehicle development

Brennstoffzellenforscher m fuel cell researcher

- viele Brennstoffzellenforscher betrachten die Brennstoffzelle als den aussichtsreichsten Nachfolger des Verbrennungsmotors
- many fuel cell researchers see fuel cells as the most likely successor to the internal-combustion engine

Brennstoffzellenforschung f fuel cell research

- eine Reihe von Unternehmen betreibt Brennstoffzellenforschung
- in den zwanziger Jahren wurde in Deutschland intensiv Brennstoffzellenforschung betrieben

- a number of companies have been involved in fuel cell research
- significant fuel cell research was done in Germany during the 1920s

Brennstoffzellenforschung und -entwicklung f fuel cell R&D

- staatlich geförderte Brennstoffzellenforschung und -entwicklung in der heimischen Automobilindustrie

- government-sponsored fuel cell R&D within the domestic auto industry

Brennstoffzellenhersteller m fuel cell manufacturer

- in Zusammenarbeit mit mehreren Brennstoffzellenherstellern entwickelt ABC eine Brennstoffzellenanlage, die direkt mit Wasserstoff betrieben wird

- working with several fuel cell manufacturers, ABC is developing a fuel cell system that runs directly on hydrogen

Brennstoffzellenherstellung f fuel cell production

- einige Optimisten sagen voraus, dass die Brennstoffzellenherstellung bis zur Jahrhundertwende 1000 MW pro Jahr übersteigen werde
- ABC ist weltweit führend in der Brennstoffzellenherstellung

- some optimists are forecasting that fuel cell production will top 1,000MW a year by the turn of the century
- ABC is the world leader in commercial fuel cell production

Brennstoffzellen-Hybridantrieb m fuel cell hybrid engine

- auf der Ausstellung stellte ABC einen Brennstoffzellen-Hybridantrieb vor

- at the show, ABC unveiled a fuel cell hybrid engine

Brennstoffzellenindustrie f fuel cell industry

- die Brennstoffzellenindustrie verlässt gerade die Startblöcke

- the fuel cell industry is just starting out of the gate

Brennstoffzellenkraftwerk n; **Brennstoffzellen-Kraftwerk** n fuel cell power plant; fuel cell based generating station

- ABC und BCD werden gemeinsam stationäre Brennstoffzellenkraftwerke entwickeln
- seit das Brennstoffzellenkraftwerk seinen Betrieb im März aufnahm, hat es etwas mehr als 360.000 kWh Strom erzeugt
- Brennstoffzellenkraftwerke sind eine attraktive Möglichkeit zur dezentralen Stromerzeugung
- Brennstoffzellenkraftwerke können 30 % bis 60 % der im Brennstoff gespeicherten chemischen Energie in Elektrizität umwandeln

- stationary fuel cell power plants will be developed by ABC in a joint effort with BCD
- since the fuel cell power plant began operations in March, it has produced just over 360,000 kWh of electricity
- fuel cell power plants are an attractive source of distributed power generation
- fuel cell power plants can convert between 30% and 60% of the energy stored chemically in the fuel into electricity

Brennstoffzellenleistung f fuel cell power; fuel cell output

- die weltweit installierte Brennstoffzellenleistung verdoppeln
- Brennstoffzellenleistung bei Normalbetrieb
- eine Erhöhung der Brennstoffzellenleistung um 40 Prozent

- to double the amount of fuel cell power installed worldwide
- fuel cell output during normal operation
- a 40 percent increase in fuel cell power

Brennstoffzellenmarkt m fuel cell market

- auf Grund der neuen Organisationsstruktur wird sich ABC besser auf den Brennstoffzellenmarkt für Verkehrsanwendungen konzentrieren können
- the new organizational structure will allow ABC to better focus on the transportation fuel cell market

Brennstoffzellen-Membrane f fuel cell membrane

- die Brennstoffzellen-Membranen enthalten kleine Löcher
- the fuel cell membranes contain small holes

Brennstoffzellenmodul n fuel cell module

- Brennstoffzellenmodule werden zu größeren Kraftwerken zusammengeschaltet
- fuel cell modules are linked together for larger power plant applications

Brennstoffzellen-Nutzfahrzeug n fuel cell utility vehicle

Brennstoffzellen-Pkw m fuel cell passenger vehicle; fuel cell-powered passenger car

- die amerikanische Industrie arbeitet härter als je zuvor an der Entwicklung von Brennstoffzellen-Pkw
- the U.S. industry is working harder than ever on fuel cell passenger vehicles
- nach Meinung von Sprechern beider Unternehmen sollen Brennstoffzellen-Pkw in zehn Jahren oder schon früher Wirklichkeit werden
- spokesmen for both companies expect fuel cell-powered passenger cars to be a reality in ten years or less

Brennstoffzellen-Programm n fuel cell program

- ABC war eines der ersten amerikanischen Unternehmen, die ein Brennstoffzellen-Programm starteten
- ABC was one of the first U.S. companies to launch a fuel cell program

Brennstoffzellen-Prozess m fuel cell process

- beim Brennstoffzellen-Prozess wird chemische Energie in elektrische Energie umgewandelt
- in a fuel cell process, chemical energy is converted into electrical energy

Brennstoffzellen-Reaktion f fuel cell reaction

- bei der Brennstoffzellen-Reaktion verbindet sich gewöhnlich Wasserstoff mit Sauerstoff
- the fuel cell reaction usually involves the combination of hydrogen with oxygen

Brennstoffzellen-Stack m; **Brennstoffzellenstack** m fuel cell stack (siehe **Brennstoffzellen-Stapel**)

Brennstoffzellen-Stapel m; **Brennstoffzellenstapel** m fuel cell stack

- das Unternehmen hat mit einem Dauerbetrieb von 1.100 Stunden seines Brennstoffzellen-Stapels einen neuen Rekord aufgestellt
- the company has set a new endurance benchmark by running its fuel cell stack for 1,100 hours
- schneller und leichter Austausch von beschädigten Zellen ohne Demontage des gesamten Brennstoffzellen-Stapels
- quick and easy replacement of damaged cells without disassembly of the entire fuel cell stack
- der hier abgebildete 10-kW-Brennstoffzellen-Stapel wurde im März an ABC geliefert
- the 10kW fuel cell stack pictured here was delivered to ABC in March
- die Reformierung kann innerhalb der Brennstoffzellen-Stapel stattfinden
- reforming can occur inside the fuel cell stacks
- ein Brennstoffzellen-Stapel besitzt keine beweglichen Teile, die dem Verschleiß unterliegen
- a fuel cell stack has no moving parts to wear out

Brennstoffzellensystem n fuel cell system; FC system

- kleine tragbare Brennstoffzellensysteme — small portable fuel cell systems
- die Einteilung der Brennstoffzellensysteme erfolgt nach der Art des Elektrolyts — fuel cell systems are categorized by the type of electrolyte
- der Wettlauf zur Entwicklung von Brennstoffzellensystemen für künftige Elektrofahrzeuge wird erbitterter — the race to develop a fuel cell system to power future electric vehicles is hotting up
- heute befinden sich mehr als ... Brennstoffzellenanlagen in Betrieb — today there are over ... fuel cell systems in operation
- das Brennstoffzellensystem wandelt den Brennstoff in Elektrizität um — the fuel cell system converts the fuel into electricity
- das Brennstoffzellensystem versorgt einen elektrischen Antriebsmotor mit Strom — the fuel cell system powers an electric drive motor

Brennstoffzellentechnik f fuel cell technology

- die Brennstoffzellentechnik wird immer besser — fuel cell technology is continually improving
- derartige Projekte verdeutlichen das gewaltige Potential der Brennstoffzellentechnologie — projects like these demonstrate the enormous potential of fuel cell technology
- überall auf der Welt arbeiten Unternehmen an der Kommerzialisierung der Brennstoffzellentechnologie — companies around the world are working to commercialize fuel cell technology
- ABC ist weltweit führend auf dem Gebiet der Brennstoffzellentechnik — ABC is the world leader in fuel cell technology

Brennstoffzellentechnologie f fuel cell technology (siehe auch **Brennstoffzellentechnik**)

- die Phosphorsäure-Brennstoffzellen sind die ausgereifteste Brennstoffzellentechnologie — phosphoric-acid fuel cells are the most mature fuel cell technology
- die Aussichten für die Brennstoffzellentechnologie sind vielversprechend — the future for fuel cell technology looks very promising
- Brennstoffzellentechnologie für Autos — automotive fuel cell technology

Brennstoffzellen-Teststand m fuel cell test facility

Brennstoffzellentyp m type of fuel cell; fuel cell type

- es gibt mehrere Brennstoffzellentypen — there are various types of fuel cell
- dieser Brennstoffzellentyp befindet sich noch im Entwicklungsstadium — this type of fuel cell is still under development
- es gibt fünf grundlegende Brennstoffzellentypen, die sich in unterschiedlichen Entwicklungsstadien befinden — there are five basic types of fuel cell in various stages of development
- die fünf wichtigsten Brennstoffzellentypen zeigt Abbildung 5 unten — the five major types of fuel cells are shown below in Figure 5

Brennstoffzellenzug m fuel cell train; fuel cell-powered train

Brennwert m higher heating value

Bruch m *(Geo)* fracture

- ein Bruch in der Erdkruste — a fracture in the Earth's crust

Bruttofallhöhe f *(Wasser)* gross head

- die Bruttofallhöhe ist der Höhenunterschied zwischen Oberwasser- und Unterwasserpegel — gross head is the difference of elevations between the water surfaces of the forebay and tailrace

Bündel n *(BZ)* bundle

- mehrere Röhren werden zu Bündeln verschaltet
- multiple tubes link to form bundles
- Bündel werden zu Modulen verschaltet
- bundles link to form modules

Busbetreiber m bus operator

- der Busbetreiber will die gesamte Flotte auf Brennstoffzellenbusse umstellen
- the bus operator plans to convert the entire fleet to fuel cell buses
- der Busbetreiber hat Pläne bekannt gegeben, die den Einsatz von Brennstoff-zellenbussen im Jahre 2005 vorsehen
- the bus operator has announced plans to begin deploying fuel cell buses in 2005

Bypassdiode f; **Bypass-Diode** f bypass diode

- die Bypassdiode wird parallel zu einem PV-Modul geschaltet
- the bypass diode is connected in parallel with a PV module

BZ (siehe **Brennstoffzelle**)

BZ-Automobil n (siehe **Brennstoffzellenautomobil**)

BZ-Batterie f (siehe **Brennstoffzellen-Batterie**)

BZ-Bus m (siehe **Brennstoffzellenbus**)

C

Cadmium-Tellurid n; **Cadmiumtellurid** n cadmium telluride

- Kupfer-Indium-Diselenid und Cadmium-Tellurid sind ebenfalls vielversprechende Werkstoffe zur Herstellung kostengünstiger Solarzellen
  - copper indium diselenide and cadmium telluride also show promise as low-cost solar cells
- ABC entschied sich für die Entwicklung von Cadmium-Tellurid-Zellen
  - ABC opted to develop cadmium telluride cells
- eine Cadmium-Tellurid-Schicht hinzufügen
  - to add a cadmium telluride layer

Carnot-Kreisprozess m Carnot cycle (siehe **Carnot-Prozess**)

Carnot-Prozess m Carnot cycle

- Brennstoffzellen haben keine beweglichen Teile und unterliegen nicht den Beschränkungen des Carnot-Prozesses
  - fuel cells have no moving parts and are not limited by the Carnot cycle
- diese Technologie unterliegt nicht den Beschränkungen des Carnot-Prozesses
  - this technology is unconstrained by the limitations of the Carnot cycle

chemische Energie chemical energy

- die Brennstoffzelle wandelt die chemische Energie eines Brennstoffes direkt in elektrische Energie um
  - the fuel cell converts the chemical energy of a fuel directly into electrical energy

chemisch gebunden chemically bonded

- die in der Brennstoffzelle chemisch gebundene Primärenergie
  - the primary energy chemically bonded within the fuel cell

chemische Reaktion chemical reaction

- Brennstoffzellen wandeln die durch chemische Reaktionen freigesetzte Energie direkt in Strom um
  - fuel cells convert the energy liberated by chemical reactions directly into electrical energy
- durch die chemische Reaktion wird zwischen den beiden Elektroden ein elektrischer Strom erzeugt
  - the chemical reaction produces an electric current between the two electrodes
- chemische Reaktionen treten auf
  - chemical reactions occur
- Brennstoffzellen verbrauchen Brennstoff zur Aufrechterhaltung der chemischen Reaktion
  - fuel cells consume fuel to maintain the chemical reaction
- Brennstoffzellen erzeugen Strom durch die chemische Reaktion von Wasserstoff und Sauerstoff
  - fuel cells create electricity from an electrochemical reaction between hydrogen and oxygen
- eine chemische Reaktion auslösen
  - to trigger a chemical reaction

CIS copper indium diselenide (siehe auch **Kupfer-Indium-Diselenid**)

- diese Zellen bestehen aus CIS
  - these cells consist of CIS

CIS-Modul n CIS module

- CIS-Module herstellen
  - to fabricate CIS modules

CIS Technologie f CIS technology

- ABC bereitet die Markteinführung der CIS-Technologie vor
  - ABC readies the CIS technology for commercialization

CO_2-Emissionen fpl CO_2 emissions; emissions of CO_2

CO-Konzentration f carbon monoxide concentration

CO_2-neutral adj CO_2 neutral

- Biomasse-Energieanlagen sind CO_2-neutral • biomass energy systems are CO_2 neutral

D

Dach n roof

- der Wasserstoff wurde in sieben Tanks auf dem Dach gespeichert
- ein Solarfeld auf einem schrägen Dach installieren
- das 500.000-Dächer-Programm läuft wie geplant

- the hydrogen was stored in seven tanks on the roof
- to mount a solar array on a sloped roof
- the 500,000 roof program proceeds as planned

Damm m dam (siehe auch **Staudamm**)

- Dämme werden gebaut, um Speicherbecken für Wasserkraftwerke zu schaffen
- Dämme sind die auffälligsten Teile von Wasserkraftwerken
- Beton, Bitumen oder Ton wird verwendet um zu verhindern, dass Wasser durch den Damm sickert
- einen Damm quer über den Fluss bauen

- dams are constructed to provide water storages for hydro-electric power stations
- dams are the most recognisable features of hydro-electric schemes
- concrete, bitumen or clay are used to prevent water seeping through the dam
- to build a dam across the river

Dampf m steam

- der Dampf gelangt in eine Turbine, wo er entspannt wird
- in der Anlage erzeugter Dampf treibt einen 1200-kW-Turbogenerator an
- Wasser in Dampf umwandeln
- zuverlässige Versorgung mit Dampf und Strom
- Dampf niedriger Qualität

- the steam enters a turbine where it expands
- steam produced in the plant drives a 1200 kW turbine generator
- to turn water into steam
- reliable provision of steam and electricity
- low-quality steam

Dampfbedarf m steam demand

- der Dampfbedarf schwankt saisonal zwischen 5.000 kW und 17.000 kW
- große Schwankungen im Dampfbedarf können beträchtliche Auswirkungen auf die Wirtschaftlichkeit einer Anlage haben
- den Dampfbedarf decken
- der Dampfbedarf der Anlage sinkt

- steam demand varies seasonally between 5,000kW and 17,000kW
- large swings in steam demand may have significant impact on the economic viability of an installation
- to meet steam demand
- plant steam demand decreases

Dampfbohrung f *(Geo)* steam well

- es gibt Dampfbohrungen mit einer thermischen Leistung von bis zu sechs Megawatt

- some steam wells produce up to six megawatts of thermal power

Dampferzeuger m steam generator; boiler

- der Dampferzeuger wurde im Jahre 2... hergestellt und errichtet
- gasbefeuerter Dampferzeuger
- bevor der Dampf zur Turbine zurückkehrt, wird seine Temperatur im Dampferzeuger erhöht

- the steam generator was constructed and installed in 2...
- gas-fired steam generator
- temperature of the steam is increased in the steam generator before the steam is returned to the turbine

Dampffeld f *(Geo)* steam field

- ein großes geothermisches Dampffeld nördlich von ABC

- a large geothermal steam field located north of ABC

Dampfkessel m steam boiler

- die Anlage ist mit Dampfkesseln ausgerüstet
- Brennstoff zur Befeuerung von Dampfkesseln

- the plant is equipped with steam boilers
- fuel for firing steam boilers

Dampfkraftprozess m steam cycle

Dampfkraftwerk n steam power station; steam power plant; steam power-plant; steam electric power plant

- Bau eines 700-MW-Dampfkraftwerks
- herkömmliche Dampfkraftwerke wandeln fossile Brennstoffe in Elektrizität um
- diese Länder verfügen über wenig Kohle oder Öl zur Verfeuerung in Dampfkraftwerken
- Dampfkraftwerke leisten den größten Beitrag zur Stromerzeugung in den USA

- construction of a 700-MW steam power station
- a conventional steam electric power plant converts fossil fuels into electric energy
- these countries have little coal or oil to burn in steam power stations
- steam power plants produce most of the electricity generated in the United States

Dampflagerstätte f *(Geo)* steam resource; steam reservoir

- die Nutzung von Dampflagerstätten ist am einfachsten

- steam resources are the easiest to use

Dampfleitung f steam line

- die Stadt betreibt ein Fernwärmenetz mit einer ca. 6 km langen Dampfleitung

- the city operates a district heating system with approximately 4 miles of steam lines

Dampfmenge f amount of steam

- die maximale Dampfmenge, die erzeugt werden kann

- the maximum amount of steam that can be generated

Dampfquelle f (siehe **Fumarole**)

Dampfreformer m *(BZ)* steam reformer

- die beiden Unternehmen arbeiten gemeinsam an einem Projekt zur Entwicklung eines Dampfreformers
- Dampfreformer haben einen höheren Wirkungsgrad

- the two companies are partners in a project to develop a steam reformer
- steam reformers have higher efficiency

Dampfreformierung f *(BZ)* steam reforming

- mittels Dampfreformierung Wasserstoff aus Methan gewinnen

- to derive hydrogen from methane via steam reforming

Dampfturbine f steam turbine

- hochtourige Dampfturbine
- einstufige Dampfturbine
- die Dampfturbinen sind mit Getriebe versehen, um die Turbinendrehzahl von ... min^{-1} auf ... min^{-1} zu reduzieren
- Dampfturbine mit Getriebe

- high-speed steam turbine
- single-stage steam turbine
- these steam turbines are geared to reduce turbine speed from ... rpm to ... rpm
- geared steam turbine

Dampfvorkommen n reservoir of steam; steam reservoir

- die Erdwärme ist in großen Dampf- oder Heißwasservorkommen gespeichert
- The Geysers ist das einzige unterirdische Dampfvorkommen der USA, das erschlossen wurde

- the Earth's heat collects in large underground reservoirs of steam or hot water
- the only underground steam reservoir in the United States that has been developed is The Geysers

Darrieus-Rotor m; **Darrieusrotor** m Darrieus machine; Darrieus turbine

- Darrieus-Rotoren benötigen einen speziellen Motor als Anlaufhilfe — Darrieus turbines require an external motor for start-up
- dieser Darrieus-Rotor mit Aluminiumblättern wurde im Jahre 1980 errichtet — this Darrieus turbine with aluminum blades was erected in 1980

Dauerbetrieb m continuous operation; continuous service

- zwei Brennstoffzellen liefen über ein Jahr im Dauerbetrieb — two fuel cells achieved over one year of continuous service
- dieser Brennstoffzellen-Stapel lief 200 Stunden erfolgreich im Dauerbetrieb — this fuel cell stack has successfully completed 200 hours continuous operation
- im Gegensatz zu Batterien arbeiten Brennstoffzellen im Dauerbetrieb — unlike batteries fuel cells operate continuously

Dehnungsmessstreifen m strain gauge

- in dem Bericht werden Empfehlungen zur Anwendung von Dehnungsmessstreifen und Messfühlern gegeben — the report gives recommendations for applying strain gauges and sensors

Demonstrationsanlage f demonstration plant; demonstrator plant

- Demonstrationsanlagen mit SOFC-Modulen werden zur Zeit entwickelt — demonstrator plants using SOFC modules are under development

Demonstrationsprojekt n demonstration project

- im Rahmen zahlreicher Demonstrationsprojekte ist das Leistungsvermögen von Brennstoffzellenanlagen unter unterschiedlichen Betriebsbedingungen verdeutlicht worden — numerous demonstration projects have illustrated fuel cell system performance under various operational conditions
- die Anlage wurde im Rahmen eines Demonstrationsprojektes eingebaut — the system was installed as part of a demonstration project
- ABC sucht Partner, die an dem Demonstrationsprojekt teilnehmen — ABC is looking for partners to take part in the demonstration project

Demonstrationsvorhaben n demonstration project (siehe **Demonstrationsprojekt**)

Deponie f landfill

- drei Viertel dieser Abfälle landen auf Deponien — three-quarters of this waste goes to landfills
- die Deponien nähern sich ihrer Kapazitätsgrenze — landfills are nearing capacity
- den Müll per Lkw zu einer kommunalen Deponie transportieren — to truck the waste to a municipal landfill

Deponiegas n landfill gas

- ABC will untersuchen, ob es möglich ist, eine Karbonat-Brennstoffzelle zur Erzeugung von Strom aus Deponiegas einzusetzen — ABC is about to test the feasibility of using a carbonate fuel cell to generate electricity from landfill gas
- diese Brennstoffzelle wandelt Deponiegas in saubere Energie um — this fuel cell converts landfill gases to clean energy
- die 200-kW-Brennstoffzellenanlage reinigt das Deponiegas und wandelt das darin enthaltene Methan in Strom um — the 200 kW fuel cell system cleans up the landfill gas and converts its methane to electricity
- Deponiegas ist billig — landfill gas is cheap
- bei diesen Biomasse-Energieanlagen wird Deponiegas als Brennstoff eingesetzt — these biomass-based energy systems utilize landfill gas as fuels

Deregulierung f deregulation
- Deregulierung der Energiewirtschaft • deregulation of the power industry

dezentrale Elektrizitätserzeugung distributed (electric) power generation; decentralised electricity production

dezentrale Energieerzeugung decentralised/localised/on-site power production

dezentrale Energieversorgung decentralised power supply

dezentrale Energieversorgungsanlage decentralised power supply system

dezentrales Leitsystem distributed monitoring and control system; distributed instrumentation and control (I&C) system; distributed control system

dezentrale Stromerzeugung on-site power generation
- dezentrale Stromerzeugung für Ein- und Mehrfamilienhäuser • on-site residential power generation

Dichtungsproblem n *(BZ)* sealing problem
- bei dieser Vorgehensweise sind die Dichtungsprobleme, die auftreten, wenn das Material sich bei Erwärmung ausdehnt, am kleinsten • this approach minimizes sealing problems caused when materials expand as the temperature rises
- Dichtungsprobleme beseitigen • to eliminate sealing problems
- bei der Flachzellenbauweise treten Dichtungsprobleme auf • planar designs suffer from sealing problems
- bei Zellen, die sich innerhalb eines Stapels befinden, ist es schwierig oder unmöglich, Dichtungsprobleme zu erkennen und zu beseitigen • it is difficult or impossible to check and correct sealing problems for cells buried inside a stack

Dieselgenerator m diesel generator
- in einer Reihe von Fällen werden die vorhandenen Dieselgeneratoren zur dezentralen Stromerzeugung nachträglich durch Windturbinen ergänzt • in a number of applications, existing decentralized diesel generators are being retrofitted with wind turbines

Dieselkraftanlage f diesel power station

Dieselkraftwerk n diesel power station
- Dieselkraftwerke werden für Grundlast-, Mittellast- und Spitzenlastbetrieb ausgelegt • diesel power stations are designed for base-, medium-, and peak-load operation

Dieselstromaggregat n diesel generator

diffundieren v diffuse
- nur die positiv geladenen Protonen diffundieren durch die Membran • only the positively charged protons diffuse through the membrane
- Luftsauerstoff diffundiert in den Brennstoffzellen-Stapel • oxygen from the air diffuses into the fuel cell stack

diffuse Solarstrahlung *(Solar)* diffuse radiation (siehe **diffuse Strahlung**)

diffuses Sonnenlicht diffuse sunlight
- das diffuse Sonnenlicht wird von den Wolken reflektiert • the diffuse sunlight is reflected from clouds

diffuse Strahlung *(Solar)* diffuse radiation
- diffuse Strahlung ist Sonnenstrahlung, die durch die Atmosphäre gestreut wird • diffuse radiation is solar radiation scattered by the atmosphere

dimensionieren v size

- Brennstoffzellen können für den Einsatz in Pkw dimensioniert werden
- Brennstoffzellen können für unterschiedliche Leistungsbedürfnisse dimensioniert werden

- fuel cells can be sized to fit passenger vehicles
- fuel cells can be sized to accommodate different capacity needs

Dimensionierung f sizing

- es werden Verfahren für eine erste Dimensionierung der Ausrüstung aufgezeigt

- procedures are given for preliminary sizing of equipment

Direkt-Brennstoffzelle f; **Direktbrennstoffzelle** f direct fuel cell

- Schmelzkarbonat-Brennstoffzellen sind Direkt-Brennstoffzellen, die keine externe Brennstoff-Aufbereitungsanlage erfordern
- ABC hat einen Auftrag in Höhe von 3 Mio. Dollar zur Entwicklung einer Direkt-Brennstoffzelle für Marineanwendungen erhalten
- Direktbrennstoffzellen erlauben den Betrieb mit Erdgas ohne externen Reformer

- molten-carbonate fuel cells are direct fuel cells that eliminate external fuel processors
- ABC has received a $3.0 million contract to develop Direct Fuel Cells (DFC) for naval applications
- direct fuel cells can utilize natural gas without an external reformer

Direkt-Brennstoffzellen-Kraftwerk n direct fuel cell power plant

Direkteinstrahlung f *(Solar)* direct radiation

- unter Direkteinstrahlung versteht man Sonnenstrahlung, die direkt durch die Atmosphäre übertragen wird
- unter Direkteinstrahlung versteht man Licht, das auf direktem Weg von der Sonne kommt

- direct radiation is solar radiation transmitted directly through the atmosphere
- direct radiation is light that has traveled in a straight path from the sun

direkte Nutzung direct use

- direkte Nutzung geothermischer Vorkommen mit niedrigem bis mittlerem Temperaturangebot
- bei direkter Nutzung wird die im Wasser enthaltene Wärme unmittelbar genutzt

- low- to moderate-enthalpy direct use
- direct use involves using the heat in the water directly

direkte Strahlung *(Solar)* direct radiation (siehe **Direkteinstrahlung**)

Direktmethanol-Brennstoffzelle f; **Direkt Methanol-Brennstoffzelle** f (DMFC) direct methanol fuel cell (DMFC); direct-methanol fuel cell; Direct Methanol Fuel Cell

- in begrenztem Umfang wird auch an der Direktmethanol-Brennstoffzelle (DMFC) gearbeitet
- ABC arbeitet auch an Direktmethanol-Brennstoffzellen

- a limited amount of work is also being done on direct methanol fuel cells (DMFCs)
- ABC is also working on direct-methanol fuel cells

DMFC direct-methanol fuel cell (siehe **Direktmethanol-Brennstoffzelle**)

dotieren v dope

- das Silizium wird mit Phosphor dotiert
- Silizium wird mit einer winzigen Menge Bor dotiert

- the silicon is doped with phosphorus
- silicon is doped with tiny quantities of boron

Dotierung f doping

- der Vorgang, bei dem absichtlich Verunreinigungen eingebracht werden, wird als Dotierung bezeichnet

- the process of adding impurities on purpose is called doping

- es gibt noch eine Reihe weiterer Verfahren zur Dotierung von Silizium
- there are many other methods of doping silicon

Drehachse f *(Wind)* axis of rotation

- die Drehachse ist senkrecht zur Grundfläche
- the axis of rotation is vertical with respect to the ground

Drehmoment n torque

- Turbinen, die der Stromerzeugung dienen, benötigen kein großes Drehmoment
- turbines for generating electricity do not need much torque
- Windpumpen arbeiten mit großem Drehmoment und geringer Drehzahl
- wind pumps operate with plenty of torque but not much speed
- die sich drehende Turbine übt ein Drehmoment auf die Welle aus und treibt den Generator an
- the rotating turbine exerts a torque on the shaft and rotates the generator

Drehzahl f speed; rotational speed

- die Turbinen laufen mit einer konstanten Drehzahl von 29 min^{-1}
- the turbines turn at a constant speed of 29 rpm
- Drehzahl eines Rotors um seine Achse
- rotational speed of a rotor about its axis
- die Gasturbine läuft mit einer Drehzahl von 3.600 min^{-1}
- the gas turbine operates at a speed of 3,600 rpm

Drehzahlbegrenzung f *(Wind)* overspeed control

- diese Vorrichtungen dienen der Drehzahlbegrenzung
- these devices are used for overspeed control

Drehzahlregelung f speed control

- besonders auf dem Gebiet der Drehzahlregelung kam es zu weiteren Verbesserungen
- further improvements were made, especially in speed control

drehzahlvariabler Betrieb *(Wind)* variable-speed operation

- die Vorteile des drehzahlvariablen Betriebs
- the advantages of variable-speed operation
- durch drehzahlvariablen Betrieb soll die Energieausbeute um bis zu 15 % erhöht werden
- variable-speed operation is estimated to increase energy capture by up to 15%

drehzahlvariable Windkraftanlage variable-speed wind system

- zwei Arten von Generatoren werden in drehzahlvariablen Windkraftanlagen bevorzugt eingesetzt
- two types of generators are preferred in variable-speed wind systems

drehzahlveränderliche Windturbine variable-speed wind turbine

- der Hauptvorteil von drehzahlveränderlichen Windturbinen ist, dass sie mit maximalem Wirkungsgrad arbeiten
- the main benefit of variable-speed wind turbines is that they operate at peak efficiency

dreiblättrig adj *(Wind)* three-bladed; three bladed; three-blade

- dreiblättriger Rotor
- three-bladed/three-blade rotor
- dreiblättrige Turbine
- three-bladed turbine
- die Vorteile dreiblättriger Turbinen sind größere Leistungsabgabe und ästhetischerer Anblick
- the advantages of three bladed turbines are greater energy output, and greater aesthetic appeal

dreiflügelig adj *(Wind)* three-bladed (siehe auch **dreiblättrig**)

- dreiflügeliger Rotor
- three-bladed/three-blade rotor

Dreiflügler m *(Wind)* three-bladed turbine; three-bladed machine

- ein Dreiflügler mit einer Leistung von 40 kW
- a three-bladed 40kW machine

Druckbrennstoffzelle f pressurized fuel cell
- diese Druckbrennstoffzellen sind für mobile und stationäre Anwendungen großer Leistung gedacht
- these pressurized fuel cells are targeted at high power transportation and stationary applications

Druckdifferenz f *(Wind)* pressure differential
- die Druckdifferenz zwischen Oberseite und Unterseite bewirkt eine Kraft
- the pressure differential between top and bottom surfaces results in a force

Druckgasbehälter m *(BZ)* pressurized hydrogen tank

Druckgasspeicher m *(BZ)* compressed gas storage

Druckgastank m *(BZ)* pressurized hydrogen tank

Druckleitung f *(Wasser)* penstock
- die Rohre, durch die das Wasser zu den Turbinen strömt, werden als Druckleitung bezeichnet
- besondere Vorsichtsmaßnahmen sind erforderlich, um ein Bersten der Druckleitung zu verhindern
- the pipes through which the water flows down to the turbines are called penstocks
- special precautions have to be taken to prevent the penstock from bursting

Druckluftspeicher-Kraftwerk n compressed-air energy storage plant; CAES plant

Druckluftspeicherung f compressed air energy storage (CAES); compressed air storage
- die Druckluftspeicherung hat gewisse Ähnlichkeiten mit der Pumpspeicherung
- Druckluftspeicherung ist nur an Standorten mit einem luftdichten unterirdischen Hohlraum möglich
- compressed air energy storage has some similarities to pumped storage
- the use of CAES is limited to sites where there is an air-tight underground cavern

Druckrohr n *(Wasser)* penstock pipe

Druckwasserstoff m pressurised *(GB)*/pressurized *(US)* hydrogen
- bei dieser ersten Konstruktion wird Druckwasserstoff in drei Tanks im Kofferraum gespeichert
- in this first design, pressurized hydrogen is stored in three tanks in the trunk

Dung m dung; manure
- getrockneter Dung von Tieren
- dried animal dung

Dünnschichtmodul n *(Solar)* thin film module
- diese Dünnschichtmodule eignen sich für eine Vielzahl von Anwendungen
- großflächiges Dünnschichtmodul
- these thin film modules are suitable for a wide variety of applications
- large area thin film module

Dünnschichtsolarzelle f thin-film solar cell; thin-film cell
- diese Dünnschichtsolarzellen sind hundertmal dünner als die heutigen Siliziumzellen
- Dünnschichtsolarzellen erfordern sehr wenig Werkstoff und können leicht in großem Maßstab hergestellt werden
- these thin-film solar cells are 100 times thinner than today's silicon cells
- thin-film solar cells require very little material and can be easily manufactured on a large scale

Dünnschichttechnik f *(Solar)* thin-film technology (siehe auch **Dünnschichttechnologie**)
- Fortschritte auf dem Gebiet der Dünnschichttechnik machen
- to make progress in the field of thin-film technology

- dieses Feld demonstriert das ausgezeichnete Leistungsvermögen unserer Dünnschichttechnik
- this array demonstrates the excellent performance of our thin film technology

Dünnschichttechnologie f *(Solar)* thin-film technology (siehe auch **Dünnschichttechnik**)

- CIS bietet bedeutende Vorteile gegenüber anderen Dünnschichttechnologien
- CIS offers significant advantages over other thin film technologies
- auf CIS basierende Dünnschichttechnologie
- CIS-based thin-film technology

Dünnschichtzelle f *(Solar)* thin-film cell (siehe auch **Dünnschichtsolarzelle**)

- Dünnschichtzellen lassen sich leichter herstellen
- thin-film cells are easier to manufacture

Durchflussmenge f *(Wasser)* flow rate

- Turbinen für kleine Durchflussmengen und große Fallhöhen
- turbines for small flow rates and high heads

Durchführbarkeit f feasibility

- Studien haben die Durchführbarkeit dieser Anwendung bewiesen
- studies proved the feasibility of this use

Durchführbarkeitsstudie f feasibility study

- das geothermische Potential von ... ist zur Zeit Gegenstand einer Durchführbarkeitsstudie
- a feasibility study of the geothermal potential of ... is underway
- die Durchführbarkeitstudie von ABC wird bald veröffentlicht
- ABC's feasibility study will soon be made public

Durchlässigkeit f *(Geo)* permeability

- das Gestein weist eine geringe Durchlässigkeit auf und muss aufgebrochen werden
- the rock has very low permeability and needs to be fractured

Durchmesser m diameter

- ein Rotor mit einem Durchmesser von 40 Metern
- rotor with a diameter of 40 meters
- ein Rotor mit einem Durchmesser von 54 Metern
- a rotor of 54 metres in diameter

Dynamikverhalten n dynamic response (siehe **dynamisches Verhalten**)

dynamisches Verhalten dynamic response

- sowohl Leistung als auch dynamisches Verhalten des Brennstoffzellenfahrzeuges haben sich stark verbessert
- both the performance and dynamic response of the fuel-cell vehicle have improved dramatically

E

Edelmetallkatalysator m *(BZ)* noble-metal catalyst; precious metal catalyst
- saure Zellen erfordern Edelmetallkatalysatoren
- acid cells require noble-metal catalysts

Effizienz f efficiency
- die Effizienz verbessern/steigern
- to improve/increase efficiency

Effizienzvorteil m efficiency advantage; efficiency benefit
- ein derartiges Brennstoffzellensystem würde immer noch einen Effizienzvorteil von 20 Prozent bieten
- such a fuel-cell system would still display an efficiency advantage of as much as 20 percent

Ein-Bohrloch-System n *(Geo)* single-hole configuration

einfallendes Licht *(Solar)* incident light
- die Helligkeit des einfallenden Lichtes messen
- to measure the brightness of the incident light

einfallende Strahlung *(Solar)* incident radiation
- unter einfallender Strahlung versteht man Strahlung, die auf eine Oberfläche auftrifft
- incident radiation is radiation that strikes a surface

Einfamilienhaus n single-family house
- für ein typisches Einfamilienhaus wäre eine Zwei-Kilowatt-Brennstoffzelle erforderlich
- a typical single-family house would require a two-kilowatt fuel cell

Einfamilienhaushalt m single family household
- einen Einfamilienhaushalt mit Strom versorgen
- to provide power to a single family household

einfangen v capture
- die oberste Zelle fängt blaues Licht ein
- the top cell captures blue light

eingehäusige Turbine single-casing turbine
- eingehäusige Turbinen eignen sich nicht für alle Anwendungen
- single-casing turbines are not suitable for all applications

einkristallines Silizium *(Solar)* single-crystal silicon
- einkristallines Silizium muss mehr als 100 Mikron dick sein, um ähnliche Ergebnisse zu erzielen
- single-crystal silicon must be more than 100 microns thick to achieve comparable results

Einlaufbauwerk n *(Wasser)* intake structure
- Einlaufbauwerke können ganz unterschiedlich beschaffen sein
- intake structures may vary widely

Einpressen n *(Geo)* injection
- die Notwendigkeit des Einpressens von zusätzlichem Wasser zur Aufrechterhaltung des Druckes in der Lagerstätte
- the need for increased water injection to maintain reservoir pressure
- eine Tiefenbohrung wird zum Einpressen von Wasser genutzt
- one deep well is used for the injection of water

einpressen v *(Geo)* inject
- Wasser mit hohem Druck in das heiße und trockene Gestein einpressen
- to inject water into HDR at very high pressure

Einsatz m use (siehe auch **Anwendung**)

- für den Einsatz in BHKW • for use in small cogeneration systems/ small(-scale) CHP plants
- für den Einsatz in Fahrzeugen • for use in vehicles
- für den kommerziellen Einsatz • for commercial use
- für den Einsatz in einem Linienbus • for use in a transit bus
- für den militärischen Einsatz • for military use
- für den Einsatz in Pkw • for use in automobiles/cars; for automobile/automotive use
- für den praktischen Einsatz in Autos • for practical use in automobiles
- für den Einsatz in Raumfahrzeugen • for use aboard spacecraft
- für den Einsatz im Verkehr • for transportation use
- für den Einsatz im Weltraum • for use in space
- für den zivilen Einsatz • for civilian use

Einsatzreife f viability

- die Festoxid-Brennstoffzelle steht schon seit Jahren kurz vor der kommerziellen Einsatzreife • solid oxide fuel cells (SOFCs) have been on the verge of commercial viability for years

Einschaltgeschwindigkeit f *(Wind)* cut-in speed; cut-in wind speed/windspeed

- die Einschaltgeschwindigkeit ist diejenige Windgeschwindigkeit, bei der die Turbine anfängt, Leistung zu erzeugen • cut-in speed is the wind speed at which the turbine begins to produce power
- wenn die Einschaltgeschwindigkeit der Turbine deutlich unter der Durchschnittswindgeschwindigkeit des Standorts liegt, dann treten unweigerlich Probleme auf • if the turbine's cut-in speed is significantly below a site's average wind speed, problems are inevitable

Einschaltwindgeschwindigkeit f *(Wind)* cut-in wind speed/windspeed (siehe **Einschaltgeschwindigkeit**)

einspeisen v feed (fed, fed) into/to; export

- Strom in das Netz einspeisen • to feed electrical energy into the grid
- überschüssige Energie wird in das örtliche Stromnetz eingespeist • excess power is exported to the local electricity grid

Einstrahlung f *(Solar)* irradiance; insolation

- unter Einstrahlung versteht man die Sonnenstrahlung, die in einer bestimmten Zeit auf eine bestimmte Fläche fällt • insolation is the solar radiation incident on an area over time

Einwellenanordnung f single shaft arrangement

- bei der Einwellenanordnung bilden Gasturbine, Generator und Dampfturbine einen Wellenstrang • in the single shaft arrangement the gas turbine, generator and steam turbine are situated in tandem on a single shaft

Einzelanlage f stand-alone system; stand-alone wind turbine

Einzelzelle f *(BZ; Solar)* individual cell

- eine Einzelzelle liefert eine Spannung von weniger als 1 Volt • an individual cell produces less than one volt
- Einzelzellen sind zu Stacks zusammengeschaltet • individual cells are electrically connected forming a cell stack
- die Einzelzellen erzeugen eine relativ geringe Spannung in der Größenordnung von jeweils 0,7 bis 1,0 V • individual cells generate a relatively small voltage, on the order of 0.7-1.0 volt each
- eine Gruppe von Einzelzellen wird als Stapel bezeichnet • a collection of individual cells is called a stack

- durch die Zusammenschaltung von vielen Einzelzellen kann man eine Leistungsabgabe von mehr als einem Kilowatt erreichen
- by connecting large numbers of individual (solar) cells together, more than one kilowatt of electric power can be generated

Einzugsgebiet n *(Wasser)* catchment area (siehe **Wassereinzugsgebiet**)

elektrische Arbeit electrical work

- die Verbrennungswärme des Brennstoffs wird in elektrische Arbeit umgewandelt
- the heat of combustion of the fuel is turned into electrical work

elektrische Ausgangsleistung electrical output

- die elektrische Ausgangsleistung bleibt über einen Zeitraum von 700 Stunden absolut konstant
- the electrical output remains absolutely constant over 700 hours

elektrische Energie electricity; electrical energy

- Brennstoffzellen wandeln ca 60 % des verbrauchten Brennstoffes in elektrische Energie um
- fuel cells convert about 60% of the fuel they consume into electrical energy
- elektrische Energie speichern
- to store electrical energy
- elektrische Energie erzeugen
- to produce electrical energy
- elektrische Energie liefern
- to supply electrical energy
- dies ist ein elektrochemisches Gerät, in dem elektrische Energie durch eine chemische Reaktion erzeugt wird
- this is an electrochemical device in which electrical energy is generated by chemical reaction
- die mechanische Energie wird in elektrische Energie umgewandelt, die anschließend verteilt und genutzt werden kann
- the mechanical energy is turned into electrical energy ready for distribution and use
- der Anteil der weltweit mit Wasserkraft erzeugten elektrischen Energie beträgt ungefähr 23 %
- about 23% of the total electrical energy produced in the world is derived from water
- Erzeugung, Übertragung und Verteilung elektrischer Energie
- generation, transmission and distribution of electrical energy
- die Speicherung von elektrischer Energie im großen Maßstab
- large-scale storage of electrical energy
- die Umwandlung von elektrischer Energie in Wärme
- the conversion of electrical energy to heat
- elektrische Energie zu Niedrigstpreisen verkaufen
- to sell electricity at rock-bottom prices

elektrische Leistung electrical output

- die elektrische Leistung sinkt
- the electrical output drops
- die elektrische Leistung bleibt über einen Zeitraum von 700 Stunden absolut konstant
- the electrical output remains absolutely constant over 700 hours
- die elektrische Leistung einer Kraft-Wärme-Kopplungsanlage um 70 % steigern
- to increase the electrical output of a cogeneration system by 70%

elektrischer Strom electric current; current; electricity

- der Generator erzeugt elektrischen Strom, solange das Wasser die Turbine antreibt
- the electric generator produces electric current as long as the water continues to drive the turbine
- umweltfreundlichen Strom liefern
- to deliver environmentally friendly electricity

elektrischer Verbraucher electric load

- die Stromversorgung kritischer elektrischer Verbraucher erfolgt zur Zeit mit Hilfe teurer USV
- critical electric loads are currently being supplied by high-cost uninterruptible power supplies

- diese elektrischen Verbraucher erfordern eine ständige und ununterbrochene Stromversorgung
- these electric loads require a continuous, uninterrupted electric energy source

elektrischer Wirkungsgrad electrical efficiency

- einen unübertroffen hohen elektrischen Wirkungsgrad besitzen
- to offer the ultimate in electrical efficiency
- zu den Vorteilen von Brennstoffzellen gehören hoher elektrischer Wirkungsgrad und Zuverlässigkeit
- the benefits of fuel cells include high electrical efficiency and reliability
- diese Brennstoffzelle kann einen elektrischen Wirkungsgrad von 40 % erreichen
- this fuel cell can achieve 40% electrical efficiency
- der elektrische Wirkungsgrad kann 40 % übersteigen
- the electrical efficiency can exceed 40 percent

elektrisches Feld electric field

- ein elektrisches Feld aufbauen
- to create an electric field
- ohne elektrisches Feld würde die Zelle nicht funktionieren
- without an electric field, the cell wouldn't work

Elektrizität f electricity

- Brennstoffzellen wandeln Wasserstoff und Sauerstoff in Elektrizität um
- fuel cells transform hydrogen and oxygen into electricity
- Elektrizität erzeugen
- to generate electricity
- Sonnenlicht direkt in Elektrizität umwandeln
- to directly convert sunlight into electricity
- die Erzeugung von Elektrizität
- the generation of electricity
- Elektrizität ist die vielseitigste Energieform
- electricity is the most versatile form of energy

Elektrizitätserzeugung f electricity/power generation electric(al) power generation

- Brennstoffzellen bieten eine geräuscharme und zuverlässige Elektrizitätserzeugung
- fuel cells provide quiet, reliable electricity generation

Elektrizitätsversorgung f electricity supply

- die Erneuerbaren werden eine große Rolle in der Elektrizitätsversorgung spielen
- renewables will become a major part of electricity supply

Elektrizitätsversorgungsnetz n electricity supply network; electricity supply system; power supply system; electricity supply grid

- die Erforschung der Möglichkeiten beim Einsatz der Windenergie in der Elektrizitätsversorgung des Landes fördern
- to encourage research into how wind power could be used in the country's electricity supply system
- fast alle der ca. 20 Millionen Haushalte in Großbritannien sind an das Elektrizitätsversorgungsnetz angeschlossen
- nearly all of the 20 million or so homes in Britain are connected to the electricity supply grid
- das vorhandene Elektrizitätsversorgungsnetz ist für enorme Bedarfsschwankungen ausgelegt
- the existing electricity supply system is designed to cope with an enormous variability in demand
- Führung eines Elektrizitätsversorgungsnetzes
- management of a power supply system

Elektrizitätsversorgungsunternehmen n electric utility; electric utility company; electricity company

- ABC ist das zehntgrößte Elektrizitätsversorgungsunternehmen des Landes
- ABC is the nation's 10th-largest electric utility
- viele Elektrizitätsversorgungsunternehmen sehen in Minikraftwerken eine wirtschaftliche Bedrohung
- many electric utilities perceive micropower systems as an economic threat

Elektrizitätswirtschaft f electric(al) power industry; electricity industry; electricity supply industry; electric utility industry (siehe **Stromwirtschaft; Energiewirtschaft**)

- die Elektrizitätswirtschaft wurde dereguliert, um den Wettbewerb zwischen den Anbietern von Energie zu fördern
- the electric utility industry was deregulated to promote competition among suppliers of energy

Elektroantrieb m electric drive system; electric drive motor

- ABC wird moderne Elektroantriebe für batteriebetriebene und hybrid-elektrische Fahrzeuge entwickeln
- ABC will be developing advanced electric drive systems for battery-powered and hybrid electric vehicles

Elektrochemie f electrochemistry

- wie Batterien beruhen Brennstoffzellen auf den Grundgesetzen der Elektrochemie
- like batteries, fuel cells are based on the principles of electrochemistry

elektrochemisch aktiv electrochemically active

- elektrochemisch aktive Katalysatorschicht
- electrochemically active catalyst layer

elektrochemische Reaktion electrochemical reaction

- eine elektrochemische Reaktion erzeugen
- to create an electrochemical reaction
- Brennstoffzellen wandeln die chemische Energie eines Brennstoffes mit Hilfe elektrochemischer Reaktionen direkt in Elektrizität um
- fuel cells convert the chemical energy of a fuel directly into electricity by electrochemical reactions

elektrochemischer Prozess electrochemical process; electro-chemical process

- Energie wird mittels eines elektrochemischen Prozesses, bei dem Wärme entsteht, direkt in Strom umgewandelt
- energy is converted directly into electricity by an electrochemical process which produces heat
- die bei dem elektrochemischen Prozess entstehende Abwärme nutzen
- to use the waste heat from the electrochemical process
- Brennstoffzellen erzeugen Gleichstrom mit Hilfe eines elektrochemischen Prozesses
- fuel cells produce a DC current by means of an electrochemical process

Elektrode f *(BZ)* electrode

- eine Brennstoffzelle besteht aus zwei Elektroden, zwischen denen sich ein Elektrolyt befindet
- a fuel cell consists of two electrodes sandwiched around an electrolyte
- an der einen Elektrode wird kontinuierlich Gas oder ein flüssiger Brennstoff und an der anderen Elektrode Luft oder Sauerstoff zugeführt
- a gas or liquid fuel is supplied continuously to one electrode and oxygen or air to the other
- leichte Elektroden für den Einsatz in Pkw mit Brennstoffzellenantrieb
- light electrodes for use in cars with fuel cell engines

Elektrodenfläche f *(BZ)* electrode area

Elektrodenoberfläche f *(BZ)* electrode surface

Elektroden-Platte f *(BZ)* electrode plate

Elektrodenreaktion f *(BZ)* electrode reaction

Elektrodenschicht f *(BZ)* layer of electrode material; electrode layer

Elektrofilter n electrostatic precipitator

- die Anlage besitzt einen Elektrofilter zur Entfernung fester Teilchen
- the plant employs an electrostatic precipitator for particulate removal

Elektrolyse f electrolysis
- den Prozess der Elektrolyse umkehren — to reverse electrolysis
- bei Brennstoffzellen findet eine umgekehrte Elektrolyse statt — fuel cells operate in reverse of electrolysis

Elektrolyseur m *(BZ)* electrolyser
- die Weiterentwicklung von Elektrolyseuren — the further development of electrolysers

Elektrolyt m electrolyte
- alkalischer Elektrolyt — alkaline electrolyte
- fester Elektrolyt — solid electrolyte
- flüssiger Elektroly — liquid electrolyte
- gasdichter Elektrolyt — gas-impervious electrolyte
- phosphorsaurer Elektrolyt — phosphoric acid electrolyte
- Brennstoffzellen werden normalerweise nach ihrem Elektrolyten benannt — fuel cells are normally named after/for their electrolyte
- Anode und Kathode sind durch einen Elektrolyten voneinander getrennt — anode and cathode are separated by an electrolyte
- der Elektrolyt kann eine Flüssigkeit oder ein Feststoff sein — the electrolyte may be a liquid or a solid

elektrolytisch adv electrolytically
- dieser Wasserstoff wird durch die elektrolytische Spaltung von Wasser hergestellt — this hydrogen is made by electrolytically splitting water

Elektrolytmaterial n *(BZ)* electrolyte material
- diese Brennstoffzelle besteht aus einer Schicht Elektrolytmaterial, das auf jeder Seite mit Elektrodenmaterial beschichtet ist — this fuel cell comprises a layer of electrolyte material with a layer of electrode material on each side
- die relativ hohen Kosten des Elektrolytmaterials — the relatively high cost of the electrolyte material
- bei dieser Temperatur weist das Elektrolytmaterial eine ausreichende Leitfähigkeit für die Sauerstoffionen auf — at this temperature, the electrolyte material becomes sufficiently conductive to oxide ions

Elektrolytmembran f *(BZ)* membrane electrolyte
- die Protonen wandern durch die Elektrolytmembran zur Kathode — the protons migrate through the membrane electrolyte to the cathode

elektromagnetische Strahlung electromagnetic radiation
- Licht wird manchmal synonym für alle Arten elektromagnetischer Strahlung verwendet — light is sometimes used as a synonym for all electromagnetic radiation
- Sonnenstrahlung ist die von der Sonne emittierte elektromagnetische Strahlung — solar radiation is the electromagnetic radiation emitted by the sun
- elektromagnetische Strahlung setzt sich aus einer Reihe unterschiedlicher Wellenlängen zusammen — electromagnetic radiation is made up of a range of different wavelengths

Elektron n electron
- Elektronen abgeben — to release electrons
- der Wasserstoff gibt Elektronen an die Anode ab — hydrogen gives up electrons to the anode
- Elektronen aufnehmen — to absorb electrons
- der Sauerstoff wandert durch die poröse Katode und nimmt zwei Elektronen auf — the oxygen moves through the porous cathode and “adopts” two electrons
- möglichst viele Elektronen freisetzen — to free as many electrons as possible
- negativ geladene Elektronen — negatively charged electrons
- durch diese Energie werden Elektronen freigesetzt — this energy knocks electrons loose

Elektron/Loch-Paar n electron-hole pair

- einige Photonen besitzen nicht genug Energie, um Elektron/Loch-Paare zu generieren
- some photons will not have enough energy to form an electron-hole pair

Emission f emission

- mit extrem geringen Emissionen
- with ultra-low emissions
- ein solches Fahrzeug würde so gut wie keine Emissionen verursachen
- such a vehicle would produce negligible emissions
- schädliche Emissionen
- noxious/harmful emissions
- praktisch alle schädlichen Emissionen beseitigen
- to remove virtually all harmful emissions
- die Emissionen auf ein Mindestmaß begrenzen
- to minimize emissions
- diese elektrisch angetriebenen Autos erzeugen keine Emissionen
- these electric powered cars produce zero emissions
- die Emissionen um ... % senken
- to cut emissions by ...%
- lokale Emissionen
- local emissions

emissionsarm adj low-emission

- Brennstoffzellen sind so emissionsarm, dass ...
- fuel cells are so low-emission that ...
- emissionsarme Energieerzeugung
- low-emission energy generation

emissionsfrei adj emission-free; zero emission

- praktisch emissionsfrei
- virtually emission-free/with near zero emissions
- Brennstoffzellenautos sind emissionsfrei
- fuel cell cars are zero emission

Emissionsgrenzwert m emission limit

- die bestehenden Emissionsgrenzwerte überschreiten
- to violate existing emission limits

Emissionslimit n emission limit (siehe **Emissionsgrenzwert**)

Emissionswert m emission level

- gegen Null gehende Emissionswerte
- near-zero emission levels

emittieren v emit

- Schadstoffe emittieren
- to emit pollutants

Empfänger m *(Solar)* receiver

- der Empfänger absorbiert das Sonnenlicht und wandelt es in Wärme um
- the receiver absorbs and converts sunlight into heat

empfindlich adj sensitive

- die AFC ist empfindlich gegen Verunreinigungen wie CO und CO_2
- the AFC is sensitive to impurities such as CO and CO_2

Empfindlichkeit f sensitivity

- aufgrund der Empfindlichkeit des Elektrolyts gegen CO_2
- because of the sensitivity of the electrolyte to CO_2

Endverbraucher m end user

- die elektrische Energie erreicht den Endverbraucher normalerweise im Rahmen eines drei Schritte umfassenden Prozesses
- electricity typically reaches the end user through a three-step process

Energie f energy

- die Umwandlung von Energie von einer Form in eine andere
- Energie ist die Fähigkeit, Arbeit zu verrichten

- the conversion of energy from one form to another
- energy is the ability to do work

Energieausbeute f energy efficiency; energy capture

- die Energieausbeute erhöhen
- die neuen Blätter verbessern die Energieausbeute der Windturbine von 20 % auf 70 %

- to increase energy capture
- the new blades improve the wind turbine's energy capture from 20% to 70%

Energieausnutzung f energy efficiency

Energiebedarf m energy needs; energy demand

- der globale Energiebedarf im Jahre 2010
- ca. 30 % des Gesamtenergiebedarfs des Landes wird mit Kohle abgedeckt
- Biomasse deckt zurzeit mehr als 3 % des gesamten Energiebedarfs der USA ab
- dieser Industriezweig deckt nahezu 75 % seines Energiebedarfs durch die direkte Verbrennung von Holz ab
- diese Strommenge reicht aus, um den Energiebedarf mehrerer Millionen Wohnhäuser abzudecken

- global energy demand in 2010
- coal is used to satisfy about 30% of the country's total energy demand
- biomass currently supplies more than 3% of total U.S. energy needs
- this industry satisfies close to 75% of its energy needs through direct wood combustion
- this is enough power to meet the energy needs of several million homes

Energiebilanz f energy balance

- die Gegenüberstellung des Energieaufwandes für die Errichtung eines Kraftwerkes und der von dem Kraftwerk erzeugten Energie wird als Energiebilanz bezeichnet
- die ersten Solarzellen hatten eine negative Energiebilanz

- the comparison of energy used in manufacture with the energy produced by a power station is known as the energy balance
- early solar cells had a negative energy balance

Energiebranche f energy sector

Energiedichte f energy density; power density

- Festoxidzellen versprechen sauberen Strom bei hohen Wirkungsgraden und Energiedichten
- Methanol wurde aufgrund seiner hohen Energiedichte als Brennstoff gewählt
- die Energiedichte der Brennstoffzellen ist zehnmal größer als die von herkömmlichen Batterien für Handys
- geothermische Energie besitzt die größte Energiedichte

- solid oxide cells offer the promise of clean power at high efficiencies and energy densities
- methanol was selected as the fuel because of its high energy density
- the fuel cells have an energy density 10 times that of conventional batteries for mobiles
- geothermal energy has the highest energy density

energieeffizient adj energy-efficient

- umweltfreundlichere und energieeffizientere Fahrzeuge

- environmentally cleaner, more energy-efficient vehicles

Energieeffizienz f energy efficiency

- eine beträchtliche Erhöhung der Energieeffizienz bieten
- beide Fahrzeuge würden eine ausgezeichnete Energieeffizienz erreichen
- die Energieeffizienz durch den verstärkten Einsatz von Kraft-Wärmekopplung fördern

- to offer substantial energy efficiency gains
- both vehicles would achieve excellent energy efficiency
- to promote energy efficiency through the wider use of cogeneration

Energieeinsparung f energy saving(s)

- dies führt zu Energieeinsparungen von 20 bis 40 %
- die Kraft-Wärme-Kopplung ermöglicht Energieeinsparungen von 15 bis 40 %
- unsere Dampferzeuger bieten beträchtliche Energieeinsparungen im Vergleich zu herkömmlichen Kesseln

- this results in energy savings of between 20 and 40%
- cogeneration offers energy savings ranging between 15-40%
- our steam generators offer substantial energy savings over conventional boilers

Energieerzeugung f energy generation; energy production

- ein neues Zeitalter der Energieerzeugung einleiten
- in den USA beträgt der Anteil der Biomasse an der Gesamt-Energieerzeugung heute ca. 3,2 %

- to usher in a new era in energy generation
- biomass today accounts for about 3.2% of total U.S. energy production

Energieerzeugungsanlage f energy generation system

- diese Energieerzeugungsanlage mit einer MCFC wurde diesen Sommer in Santa Clara, Kalifornien in Betrieb genommen

- this energy generation system with a Molten Carbonate Fuel Cell started up this summer in Santa Clara, California

Energieerzeugungssystem n energy production system (siehe auch **Energieerzeugungsanlage**)

- ein alternatives industrielles Energieerzeugungssystem suchen

- to search for an alternative industrial energy production system

Energieexperte m energy expert

- die Windenergie wird von Energie- und Umweltexperten hoch gelobt

- wind energy receives high praise from energy and environmental experts

Energiefachleute pl energy experts

Energieform f form of energy

- in eine erneuerbare Energieform investieren
- Elektrizität ist die vielseitigste Energieform

- to invest in a renewable form of energy
- electricity is the most versatile form of energy

Energiegewinnung f (siehe auch **Energieerzeugung**)

- Energiegewinnung aus Biomasse
- letztes Jahr ist die Energiegewinnung aus Biomasse auf ca. 590 MW gesunken/geschrumpft

- energy production based on biomass
- last year, energy production from biomass dwindled to about 590 MW

Energieinhalt m energy content

- wenn der Wind mit doppelter Geschwindigkeit bläst, dann erhöht sich sein Energieinhalt um das Achtfache

- if the wind blows at twice the speed, its energy content will increase eight fold

Energiekette f energy chain

- wenn man die gesamte Energiekette betrachtet

- when the total energy chain is considered

Energiemanagment n energy management

Energiemarkt m energy market

- die Liberalisierung der Energiemärkte

- the liberalisation of energy markets

Energiemix m energy mix

- diese Stadtwerke verfügen über den schmutzigsten Energiemix in ganz Kalifornien
- this municipal utility has the dirtiest energy mix in California
- die erneuerbaren Energien machen 19 % des Gesamt-Energiemixes dieses EVU aus
- nineteen percent of this utility's total energy mix is made up of renewables
- die Windenergie wird anteilmäßig eine große Rolle im Energiemix dieses Landes spielen
- wind energy will play a proportionally large role in the energy mix of this country

Energienutzungsgrad m energy efficiency

- durch den Einsatz industrieller Kraft-Wärme-Kopplung können auf Grund des hohen Energienutzungsgrades Energie- und Betriebskosten eingespart werden
- the use of industrial cogeneration can save both energy and operating costs because of its high energy efficiency

Energiepflanze f *(Bio)* energy crops pl

- man muss Energiepflanzen anbauen, um genügend Ausgangsmaterialien für Biomasse zu erhalten
- you have to grow energy crops to have enough biomass feedstock available
- Wissenschaftler arbeiten an der Entwicklung spezieller Energiepflanzen
- scientists are developing dedicated energy crops
- diese Energiepflanzen werden speziell für den Einsatz in Biomassekraftwerken angebaut
- these energy crops are grown specifically for use in biomass power plants
- Pappeln als Energiepflanzen anbauen
- to grow poplar trees as energy crops
- in den Durchführbarkeitsstudien wurde der Einsatz unterschiedlicher Energiepflanzen zur Stromerzeugung untersucht
- the feasibility studies analyzed using different energy crops to make electricity
- Strom aus Energiepflanzen herstellen
- to generate electricity from energy crops

Energiepotential n energy potential

- ungenutztes Energiepotential
- unused energy potential
- das Gesamt-Energiepotential des Geothermalfeldes ist unbekannt
- the total energy potential of the geothermal field is unknown

Energiequelle f power source; energy source; source of energy

- die bevorzugte Energiequelle für das 21. Jahrhundert
- the preferred power source for the 21st century
- geräuschlose Energiequelle
- noiseless power source
- herkömmliche Energiequelle
- conventional power source
- tragbare Energiequelle
- portable power source
- umweltfreundliche Energiequellen
- environmentally benign/nonpolluting/environmentally safe power source
- eine umweltfreundliche Energiequelle, die keine Geräusche erzeugt und keine beweglichen Teile besitzt
- a nonpolluting power source that produces no noise and has no moving parts
- die Verfügbarkeit kostengünstigerer Energiequellen
- the availability of lower-cost energy sources
- eine saubere/umweltfreundliche Energiequelle
- a clean energy source
- diese umweltfreundliche Energiequelle nutzen
- to exploit this environmentally friendly power source
- die herkömmlichen Energiequellen sind nicht erneuerbar und verursachen Umweltverschmutzung
- traditional energy sources are non-renewable and create pollution
- die Sonne ist eine äußerst leistungsstarke Energiequelle
- the Sun is an extremely powerful energy source
- alternative Energiequelle
- alternative energy source

- Ozeane und Flüsse bilden weiterhin eine riesige und noch weitgehend unerschlossene Energiequelle
- oceans and rivers remain a vast and still largely untapped source of energy

Energieressource f energy resource
- die Notwendigkeit der Schonung der Energieressourcen
- the need for conservation of energy resources
- einheimische und erneuerbare Energieressourcen
- indigenous and renewable energy resources

Energierücklaufzeit f energy payback

Energiespar... energy-saving
- Energiesparmaßnahmen
- energy-saving measures
- Energiesparaspekte
- energy-saving aspects
- Energiesparpotential
- energy-saving potential

energiesparend adj energy-efficient; energy-saving
- energiesparende Fahrzeuge
- energy-efficient vehicles
- energiesparende Technologien
- energy-saving technologies
- energiesparender Antrieb
- energy-saving drive
- energiesparende Fertigung
- energy-saving manufacturing

Energiespeicher m energy storage

Energiespeicherung f energy storage
- die EVU beschäftigen sich eingehend mit der Energiespeicherung
- utilities are taking a closer look at energy storage
- Solaranlagen müssen eine Möglichkeit zur Energiespeicherung bieten/vorsehen
- solar energy systems must include some provision for energy storage

Energietechnologie f energy technology
- die Entwicklung umweltfreundlicher Energietechnologien
- the development of environmentally clean energy technologies
- die Windenergie ist eine der populärsten Energietechnologien
- wind energy is one of the most popular energy technologies
- die Windenergie ist eine der sichersten Energietechnologien
- wind energy is one of the safest energy technologies

Energieträger m power source; energy source; fuel source
- den Einsatz alternativer Energieträger fördern
- to promote the use of alternative energy sources
- Erdgas oder sauberes Kohlegas können als Energieträger verwendet werden
- either natural gas or clean, coal-derived gas can be the fuel source
- erneuerbare Energieträger
- renewable energy sources

Energieumwandlung f energy conversion
- die Energieumwandlung erfolgt direkt
- energy conversion takes place directly
- diese Brennstoffzellen eignen sich insbesondere für die stationäre Energieumwandlung
- these fuel cells are particularly suitable for stationary energy conversion
- direkte Energieumwandlung in einer Solarzelle
- direct energy conversion in a solar cell
- eine effizientere Energieumwandlung gewährleisten
- to ensure more efficient energy conversion

Energieumwandlungsprozess m power conversion process

Energieumwandlungstechnologie f energy conversion technology

Energieunternehmen n power company; utility company

Energieverbrauch m energy consumption

- den Energieverbrauch abschätzen — to estimate energy consumption
- dem Leser bei der Abschätzung des Energieverbrauchs einer Brennstoffzellenanlage Hilfestellung geben — to assist the reader in estimating energy consumption associated with a fuel cell system
- auf den Verkehr entfällt ein Viertel des gesamten Energieverbrauchs der Vereinigten Staaten — transportation accounts for one-fourth of all U.S. energy consumption
- den Energieverbrauch um mindestens die Hälfte senken — to cut energy consumption by at least half
- ein Großteil des Gesamt-Energieverbrauchs der Industrie ist für Prozesswärmeanwendungen — a large portion of the industrial sector's total energy consumption is for process heating applications
- sie könnten die Wirtschaftstätigkeit ohne Erhöhung des Energieverbrauchs ausweiten — they could expand their level of economic activity without increasing energy consumption

Energieverbraucher m energy user

- Regierung und Industrie sind große Energieverbraucher — the Government and industries are big energy users

Energieversorger m utility (siehe **Energieversorgungsunternehmen**)

Energieversorgung f energy supply

- die KWK könnte einen bedeutenden Beitrag zu einer sicheren Energieversorgung des Landes leisten — CHP could make a major contribution to the security of the country's energy supply

Energieversorgungsunternehmen n *(EVU)* utility; utility company

- Anschluss an das Verteilungsnetz eines Energieversorgungsunternehmens — connection to a utility's electrical distribution system
- die EVU haben relativ wenige PV-Anlagen errichtet — utilities have installed relatively few PV systems
- überschüssiger Strom wird an das EVU verkauft — excess electrical energy is resold to the utility company

Energiewandler m energy converter; energy conversion system; power conversion device

- Brennstoffzellen haben einen höheren Wirkungsgrad als die meisten anderen Energiewandler — fuel cells are much more efficient than most other energy converters
- Brennstoffzellen sind leistungsfähige Energiewandler — fuel cells are efficient power conversion devices
- Brennstoffzellen sind elektrochemische Energiewandler — fuel cells are electrochemical energy converson systems

Energiewandlungstechnologie f energy conversion technology

Energiewirtschaft f power industry

- dies ist eine Folge der Deregulierung der Energiewirtschaft — this is a result of the deregulation of the power industry
- die Liberalisierung und Dezentralisierung der Energiewirtschaft — the liberalisation and decentralisation of the power industry
- der Bewerber sollte über drei Jahre Erfahrung in der Energiewirtschaft verfügen — the candidate should have three years of power industry experience
- fordern Sie weitere Informationen über unsere Hochleistungspumpen für die Energiewirtschaft an — write for more information about our heavy-duty pumps for the power industry
- ABC ist kein unbekannter Name in der Energiewirtschaft — ABC is no stranger to the power industry

Enthalpie f *(Geo)* enthalpy

- Vorkommen mit niedriger Enthalpie sind reichlich vorhanden
- low-enthalpy resources are abundant

Entlastungsanlage f *(Wasser)* spillway

- ein Teil des Dammes dient als Entlastungsanlage, über die bei Hochwasser das überschüssige Wasser abgeführt wird
- part of the dam itself is used as a spillway over which excess water is discharged in times of flood

entlegen adj remote

- PV-Anlagen für entlegene Gebiete
- PV systems for remote applications
- die kostengünstigste Möglichkeit zur Deckung des Strombedarfs in entlegenen Gebieten
- the most cost-effective option for meeting remote power needs
- in abgelegenen Gegenden Australiens eine echte Alternative zu Dieselaggregaten bieten
- to offer a viable alternative to diesel generators in remote Australian areas

Entnahmedampfturbine f extraction steam turbine

- dieser Kessel versorgt eine Entnahmedampfturbine, die bis zu ... MW elektrische und mindestens ... t/h Wärmeleistung erzeugt, mit Dampf
- this boiler sends steam to an extraction steam turbine where up to ... MW of electrical power and at least ... t/h of process steam are produced

Entnahme-Kondensationsturbine f extraction-condensing turbine; extraction condensing turbine

- ABC hat den Zuschlag für Konstruktion und Bau einer Entnahme-Kondensationsturbine erhalten
- ABC has won a contract to design and manufacture an extraction condensing turbine

Entnahmeturbine f extraction turbine

- im Abhitzekessel wird hochgespannter und überhitzter Dampf für den Betrieb der Entnahmeturbine erzeugt
- in the waste heat boiler, high-pressure superheated steam is generated for operation of the extraction turbine

entschwefeln v desulfurize *(US)*; desulphurise *(GB)*

- das Gas, mit dem der Generator versorgt wird, muss entschwefelt werden
- the gas feeding the generator must be desulfurized
- Dieselbrennstoff muss entschwefelt werden, bevor er der Brennstoffzelle zugeführt wird
- diesel must be desulfurized prior to its feed to the fuel cell

entschwefelt adj desulfurized *(US)*; desulphurised *(GB)*

- der Antrieb läuft mit entschwefeltem Erdgas
- the power system operates on desulfurized natural gas
- den Brennstoffzellenstapel mit entschwefeltem Methan versorgen
- to supply desulfurized methane to the fuel cell stack

Entschwefelung f desulfurization *(US)*; desulphurization *(GB)*

Entschwefelungsanlage f desulfurization plant *(US)*; desulphurisation plant *(GB)*

- diese Kraftwerke benötigen keine speziellen Entschwefelungsanlagen
- these power stations do not require separate desulphurisation plants

Entschwefelungsverfahren n desulfurization process *(US)*; desulphurisation process *(GB)*

- bei Einsatz von Entschwefelungsverfahren können die Emissionen um bis zu 90 % vermindert werden
- if desulfurization processes are used, emissions can be reduced by as much as 90%

Entschwefler m desulfurizer *(US)*; desulphuriser *(GB)*

- der Entschwefler ermöglicht die Umwandlung von handelsüblichem Benzin in Wasserstoff
- ein Entschwefler entfernt alle noch eventuell im Schlamm vorhandenen Schwefelverbindungen

- the desulfurizer enables conversion of commercially available gasoline into hydrogen
- a desulphuriser removes any sulphur compounds remaining in the sludge

entspannen v expand

- die Luft vom Speicher wird mit dem Brennstoff vermischt, verbrannt und in der Turbine entspannt

- the air coming from the reservoir is mixed with fuel, burned and expanded through the turbine

Entwicklung f development

- dieser Zellentyp befindet sich noch in der Entwicklung
- neuste Entwicklungen auf dem Gebiet der Kraft-Wärme-Kopplung
- die Entwicklung des Elektronenmikroskops hat die Beobachtung winziger Organismen ermöglicht
- nachhaltige wirtschaftliche Entwicklung
- ABC ist ein führendes Unternehmen auf dem Gebiet der Entwicklung moderner Energieanlagen
- ABC führt die Entwicklung dieser Technologie an
- ABC wird weiterhin in Forschung und Entwicklung (FuE) investieren

- this cell type is still under development
- latest developments in the field of CHP
- the development of the electron microscope has made possible the observation of very minute organisms
- sustainable economic development
- ABC is an industry leader in the development of state-of-the-art power facilities
- ABC is leading the development of this technology
- ABC will continue to invest in research and development (R&D)

Entwicklungsstadium n development stage

- sich noch im Entwicklungsstadium befinden
- im letzten Entwicklungsstadium sein
- die Technologie durchläuft das Entwicklungsstadium

- to be still under development; to be still at/in the development stage
- to be in the final stages of development
- the technology is proceeding through the development stage

Erddamm m *(Wasser)* embankment dam

- Dämme werden in Erddämme (aus rolligem und bindigem Erdmaterial) und Betonmauern unterteilt

- dams are grouped in embankment dams (rockfill and earthfill) and concrete dams

Erde f earth; Earth

- Brennstoffzellen sind erst in jüngster Zeit für den kommerziellen Einsatz auf der Erde weiterentwickelt worden
- die im Innern der Erde enthaltene Wärme kann zurückgewonnen und genutzt werden

- fuel cells have only recently been adapted to commercial use on earth
- heat contained within the Earth can be recovered and put to useful work

Erdgas n natural gas

- mit Erdgas betriebene Brennstoffzelle
- Erdgas ist der am häufigsten eingesetzte Brennstoff
- alle Brennstoffzellen können mit Erdgas betrieben werden
- Erdgas oder andere Brennstoffe können verwendet werden, wenn die Brennstoffzelle mit einem Reformer zur Umwandlung des Brennstoffes in Wasserstoff ausgerüstet ist

- natural gas fuel cell
- natural gas is the most commonly used fuel
- all fuel cells can run on natural gas
- natural gas or other fuels can be used if the fuel cell has a reformer to convert the fuel to hydrogen

- die Nutzung von Erdgas nimmt in ganz Europa zu — the use of natural gas is growing across Europe
- Erdgas ist billig, verfügbar, vielseitig und umweltfreundlich — natural gas is cheap, accessible, flexible and clean

erdgasbefeuerte GuD-Anlage natural gas-fired combined cycle power station

erdgasbetriebene Anlage natural gas-fuel(l)ed plant

- letzte Woche wurde die erdgasbetriebene Anlage vor mehr als 200 geladenen Gästen eingeweiht — last week, the natural gas-fuelled plant was dedicated before an audience of more than 200 invited guests

erdgasbetriebene Brennstoffzelle natural gas fuel cell (NGFC)

- die mit Erdgas betriebene Brennstoffzelle ist ein umweltfreundlicher Energieerzeuger, dessen Emissionen sauberer sind als die Luft in manchen Großstädten — the natural gas fuel cell is an environmentally friendly energy generator with cleaner emissions than the ambient air in some cities
- eine erdgasbetriebene Brennstoffzelle installieren und betreiben — to install and operate an NGFC
- die Emissionen der erdgasbetriebenen Brennstoffzelle sind viel sauberer — the emissions from the NGFC are much cleaner
- die Aussichten für erdgasbetriebene Brennstoffzellen sind in diesem Bereich gut — the future of natural gas fuel cells in this sector looks good

erdgasbetriebene Brennstoffzellenanlage natural gas fuel cell energy system

- die erdgasbetriebene Brennstoffzellenanlage bietet eine einfache und zuverlässige Methode zur besseren Nutzung des Erdgases und zur Erhöhung des Wirkungsgrades — the natural gas fuel cell energy system is a simple, reliable way to improve natural gas utilization and efficiency

erdgasbetriebene SOFC natural gas-powered SOFC

erdgasbetriebene Zelle *(BZ)* natural gas-fuel(l)ed cell

Erdgasdampfreformer m *(BZ)* natural gas steam reformer

- ABC zeigte auch einen Erdgasdampfreformer für den Einsatz mit einer 15-kW-PEM-Brennstoffzelle — ABC also displayed a natural gas steam reformer for use with a 15-kilowatt PEM fuel cell

Erdgaskraftwerk n natural gas-fuel(l)ed power plant; natural gas-fired power plant; natural-gas power plant; natural gas generation plant; natural gas fuel(l)ed facility

- ABC baut ein modernes 500-MW-Erdgaskraftwerk — ABC builds a state-of-the-art 500 MW natural gas-fired power plant
- ABC errichtet zur Zeit ein 6-MW-Erdgaskraftwerk — ABC has under construction a 6 MW natural gas generation plant
- das neue 300-MW-Erdgaskraftwerk gehört einem Gemeinschaftsunternehmen — the new 300-megawatt natural gas fueled facility is owned by a joint venture

Erdgasmotor m natural gas engine

- der Generator wird von einem Erdgasmotor angetrieben — the generator is driven by a natural gas engine

Erdgasreformer m *(BZ)* natural gas reformer

Erdgasreformierung f *(BZ)* natural gas reforming

- Erdgasreformierung für den Einsatz in der stationären Stromerzeugung — natural gas reforming for use in stationary power applications

Erdgasreserve f natural gas reserve (siehe **Erdgasvorkommen**)

Erdgasverstromung f conversion of natural gas into electricity

Erdgasvorkommen n natural gas reserve
- dank neuer Pipelines hat Europa Zugriff auf 70 % der Erdgasvorkommen
- Europe has access to 70% of world gas reserves through new pipelines

erdgebunden adj terrestrial (siehe **terrestrisch**)

erdgekoppelte Wärmepumpe *(Geo)* ground source heat pump
- erdgekoppelte Wärmepumpen nutzen die Erde oder das Grundwasser im Winter als Wärmequelle und im Sommer als Wärmesenke
- ground-source heat pumps use the earth or groundwater as a heat source in winter and a heat sink in summer

Erdinnere n *(Geo)* Earth's interior
- diese Wärmepumpen nutzen die relativ konstante Temperatur des Erdinneren
- these heat pumps take advantage of the relatively constant temperature of the Earth's interior
- geothermische Energie ist Energie aus dem Erdinnern
- geothermal energy is energy from the earth's own interior

Erdkern m *(Geo)* Earth's core
- der Erdkern aus flüssigem Eisen und Nickel
- the Earth's core of liquid iron and nickel
- im Erdkern können die Temperaturen über 5000 °C erreichen
- at earth's core temperatures may reach over 9,000 degrees F
- die Wärme aus dem Erdkern strömt ständig zur Erdoberfläche
- the heat from the earth's core continuously flows outward

Erdklima n global climate

Erdkruste f *(Geo)* Earth's crust; earth's crust
- unterhalb der Erdkruste befinden sich riesige Wärmevorräte
- vast heat stores lie beneath the earth's crust
- die Erdkruste ist heute durchschnittlich 32 Kilometer dick
- the earth's crust now averages about 32 km in thickness

Erdoberfläche f Earth's surface
- an bestimmten Stellen kam das Magma bis nahe an die Erdoberfläche
- the magma came close to the earth's surface in certain places

Erdöl n petroleum n
- Rohöl ist Erdöl, so wie es aus der Erde gefördert wird
- crude oil is petroleum direct from the ground
- durch den Einsatz von Brennstoffzellen wird die Abhängigkeit von Brennstoffen, die aus Erdöl hergestellt werden, beseitigt
- fuel cells avoid dependence on petroleum-based fuels

Erdöldestillat n petroleum distillate

Erdwärme f geothermal heat
- die direkte Nutzung der Erdwärme
- the direct utilization of geothermal heat
- die Verwendung der Erdwärme ohne vorherige Umwandlung in Elektrizität
- the use of geothermal heat without first converting it to electricity
- wie gelangt die Erdwärme an die Erdoberfläche
- how does geothermal heat get up to the earth's surface

erdwärmebetriebene Wärmepumpe geothermal heat pump

- die Wärme des flachen Untergrundes kann mit Hilfe von erdwärmebetriebenen Wärmepumpen zum Beheizen und Kühlen von Gebäuden verwendet werden
- the heat of the ground just below the surface can be used by geothermal heat pumps to both heat and cool buildings

Erdwärmekraftwerk n geothermal electric plant (siehe auch **geothermisches Kraftwerk**)

- Erdwärmekraftwerke mit einer Gesamtleistung von etwas mehr als 2000 MW
- geothermal electric plants with a total generating capacity of slightly more than 2000 MW

Erdwärmenutzung f use of geothermal heat

- Erdwärmenutzung ohne verherige Umwandlung in Elektrizität
- the use of geothermal heat without first converting it to electricity
- die umfassende/weit verbreitete Erdwärmenutzung in Island
- the wide use of geothermal heat in Iceland

Erdwärmepotential n geothermal potential; geothermal energy potential

- das Erdwärmepotential untersuchen/ermitteln
- to assess the geothermal potential
- ABC ist eine Stadt mit großem Erdwärmepotential
- ABC is a big city with a large geothermal potential
- das Erdwärmepotential ist im östlichen Teil des Landes konzentriert
- the geothermal energy potential is concentrated in the eastern part of the country

erneuerbare Energie renewable energy; renewables pl (siehe auch **regenerative Energie**)

- Windenergie ist eine der preiswertesten erneuerbaren Energien
- wind energy is one of the cheapest of the renewables
- die Vorteile erneuerbarer Energie sind keine Umweltverschmutzung und unbegrenztes Angebot
- the benefits of renewable energy are no pollution and never-ending supply
- den verstärkten Einsatz erneuerbarer Energien fördern
- to promote greater use of renewables

erneuerbare Energiequelle f renewable energy source; renewable source of energy (siehe auch **erneuerbarer Energieträger**)

- neue und erneuerbare Energiequellen fördern
- to encourage new and renewable sources of energy

Erneuerbaren fpl renewables

- die Erneuerbaren liefern etwa 2 % des verfügbaren Stromes
- renewables provide about 2% of the electricity available
- die EVU müssen in der Zukunft mehr in die Erneuerbaren investieren
- utilities must invest more broadly in renewables in the future

erneuerbarer Energieträger renewable energy resource; renewable resource/source of energy; renewable energy source; renewable fuel; renewables pl

- Brennstoffzellen können den Übergang zu erneuerbaren Energieträgern begünstigen
- fuel cells can promote a transition to renewable energy sources
- der mögliche Einsatz von aus erneuerbaren Energieträgern gewonnenem Methanol, Ethanol oder Wasserstoff
- the potential use of methanol, ethanol, or hydrogen from renewable energy sources
- bei diesen Energieprojekten werden sechs verschiedene erneuerbare Energieträger eingesetzt
- these energy projects utilize six different renewable resources

- schnell wachsende Bäume und Gräser könnten wichtige erneuerbare Energieträger für die Stromerzeugung werden
- fast-growing trees and grasses could become a major renewable energy resource for electricity generation

Ernterückstände mpl crop residue

- jedes Jahr fallen weltweit große Mengen an Ernterückständen an
- large quantities of crop residues are produced annually worldwide
- einen Teil der Ernterückstände für die Energieerzeugung nutzen
- to utilise a portion of crop residue for energy production
- Ernterückstände wie Stroh oder Bagasse können zur Bereitstellung der erforderlichen Prozesswärme verwendet werden
- crop residues such as straw or bagasse can be used to supply the heat required for the process

errichten v construct; erect

- die Errichtung der Anlage wird ca. 18 Monate dauern
- the plant will take about 18 months to construct

Errichtung f construction; erection

- der Vertrag erstreckt sich auf die Konstruktion, Lieferung und Errichtung einer 390-MW-Anlage
- the contract is for the design, supply and erection of a 390-MW plant
- Konstruktion, Herstellung und Errichtung von Dampferzeugern
- design, manufacture, and erection of steam generators
- die Errichtung weiterer Überlandleitungen
- erection of further overhead power lines

Ethanol n ethanol

- die Brennstoffzelle kann auch mit Ethanol betrieben werden
- the fuel cell can also run on ethanol
- ungefähr 5 % der Maisernte werden zur Zeit zu Ethanol verarbeitet
- about 5% of the corn crop is currently converted into ethanol
- Ethanol wird als Zusatzstoff verwendet, um eine sauberere Verbrennung von Benzin zu erreichen
- ethanol is used as an additive to make gasoline cleaner burning

Ethylenvinylacetat n (EVA) ethylene vinyl acetate

europäischer Binnenmarkt single European market

- Ziel der Richtlinie ist eine verbesserte Preistransparenz auf dem europäischen Binnenmarkt
- the goal of the directive is to increase price transparency across the single European market

europäischer Energie-Binnenmarkt single European energy market

EVA (siehe **Ethylenvinylacetat**)

EVU (siehe **Energieversorgungsunternehmen**)

exotherm adj exotherm

- Brennstoffzellen sind exotherm
- fuel cells are exothermic

exotherm adv exothermically

- exotherm erzeugte Wärme wird in die Atmosphäre abgegeben
- heat generated exothermically is dissipated to the atmosphere

Experimentalanlage f experimental plant

Exploration f exploration

- Datenbanken für die künftige Exploration und Nutzung von Erdwärmevorkommen erstellen
- to establish databases for future exploration and exploitation of geothermal reservoirs

- die geothermische Exploration hat mit dem Ausbau nicht Schritt gehalten
- geothermal exploration has not kept pace with development

externer Reformer *(BZ)* external reformer

- man benötigt einen teuren externen Reformer
- a costly external reformer is needed
- bei dieser Brennstoffzellenanlage wird kein teurer externer Reformer benötigt
- this fuel cell system has no need for an expensive external reformer

Extraktionsbohrung f *(Geo)* production well (siehe **Förderbohrung**)

F

Fahrgastinnenraum m passenger compartment (siehe auch **Fahrgastzelle**)

Fahrgastraum m passenger compartment (siehe auch **Fahrgastzelle**)

Fahrgastzelle f passenger compartment (siehe auch **Fahrgastinnenraum**; **Fahrgastraum**)

- der Wasserstoff wird einem Brennstoffzellen-System, das sich unter der Fahrgastzelle befindet, zugeführt
- the hydrogen is fed to a fuel cell system under the passenger compartment

fahrtüchtig adj driveable

- einen fahrtüchtigen Prototyp herstellen
- to produce a driveable prototype

Fahrzeugantrieb m vehicle propulsion; vehicle drive

- nach Meinung von ABC könnten sich Brennstoffzellen innerhalb von ein paar Jahrzehnten zur wichtigsten Art des Fahrzeugantriebes entwickeln
- ABC suggests that within a few decades fuel cells could become the main form of vehicle propulsion

Fahrzeuganwendung f vehicle application

- Brennstoffzelle für Fahrzeuganwendungen
- die Forscher untersuchen andere Brennstoffzellen-Alternativen für Fahrzeuganwendungen
- fuel cell for use in vehicles
- researchers are studying other fuel cell alternatives for vehicle applications

Fahrzeugflotte f vehicle fleet; fleet of vehicles

- die größte und betriebsälteste Brennstoffzellen-Fahrzeugflotte der Welt
- eine emissionsfreie Brennstoffzellen-Fahrzeugflotte aufbauen
- the world's largest and longest-running fleet of fuel-cell vehicles
- to create a fleet of pollution-free vehicles powered by fuel cells

fallendes Wasser falling water

- das fallende Wasser treibt Turbinen an
- fallendes Wasser ist eine der drei Hauptenergiequellen zur Erzeugung von Strom
- die in fallendem Wasser enthaltene Energiemenge hängt von der Fallhöhe ab
- the falling water rotates turbines
- falling water is one of the three principal sources of energy used to generate electric power
- the amount of energy in falling water depends on its head

Fallhöhe f *(Wasser)* head; head of water

- je größer die Fallhöhe des Wassers über der Turbine ist, umso größer ist sein Druck
- die höheren Wasserpegel sorgen für zusätzliche Fallhöhe
- der durch die Fallhöhe erzeugte Druck kann sehr groß sein
- die Francis-Turbine wird für mittlere Fallhöhen eingesetzt
- die Fallhöhe hängt von der Höhe des Dammes ab
- the greater the height (or head) of the water above the turbine the greater its pressure
- the higher water levels provide extra head
- the pressure caused by the head of water may be enormous
- the Francis turbine is used for medium-high heads
- head of water depends on the height of the dam

faserhaltig adj fibrous

- dieser faserhaltige Stoff eignet sich zur Befeuerung von Kesseln
- this fibrous material is suitable for firing boilers

Fassade f front facade

- ein Drittel der von dem Gebäude benötigten Energie kommt von einem PV-Feld, das in die 1.200 m^2 große geneigte Fassade integriert ist
- one-third of the building's energy comes from a photovoltaic array built into its 1,200m^2 sloping front facade

Faulbehälter m *(Bio)* digester

- der Faulbehälter wird mit Energie aus einem Solarteich beheizt
- the digester is heated with energy from a solar pond

FD (siehe **Frischdampf**)

Feld n *(Solar)* array n

- Module oder Felder an und für sich bilden noch keine Photovoltaik-Anlage
- Module können zu Feldern zusammengeschaltet werden
- diese Felder können aus vielen tausenden Einzelzellen bestehen
- modules or arrays, by themselves, do not constitute a PV system
- modules can be connected into arrays
- these arrays may be composed of many thousands of individual cells

Feldtest m (siehe **Feldversuch**)

Feldversuch m field trial; field test

- ABC will Ende nächsten Jahres mit Feldversuchen beginnen
- zur Zeit werden Feldtests mit der Brennstoffzelle durchgeführt
- in ABC in Deutschland wurden Feldversuche mit dieser Technologie durchgeführt
- ABC plans to start field trials late next year
- the fuel cell is now undergoing field tests
- field tests of the technology have been performed at ABC in Germany

Feldversuche durchführen field-test; field test

- die beiden Unternehmen werden Feldversuche mit 3-kW-Brennstoffzellenanlagen für den privaten und kommerziellen Markt durchführen
- ABC hofft noch dieses Jahr Feldversuche mit 25 Brennstoffzellen durchzuführen
- the two companies will field test 3 kW fuel-cell systems for residential and commercial markets
- ABC is hoping to field-test 25 fuel cells this year

Felsschüttung f *(Wasser)* rockfill n

Fermenter m *(Bio)* fermenter

- der Zucker wird dann in großen Tanks, die als Fermenter bezeichnet werden, warm gehalten
- the sugar is then kept warm in large tanks called fermenters

Ferndiagnose f remote diagnosis

Fernheiznetz n (siehe **Fernwärmenetz**)

Fernheizung f district heating

- geothermische Fluida werden hauptsächlich zur Raum- und Fernheizung eingesetzt
- ungefähr die Hälfte des gesamten Wärmebedarfs des Landes wird duch Fernheizung abgedeckt
- geothermal fluids are used mainly for space and district heating
- district heating provides about half of total national heat demand

Fernsteuerung f remote control

Fernüberwachung f remote monitoring

Fernwärme f district heating; district heat

- Fernwärme ist unwirtschaftlich
- die mit Biomasse befeuerte Anlage wird 9,5 MW Strom und 20 MW Fernwärme erzeugen
- das Kraftwerk wird bis zu 500 MW Fernwärme für die Versorgungsnetze der Region liefern

- district heating is not economically viable
- the biofueled plant will generate 9.5 MW of electricity and 20 MW of district heat
- the plant will supply up to 500 MW of district heat to the region's networks

Fernwärme-Heizzentrale f heat-only district heating system

Fernwärmenetz n district heating network; community heating system; district heating system

- in begrenztem Umfang Mittel für den Bau, die Erneuerung oder den Ausbau von Fernwärmenetzen bereitstellen
- es sollten größere Anstrengungen zum Bau und Ausbau von Fernwärmenetzen unternommen werden
- das Fernwärmenetz überwachen
- Wärme kann in Form von Heißwasser erzeugt werden, das dann zur Versorgung von Fernwärmenetzen dient
- bestehende Fernwärmenetze modernisieren

- to provide limited funds for development, renewal or extension of community heating systems
- wider efforts should be made to develop and reinforce district heating networks
- to monitor the district heating network
- the heat may be produced as hot water to supply district heating schemes
- to modernise existing district heating networks

Fernwärmeversorgungsanlage f heat-only district heating system; district heating system

- der Umbau/die Umrüstung von Fernwärmeversorgungsanlagen
- Fernwärmeversorgungsanlagen versorgen Gebäude mit Dampf oder heißem Wasser

- the conversion of heat-only district heating systems
- district heating systems distribute steam or hot water to buildings

Fertigstellung f completion

- eine Reihe von größeren Kraftwerken steht kurz vor der Fertigstellung

- a number of substantial power station projects are currently nearing completion

Festbrennstoff m solid fuel

feste Biomasse solid biomass

- feste Biomasse in Gas umwandeln, das aus ... besteht

- to transform solid biomass into a gas that consists of ...

Festelektrolyt m *(BZ)* solid electrolyte

- der Festelektrolyt ermöglicht einen äußerst einfachen Aufbau der Brennstoffzellenanlage
- diese Zellen besitzen einen Festelektrolyten, der die beiden Elektroden voneinander trennt

- the solid electrolyte allows for the simplest of fuel cell plant designs
- these cells have a solid electrolyte separating the two electrodes

Festelektrolyt-Brennstoffzelle f (siehe **Festoxidbrennstoffzelle**)

fester Abfall solid waste

- fester Abfall kann zur Stromerzeugung verbrannt werden

- solid waste can be burned to produce electricity or steam

fester Elektrolyt solid electrolyte (siehe **Festelektrolyt**)

Festoxid-Brennstoffzelle f (SOFC) solid oxide fuel cell (SOFC); solid-oxide fuel cell; solid oxide electrolyte fuel cell

- Querschnittsansicht einer Festoxid-Brennstoffzelle — cross-sectional view of a solid-oxide fuel cell
- der elektrische Wirkungsgrad der SOFC nähert sich 60 % — SOFC approach 60 percent electrical efficiency
- Festoxid-Brennstoffzellen werden bei hohen Temperaturen betrieben — solid oxide fuel cells are operated at high temperatures
- die größte Festoxid-Brennstoffzelle (SOFC) der Welt soll in zwei Jahren in Betrieb gehen — the world's largest solid oxide fuel cell (SOFC) is expected to go into service in about two years
- Festoxidbrennstoffzelle in Flachbauweise — flat-plate solid oxide fuel cell
- die Festoxid-Brennstoffzelle erzeugt Strom elektrochemisch ohne die für Verbrennungsprozesse typischen Luftschadstoffe und Wirkungsgradverluste — the solid oxide fuel cell generates power electrochemically, avoiding air pollutants and efficiency losses associated with combustion processes
- das 2-Megawatt-Modul besteht aus 10.000 Festoxidbrennstoffzellen — the 2-megawatt module will be made up of 10,000 solid oxide fuel cells
- eine Festoxidbrennstoffzelle kann sich leicht dem schwankenden Strombedarf anpassen — a solid oxide fuel cell can easily follow changing demands for electricity
- SOFC arbeiten bei hohen Temperaturen — SOFCs operate at high temperatures

Festoxid-Brennstoffzellen-Prüfstand m SOFC test rig

Festpolymer-Brennstoffzelle f solid polymer fuel cell (SPFC)

- kostengünstige Festpolymer-Brennstoffzelle für Verkehrsanwendungen — low-cost SPFC for transport applications

Festpolymermembran-Brennstoffzelle f (SPFC) solid polymer fuel cell

Feststoffelektrolyt m *(BZ)* solid electrolyte

Feuerung f firing system

Fischtreppe f *(Wasser)* fish ladder

- zuerst Fischpassagen, wie z. B. Fischtreppen, einbauen — to first install fish-passage facilities, such as fish ladders

Fischzucht f fish farming

Flachdach n flat roof

- diese Solarmodule lassen sich leicht auf Flachdächern montieren — these solar modules can be easily installed on flat roofs

Fläche f area

- eine typische Windfarm mit 20 Turbinen kann sich über eine Fläche von einem Quadratkilometer erstrecken — a typical wind farm of 20 turbines might extend over an area of 1 square kilometre

Flachkollektor m *(Solar)* flat plate collector; flat-plate collector

- Flachkollektoren bieten gegenüber konzentrierenden Kollektoren mehrere Vorteile — flat-plate collectors have several advantages in comparison to concentrator collectors
- Flachkollektoren können das gesamte auftreffende Sonnenlicht nutzen — flat-plate collectors can use all the sunlight that strikes them
- Flachkollektoren bestehen gewöhnlich aus einer Vielzahl von Zellen, die auf einer festen, flachen Oberfläche angebracht sind — flat-plate collectors typically use large numbers of cells that are mounted on a rigid, flat surface

- die Konstruktion von Flachkollektoren ist einfacher als die von konzentrierenden Systemen
- flat plate collectors are simpler to design than concentrator systems

Flachzellenkonzept n *(BZ)* flat-plate design
- das Flachzellenkonzept bevorzugen
- to favour the flat-plate design

fließendes Wasser *(Wasser)* flowing water (siehe **strömendes Wasser**)

Fließgewässer n flowing water
- die Gewinnung von Strom aus Fließgewässern geht auf das Jahr 1882 zurück
- bei der Stromgewinnung aus Wasserkraft wird die Energie von Fließgewässern zum Antrieb von Turbinen genutzt
- the production of electricity from flowing water dates back to 1882
- hydropower uses the energy of flowing water to turn a turbine

Flottenfahrzeug n fleet vehicle
- Flottenfahrzeuge eignen sich gut für Brennstoffzellenantrieb
- fleet vehicles are well suited to/for fuel cell propulsion

flussaufwärts adv upstream
- Fischleitern sind für Fischarten gedacht, die während einer bestimmten Jahreszeit flussaufwärts wandern
- fish ladders are meant for species of fish that seasonally migrate upstream

Flüssigbrennstoff m liquid fuel
- diese Probleme haben uns zur Erforschung von Brennstoffzellen, die mit erneuerbaren Flüssigbrennstoffen betrieben werden können, veranlasst
- these problems have motivated our research on fuel cells that run on renewable, liquid fuels

flüssiger Wasserstoff liquid hydrogen (siehe **Flüssigwasserstoff**)

Flüssigkeitskollektor m *(Solar)* liquid collector

Flüssigmethanol n liquid methanol
- Flüssigmethanol in Wasserstoff umwandeln
- die Brennstoffzellen werden mit Flüssigmethanol betrieben
- to convert liquid methanol into hydrogen
- the fuel cells are powered by liquid methanol

Flüssigwasserstoff m liquid hydrogen
- die PEM-Anlage wird mit gespeichertem Flüssigwasserstoff betrieben
- bei diesem Brennstoffzellenauto wird Flüssigwasserstoff als Brennstoff verwendet
- the PEM system runs on stored liquid hydrogen
- this fuel cell car uses liquid hydrogen for fuel

Flusskraftwerk n river power scheme; river water-power scheme (siehe auch **Laufwasserkraftwerk**)

Flusslauf m river flow

Flut f high tide; incoming tide
- bei Flut
- at high tide

Flutkraftwerk n tidal power station (siehe **Gezeitenkraftwerk**)

fokussieren v focus
- die Sonnenstrahlen auf eine relativ kleine Fläche fokussieren
- die Sonnenstrahlen auf eine Linie fokussieren
- to focus solar radiation onto a relatively small area
- to focus solar rays in a line

Förderbohrung f *(Geo)* production well

- die Förderbohrungen versorgen zwei 100-kW-Turbogeneratoren • the production wells supply two 100 kW turbo-generators
- das Wasser wird über eine Förderbohrung an die Oberfläche gefördert • the water is brought up to the surface through a production well

Forschungsprojekt n research project (siehe **Forschungsprojekt**)

- Forschungsprojekte finanziell fördern • to fund research projects
- die beiden Firmen sind intensiv mit ihren eigenen Forschungsprojekten beschäftigt • the two companies are deeply involved in their own fuel cell research projects

Forschungsstadium n research phase

- wir sind noch mitten im Forschungs- und Entwicklungsstadium • we are still very much in the research and development phase

Forschungs- und Enwicklungsprogramm n research and development program; R&D program

- Forschungs- und Entwicklungsprogramme auf nationaler und internationaler Ebene • R&D programs at both the national and international levels

Forschungs- und Entwicklungstätigkeit f R&D activity; research and development activity

- ABC wird seine zukünftigen Forschungs- und Entwicklungstätigkeiten auf die Entwicklung neuer Technologien konzentrieren • ABC will concentrate future R&D activities on evolving new technologies

Forschungsvorhaben n (siehe **Forschungsprojekt**)

Forschung und Entwicklung (FuE) research and development (R&D)

- ABC investiert jedes Jahr mehr in Forschung und Entwicklung • ABC's investment in research and development increases every year
- vergangenes Jahr gab ABC insgesamt 700 Mio. Dollar für Forschung und Entwicklung aus • last year, ABC spent a combined US $700 million for research and development

Forstprodukt n *(Bio)* forest product

forstwirtschaftlicher Abfall *(Bio)* forest industry waste; forestry waste

- das Verbrennen forstwirtschaftlicher Abfälle • the combustion of forest industry wastes

forstwirtschaftliche Rückstände *(Bio)* forestry residues

fortgeschritten adj advanced

- eine der am weitesten fortgeschrittenen Brennstoffzellen • one of the most advanced fuel cells
- das größte fortgeschrittene Brennstoffzellenkraftwerk der Welt • the world's largest advanced fuel cell plant
- die fortgeschrittenste terrestrische Brennstoffzellentechnologie • the most advanced terrestrial fuel cell technology

Fortschritt m advancement

- Fortschritte werden zur Zeit in drei Bereichen gemacht • advancements are being made in three areas

fossil befeuertes Kraftwerk fossil-burning station; fossil-fired plant; fossil-fuel(l)ed station; fossil fuel power plant; fossil-fuel powerplant; fossil generating plant

- den Einsatz fossil befeuerter Kraftwerke auf ein Mindestmaß beschränken • to minimise the use of fossil-burning stations

- wichtige Bauteile in fossil befeuerten Kraftwerken überwachen
- Biomasse als Zusatzbrennstoff in vorhandenen fossil befeuerten Kraftwerken einsetzen

- to monitor key components in fossil powerplants
- to use biomass as a supplemental fuel in existing fossil power plants

fossiler Brennstoff fossil fuel

- diese Zellen werden mit Erdgas und anderen fossilen Brennstoffen betrieben
- in den Vereinigten Staaten werden ca. 70 % des elektrischen Stromes mit fossilen Brennstoffen erzeugt
- der Wasserstoff wird gewöhnlich durch Dampfreformierung fossiler Brennstoffe gewonnen
- Kohle ist der weltweit am häufigsten vorkommende fossile Brennstoff
- den Verbrauch fossiler Brennstoffe reduzieren

- these units run on natural gas and other fossil fuels
- approximately 70% of the electricity in the U.S. is generated by fossil fuels
- the hydrogen is usually obtained by steam-reforming fossil fuel
- coal is the world's most abundant fossil fuel
- to reduce the consumption of fossil fuels

fossiles Kraftwerk fossil power plant (siehe **fossil befeuertes Kraftwerk**)

fossil gefeuertes Kraftwerk (siehe **fossil befeuertes Kraftwerk**)

Foto... (siehe **Photo...**)

Francis-Turbine f; **Francisturbine** f Francis turbine

- die Francis-Turbine ist die älteste der heute verwendeten Turbinen
- die Francis-Turbine geht auf das Jahr 1849 zurück/wurde im Jahre 1849 erfunden
- die Francisturbine hat sich als der vielseitigste Turbinen-Typ herausgestellt
- Francisturbinen werden für mittlere Fallhöhen eingesetzt

- the Francis turbine is the oldest member of the turbine family currently in use
- the Francis turbine dates back to 1849
- the Francis turbine has proven to be the most adaptable of all turbine types
- the Francis turbine is used for medium heads

freies Elektron free electron

- Sauerstoff verbindet sich mit freien Elektronen zu Oxidionen
- die Kathode besitzt eine positive Ladung, die die freien Elektronen anzieht

- oxygen combines with free electrons to produce oxide ions
- the cathode of the cell has a positive charge, which pulls free electrons to it

freie Windgeschwindigkeit freestream wind speed

Freileitung f overhead power line

- die Errichtung weiterer Freileitungen

- the erection of further overhead power lines

freisetzen v liberate

- Elektronen freisetzen
- wir wollen wissen, wie viel Wärme bei der Verbrennung freigesetzt wird

- to liberate electrons
- we want to know how much heat is liberated via combustion

Frischdampf m live steam

- der unmittelbar vom Dampferzeuger kommende Dampf wird als Frischdampf bezeichnet

- steam supplied direct from a boiler is called live steam

FuE-Aktivitäten fpl R&D activities

- weitreichende gemeinsame FuE-Aktivitäten

- wide-ranging, joint R&D activities

- ABC wird seine künftigen FuE-Aktivitäten auf die Entwicklung einer neuen Brennstoffzellentechnologie konzentrieren
- ABC will concentrate future R&D activities on evolving a new fuel cell technology

Füllfaktor m *(Solar)* fill factor

- die Verbesserung des Füllfaktors ist beträchtlich
- unter Füllfaktor versteht man das Verhältnis der maximalen Leistung zu dem Produkt aus Leerlaufspannung und Kurzschlussstrom
- the improvement in fill factor is considerable
- fill factor is the ratio of the maximum power to the product of the open-circuit voltage and the short-circuit current

Fumarole f *(Geo)* fumarole

- eine Fumarole ist eine Öffnung in der Erdoberfläche, durch die Wasserdampf, gasförmige Dämpfe oder heiße Gase austreten
- a fumarole is a hole in the Earth's surface from which steam, gaseous vapors, or hot gases issue

funktionsfähig adj working; functional

- bei ABC hofft man, innerhalb von zwei Jahren ein funktionsfähiges System zu haben
- ABC und BCD haben funktionsfähige Brennstoffzellen-Fahrzeuge vorgestellt
- ABC hat heute ein voll funktionsfähiges Auto mit Brennstoffzellenantrieb vorgestellt
- ABC officials hope to have a working system within two years
- ABC and BCD have unveiled working fuel cell vehicles
- ABC unveiled today a fully functional car powered by a fuel cell

Funktionsprinzip n principle of operation; operating principle

- das Funktionsprinzip einer Brennstoffzelle wird in Abb. 3 gezeigt
- the principle of operation of a fuel cell is shown in Fig. 3

G

Gabelstapler m forklift truck

- Brennstoffzellen sind auch zum Antrieb von Gabelstaplern eingesetzt worden
- fuel cells also have been used to power forklift trucks

Gallium-Arsenid n gallium arsenide

- Silizium und Gallium-Arsenid eignen sich vorzüglich für photovoltaische Anwendungen
- silicon and gallium arsenide are uniquely suited to photovoltaic applications

Ganglinie f load curve

- der Verlauf/das Profil der Ganglinie
- the shape of the load curve

Gas n gas

- jedes Gas kann gefährlich sein, wenn nicht richtig damit umgegangen wird
- Wasserstoff ist ein leichtes Gas
- every gas can be dangerous if mishandled
- hydrogen is a light gas

Gasaufbereitungsanlage f fuel processor

- Schmelzkarbonat-Brennstoffzellen gehören zu den Direkt-Brennstoffzellen, für die keine externe Gasaufbereitungsanlage erforderlich ist
- molten-carbonate fuel cells are a type of direct fuel cell that eliminates external fuel processors

gasbefeuerte KWK-Anlage gas fired cogeneration installation; gas-fired CHP plant

- im Jahre 20.. wurden ungefähr 50 neue gasbefeuerte KWK-Anlagen bestellt
- ABC entschied sich für den Bau einer gasbefeuerten KWK-Anlage, die am 20. Februar 20.. in Betrieb genommen wurde
- in 20.., about 50 new gas fired cogeneration installations were ordered
- ABC chose to build a gas-fired CHP plant, which was commissioned in February 20..

gasbefeuertes Kombikraftwerk gas-fired combined-cycle power plant

- ABC hat den Zuschlag für die Modernisierung eines gasbefeuerten Kombikraftwerks erhalten
- ABC has been awarded a contract for the modernization of a gas-fired combined-cycle power plant

gasbetriebene Brennstoffzelle gas-powered fuel cell

- bis jetzt ist die gasbetriebene Brennstoffzelle die vielversprechendste Technologie
- die gasbetriebene Brennstoffzelle wandelt die chemische Energie des Erdgases direkt in elektrische Energie um
- the most promising technology to date has been the gas-powered fuel cell
- the gas-powered fuel cell converts the chemical energy of natural gas directly into electrical energy

gasdicht adj gas-impervious

- der gasdichte Elektrolyt verhindert, dass Stickstoff von der Luftelektrode zur Brennstoffelektrode wandert
- the gas-impervious electrolyte does not allow nitrogen to pass from the air electrode to the fuel electrode

Gasdiffusionselektrode f *(BZ)* gas diffusion electrode

- die Forschungsarbeiten führten zur Erfindung der Gasdiffusionselektrode
- deshalb mussten wir poröse Gasdiffusionselektroden entwickeln, die alle diese Bedingungen erfüllten
- research resulted in the invention of gas-diffusion electrodes
- thus we had to develop porous gas diffusion electrodes that met all of these requirements

gasförmiger Wasserstoff gaseous hydrogen

- dieses Auto wird mit gasförmigem Wasserstoff betrieben
- this car runs on gaseous hydrogen

Gaskraftwerk n gas-fired power plant; gas-fired power station; gas-fired generation plant; gas-fired electricity plant

- ABC erhielt einen Auftrag zur Modernisierung eines Gaskraftwerks
- ABC received an order to upgrade a gas-fired power plant
- Verbot von Gaskraftwerken
- gas-fired power plants ban

Gasreinigungsanlage f gas cleanup system (siehe **Gasreinigungssystem**)

Gasreinigungseinrichtung f gas cleanup system (siehe auch **Gasreinigungssystem**)

Gasreinigungssystem n gas cleanup system

- ein neues Gasreinigungssystem entfernt Schwefelverbindungen und andere Verunreinigungen aus dem Gas
- a new gas cleanup system removes sulfur compounds and other contaminants from the gas

Gasstrom m gas stream

- der Wasserstoff aus diesem Gasstrom dient als Eingangsenergie für den Brennstoffzellenstapel
- the hydrogen from this gas stream provides the energy input to the fuel cell stack

Gasturbine f gas turbine

- diese Brennstoffzellenanlagen können mit Gasturbinen gekoppelt werden und so Gesamtwirkungsgrade von über 60 % erreichen
- these fuel cell systems can be integrated with gas turbines to generate overall energy efficiencies of more than 60%
- die Gasturbinen getrennt von der Dampfturbine betreiben
- to operate the gas turbines separately from the steam turbine
- die nächste Generation moderner Gasturbinen erproben und vorführen
- to test and demonstrate the next generation of advanced gas turbines

Gasturbinenkraftwerk n gas turbine power station

- zurzeit werden vier Standorte auf ihre Eignung für mögliche Gasturbinenkraftwerke untersucht
- investigations are proceeding into the suitability of four sites for possible gas turbine power stations

Gasturbinenleistung f gas turbine output

- die Dampfturbinenleistung ist niedriger/geringer als die Gasturbinenleistung
- the steam-turbine output is less than the gas-turbine output
- die gesamte Gasturbinenleistung von 198 MW steht innerhalb von 30 Minuten zur Verfügung
- the total gas-turbine output of 198 MW is available within 30 min

Gas- und Dampfturbinenkraftwerk n combined-cycle power plant (siehe **Kombi-Kraftwerk**)

gasundurchlässig adj gas-impervious

- der gasundurchlässige Elektrolyt verhindert, dass Stickstoff von der Luftelektrode zur Brennstoffelektrode gelangt
- the gas-impervious electrolyte does not allow nitrogen to pass from the air electrode to the fuel electrode

Gasverbrennung f gas combustion

- Holzverbrennung mit anschließender Gasverbrennung
- wood combustion with subsequent gas combustion

Gebäudedach n *(Solar)* building roof

Gebäudefassade f *(Solar)* building facade

Gebäudeversorgung f: **zur Gebäudeversorgung** residential

- ABC stellt Brennstoffzelle zur Gebäudeversorgung vor
- ABC demonstrates residential fuel cell

gefahrlos adj safe

- gefahrloser Betrieb unter ganz unterschiedlichen klimatischen Bedingungen
- safe operation in a variety of climates

Gegendruckdampfturbine f backpressure steam turbine

- die Hauptbestandteile der Kombianlage sind zwei Gasturbinen, eine Gegendruck-Dampfturbine und zwei Abhitzekessel
- the main components of the combined cycle plant are two gas turbines, a backpressure steam turbine and two waste-heat recovery boilers

gekoppelte Erzeugung von Wärme und Strom combined heat and power generation; combined production of power and thermal energy; combined production of electricity and heat; combined heat and power generation (CHP); cogeneration

Genehmigungsverfahren n approval process

- man rechnet damit, dass das Genehmigungsverfahren sechs bis zehn Monate dauern wird
- it is anticipated that the approval process will take six to ten months

Generalunternehmer m general contractor

Generator m generator

- die Turbinen treiben Generatoren an, die die mechanische Energie der Turbinen in Elektrizität umwandeln
- the turbines drive generators, which convert the turbines' mechanical energy into electricity
- der Dieselmotor ist mit einem elektrischen Generator gekoppelt
- the diesel engine is coupled to an electrical generator
- der Generator wandelt die mechanische Energie der umlaufenden Welle in elektrische Energie um
- the generator converts the mechanical energy of the rotating shaft into electrical energy
- Generatoren bestehen aus einem feststehenden Teil, dem Ständer, und einem drehenden Teil, dem Läufer
- generators consist of a stationary part called a stator and a rotating part called a rotor

Geo-Strom m; **Geostrom** m geothermally generated electrical power

geothermale Anlage geothermal plant

geothermales Fluid geothermal fluid

- einen Überblick über die Nutzung der geothermalen Fluide des Landes geben
- to give an overview of the utilization of geothermal fluids in the country
- die Schwimmbäder werden mit geothermalen Fluiden beheizt
- the pools are heated by geothermal fluids

geothermales Fluidum geothermal fluid

- geothermale Fluida werden zur Beheizung von Gewächshäusern verwendet
- geothermal fluids are used to heat greenhouses

Geothermalfeld n geothermal field

- in den USA wurden die ersten Geothermalfelder im Jahre 1847 entdeckt
- in the United States, geothermal fields were first discovered in 1847
- das Geothermalfeld befindet sich in einer unbewohnten Wüstengegend
- the geothermal field is located in an unpopulated desert area

Geothermievorhaben n geothermal project

geothermische Anomalie geothermal anomaly

geothermische Energie geothermal energy

- in den letzten fünf Jahren wurden keine größeren Projekte zum Ausbau der geothermischen Energie des Landes durchgeführt
- no major developments of the country's geothermal energy have taken place in the last five years
- der Einsatz geothermischer Energie für nichtelektrische Anwendungen
- the application of geothermal energy for non-electric use
- unter geothermischer Energie versteht man Wärme aus dem Erdinneren
- geothermal energy is heat derived from the earth
- die geothermische Energie zählt zu den erneuerbaren Energien
- geothermal energy is classified as renewable
- geothermische Energie ist Wärme, die aus dem Erdinnern kommt
- geotherrnal energy is heat transported from the interior of the earth

geothermische Kraftanlage geothermal power facility

geothermische Quelle geothermal spring

geothermische Ressource geothermal resource

- geothermische Ressourcen können zur Stromerzeugung oder zum Heizen eingesetzt werden
- geothermal resources can be used for power generation or for heating
- Strom aus geothermischen Ressourcen herstellen
- to generate electricity from geothermal resources
- die Studie empfiehlt eine weitere Nutzung der geothermischen Ressourcen des Landes
- the study recommends further use of the country's geothermal resources

geothermisches Feld geothermal field

- in den USA wurden die ersten geothermischen Felder im Jahre 1847 entdeckt
- in the United States, geothermal fields were first discovered in 1847

geothermisches Fluidum geothermal fluid

- geothermische Fluida werden zur Beheizung von Gewächshäusern verwendet
- geothermal fluids are used to heat greenhouses

geothermisches Kraftwerk geothermal power plant; geothermal power facility; geothermal electric-generation plant

- geothermische Kraftwerke produzieren auch feste Stoffe, die entsorgt werden müssen
- geothermal power plants also produce solid materials that require disposal
- man hat die kleineren Anlagen zu einem einzigen geothermischen Kraftwerk mit einer Leistung von 55 MW zusammengefasst
- the smaller developments have been combined into one 55-MW geothermal power facility
- das geothermische Kraftwerk erzeugt ausreichend elektrische Energie für die Beleuchtung der Gebäude und Straßen des Ferienortes
- the geothermal power plant produces enough electricity to light the buildings and streets at the resort
- im Jahre 1921 ging das erste amerikanische geothermische Kraftwerk in Betrieb
- in 1921, the first geothermal power plant of the United States went into operation
- im Jahre 1960 nahm das erste große geothermische Kraftwerk seinen Betrieb auf
- in 1960, the first large-scale geothermal electric-generation plant began operation

geothermisches Potential/Potenzial geothermal potential

- das geothermische Potential dieser Regionen reicht aus, um 9000 Treibhäuser zu beheizen
- the geothermal potential in these regions is sufficient to heat 9,000 greenhouses

geothermische Stromerzeugung geothermal electric power generation; geothermal power generation

- die geothermische Stromerzeugung beträgt zur Zeit insgesamt ... MW — current geothermal electric power generation totals approximately ... MW
- für die geothermische Stromerzeugung sind Vorkommen/Lagerstätten mit hohen Temperaturen erforderlich — geothermal power generation requires high-temperature resources

geothermisches Vorkommen geothermal resource (siehe auch **geothermische Ressource**)

- dem Land fehlt die Infrastruktur, um seine bedeutenden geothermischen Vorkommen schnell ausbauen zu können — the country lacks the infrastructure to rapidly develop its large geothermal resources
- ein geothermisches Vorkommen anzapfen — to tap a geothermal resource
- nahe an der Erdoberfläche gelegene geothermische Vorkommen — shallow geothermal resources
- geothermische Vorkommen mit niedrigem bis mittlerem Temperaturangebot — low- to moderate-temperature geothermal resources

Geräusch n noise

- Brennstoffzellen erzeugen während des Betriebes praktisch keine Geräusche — fuel cells produce virtually no noise during operation
- die Brennstoffzelle macht keine Geräusche — the fuel cell makes no noise
- die Brennstoffzelle erzeugt keinerlei Geräusche — the fuel cell does not make any noise
- die von Windturbinen verursachten Geräusche sind eine Funktion der Rotordrehzahl — the noise of wind turbines is a function of rotor speed

geräuscharm adj low noise; quiet

- geräuscharmer Betrieb — quiet operation

Geräuschemission f noise emission

- geringe Schadstoff- und Geräuschemissionen — low pollutant and noise emissions

geräuschlos adj silent; noiseless; noise-free

- die geräuschlose Arbeitsweise der Brennstoffzelle — the fuel cell's silent operation
- eine geräuschlose Energiequelle — a noiseless power source

geräuschlos adv silently

- die Brennstoffzelle arbeitet geräuschlos — the fuel cell makes no noise
- einen Brennstoff mit hohem Wirkungsgrad geräuschlos und ohne schädliche Emissionen direkt in Strom umwandeln — to convert a fuel directly into electricity efficiently, silently and without nasty emissions
- die Brennstoffzelle arbeitet völlig geräuschlos — the fuel cell is absolutely noise-free
- Brennstoffzellen arbeiten praktisch schadstofffrei und geräuschlos — fuel cells operate virtually pollution- and noise-free

Geräuschmessung f noise measurement; noise assessment

Geräuschpegel m noise level

- der Geräuschpegel, dem umliegende Häuser ausgesetzt sind, ist ein wichtiger Faktor bei der Wahl des Standortes und der Konstruktion von Windfarmen — the noise level affecting neighbouring houses is an important factor in wind farm siting and design

Gesamtanlage f overall plant

- je höher Dampftemperatur und -druck sind, umso höher ist der Wirkungsgrad der Gesamtanlage
- the higher the steam temperature and pressure used the greater is the efficiency of the overall plant

Gesamtenergiebedarf m total energy demand

Gesamtleistung f overall capacity

- die Gesamtleistung wuchs im Jahre ... sehr schnell
- overall capacity grew rapidly in ...

Gesamtwirkungsgrad m overall/total efficiency

- einen Gesamtwirkungsgrad von mehr als 80 % erreichen
- to reach a total efficiency greater than 80%
- der Gesamtwirkungsgrad liegt zwischen 30 % und 80 %
- overall efficiencies range from 30 to 80 percent
- der Gesamtwirkungsgrad kann 80 % übersteigen
- the overall efficiency can exceed 80%
- der Gesamtwirkungsgrad wird bei beiden Brennstoffzellenfahrzeugen ungefähr gleich sein
- both fuel cell vehicle types will have roughly the same overall efficiencies
- wenn die hochwertige Abwärme des chemischen Prozesses genutzt wird, können unter Umständen Gesamtwirkungsgrade von 85 % erreicht werden
- when the high-quality waste heat from the electrochemical process is used, overall efficiencies could reach 85%
- der Gesamtwirkungsgrad soll (angeblich) besser als 90 % sein
- overall efficiency is claimed to be better than 90%

Geschäftskunde business consumer

geschüttetes Erdreich *(Wasser)* earthfill

Gestein n *(Geo)* rock

- künstlich aufgebrochenes Gestein
- artificially fractured rock

Gesteinsschicht f *(Geo)* layer of rock

- die Kruste ist die äußerste Gesteinsschicht der Erde
- the crust is the Earth's outer layer of rock

getränkt adj soaked

- mit Phosphorsäure getränkt sein
- to be soaked with phosphoric acid

Getriebe n gearbox

- Kupplungen zwischen Getriebe und Generator
- couplings between the gearbox and the generator
- ein Getriebe überflüssig machen
- to eliminate the need for a gearbox

Gewächshaus n greenhouse

- Gewächshäuser mit Wärme versorgen
- to provide heat to greenhouses
- mit Erdwärme beheiztes Gewächshaus
- geothermally heated greenhouse

Gewicht n weight

- in gerade zwei Jahren haben die beiden Unternehmen Größe und Gewicht des Brennstoffzellenantriebs um 80 Prozent verringert
- in just two years, the two companies have reduced the size and weight of the fuel cell engine by 80 percent

Gewichts-Prozent n %-weight; percent by weight

- nasse Rinde kann bis zu 65 Gewichts-Prozent Feuchtigkeit enthalten
- wet bark may contain as much as 65 percent moisture by weight

Gewichts-Staumauer f; **Gewichtsstaumauer** f *(Wasser)* gravitiy dam

- wenn am Standort ein solider felsiger Untergrund vorhanden ist, dann kann man sich für eine Gewichts-Staumauer aus Beton entscheiden
- if the site has a sound rock foundation, a concrete gravity dam can be chosen

Gezeit f tide

- diese Wasserkraftwerke nutzen das Steigen und Fallen des Wassers während der Gezeiten
- these hydroelectric power plants take advantage of the rise and fall of tides

Gezeitenenergie f tidal power

- Gezeitenenergie ist nicht ständig verfügbar und unterliegt jahreszeitlichen Schwankungen
- tidal power is intermittent and varies with the seasons

Gezeitenkraftwerk n tidal plant; tidal power plant; tidal scheme

- ABC stellte im Jahre ... den Bau eines Gezeitenkraftwerks mit einer Leistung von ca. 1000 KW fertig
- ABC completed construction in ... of a tidal plant of about 1,000 kilowatts
- bei einem Gezeitenkraftwerk wird die aus Ebbe und Flut resultierende Bewegung für den Antrieb einer Turbine genutzt
- a tidal power station uses the ebb and flow of the tide to turn a turbine
- die Wirtschaftlichkeit eines Gezeitenkraftwerkes nachweisen
- to demonstrate the viability of a tidal power plan
- Gezeitenkraftwerke sind naturbedingt groß
- tidal schemes are necessarily large

Gieren n *(Wind)* yawing

Gittermast m *(Wind)* lattice tower

- Rotor und Getriebe sitzen auf einem 40 m hohen Gittermast
- rotor and generator are mounted on a 40-meter lattice tower

Glasfaser f fiber glass

- die Blätter der Windturbinen bestehen aus Glasfaser
- the blades of wind turbines are made from fiber glass

glasfaserverstärkt *(Wind)* fiberglass-reinforced; glass-fibre reinforced

- herkömmliche glasfaserverstärkte Kunststoffblätter
- conventional fiberglass-reinforced plastic blades
- die Blätter bestehen aus glasfaserverstärktem Polyester
- the blades are made of glass-fibre reinforced polyester

Gleichdruckturbine f impulse turbine

- Wasserturbinen lassen sich in zwei Gruppen einteilen – Gleichdruck- und Überdruckturbinen
- water turbines may be divided into two types – impulse turbines and reaction turbines

Gleichstrom m DC current

- der erzeugte Gleichstrom hängt von dem verwendeten Material ab und von der Intensität der Solarstrahlung, die auf die Zelle trifft
- the DC current produced depends on the material involved and the intensity of the solar radiation incident on the cell

globale Erwärmung global warming

- die Gefahr einer globalen Erwärmung verringern
- to reduce the threat of global warming
- diese Schadstoffe tragen zur globalen Erwärmung bei
- these pollutants contribute to global warming

- diese Abgase sind Mitverursacher der globalen Erwärmung
- Ziel des Projektes ist die Bekämpfung von Umweltverschmutzung und globaler Erwärmung

- these waste gases are contributors to global warming
- the project aims to fight pollution and global warming

globaler Klimawandel global climate change

Globalstrahlung f *(Solar)* global radiation

- Globalstrahlung ist die Summe aus direkter Sonneneinstrahlung und diffuser Strahlung

- global radiation is said to be the sum of direct and diffuse radiation

Gondel f *(Wind)* nacelle n

- ein Großteil der Energie, die zur Herstellung der Turbine erforderlich ist, ist im Rotor und in der Gondel enthalten
- der Turm trägt eine Gondel mit einem dreiblättrigen Rotor
- in der Gondel befinden sich alle drehenden Teile
- in der Gondel sind Generator und Getriebe untergebracht

- much of the energy used to manufacture the turbine is contained in the rotor and nacelle
- the tower supports a nacelle with 3-bladed rotor
- the nacelle contains all the rotating parts
- the nacelle contains the generator and gearbox

Grafitnanofaser f *(BZ)* graphite nanofibre

Grafitplatte f *(BZ)* graphite plate

großflächige Photodiode large-area photodiode

- die Solarzelle ist eine großflächige Photodiode

- the solar cell is a large-area photodiode

großflächige Solarzelle large-area solar cell

- großflächige Solarzellen sind schwieriger in der Herstellung als solche mit kleineren Flächen

- it is harder to produce large-area cells than it is to produce smaller-area cells

großflächiges PV-Modul large area module

Großkraftwerk n large power station; large-scale power plant; central power plant/station

- der Standort von Großkraftwerken befindet sich oft in der Nähe ihrer Brennstoffbezugsquelle
- Großkraftwerke werden oft entfernt von den städtischen Ballungsgebieten errichtet
- die Biomasseverstromung in vorhandene Großkraftwerke integrieren
- Großkraftwerke werden durch kleinere Anlagen ersetzt
- diese kleinen Stromerzeugungsanlagen habe viele Vorteile gegenüber Großkraftwerken
- bei der herkömmlichen Stromerzeugung in Großkraftwerken werden normalerweise nur Wirkungsgrade von 30 bis 40 % erreicht
- die Stromerzeugung erfolgt in einem herkömmlichen fossil befeuerten Großkraftwerk

- large power stations are often sited near the fuel supply
- large power stations are often sited away from urban areas
- to integrate biomass conversion with existing large-scale power plants
- large power stations are replaced by small plant
- these small-scale generators have numerous advantages over large-scale power plants
- conventional generation of electricity in large central power stations is normally only 30-40% energy efficient
- electricity is generated by a traditional fossil-fueled central power plant

Großproduktion f large-scale production; large-volume production

großtechnischer Einsatz large-scale application

großvolumig adj bulky

- großvolumige Wasserstofftanks mitführen
- to carry bulky hydrogen storage tanks

Großwindkraftanlage f (GWKA) large-scale wind turbine; large-scale wind turbine generator

- in Iowa gibt es 327 Großwindkraftanlagen mit einer Gesamtleistung von 242 MW
- für einen wirtschaftlichen Betrieb benötigen Großwindkraftanlagen eine mittlere Jahreswindgeschwindigkeit von 5,8 m/s in einer Höhe von 10 m
- Iowa is home to 327 large-scale wind turbines, with a total generating capacity of 242 MW
- to be cost-effective, large-scale wind turbines require an annual average wind speed of 13 mi/h at 32.8-ft

Grundlastbetrieb m baseload application; base-load duty; base-load operation

- diese Kraftwerke bieten ausgezeichnete Wirkungsgrade im Grundlastbetrieb
- fossilbefeuerte Anlagen wurden hauptsächlich für Grundlastbetrieb vorgesehen
- die Turbine eignet sich für Spitzenlast- und Grundlastbetrieb
- these power stations offer outstanding efficiencies in baseload application
- fossil plants were designed primarily for base-load operation
- the turbine is suitable for both peaking and base-load duties

Grundlast-Kraftwerk n baseload/base load station; base-load plant; base-loaded plant; base load power generating plant

- die von einem Grundlastkraftwerk während der Schwachlastzeiten erzeugte Energie wird zur Erhöhung der Lageenergie von Wasser verwendet
- energy generated by a base-load plant during periods of low demand is used to increase the potential energy of water

Grundlaststrom m base-load power; base load energy

- Großkraftwerke liefern Grundlaststrom
- Kraftwerke, die Grundlaststrom produzieren, sind gewöhnlich Kohle- oder Kernkraftwerke
- large central plants provide base-load power
- power stations that provide base load energy are usually coal or nuclear stations

Grundlast-Stromerzeugung f base load generation

Grundwasserstand m groundwater level; ground water level

GuD-Kraftwerk n combined gas and steam turbine plant

GuD-Prozess m combined cycle

GWKA (siehe **Großwindkraftanlage**)

H

Halbleitermaterial n semiconductor material

Halbleiterschicht f semiconductor layer

- zur Herstellung der verschiedenen Halbleiterschichten wird das Silizium dotiert
- to create the different semiconductor layers, the silicon is doped
- die Halbleiterschicht ist dünner als ein menschliches Haar
- the semiconductor layer is thinner than a human hair

handelsüblich adj commercially available

- handelsübliche Brennstoffe verwenden
- to use commercially available fuels

Handy n mobile phone; mobile; cellular phone; cellular

- nach Meinung der Forscher könnte eine Brennstoffzelle ein Handy länger als einen Monat mit Energie versorgen
- the researchers believe a fuel cell could power a mobile phone for more than a month
- die Entwicklung kleiner Brennstoffzellen für den Einsatz in Handys, Pagern und Rechnern
- the development of small fuel cells for use in cellular phones, paging devices and computers

Hausbereich m: **im/für den Hausbereich** residential

- Brennstoffzelle für Anwendungen im Hausbereich
- residential fuel cell; fuel cell for home use; fuel cell for residential applications/use

Hausbesitzer m homeowner

- der typische Hausbesitzer verbraucht pro Jahr ca. 6.000 kWh
- a typical homeowner consumes approximately 6,000 kilowatt-hours annually

Haus-Brennstoffzellen-System n domestic fuel cell system; residential fuel cell system

- die Länder der Dritten Welt haben besonderes Interesse an Haus-Brennstoffzellen-Systemen gezeigt
- third world countries have shown a special interest in residential fuel cell systems
- dieses Haus-Brennstoffzellen-System erzeugt genug Energie, um den Energiebedarf eines durchschnittlichen Wohnhauses abzudecken
- this residential fuel cell system produces enough power to meet the energy requirements of an average-sized home

Hausenergieversorgung f home energy system; home power system; domestic power plant; residential electric power generation

- Brennstoffzellen für die Hausenergieversorgung entwickeln und herstellen
- to develop and manufacture fuel cells for residential electric power generation

Haushalt m household; home

- dieser Strom reicht für fast eine halbe Million Haushalte
- that is enough electricity for nearly half a million homes
- die Anlage wird genug Strom erzeugen, um ungefähr 200 Haushalte damit zu versorgen
- the unit will produce enough electricity to power approximately 200 homes
- eine Brennstoffzellenanlage entwickeln, die einen ganzen Haushalt mit Strom versorgen kann
- to create a fuel cell system capable of providing electricity for an entire household
- mehr als 1.000.000 Haushalte in Colorado können sich nun für Wind anstelle von Kohle entscheiden
- more than 1,000,000 Colorado households now have the option to buy wind in lieu of coal

- die gelieferte Energiemenge würde zur Versorgung von ungefähr 400 bis 450 Haushalten ausreichen
- the amount of energy supplied would meet the needs of about 400 to 450 households

Haushaltsabfall m household refuse

Haushaltsbereich m residential applications

- Erdgas in Strom für den Haushaltsbereich umwandeln
- to convert natural gas into electricity for residential applications

Hausmüll m household refuse

HD-Dampf (siehe **Hochdruckdampf**)

HDR (siehe **Hot-Dry-Rock**)

HDR-Anlage f *(Geo)* HDR system; hot dry rock geothermal facility; HDR facility

- HDR-Anlagen zeichnen sich durch größere Flexibilität im Betrieb und in der Konstruktion aus als andere geothermische Anlagen
- HDR systems offer more flexibility in operation and design than other geothermal systems

HDR-Kraftwerk n (siehe **HDR-Anlage**)

HDR-Technik f (siehe **Hot-Dry-Rock-Technik**)

Heißdampffeld n *(Geo)* vapor-dominated system

- in Heißdampffeldern verdampft das Wasser und erreicht die Oberfläche in einem relativ trockenen Zustand
- in vapor-dominated systems the water is vaporized into steam that reaches the surface in a relatively dry condition

Heißdampfvorkommen n (siehe **Heißdampffeld**)

heiße Quelle hot spring

heißes Tiefengestein n *(Geo)* hot dry rock resource; hot dry rock

- heißes Tiefengestein kommt überall unter der Erdoberfläche in einer Tiefe von 8 bis 16 Kilometern vor
- hot dry rock resources occur at depths of 8 to 16 kilometers everywhere beneath the Earth's surface
- ein Großteil des heißen Tiefengesteins befindet sich in mittlerer Tiefe
- much of the HDR occurs at moderate depths
- geothermische Energie aus heißem Tiefengestein könnte überall verfügbar sein
- geothermal energy from hot dry rock could be available anywhere

heißes Tiefenwasser geothermal water

- das heiße Tiefenwasser gelangt nicht in die Umwelt
- the geothermal water is not released to the environment

Heißgas n hot gas

- die Heißgase werden in einer Gasturbine entspannt
- the hot gases are expanded through a gas turbine
- Heißgase aus der Brennkammer treiben Gasturbine und Generator an
- hot gases from the combustion chamber spin the gas turbine and the generator
- die Heißgase werden in bis zu acht Stufen entspannt
- the hot gases expand through up to eight stages

Heißgasmotor m (siehe **Stirling-Motor**)

Heißwasser n hot water

- Stromerzeugung aus Heißwasser
- power generation from hot water
- für die Stromerzeugung aus Heißwasser gibt es zwei Umwandlungstechnologien
- for power generation from hot water, there are two conversion technologies

Heißwasservorkommen n *(Geo)* hot water resource

- Heißwasservorkommen gibt es in großer Zahl auf der ganzen Welt
- hot water resources exist in abundance around the world

Heizbedarf m heating requirements

- der Heizbedarf ist während dieser Monate beträchtlich
- the heating requirements during these months are significant

Heizkessel m heating boiler

Heizkraftwerk n cogeneration system (associated) with district heating; cogeneration scheme with community/district heating; CHP community heating scheme; CHP-based district heating scheme; distric heating plant

- große Heizkraftwerke erzeugen fast 3 % des europäischen Strombedarfs
- large scale cogeneration systems associated with district heating (CHP/DH) produce almost 3% of Europe's electricity
- Heizkraftwerke können kleinere oder große Städte versorgen und werden manchmal mit Müll befeuert
- district heating plants can serve towns or large cities and are sometimes based on waste incineration

Heiznetz n (siehe **Fernwärmenetz**)

Heizwerk n heat only system; heating plant

- in Heizwerken wird nur Dampf oder Heißwasser erzeugt
- in heating plants, only steam or hot water is produced

Heizwert m calorific value; heating value

- fester Müll mit hohem Heizwert
- solid waste of high calorific value

Heizzweck m heating purpose

- 30 % der Biomasse-Energie werden für Heizzwecke auf einer Farm verwendet
- 30% of the biomass energy is used for heating purposes on a farm

Heliostat m *(Solar)* heliostat

- rechnergesteuerte Motoren bewegen die Heliostaten, sodass das Licht auf die Turmspitze konzentriert wird
- computer-controlled motors move the heliostats to focus the light on the top of the tower
- jeder Heliostat ist mit einer speziellen Nachführeinrichtung ausgerüstet
- each heliostat has its own tracking mechanism
- ein Heliostat ist ein großer, flacher Spiegel
- a heliostat is a large flat mirror

Herstellungsverfahren n manufacturing process

- dank eines neuen Herstellungsverfahrens wird es vielleicht möglich sein, die Kosten dieser Brennstoffzellenkomponente deutlich zu senken
- the cost of this fuel cell component may be greatly reduced thanks to a new manufacturing process

HEV (siehe **Hausenergieversorgung**)

HGÜ (siehe **Hochspannungs-Gleichstrom-Übertragung**)

High-Tech-Mühle f (siehe **High-Tech-Windmühle**)

High-Tech-Windmühle f high-tech windmill

- die Landschaft ist mit hunderten neuer High-Tech-Windmühlen übersät
- hundreds of new high-tech windmills dot the landscape

Hilfsaggregate npl *(BZ)* ancillary equipment; ancillaries; ancillary components

- Brennstoffzelle, Reformer und andere Hilfsaggregate füllten fast das halbe Fahrzeug
- the fuel cell, reformer and other ancillaries took up about half of the vehicle

hintereinander schalten to connect in series

- die Stapel bestehen aus einer Gruppe aktiver Zellen, die hintereinander geschaltet sind
- the stacks consist of a group of active cells connected in series
- die Zellen sind hintereinander geschaltet und erzeugen insgesamt 18 V bei 600 mA – ungefähr 11 W
- The cells are connected in series and generate a total of 18V at about 600mA – around 11W

HKW (siehe **Heizkraftwerk**)

Hochdruckbrennkammer f high-pressure combustion chamber

- der in einer Hochdruckbrennkammer verbrennende Brennstoff erzeugt Heißgase, die unmittelbar durch die Turbine strömen
- fuel burning in a high-pressure combustion chamber produces hot gases that pass directly through the turbine

Hochdruckdampf m high-pressure steam

- in einem Kessel HD-Dampf erzeugen
- to raise high pressure steam in a boiler

Hochdruckkraftwerk n *(Wasser)* high-head plant; high-head installation

- Hochdruckkraftwerke haben eine Fallhöhe von mehr als 200 m
- high-head plants have a head of more than 200 m

Hochdruckwasserstoff m compressed hydrogen

- niemand will mit seinem Laptop einen Behälter mit Hochdruckwasserstoff herumtragen
- nobody wants to carry a tank of compressed hydrogen with their laptop computer

Hochenthalpie-Vorkommen n *(Geo)* high-enthalpy reservoir

Hochleistungs-Brennstoffzelle f high efficiency fuel cell

Hochleistungsgasturbine f heavy-duty gas turbine

Hochleistungs-KWK-Anlage f high efficiency cogeneration system; high efficiency cogeneration installation

- von der Entwicklung von Hochleistungs-KWK-Anlagen profitieren
- to benefit from the development of high efficiency cogeneration systems
- neue Schadstoffemissionsrichtlinien für Kraftwerke sollten Hochleistungs-KWK-Anlagen nicht benachteiligen
- new regulations on emissions of pollutants from power plant should not discriminate against high efficiency cogeneration installations

Hochleistungsmodul n *(Solar)* (siehe **Hochleistungs-Solarmodul**)

Hochleistungs-Solarmodul n high-performance solar module

- das Unternehmen belieferte ABC mit 420 Hochleistungs-Solarmodulen
- the company provided ABC with 420 high-performance solar modules
- die Hochleistungs-Solarmodule werden jährlich schätzungsweise 39.000 kWh Solarstrom liefern
- the high-performance solar modules will supply an estimated 39,000 kilowatt-hours of solar-generated electricity annually

Hochleistungssolarzelle f high-efficiency solar cell

- Abbildung 35 zeigt den Aufbau einer Hochleistungssolarzelle
- the structure of a high-efficiency solar cell is shown in Figure 35

hochrein adj highly purified

- das als Ausgangsmaterial verwendete Silizium ist hochrein
- the source silicon is highly purified

hochreines Silizium highly pure silicon

- für die Zelle wird hochreines Silizium benötigt
- the cell requires highly pure silicon

Hochspannungs-Gleichstrom-Übertragung f (HGÜ) high-voltage dc transmission; HVDC transmission

Höchstgeschwindigkeit f top speed (siehe **Spitzengeschwindigkeit**)

Hochtemperatur-Brennstoffzelle f; **Hochtemperaturbrennstoffzelle** f high-temperature fuel cell

- Hochtemperatur-Brennstoffzellen sind besonders für kleine Kraft-Wärme-Kopplungsanlagen geeignet
- high-temperature fuel cells are particularly well suited to small CHP plants
- ABC arbeitet schon seit fünf Jahren an der Entwicklung von Hochtemperatur-Brennstoffzellen
- ABC has been developing high-temperature fuel cells for the past five years

Hochtemperatur-Kollektor m *(Solar)* high-temperature collector

Hochwasser n *(Wasser)* flooding

- Dämme dieser Art können auch zum Schutz gegen Hochwasser eingesetzt werden
- dams of this kind may also be used to control flooding

Hochwasserschutz m *(Wasser)* flood control

Holz n wood

- es gibt zwei Möglichkeiten, aus Holz Energie zu gewinnen
- energy can be extracted from wood in two ways
- Holz kann zur Befeuerung eines Kessels verwendet werden
- wood can be burned to heat a boiler
- Holz kann zur Erzeugung von Heißgasen verwendet werden
- wood can be heated up to produce hot gases

Holzabfall m wood waste

- ein Kraftwerk bauen, das ausschließlich mit Holzabfällen befeuert wird
- to build a power plant fueled entirely by wood waste
- die Anlage wird mit 56 Tonnen Holzabfall pro Stunde befeuert
- the plant burns 56 metric tons of wood waste per hour
- mit Holzabfall befeuertes Kraftwerk
- wood-waste-fired generating station/ generating plant
- das Unternehmen betrachtete Holzabfälle als eine bis dahin noch ungenutzte Brennstoffquelle
- the company viewed wood waste as an unexploited source of fuel
- vertragliche Abmachung über die Lieferung von Holzabfällen mit einer Laufzeit von 5 bis 10 Jahren
- 5- to 10-year contract agreements for wood waste delivery

Holzbrennstoff m wood fuel

- eine in der Nähe befindliche Sägemühle dient als Lieferant des Holzbrennstoffes
- an adjacent sawmill serves as the procurement source for the wood fuel

Holzindustrie f lumber industry

Holzkraftwerk n wood-fired power plant; wood-fired plant; wood-burning plant; wood-fired generating system; wood-fired generating station

Holzspäne mpl wood chips

Holzverbrennung f wood combustion
- die bei einer sauberen Holzverbrennung entstehenden Emissionen sind problemlos
- emissions from clean wood combustion present no problems

Holzvergaser m wood gasifier

Holzvergasung f wood gasification

Holzvergasungsanlage f wood gasification system

Horizontalachse f *(Wind)* horizontal axis
- Windenergieanlage mit Horizontalachse
- horizontal-axis wind turbine

Horizontalachsenkonverter m; **Horizontalachsen-Konverter** m *(Wind)* horizontal-axis wind turbine; horizontal axis wind turbine

Horizontalachsenrotor m *(Wind)* horizontal-axis rotor

Horizontalachsenwindenergiekonverter m horizontal-axis wind turbine; horizontal axis wind turbine

Horizontalachsen-Windturbine f horizontal-axis wind turbine; horizontal-axis turbine
- die Abbildung veranschaulicht das aerodynamische Grundprinzip einer Horizontalachsen-Windturbine
- Horizontalachsen-Windturbinen benötigen eine Windrichtungsnachführung
- the figure illustrates the basic aerodynamic operating principles of a horizontal axis wind turbine
- horizontal axis wind turbines require a mechanism to swing them into line with the wind

Horizontalachser m *(Wind)* horizontal axis turbine (siehe **Horizontalachsen-Windturbine**)

Horizontalachs-Windturbine f horizontal-axis wind turbine; horizontal-axis turbine
- bei Horizontalachs-Windturbinen drehen sich die Blätter wie ein Flugzeugpropeller in einer vertikalen Ebene
- horizontal-axis wind turbines have blades that spin in a vertical plane like airplane propellers

Hot-Dry-Rock-Lagerstätte f *(Geo)* hot dry rock resource
- Hot-Dry-Rock Lagerstätten findet man in einer Tiefe von 8 bis 16 Kilometern
- hot dry rock resources occur at depths of 5 to 10 miles (8 to 16 kilometers)

Hot-Dry-Rock-Technik f *(Geo)* hot dry rock (HDR) technology
- anfang nächsten Jahres wird man die Hot-Dry-Rock-Technik einsetzen und ein Bohrloch zwei Kilometer in die Erde niederbringen
- das Potential für den Einsatz der HDR-Technik zur Erzeugung von sauberem Strom ist riesig
- the hot dry rock (HDR) technology will be used early next year to drill two km into the earth
- the potential for HDR technology for generating clean electricity is enormous

Hot-Dry-Rock-Verfahren n *(Geo)* Hot Dry Rock method

Hubkolben-Motor m reciprocating engine; reciprocating piston engine
- die Anlage nutzt die Abwärme einer Gasturbine oder eines Hubkolbenmotors
- der Hubkolben-Motor hat einen höheren Gesamtwirkungsgrad als die Gasturbine
- the plant utilizes the waste heat from a GT or reciprocating engine
- the reciprocating engine has a higher overall efficiency than the gas turbine

Hybridanlage f hybrid plant; hybrid system; hybrid power system; hybrid generation system; hybrid power station

- Abbildung 2 zeigt eine typische Hybridanlage mit einer 10-kW-Windturbine
- manchmal werden kleine Windturbinen und andere Stromerzeuger zu äußerst zuverlässigen Hybridanlagen kombiniert

- Figure 2 shows a typical hybrid system, featuring a 10 kW wind turbine
- in some cases, small wind turbines are being combined with other sources of generation in order to form highly reliable hybrid systems

Hybridantrieb m hybrid drive train

Hybrid-Kraftwerk n hybrid power station

Hybridsystem aus Brennstoffzelle und Batterie hybrid battery/fuel cell power system

Hydraulikanlage f *(Wind)* hydraulic system; hydraulics

Hydrid n *(BZ)* hydride

- bei dem Demonstrationsfahrzeug von ABC wurde das Problem durch die Speicherung des Wasserstoffes in Hydriden gelöst

- ABC's demonstration car solved the problem by storing the hydrogen in hydrides

Hydridspeicher m *(BZ)* hydride storage tank

- das Boot mit einer 10-kW-PEM-Brennstoffzelle und zwei Metall-Hydrid-Speichern ausrüsten

- to equip the boat with a 10kW PEM fuel cell and two metal hydride storage tanks

hydrologisch adj *(Wasser)* hydrologic; hydrological

- Vertrautheit mit den hydrologischen Gegebenheiten/Kennwerten der Region
- hydrologische Untersuchungen
- hydrologische Daten sammeln/erfassen

- familiarity with the hydrologic characteristics of the region
- hydrological studies
- to collect hydrologic data

hydrothermale Energiequelle *(Geo)* hydrothermal resource

hydrothermale Lagerstätte *(Geo)* hydrothermal resource

hydrothermales System *(Geo)* hydrothermal system (siehe **hydrothermales Vorkommen**)

- hydrothermale Systeme mit Heißdampfvorkommen
- hydrothermale Systeme mit Heißwasservorkommen

- vapor-dominated hydrothermal systems
- liquid-dominated hydrothermal systems

hydrothermales Vorkommen *(Geo)* hydrothermal resource

- Stromerzeugung aus hydrothermalen Vorkommen mit niedrigem Temperaturangebot
- hydrothermale Vorkommen sind Lagerstätten, in denen Wasser durch die Berührung mit heißem Gestein erwärmt wird

- power generation from lower-temperature hydrothermal resources
- hydrothermal systems are those in which water is heated by contact with the hot rock

I

Inbetriebnahme f commissioning

- die Inbetriebnahme einer mit Stroh befeuerten KWK-Anlage mit einer Leistung von ... • the commissioning of a straw-fired cogeneration plant with a capacity of ...
- die verspätete Inbetriebnahme von drei Kraftwerken • the late commissioning of three power stations
- die Montage und Inbetriebnahme moderner Leiteinrichtungen für Kraftwerke • the installation and commissioning of modern instrumentation and control equipment for power stations
- eine kurz nach der Inbetriebnahme durchgeführte Prüfung erbrachte einen Kesselwirkungsgrad von knapp über 90 % • a test conducted shortly after commissioning revealed a boiler efficiency of just above 90%

Inbetriebnahmeverzögerung f commissioning delay

- Inbetriebnahmeverzögerungen verursachen • to cause commissioning delays

Industriekraftwerk n industrial powerplant/power plant; industrial site

- die meisten Industriekraftwerke werden mit handelsüblichen Brennstoffen betrieben • most industrial powerplants use commercially available fuels
- Hauptbestandteile eines Industriekraftwerks • basic elements of an industrial powerplant
- bis in die frühen 80er Jahre produzierten die Industriekraftwerke Strom nur für den Eigenbedarf • until the early 1980s, industrial sites produced only enough power for their own local consumption
- das Wachstum der Industriekraftwerke verlangsamte sich deutlich • growth in industrial power plants slowed considerably

Industriekunde m industrial customer

industrielle Kraft-Wärme-Kopplung; **industrielle KWK** industrial cogeneration

- durch den Einsatz industrieller KWK können sowohl Energie- als auch Betriebskosten gespart werden • the use of industrial cogeneration can save both energy and operating costs

industrielle KWK-Anlage industrial cogenerator; industrial cogeneration plant; industrial CHP plant

- industrielle KWK-Anlagen können den eigenen Strombedarf decken • industrial cogenerators can meet their own energy needs
- industrielle KWK-Anlagen modernisieren • to upgrade industrial cogeneration plants
- bei einer industriellen KWK-Anlage kann der Brennstoffausnutzungsgrad 80 % oder mehr betragen • the fuel efficiency of industrial CHP plant can be around 80% or more

Infrastruktur f infrastructure

- der Aufbau der für den Wärmetransport erforderlichen Infrastruktur ist sehr kostspielig • the construction of infrastructures necessary for the transport of heat is very costly

Injektionsbohrung f *(Geo)* injection well

- das geothermale Wasser wird nach seiner Verwendung über eine Injektionsbohrung in den Untergrund zurückgeleitet • the used geothermal water is then returned down an injection well into the reservoir

injizieren v *(Geo)* inject (siehe auch **einpressen**)
- Wissenschaftler injizieren Wasser tief in das zerklüftete heiße Gestein
- scientists inject water deep into the fractured hot rock

Inselbetrieb m island mode; isolated operation
- die Anlage kann auch vom Netz abgekoppelt werden und im Inselbetrieb arbeiten
- the plant can also isolate itself from the grid and operate in island mode
- Inselbetrieb ist eine Betriebsart, bei der das Brennstoffzellen-Kraftwerk getrennt von allen anderen Stromversorgungseinrichtungen betrieben wird
- isolated operation is a mode of operation in which the fuel cell power plant is separated from all other sources of electrical energy

installierte KWK-Leistung installed cogeneration capacity

installierte Leistung installed capacity
- dies bringt die gesamte installierte Leistung auf ein Megawatt
- this brings total installed capacity to one megawatt
- Deutschland besitzt zurzeit die größte installierte Leistung
- Germany now has the greatest installed capacity
- eine durchschnittliche Windfarm mit einer installierten Leistung von ungefähr 5 MW
- an average windfarm with an installed capacity of say 5 MW

installierte thermische Leistung installed thermal power (siehe **installierte Wärmeleistung**)

installierte Wärmeleistung installed thermal power; thermal installed capacity
- die installierte Wärmeleistung wird auf ... MWt geschätzt
- the installed thermal power is estimated at ... MWt

Interkonnektorplatte f *(BZ)* interconnect plate

Internalisierung f internalisation n
- die Internalisierung der Umweltkosten in die Energiepreise sollte gefördert werden
- the internalisation of environmental costs in energy prices should be supported

interne Reformierung *(BZ)* internal reformation; internal reforming
- Erdgas oder andere Brennstoffe werden durch interne Reformierung in Wasserstoff und Kohlenmonoxid umgewandelt
- natural gas or other fuels are converted to hydrogen and carbon monoxide by internal reformation
- die interne Reformierung bietet drei wichtige Vorteile
- three significant advantages result from internal reforming

Inverter m (siehe **Wechselrichter**)

Investitionskosten pl investment costs

ionenleitend adj *(BZ)* ion-conducting
- ionenleitender Elektrolyt
- ion-conducting electrolyte
- ionenleitende Membran
- ion-conducting membrane
- ionenleitendes Oxid
- ion-conducting oxide

Ionenleiter m *(BZ)* conductor of ions
- der Elektrolyt dient als Ionenleiter
- the electrolyte acts as the conductor of ions

ionenleitfähig adj *(BZ)* ion-conducting; ionically conductive
- flüssige Elektrolyte leiten im Allgemeinen Ionen besser
- liquid electrolytes are usually more ionically conductive

Ionenleitfähigkeit f *(BZ)* ionic conductivity

- die Betriebstemperatur wird durch die Ionenleitfähigkeit des Elektrolyts bestimmt
- the operating temperature is determined by the ionic conductivity of the electrolyte

Ionenleitung f ionic conduction

- die Ionenleitung aufrechterhalten
- to maintain ionic conduction

I-U-Kennlinie f current-voltage curve (siehe auch **Strom-Spannungs-kennlinie**)

- auf der I-U-Kennlinie liegen drei wichtige Punkte
- there are three important points on the current-voltage curve (IV curve)

J

Jahresbedarf m annual needs

- eine 600-kW-Windturbine würde genug Strom erzeugen, um den Jahresbedarf von 375 Haushalten zu decken
- one 600kW wind turbine would produce enough electricity to meet the annual needs of 375 households

Jahresleistung f *(Wind)* annual energy output

- man erwartet, dass die Jahresleistung der erweiterten Windfarm 1.800.000 Kilowattstunden übersteigen wird
- annual energy output from the expanded wind farm is expected to exceed 1,800,000 kilowatt-hours

Jahreswindgeschwindigkeit f *(Wind)* annual wind speed

K

Kadmium-Tellurid n (siehe **Cadmium-Tellurid**)

Kalilauge f caustic potash; potassium hydroxide solution

Kaliumkarbonat n potassium carbonate

kalte Verbrennung *(BZ)* cold combustion; without combustion

- über die „kalte Verbrennung" durch die elektrochemische Verbindung von Wasserstoff und Sauerstoff Strom erzeugen
- to produce electricity by electrochemically combining hydrogen and oxygen without combustion

Kaplan-Turbine f; **Kaplanturbine** f Kaplan turbine

- der Läufer der Kaplan-Turbine hat die Form eines Schiffspropellers
- Kaplan turbines have a runner shaped like a ship's propeller
- ein genauer Vergleich von Axialturbine und Kaplanturbine kann bei der Wahl der geeigneten Turbine hilfreich sein
- a detailed comparison of axial turbines and Kaplan turbines can be helpful in turbine selection
- Kaplan-Turbinen mit verstellbaren Flügeln werden für sehr geringe Fallhöhen eingesetzt
- movable blade Kaplan turbines are used for very low heads

Karbonat n carbonate

- bei diesen Brennstoffzellen wird geschmolzenes Karbonat als Elektrolyt verwendet
- these fuel cells use molten carbonate as the electrolyte

Karbonat-Brennstoffzelle f carbonate fuel cell (siehe auch **Schmelzkarbonat-Brennstoffzelle**)

Karbonatelektrolyt m *(BZ)* carbonate electrolyte

- der Karbonatelektrolyt befindet sich in einer porösen Matrix
- the carbonate electrolyte is contained in a porous matrix
- diese Brennstoffzellen besitzen einen Karbonatelektrolyt, der in flüssigem Zustand gehalten werden muss
- these fuel cells have a carbonate electrolyte that must be kept in a liquid form
- den Karbonatelektrolyt in flüssigem Zustand halten
- to keep the carbonate electrolyte in a molten state

Karbonation n *(BZ)* carbonate ion

- an der Katode werden Sauerstoff und Kohlendioxid in Karbonationen umgewandelt
- at the cathode, oxygen and carbon dioxide are converted into carbonate ions
- an der Anode reagiert Wasserstoff mit Karbonationen zu Wasser und CO_2
- at the anode, hydrogen reacts with carbonate ions to form water and CO_2

Karbonatschmelze f *(BZ)* molten carbonate

- bei diesen Brennstoffzellen wird eine Karbonatschmelze mit einer Temperatur von ca. 650 °C als Elektrolyt verwendet
- these fuel cells use molten carbonate as the electrolyte at temperatures of about 650°C

Karbonatschmelze-Brennstoffzelle f (siehe **Schmelzkarbonat-Brennstoffzelle**)

Karbonatschmelzen-Brennstoffzelle f (siehe **Schmelzkarbonat-Brennstoffzelle**)

Karbonatzelle f (siehe **Schmelzkarbonat-Brennstoffzelle**)

Kaskadennutzung der Wärme *(Geo)* cascading heat

Katalysator m *(BZ)* catalyst

- die Elektroden sind auf einer Seite mit einem Platin-Katalysator beschichtet — the electrodes are coated with a platinum catalyst on one side
- durch einen Katalysator werden die Wasserstoffatome in Wasserstoffionen und Elektronen aufgespalten — hydrogen atoms are split by a catalyst into hydrogen ions and electrons
- Katalysatoren werden eingesetzt, um die chemischen Reaktionen zu erleichtern — catalysts are used to facilitate the chemical reactions
- Sauerstoff, Wasserstoffionen und Elektronen verbinden sich auf einem Katalysator zu Wasser — the oxygen, hydrogen ions, and electrons combine on a catalyst to form water
- der Katalysator wandelt ein Methanol-Wassergemisch in Wasserstoff und Kohlendioxid um — the catalyst converts a mixture of water and methanol into hydrogen and carbon dioxide
- ein neuartiger Katalysator führt zu einer starken Verbesserung der Leistung von Brennstoffzellen — a new catalyst dramatically improves the performance of fuel cells
- diese Katalysatoren funktionieren nur mit sehr reinem Wasserstoff — these catalysts work only with very pure hydrogen
- Katalysatoren sind Stoffe, die eine chemische Reaktion beschleunigen, ohne in ihr aufzugehen — catalysts are materials that accelerate a chemical reaction without being consumed in it

Katalysatorentwicklung f *(BZ)* catalyst development

Katalysatorkosten pl *(BZ)* catalyst costs

Katalysatormaterial n *(BZ)* catalyst material

- als Katalysatormaterial wird Platin verwendet — the catalyst material is platinum

Katalysatorschicht f *(BZ)* catalyst layer

Katalyse f *(BZ)* catalysis n

katalytische Teiloxidation *(BZ)* catalytic partial oxidation

Kathode f *(BZ)* cathode

- der Sauerstoff wandert durch die Kathode — the oxygen migrates through the cathode
- die Kathode nimmt Elektronen auf — the cathode absorbs electrons
- an der Kathode reagiert Sauerstoff mit den Wasserstoffionen und Elektronen zu Wasser — at the cathode, oxygen reacts with the hydrogen ions and the electrons to form water
- die Kathode einer Brennstoffzelle ist die Seite, die mit dem Sauerstoff reagiert — the cathode of a fuel cell is the side that reacts with oxygen

Kathodenseite f *(BZ)* cathode side

- auf der Kathodenseite der Membran — on the cathode side of the membrane

Kathodenwerkstoff m *(BZ)* cathode material

- neuartige Kathodenwerkstoffe — novel cathode materials

Katode f *(BZ)* cathode (siehe **Kathode**)

Kavernenkraftwerk n underground pumped storage plant; pumped-storage facility with lower underground reservoir; underground power plant/power station; underground hydroelectric power plant

- Kavernenkraftwerke bieten sich in vielen Gegenden an, wo es nicht möglich ist, herkömmliche Pumpspeicherwerke zu bauen
- underground pumped storage plants hold promise in many areas where it is not feasible to develop conventional pumped storage
- Kavernenkraftwerke bieten einige Vorteile gegenüber herkömmlichen Kraftwerken
- underground hydroelectric power plants offer some advantage over conventional plants
- Grund für die Entscheidung zum Bau von Kavernenkraftwerken ist der Mangel an geeigneten Standorten über der Erde
- the decision to build underground power stations is based on a lack of suitable surface sites

Keramik f ceramics

- bei der Festoxid-Brennstoffzelle wird Keramik verwendet, sodass diese Zelle bei höheren Temperaturen betrieben werden kann als andere Brennstoffzellen
- the solid oxide fuel cell uses ceramics, which allows the cells to operate at higher temperatures than other fuel cells

Keramikelektrolyt m *(BZ)* ceramic electrolyte

keramische Festoxid-Brennstoffzelle ceramic-based solid oxide fuel cell

keramische Membran *(BZ)* ceramic membrane

keramisches Trägermaterial *(BZ)* ceramic substrate

Kern aus Ton *(Wasser)* clay core

Kernkraftwerk n nuclear power station

- der Stromerzeugungsprozess eines Kernkraftwerks umfasst genauso viele Schritte wie der eines Kohlekraftwerks
- a nuclear power station employs just as many steps in the production of electricity as a coal-fired station

Kessel m boiler

- kohlebefeuerter Kessel
- coal-fired boiler
- für Biomasse wie Stroh, Gras und Holzspäne werden spezielle Kessel gebaut
- dedicated boilers are constructed for biomass such as straw, grass and wood chips

Kesselanlage f boiler plant

Kilowattstunde f kilowatt-hour

- im Jahre 1984 überstieg die Gesamtleistung aller amerikanischen Windfarmen 150 Millionen Kilowatt
- during 1984 the total output of all U.S. wind farms exceeded 150 million kilowatt-hours
- ein Hausbesitzer verbraucht im Jahr ca. 6.000 Kilowattstunden
- a typical homeowner consumes approximately 6,000 kilowatt-hours annually

kinetische Energie kinetic energy

- die potenzielle Energie des Wassers wird in kinetische Energie umgewandelt
- the potential energy in the water is turned into kinetic energy
- die kinetische Energie des fließenden Wassers wird in mechanische Energie umgewandelt
- the kinetic energy of the moving water is turned into mechanical energy
- eine Reduzierung der Durchflussrate führt auch zu einer Reduzierung der kinetischen Energie des Gases
- as the flowrate is reduced the kinetic energy of the gas is also reduced
- Körper in Bewegung besitzen kinetische Energie
- moving bodies possess kinetic energy

Kläranlage f sewage treatment works

- in Kläranlagen werden manchmal mit Biogas befeuerte KWK-Anlagen eingesetzt
- sewage treatment works sometimes use CHP, fuelled by biogas

Klärgas n sewage gas

- in Australien gewinnt die Verstromung von Klärgas an Bedeutung
- the use of sewage gas for electricity production is increasing in Australia

Klärgasverstromung f electricity production from sewage gas

Klärschlamm m sewage sludge

- der Klärschlamm, der übrig bleibt, kann dann verbrannt werden
- the sewage sludge that remains can then be incinerated

Klein-Brennstoffzelle f small fuel cell; miniature fuel cell (siehe **Mini-Brennstoffzelle**; **Mikro-Brennstoffzelle**)

- die Entwicklung von Klein-Brennstoffzellen für den Einsatz in Handys
- the development of small fuel cells for use in cellular phones

Kleinkraftwerk n small-scale power station/power plant; small-scale scheme; small-scale unit; small-scale development

- Kleinkraftwerke für Hotels, Krankenhäuser und Gewächshäuser
- small-scale schemes for hotels, hospitals, and greenhouses
- die Errichtung der ersten Kleinkraftwerke für die Versorgung von Wohnungen
- the establishment of the first small scale schemes in the residential sector
- PEM-Brennstoffzellen eignen sich besser für Kleinkraftwerke
- PEM fuel cells are better suited for small-scale power stations

Kleinstwasserkraftanlage f small-scale hydropower system (siehe **Klein-Wasserkraftwerk**)

Kleinstwasserkraftwerk n micro hydro power system

Klein-Wasserkraftwerk n; **Kleinwasserkraftwerk** n small-scale hydro power system; small-scale hydro scheme; small-scale hydropower scheme; small hydro; small hydroelectric power plant

- es besteht ein großes Potential für den Einsatz von Kleinwasserkraftwerken zur Versorgung abgelegener Orte
- there is great potential for the use of small-scale hydro power systems to serve remote communities
- Kleinwasserkraftanlagen haben eine installierte Leistung von weniger als 10 MW
- small-scale hydro schemes have an installed capacity of less than 10MW
- als Folge der Energiekrise hat man in den Vereinigten Staaten die Kleinwasserkraftanlage neu entdeckt
- as a result of the energy crisis, small hydro has been rediscovered in the United States

Klimaänderung f climate change

Klimawandel m climate change

- globaler Klimawandel
- global climate change

Kohlebasis f: **auf Kohlebasis** coal-fired

- moderne Kraftwerke auf Kohlebasis können durchaus wirtschaftlich arbeiten
- advanced coal-fired power plant can operate economically
- ein reines Kraftwerk auf Kohlebasis
- a coal-fired power-only station

Kohlegas n coal gas; coal-derived gas

- Brennstoffzellen arbeiten kontinuierlich, solange Erdgas, sauberes Kohlegas oder andere Brennstoffe auf Kohlenwasserstoff-Basis zugeführt werden
- fuel cells operate continuously as long as natural gas, clean coal-derived gas, or other hydrocarbon fuels are supplied

Kohlekraftwerk n coal-fired power plant; coal-fired/coal fired power station; coal-fired electricity generator; coal fired/coal-fired plant; coal-fired electrical plant

- die Windenergie kann mit neuen umweltfreundlichen Kohlekraftwerken konkurrieren
- wind energy is competitive with new clean coal fired power stations
- moderne Kohlekraftwerke können effizient und wirtschaftlich arbeiten
- an advanced coal-fired power plant can operate efficiently and economically

Kohlendioxid (CO_2) carbon dioxide

- CO_2 emittieren
- to emit CO_2
- Kohlendioxid ist ein Treibhausgas, das die Temperatur der Atmosphäre erhöht
- carbon dioxide is a greenhouse gas which raises the temperature of the atmosphere
- alkalische Zellen sind nicht CO_2-tolerant
- alkaline cells cannot tolerate carbon dioxide
- dieser Brennstoffzellentyp kann Kohlenmonoxid in Kohlendioxid umwandeln
- this type of fuel cell is capable of converting carbon monoxide (CO) into carbon dioxide
- bei den Emissionen der erdgasbetriebenen Brennstoffzelle handelt es sich hauptsächlich um Kohlendioxid und Wasser
- the emissions from the NGFC are primarily carbon dioxide and water

Kohlendioxidausstoß m carbon dioxide emission; emission of carbon dioxide (siehe auch **Kohlendioxidemission**)

- den Kohlendioxidausstoß vermindern/begrenzen
- to curb the emission of carbon dioxide
- durchschnittlicher Kohlendioxidausstoß
- average emission of carbon dioxide
- der Kohlendioxidausstoß wurde um 70 % vermindert
- the emission of carbon dioxide was reduced by 70 %

Kohlendioxidemission f carbon dioxide emission; emission of carbon dioxide

- die Kohlendioxidemissionen um fast 50 % reduzieren
- to reduce carbon dioxide emissions by nearly 50%
- die unvermeidbaren Kohlendioxidemissionen, die von allen KWK-Anlagen erzeugt werden, nehmen mit zunehmendem elektrischem Wirkungsgrad ab
- the unavoidable CO_2 emissions produced by all CHP installations decrease as the electrical efficiency increases
- Beseitigung der Kohlendioxidemissionen
- elimination of carbon dioxide emissions
- das Verbrennen fossiler Brennstoffe verursacht Kohlendioxidemissionen
- the burning of fossil fuels results in the emission of carbon dioxide
- die Kohlendioxidemissionen reduzieren
- to cut emissions of carbon dioxide
- Holz bietet Umweltvorteile in Bezug auf die Kohlendioxidemissionen
- wood has environmental advantages in terms of emissions of carbon dioxide

Kohlenhydrat n carbohydrate

- Biomasse besteht aus ca. 25 % Lignin und 75 % Kohlenhydraten oder Zucker
- biomass consists of about 25% lignin and 75% carbohydrates or sugars

Kohlenmonoxid n (CO) carbon monoxide

- der Brennstoff besteht aus einem Gemisch aus Wasserstoff und Kohlenmonoxid, das aus Wasser und einem fossilen Brennstoff hergestellt wird
- the fuel consists of a mixture of hydrogen and carbon monoxide generated from water and a fossil fuel

- diese Brennstoffzelle kann Kohlenmonoxid in Kohlendioxid umwandeln
- this fuel cell is capable of converting carbon monoxide into carbon dioxide
- das Kraftwerk ist mit einer Kesselanlage mit minimalen Kohlendioxidemissionen ausgerüstet
- the power plant uses a boiler system that minimizes emissions of carbon monoxide

Kohlenstaub m pulverised *(GB)*/pulverized *(US)* coal

- Kraftwerk mit Kohlenstaubfeuerung
- pulverised coal plant

Kohlenstaubfeuerung f: **mit Kohlenstaubfeuerung** pulverised coal-fired *(GB)*; pulverized coal-fired *(US)*

- Kraftwerk mit Kohlenstaubfeuerung
- pulverised coal-fired power plant

Kohlenstaubverbrennung f pulverised coal combustion *(GB)*; pulverized coal combustion *(US)*

Kohlenstoff m carbon

- die Elektroden werden aus Kohlenstoff und einem Metall, z. B. Nickel, hergestellt
- electrodes are made of carbon and a metal such as nickel

Kohlenwasserstoff m hydrocarbon

- diese Brennstoffzellen wandeln Kohlenwasserstoffe ohne Verbrennung in Elektrizität um
- these fuel cells transform hydrocarbons into electricity without combustion
- Brennstoffzellen bieten eine viel bessere Möglichkeit zur Freisetzung der in Kohlenwasserstoffen enthaltenen Energie
- fuel cells represent a much better way of liberating the energy contained in hydrocarbons
- flüssige Kohlenwasserstoffe
- liquid hydrocarbons
- Methanol, Ethanol, Erdgas und andere Kohlenwasserstoffe reformieren
- to reform methanol, ethanol, natural gas, and other hydrocarbons

kohlenwasserstoffhaltige Kraft- und Brennstoffe hydrocarbon fuels

- die Brennstoffzellen werden mit Erdgas oder anderen kohlenwasserstoffhaltigen Brennstoffen betrieben
- the fuel cells will run on natural gas or other hydrocarbon fuels
- die Herstellung von Strom aus kohlenwasserstoffhaltigen Brennstoffen war schon immer ein Traum der Elektrochemiker
- electrical power from hydrocarbon fuels has been a dream of electrochemists for a long time

Kohlestrom m coal-generated electricity

Kohleverbrennung f coal combustion

- Flugasche ist das größte Nebenprodukt der Kohleverbrennung
- fly ash is the largest byproduct of coal combustion
- die Kohleverbrennung ist die Hauptenergiequelle in Indien
- the major source of power in India is coal combustion

Kollektorfeld n *(Solar)* collector array

- das auf das Kollektorfeld eines Gebäudes fallende Sonnenlicht wird in Wärme umgewandelt
- the sunlight falling on a building's collector array is converted to heat

Kollektorfläche f *(Solar)* collector area

Kombianlage f combined-cycle power plant (siehe **Kombikraftwerk**; **GuD-Kraftwerk**)

Kombi-Kraftwerk n; **Kombikraftwerk** n combined-cycle plant/power plant; combined cycle power plant; combined gas and steam turbine plant (siehe auch **Kombianlage**)

- die Abwärme der Brennstoffzelle in einer Kraft-Wärme-Kopplungsanlage oder einem Kombikraftwerk nutzen
- to use the fuel cell's waste heat in a cogeneration or combined-cycle plant
- die beiden Unternehmen kündigten ihre Absicht zur Errichtung eines Kombikraftwerks an
- the two companies have announced their intention to build a combined-cycle power plant
- ein schlüsselfertiges Kombikraftwerk liefern
- to provide a turn-key combined-cycle plant
- gasbefeuertes Kombikraftwerk
- combined-cycle gas-fired power station
- in einem Kombikraftwerk erzeugen Dampf- und Gasturbinen ausschließlich elektrische Energie
- in combined-cycle plants, both a steam turbine and gas turbine produce electricity only
- der Bau eines erdgasbefeuerten 484-MW-Kombikraftwerkes
- the construction of a 484MW combined-cycle, gas-fired power station

Kombikraftwerk mit Kraft-Wärme-Kopplung combined-cycle cogeneration plant

- in Kombikraftwerken mit Kraft-Wärme-Kopplung werden Dampf- und Gasturbinen zur Erzeugung von Strom und Prozessdampf eingesetzt
- in combined-cycle cogeneration plants, both a steam turbine and a gas turbine produce electricity and process steam

kombinierte Gas-/Dampfturbinenanlage; **kombinierte Gas-Dampfturbinenanlage** combined gas and steam turbine plant (siehe auch **Kombikraftwerk**)

kombiniertes Gas-/Dampfturbinenkraftwerk combined gas and steam turbine plant (siehe auch **Kombikraftwerk**)

Kombiprozess m combined cycle

- bei einigen der größten Anlagen wird ein Kombiprozess eingesetzt
- some of the largest plants use a combined cycle

kommerzialisieren v commercialise

- sie sind noch immer zuversichtlich, dass die MCFC-Technologie bis zur Jahrhundertwende kommerzialisiert werden könnte
- they are still confident the MCFC technology could be commercialised by the turn of the century
- staatliche Subventionen sind nicht der Schlüssel zur Kommerzialisierung der Brennstoffzelle
- the key to commercialising the fuel cell lies not in government subsidies

Kommerzialisierung f commercialisation *(GB)*; commercialization *(US)*

- die Entwicklung und Kommerzialisierung von Brennstoffzellen
- the development and commercialization of fuel cells
- dies sollte die Kommerzialisierung von SOFC beschleunigen
- this should accelerate the commercialization of SOFCs
- aber die Herstellungskosten dieser Zellen standen bisher einer Kommerzialisierung im großen Stil im Wege
- but the cost to build these cells has been a barrier to broad commercialization

kommerzielle Anwendung commercial application; commercial use

- sich für viele kommerzielle Anwendungen eignen
- to be suitable for many commercial applications

- bis vor kurzem waren diese Brennstoffzellen noch zu teuer für kommerzielle Anwendungen
- until recently these fuel cells were too costly for commercial applications
- die Voraussetzungen für den kommerziellen Einsatz schaffen
- to establish the basis for commercial application
- Brennstoffzellen sind vor nicht allzu langer Zeit für den kommerziellen Einsatz auf der Erde modifiziert/weiterentwickelt/angepasst worden
- fuel cells have only recently been adapted to commercial use on earth

kommerzielle Einsatzreife commercial viability

- Festoxid-Brennstoffzellen (SOFC) stehen schon seit Jahren kurz vor der kommerziellen Einsatzreife
- solid oxide fuel cells (SOFCs) have been on the verge of commercial viability for years

kommerzielle Nutzung commercial use

kommerzielle Produktion commercial production

- ABC gab bekannt, das Unternehmen wolle bis 20.. eine funktionsfähige Brennstoffzelle haben und mit der kommerziellen Produktion noch vor 20.. beginnen
- ABC announced it plans to have a working fuel cell by 20.. and commercial production before 20..
- ABC will im Jahre 20.. mit der kommerziellen Produktion von Brennstoffzellen für Autos beginnen
- ABC aims to start commercial production of fuel cells for cars in 20..
- die Brennstoffzellen des Unternehmens werden jetzt kommerziell hergestellt/die kommerzielle Produktion ... hat begonnen
- the company's fuel cells are now in commercial production
- Brennstoffzellenautos gehen in die kommerzielle Produktion
- fuel-cell cars go into commercial production

kommerzieller Durchbruch commercial breakthrough

- die BZ steht kurz vor dem kommerziellen Durchbruch
- the fuel cell is about to make its commercial breakthrough

kommerzielle Reife commercial readiness; commercial viability

kommerziell erhältlich commercially available (siehe **kommerziell verfügbar**)

kommerziell verfügbar commercially available

- phosphorsaure Brennstoffzellen sind nun kommerziell verfügbar
- phosphoric-acid fuel cells are commercially available now
- zur Zeit ist nur ein System in Amerika kommerziell verfügbar
- currently there is only one system commercially available in the United States
- diese Brennstoffzelle soll bis zum Jahr 2002 kommerziell verfügbar werden
- this fuel cell is scheduled to become commercially available by the year 2002

kommunaler Abfall municipal waste

- kommunale Abfälle erzeugen mehr als 2000 MW Strom und liefern Dampf für die Industrie
- municipal waste generates more than 2000 MW of electricity and provides steam for industrial uses

kommunaler Energieversorger municipal utility

kommunaler Müll municipal waste (siehe auch **kommunale Abfälle**)

- die Vereinigten Staaten produzieren täglich mehr als 526.060 Tonnen kommunalen Müll
- more than 526,060 metric tons of municipal waste are generated in the United States each day

Kompaktbrennstoffzelle f compact fuel cell

- ABC entwickelt seit 19.. mit Erdgas betriebene Kompaktbrennstoffzellen
- ABC has been developing compact fuel cell systems operating on natural gas since 19..

kompakte Bauweise compact design

Kompressor-Expander-System n *(BZ)* compressor/expander

komprimierter Wasserstoff compressed hydrogen

- ABC brachte ein Brennstoffzellenauto heraus, das mit komprimiertem Wasserstoff betrieben wird
- ABC rolled out a fuel cell car running on compressed hydrogen
- niemand will mit seinem Laptop einen Behälter mit komprimiertem Wasserstoff herumtragen
- nobody wants to carry a tank of compressed hydrogen with their laptop computer
- in drei Speichertanks wird komprimierter Wasserstoff mitgeführt
- compressed hydrogen is carried in three storage tanks

Kondensationskraftwerk n condensing power plant; condensing plant

Kondensator m condenser

- in Kondensatoren wird der Dampf in Wasser umgewandelt
- condensers convert the steam to water

konkurrenzfähig adj competitive

- wirtschaftlich konkurrenzfähig sein zu anderen Technologien
- to be economically competitive with other technologies
- wirtschaftlich konkurrenzfähig werden
- to become cost competitive
- die gegenwärtigen Kosten der PEM-Brennstoffzellen sind hoch und nicht konkurrenzfähig
- present costs for PEM fuel cells are high and not competitive

konkurrieren mit be competitive with

- Anlagen mit Brennstoffzellen könnten mit herkömmlichen Kraft-Wärme-Kopplungsanlagen konkurrieren
- plant using fuel cells would be competitive with conventional CHP

Kontaktschicht f *(Solar)* contact layer

- diese Kontaktschicht wirkt als äußerst wirksamer Reflektor
- this contact layer acts as a highly effective reflector

Konzentrationsfaktor m *(Solar)* concentration factor; concentration ratio

- Konzentratoren mit hohem Konzentrationsfaktor erfordern eine Nachführvorrichtung
- concentrating systems with high concentration factors require mechanisms that track the sun

Konzentrator m *(Solar)* concentrator; concentrating system; concentrator system

- die meisten Konzentratoren müssen für ein wirkungsvolles Arbeiten tagaus tagein der Sonne nachgeführt werden
- most concentrators must track the sun throughout the day and year to be effective
- Hochleistungs-Konzentrator
- high-efficiency concentrator
- der Einsatz von Konzentratoren bringt mehrere Nachteile mit sich
- there are several drawbacks to using concentrators
- Konzentratoren mit ein- oder zweiachsigen Nachführsystemen
- concentrator systems with one- or two-axis tracking

konzentrierender Kollektor *(Solar)* concentrating collector

- ein konzentrierender Kollektor bündelt das einfallende Sonnenlicht auf einen Punkt
- a concentrating collector focuses the incoming solar energy on a point

konzentrierendes Kollektorsystem *(Solar)* solar concentrating collector system; concentrating collectors

- die Anlage umfasst ein konzentrierendes Kollektorsystem mit einer Fläche von 2675 m^2
- the system uses 28,800 square feet of concentrating collectors

konzentriertes Licht *(Solar)* concentrated light

- der Wirkungsgrad der Zellen erhöht sich unter konzentriertem Licht
- cell efficiency increases under concentrated light

Konzeptfahrzeug n concept vehicle

- Konzeptfahrzeug mit Brennstoffzellenantrieb
- concept vehicle with fuel cell engine

korrosionsbeständige Elektrode corrosion-resistant electrode

Korrosionsproblem n corrosion problem

- die SOFC leidet nicht unter Korrosionsproblemen wie die anderen Brennstoffzellentypen
- the SOFC does not suffer from the corrosion problems of other types of fuel cell

Kosteneinsparung f cost saving

- der höhere Wirkungsgrad führt zu beträchtlichen Kosteneinsparungen beim Brennstoff
- the higher efficiency results in a substantial fuel cost savings
- diese Kosteneinsparungen werden die Rentabilität verbessern
- these cost savings will contribute to an improved return on investment
- beträchtliche/große/bedeutende Kosteneinsparungen
- significant/large/major cost savings
- die Kraft-Wärme-Kopplung bringt/bietet/ermöglicht echte Kosteneinsparungen
- CHP provides true cost savings

Krafthaus n powerhouse

- das Bauwerk, in dem die Turbinen und Generatoren untergebracht sind, heißt Krafthaus
- the structure that houses the turbines and generators is called the powerhouse
- das Krafthaus kann auf dem Damm errichtet werden
- the power house may be built on the dam

Kraftmaschine f prime mover

- Windmühlen gehörten zu den ersten Kraftmaschinen, die den Menschen als Energiequelle ersetzten
- windmills were among the original prime movers that replaced human beings as a source of power

Kraftstoff m fuel

- sauberer Kraftstoff
- clean fuel
- Benzin und andere flüssige Kraftstoffe in Wasserstoff umwandeln
- to convert gasoline and other liquid fuels to hydrogen

Kraftstoff auf Kohlenstoffbasis carbon-based fuel (siehe **Brennstoff auf Kohlenstoffbasis**)

Kraftstoffersparnis f fuel economy

- die Bundesregierung und die Autoindustrie haben sich gemeinsam das Ziel gesetzt, die Kraftstoffersparnis bei normalen Pkw zu verdreifachen
- the federal government and the auto industry have jointly set a goal of tripling the fuel economy of full-size passenger cars

Kraftstoffspeicherung f fuel storage

Kraftwärmekopplung f; **Kraft-Wärme-Kopplung** f (KWK) cogeneration (of electricity and heat); combined heat and power (CHP); cogen

- die wachsende Nachfrage nach Strom erhöht die Attraktivität der Kraftwärmekopplung — the growing demand for electricity increases the appeal of cogeneration
- den verstärkten Einsatz der Kraft-Wärme-Kopplung in Europa fördern — to promote the wider use of cogeneration in Europe
- die Kraftwärmekopplung kann der Wirtschaft und Umwelt des Landes große Vorteile bringen — cogeneration can deliver major benefits to the country's economy and environment
- die Kraftwärmekopplung ist eine gut erforschte und ausgereifte Technologie — CHP is a well understood and mature technology
- in Großbritannien ist das technische Potential der Kraft-Wärme-Kopplung noch nicht voll ausgeschöpft — CHP is not developed to its full technical potential in the UK
- Brennstoffzellen ermöglichen Kraft-Wärme-Kopplung — fuel cells allow the cogeneration of electricity and heat
- ca. 30 % der Stromerzeugung erfolgen schon in Kraft-Wärme-Kopplung — about 30% of power production is already based on cogeneration
- die Kraft-Wärme-Kopplung bietet viele Vorteile — the benefits of CHP are manifold
- Kraft-Wärme-Kopplung ist wirtschaftlicher als reine Stromerzeugung — cogen is more effient than power-only systems
- warum sich die Kraft-Wärme-Kopplung auszahlt/lohnt/rentiert — why cogeneration pays

Kraft-Wärme-Kopplungsanlage f cogeneration facility/installation/power plant/plant/scheme/system; combined heat and power plant/station/system/ installation/scheme/project; CHP installation/plant/scheme/system; cogenerator

- die PAFC eignet sich besser für den Einsatz in Kraft-Wärme-Kopplungsanlagen — the PAFC is more suitable for use in CHP plants
- die Schmelzkarbonat-Brennstoffzelle (MCFC) und die Festoxid-Brennstoffzelle (SOFC) eignen sich für Kraft-Wärme-Kopplungsanlagen — the molten carbonate fuel cell (MCFC) and the solid-oxide fuel cell (SOFC) are suitable for combined heat and power plant
- das Verteidigungsministerium wird bis Ende des Jahres 30 Kraft-Wärme-Kopplungs-Anlagen mit Brennstoffzellen in Betrieb haben — the Defense Department will be operating 30 fuel cell cogeneration power plants by the end of the year
- eine Kraft-Wärme-Kopplungsanlage umfasst sowohl die Bereitstellung elektrischer Energie als auch die Rückgewinnung von Wärme — a cogeneration system incorporates both electric power supply and the recovery of thermal energy
- örtliche KWK-Anlagen — localised cogeneration systems
- in den meisten neuen Kraft-Wärme-Kopplungsanlagen wird Erdgas als Brennstoff eingesetzt — the most commonly used fuel for most new cogeneration installations is natural gas
- bis zum Jahre ... könnte ein Drittel des europäischen Stromes in Kraft-Wärme-Kopplungsanlagen erzeugt werden — by the year ..., a third of Europe's electricity could come from combined heat and power plants
- Kraft-Wärme-Kopplungsanlagen, die Strom und Wärme erzeugen, gibt es schon seit Jahrzehnten — cogeneration systems that produce both electricity and thermal energy have been in use for decades
- bestehende Kraftwärmekopplungsanlagen modernisieren — to upgrade existing cogeneration plants
- Kraft-Wärme-Kopplungsanlage, die von einem EVU betrieben wird — utility cogeneration plant

- die Zahl der KWK-Anlagen in Großbritannien ist in den letzten Jahren ständig gestiegen
- the number of combined heat and power schemes in the UK has grown steadily in the past few years
- in Kraft-Wärme-Kopplungsanlagen werden sowohl Strom als auch Dampf oder Heißwasser aus einer einzigen Energiequelle erzeugt
- in cogeneration plants, both electricity and steam or hot water are produced from a single fuel source
- die Betreiber kommunaler Kraft-Wärme-Kopplungsanlagen
- the operators of local authority-based CHP schemes
- der Gesamt-Brennstoffausnutzungsgrad einer KWK-Anlage kann 80 % oder mehr betragen im Vergleich zu bis zu 50% bei einem reinen Kraftwerk
- overall fuel efficiency of CHP plant can be 80% or more compared with up to 50% for electricity generation alone
- die heutigen Kraft-Wärme-Kopplungsanlagen haben einen Wirkungsgrad von 75 %
- current CHP schemes are 75% efficient
- die Wirtschaftlichkeit von KWK-Anlagen
- the financial viability of cogeneration schemes
- in Kraft-Wärme-Kopplungsanlagen wird Abwärme zur Erzeugung von Dampf verwendet, der dann zum Antrieb einer Turbine dient
- cogenerators use waste heat to produce steam which is used to spin a turbine

Kraftwerk n power station; power plant; powerplant; power-only plant

- den Betrieb von Kraftwerken organisieren
- to organise the operation of power stations
- die größten Kosten beim Betrieb eines Kraftwerks sind die Brennstoffkosten
- the most important cost associated with running a power station is that of fuel
- Kraftwerke produzieren nur Strom
- in a powerplant, only electricity is produced
- Planung und Bau eines reinen Kraftwerks gleicher Leistung auf Kohlebasis würde ca. sieben Jahre in Anspruch nehmen
- a coal-fired power-only station of equal size would take about seven years to design and build

Kraftwerksbetreiber m power plant operator; power station operator

Kraftwerkseinsatz m power plant/utility application

Kraftwerkspark m generation system; power generation system

- die Zuverlässigkeit des Kraftwerksparks und des Übertragungs- und Verteilungsnetzes
- the reliability of the generation system and of the transmission and distribution system

Kreis m *(Stromkreis)* circuit

- äußerer Kreis
- external circuit

Kristallgitter n crystal lattice; crystalline lattice

- diese Elektronen wandern dann ziellos durch das Kristallgitter
- these electrons then wander randomly around the crystalline lattice

kristalline Siliziumzelle crystalline silicon cell

- ein Ziel ist die kostengünstigere Herstellung von kristallinen Siliziumzellen
- one aim is to make crystalline silicon cells more cheaply

kristallines Silizium crystalline silicon

- die heutigen Solarzellen werden aus kristallinem Silizium hergestellt
- today's solar cells are made of crystalline silicon

kristalline Zelle crystalline cell (siehe **kristalline Siliziumzelle**)

kryogener Wasserstoff cryogenic hydrogen

Kühlwasser n cooling water

- Kombikraftwerke benötigen ein Drittel weniger Kühlwasser als herkömmliche Kraftwerke
- a combined cycle power plant requires one third less cooling water than a conventional power station

Kunde m customer

- diese 200-kW phosphorsaure Brennstoffzelle wandelt Erdgas in Strom und Wärme für gewerbliche Großkunden um
- this 200-kW phosphoric acid fuel cell converts natural gas into electricity and heat for large commercial customers
- das Unternehmen versorgt mehr als 365.000 Kunden in sechs Staaten
- the company serves more than 365,000 customers in six states

Kunststoffmembran f *(BZ)* plastic membrane

- die Protonen wandern durch die Kunststoffmembran zur Kathode
- the protons migrate through the plastic membrane to the cathode

Kupfer-Indium-Diselenid n copper indium diselenide (CIS)

- bei dieser Technologie wird ein Halbleiterwerkstoff mit der Bezeichnung Kupfer-Indium-Diselenid verwendet
- this technology uses a semiconductor called copper indium diselenide

kurzwellige Strahlung *(Solar)* short-wave radiation

- die Meteorologen bezeichnen diesen Bereich als kurzwellige Strahlung
- meteorologists refer to this band as short-wave radiation

Küste f (1) shore; coastline

- bei keiner der Windturbinen würde der Abstand zur Küste weniger als fünf Kilometer betragen
- none of the wind turbines would be closer to the shore than five kilometres
- Windturbinen im seichten Wasser vor der britischen Küste stationieren
- to site wind turbines in shallow waters off Britain's coastline

Küste f (2): **vor der Küste** offshore

- die Winde vor der Küste sind stärker und beständiger als die an Land
- winds offshore are stronger and more consistent than those onshore
- Windfarmen können 20 bis 30 Kilometer vor der Küste errichtet werden
- windfarms can be located 20-30 kilometres offshore

KWK (siehe **Kraft-Wärme-Kopplung**)

KWK-Anlage f (siehe **Kraft-Wärme-Kopplungsanlage**)

KWK-Anwendung f CHP application

- der Einsatz von Müll als Brennstoff bietet sich besonders für KWK-Anwendungen an
- the use of wastes as fuels is especially attractive for CHP applications

KWK-Leistung f CHP capacity

- ABC hat es sich zum Ziel gesetzt, die KWK-Leistung bis zum Jahre 20.. um 35 % zu erhöhen
- ABC has declared a goal of increasing CHP capacity by 35 percent by 20..

KWK-Strom m cogenerated electricity; cogenerated power

- die Tarife für überschüssigen KWK-Strom, der an das öffentliche Netz verkauft wird, sind sehr niedrig
- tariffs for surplus cogenerated electricity sold to the grid are very low

KWK-Technologie f cogeneration technology

- die KWK-Technologie findet man relativ selten in Industriezweigen wie der Textilherstellung
- cogeneration technology is not widely used in industries such as textiles manufacturing

L

Laborstadium n laboratory stage

- zur Zeit befinden sich diese Brennstoffzellen noch im Laborstadium
- at present these fuel cells are still at the laboratory stage
- er betonte, dass sich die Forschung im Laborstadium befinde
- he emphasized the research is in the laboratory stage

Laderaum n luggage space

- der Wasserstofftank beansprucht nur einen Bruchteil des Laderaums
- the tank for the hydrogen merely takes up some luggage space

Lageenergie f potential energy (siehe auch **potentielle Energie**)

- bei der Erzeugung von Strom aus Wasserkraft wird die Lageenergie von in Seen gespeichertem Wasser nutzbar gemacht
- hydro-electricity uses the potential energy of water stored in lakes
- durch Nutzung der Lageenergie des Wassers Strom erzeugen
- to create electricity by harnessing the potential energy of the water

landgestützt adj land-based; terrestrial

- landgestützte Anwendung
- land-based application; land-based use
- die ausgereifteste landgestützte Technologie
- the most mature land-based technology

landwirtschaftlicher Abfall agricultural waste

- Holz, Gras und landwirtschaftliche Abfälle sind die viertgrößte Energiequelle der Welt
- wood, grasses and agricultural waste are the world's fourth largest source of energy

Langlebigkeit f longevity (siehe auch **Lebensdauer**)

- das Geheimnis der Langlebigkeit einer Maschine ist sachgemäße Wartung
- the secret of machine longevity is proper maintenance

langsamlaufender Dieselmotor slow-speed diesel engine

- der kompakte langsamlaufende Dieselmotor hat einen ausgezeichneten Wirkungsgrad
- the compact slow-speed diesel engine has excellent efficiency

Laständerung f change in load; load change; load variation

- die Anpassung an Laständerungen muss automatisch erfolgen
- adjustment to changes in load must be automatic
- diese Systeme benötigen mehr Zeit, um auf Laständerungen zu reagieren
- these systems require more time to respond to load changes

Lastkurve f load curve

- Lastkurven sind hilfreich bei der Auslegung von Kesseln, Turbinen und Hilfseinrichtungen
- load curves help to determine the appropriate size of boilers, turbines, and auxiliary equipment
- sowohl für den Strom- als auch für den Wärmebedarf sollten Lastkurven erstellt werden
- load curves should be determined for both power and steam requirements

Lastschwerpunkt m load center *(US)*; load centre *(GB)* (siehe auch **Verbraucherschwerpunkt**)

- Brennstoffzellen werden am oder in der Nähe des Lastschwerpunktes errichtet
- fuel cells are installed at or near the load center

Lastverteilerwarte f central dispatching center

- ABC ist ein Grundlastkraftwerk, dessen Leistung von einer rechnergestützten Lastverteilerwarte aus gesteuert wird
- ABC is a base-load station whose output is controlled from a computerized central dispatching center

Lastverteilerzentrale f central dispatching center (siehe **Lastverteilerwarte**)

Lastwechsel m load change; load variation (siehe **Laständerung**)

Laufkraftwerk n *(Wasser)* (siehe **Laufwasserkraftwerk**)

Laufrad n *(Turbine)* runner

- das sich drehende Teil einer Turbine wird als Laufrad bezeichnet
- the rotating portion of a turbine is called runner
- die Francisturbine besitzt ein Laufrad mit gekrümmten Schaufeln
- the Francis turbine has a runner with curved blades

Laufradschaufel f runner blade

- Kaplan-Turbinen mit verstellbaren Laufradschaufeln
- Kaplan turbines with adjustable runner blades

Laufruhe f quiet operation

Laufwasserkraftwerk n run-of-river hydro plant; run-of-river plant; run-of-river hydro facility; run-or-river hydroelectric plant; run-of-river installation

- ABC wird diesen Sommer mit dem Bau eines ...-MW-Laufwasserkraftwerks beginnen
- ABC will commence construction this summer of a ... MW run-of-river hydroelectric plant
- Laufwasserkraftwerke besitzen kein Speicherbecken
- a run-of-river plant does not have a reservoir
- ABC hat die Genehmigung zum Bau eines 25-MW-Laufwasserkraftwerks erhalten
- ABC has received approval to build a 25 MW run-or-river hydroelectric plant

Lebensdauer f lifetime; life; operating life; service life; longevity

- diese hohe Temperatur verkürzt die Lebensdauer der Zelle
- this high temperature decreases the lifetime of the cell
- bis jetzt hatten die meisten dieser Zellen eine niedrige Nennleistung und eine relativ kurze Lebensdauer
- most of these cells so far have had low power ratings and relatively short lives
- bisher waren die beiden Haupthindernisse für einen groß angelegten Einsatz von Brennstoffzellen die hohen Fertigungskosten und die verhältnismäßig kurze Lebensdauer
- the two major obstacles to widespread use of fuel cells have been their high manufacturing cost and their relatively short operating life
- eine Verlängerung der Lebensdauer dieser Komponenten könnte zu einer weiteren Verbreitung der Brennstoffzellen beitragen
- significant improvements in the service life of these components would contribute to the wider use of fuel cells
- die beiden Hauptnachteile der Brennstoffzelle sind hohe Kosten und begrenzte Lebensdauer
- the main drawbacks of the fuel cell are high cost and limited operating life
- die Lebensdauer würde sich auf ca. 5000 Stunden verdoppeln
- lifetime would double to about 5,000 hours
- lange Lebensdauer
- long life
- ABC entwickelte eine Brennstoffzelle mit einer größeren Lebensdauer
- ABC developed a fuel cell with a longer service life
- Brennstoffzellen mit einer hinreichenden Lebensdauer
- fuel cells with acceptable lifetimes
- längere Lebensdauer
- increased longevity
- die Lebensdauer einer mit Kohlenwasserstoffen betriebenen PEM-Brennstoffzelle hängt ab von ...
- the longevity of a hydrocarbon-based PEM is dependent on ...
- die Lebensdauer verbessern
- to enhance longevity

Leeläufer m *(Wind)* downwind turbine

- bei Leeläufern trifft der Wind zuerst auf den Turm
- in the case of downwind turbines, the wind hits the tower first

Leerlauf m *(Wind)* idling; idling mode

- bei geringer Windgeschwindigkeit läuft der Rotor normalerweise im Leerlauf
- the rotor normally runs in idling mode at low wind speeds

Leerlaufspannung f open-circuit voltage

- die Leerlaufspannung zwischen Anode und Katode beträgt ca. 1,2 V
- the open-circuit voltage between the anode and cathode is about 1.2V
- Brennstoffzellen haben Leerlaufspannungen von ca. 1,0 bis 1,2 Volt
- fuel cells have open circuit voltages of about 1.0 to 1.2 volts

leicht adj light; lightweight

- die Brennstoffzellen werden leichter und kleiner
- fuel cells are becoming both lighter and smaller
- ABC arbeitet schon mehrere Jahre an der Entwicklung einer leichten Brennstoffzelle
- ABC has for several years been developing a lightweight fuel cell
- Wasserstoff ist ein leichtes und brennbares Gas
- hydrogen is a a light and flammable gas
- leichte Verbundwerkstoffe
- lightweight composite materials
- Wasserstoff ist ein leichtes Gas
- hydrogen is a lightweight gas
- die Brennstoffzelle wird beträchtlich leichter und billiger als herkömmliche Batterien sein
- the fuel cell will be significantly lighter and cheaper than conventional batteries

Leichtbaufahrzeug n lightweight vehicle

Leichtbau-Pkw m lightweight car

Leistung f (1) output

- man erhält die gewünschte Leistung durch Kombination einer Anzahl von Modulen vor Ort
- the desired output is obtained by combining a number of modules at the site

Leistung f (2): **mit einer Leistung von** ... rated at

- 25 Turbinen mit einer Leistung von je 1,5 MW
- 25 turbines each rated at 1.5MW

Leistungsabgabe f power output

- die Leistungsabgabe von Windturbinen ist bei einer Windgeschwindigkeit von ungefähr 15 Metern pro Sekunde am größten
- wind turbines reach maximum power output at around 15 meters/second
- im Sommer können die Solarzellen leicht Temperaturen von 45 °C erreichen, was zu einer Verringerung der Leistungsabgabe um 8 Prozent führt
- in summer, solar cells can easily reach 45 degrees C, reducing power output by 8%

Leistungsbedarf m power requirement

- mit einem Leistungsbedarf im Bereich von 1 bis 50 kW
- with power requirements in the 1 – 50 kW range

Leistungsbeiwert m power coefficient

- Windmühlen, die vor 1900 gebaut wurden, hatten gewöhnlich einen Leistungsbeiwert von weniger als 5 Prozent
- for windmills built before 1900, the power coefficient was usually less than 5 per cent
- moderne Windturbinen können Leistungsbeiwerte von ca. 35 Prozent erreichen
- modern wind turbines can achieve power coefficients of about 35 per cent

Leistungsbereich m capacity range

- diese Brennstoffzelle eignet sich am besten für Anwendungen im Leistungsbereich von 1 MW bis 20 MW
- this fuel cell is best suited for applications in the 1 to 20 MW capacity range

Leistungsdichte f power density

- die Leistungsdichte einer PAFC ist zu gering für den Einsatz in Autos
- the power density of a PAFC is too low for use in an automobile
- diese Brennstoffzellen zeichnen sich durch eine hohe Leistungsdichte aus
- these fuel cells have high power density
- ABC behauptet, eine Energiedichte von 0,6 W/m^2 erreicht zu haben
- ABC claims to have achieved a power density of 0.6 W/m^2

Leistungseinbuße f performance degradation; loss in performance

- auf diese Weise sollte die Zelle bei 800 °C ohne Leistungseinbuße arbeiten können
- this should allow the cell to operate at 800 degrees Centigrade without any loss in performance

Leistungselektronik f power electronics

- die Vorteile der Leistungselektronik nutzen
- to take advantage of the benefits of power electronics
- moderne Leistungselektronik zur Verringerung der Beanspruchung der Komponenten
- advanced power electronics to reduce component stresses
- der Einsatz moderner Leistungselektronik in drehzahlveränderlichen Windturbinen
- the use of advanced power electronics in variable-speed wind turbines

Leistungserzeugung f power production

Leistungsfähigkeit f performance

- ohne Herabsetzung der Leistungsfähigkeit
- without performance degradation

Leistungsgewicht n power-to-weight ratio

- das Leistungsgewicht der BZ um den Faktor drei verbessern
- to improve the power-to-weight ratio of the fuel cell by a factor of three

Leistungskurve f power curve

- Abb. 1 zeigt die Leistungskurve einer 500-kW-Windturbine
- Fig. 1 shows the power curve of a 500-kW turbine
- extrapolierte Leistungskurve
- extrapolated power curve

Leistungsregelung f power control system

- durch moderne Anlagen zur Leistungsregelung wird eine verbesserte Regelung der Windenergieanlage bei sich ständig ändernden Windbedingungen sichergestellt
- advanced power control systems improve the control of the wind turbine in constantly varying wind conditions

Leistungsverlust m loss of power output; power loss

- dies wird einen gewissen Leistungsverlust zur Folge haben
- this will incur some loss of power output
- Leistungsverluste auf ein Minimum beschränken
- to minimise power losses
- die Leistungsverluste auf einem vertretbaren Niveau halten
- to keep the power losses at an acceptable value

Leiterkreis m circuit

- die Elektronen fließen durch den äußeren Leiterkreis
- the electrons flow through the external circuit

Leitfähigkeit f conductivity
- der neue Werkstoff zeichnet sich durch gute Leitfähigkeit aus
- the new material exhibits high conductivity

Leitschaufel f *(Wasser)* guide vane
- feste Leitschaufeln
- stationary guide vanes
- das Wasser wird durch Leitschaufeln auf das Laufrad gelenkt
- guide vanes direct the water on to the runner

Leitungsverluste mpl transmission losses

Letztverbraucher m end-user
- Übertragung der elektrischen Energie zum Letztverbraucher
- transmission of electricity to the end-user

Licht n light
- es wäre auch möglich, das Licht dichter auf die Zellen zu konzentrieren
- it would also be possible to focus the light more tightly on the cells
- eine Solarzelle wandelt die im Licht enthaltene Energie direkt in elektrische Energie um
- a solar cell directly converts the energy in light into electrical energy
- er entdeckte, dass eine Spannung erzeugt wird, wenn Licht auf die Elektrode fällt
- he observed that voltage developed when light fell upon the electrode

Lichtabsorption f light absorption
- die Lichtabsorption erhöhen
- to increase light absorption

Lichtenergie f light energy
- PV-Anlagen wandeln Lichtenergie in elektrische Energie um
- PV systems convert light energy into electricity
- weniger als ein Prozent der absorbierten Lichtenergie in elektrische Energie umwandeln
- to transform less than 1 percent of the absorbed light energy into electrical energy

Lichtintensität f light intensity
- die erhöhte Lichtintensität kann zum vorzeitigen Ausfall des Moduls führen
- the elevated light intensity can lead to premature module failure

Liefervertrag m supply contract
- langfristiger Liefervertrag
- long-term supply contract
- ABC handelt gerade einen Liefervertrag mit BCD aus
- ABC is negotiating a supply contract with BCD
- Liefervertrag mit einer Laufzeit von sieben Jahren
- seven-year supply contract

Linse f lens
- Sonnenlicht mit Linsen einfangen
- to gather sunlight with lenses
- das Sonnenlicht wird mit Hilfe von Linsen auf die Zellenoberfläche konzentriert
- sunlight is concentrated onto the cell surface by means of lenses

Lithium n lithium

Lithiumkarbonat n lithium carbonate

Loch n (1) *(BZ)* hole
- die Brennstoffzellen-Membranen enthalten kleine Löcher
- the fuel cell membranes contain small holes
- die Löcher lassen nicht das ganze Wasserstoffatom passieren
- the holes do not allow the whole hydrogen atom to pass through them

Loch n (2) *(Halbleiter)* hole

- dadurch dass das Elektron seine Position verlässt, hinterlässt es ein Loch
- by leaving its position, the electron causes a hole to form

Lokomotive mit Brennstoffzellenantrieb fuel cell-powered locomotive

luftatmende Brennstoffzelle air-breathing fuel cell

Luftdichte f *(Wind)* air density

- Temperatur-, Druck- und Höhenunterschiede haben beträchtliche Auswirkungen auf die Luftdichte
- differences in temperature, pressure, and altitude significantly affect air density
- bei Normaltemperatur und auf Meereshöhe beträgt die Luftdichte ... kg/m^3
- air density at standard conditions of temperature and at sea level is equal to ... kg/m^3

Luftelektrode f air electrode

- der Elektrolyt verhindert, dass Stickstoff von der Luftelektrode zur Brennstoffelektrode gelangt
- the electrolyte does not allow nitrogen to pass from the air electrode to the fuel electrode

Luftkompressor m air compressor (siehe **Luftverdichter**)

Luftmasse f air mass

- die Wirkung der Atmosphäre auf das Sonnenlicht auf der Erdoberfläche wird durch die Luftmasse bestimmt
- the effect of the atmosphere on sunlight at the Earth's surface is defined by the air mass

Luftsauerstoff m oxygen from (the) air; atmospheric oxygen

- die Kathode nimmt Luftsauerstoff auf
- the cathode adsorbs oxygen from the air
- die PEMFC kann mit Luftsauerstoff betrieben werden
- the PEMFC can operate with atmospheric oxygen

Luftschadstoff m air pollutant; airborne pollutant

- bei Brennstoffzellen werden die mit Verbrennungsprozessen verbundenen Luftschadstoffe und Wirkungsgradverluste vermieden
- fuel cells avoid the air pollutants and efficiency losses associated with combustion processes
- die Emissionen dieser Luftschadstoffe liegen unterhalb der erlaubten Grenzwerte
- emissions of these airborne pollutants are below allowed levels

Luftspeicherkraftwerk n compressed-air energy storage plant; CAES plant

Luftströmung f *(Wind)* air flow

- auf dem Meer gibt es weniger Hindernisse für die Luftströmung
- there are fewer obstructions to air flow at sea

Luftverdichter m air compressor

- diese Brennstoffzelle erzeugte ohne Luftverdichter mehr als 50 kW Strom
- this fuel cell produced more than 50 kW of electrical power without an air compressor

Luftverschmutzer m polluter

- Osteuropa ist ein größerer Luftverschmutzer als Westeuropa
- Eastern Europe is much worse a polluter than Western Europe
- dieses Land ist Europas größter Luftverschmutzer
- this country is Europe's heaviest polluter of the atmosphere

Luftverschmutzung f air pollution

- Brennstoffzellen verursachen wenig Luftverschmutzung
- fuel cells produce little air pollution

- Brennstoffzellen können zur Bekämpfung der Luftverschmutzung beitragen
- fuel cells have the potential to help control air pollution
- Brennstoffzellen können entscheidend zur Verringerung der Luftverschmutzung beitragen
- fuel cells can dramatically lower air pollution
- die Luftverschmutzung vermindern
- to reduce air pollution
- die Luftverschmutzung in den Städten auf ein Mindestmaß begrenzen
- to minimise urban air pollution

Luftwiderstand m *(Wind)* drag

Luvläufer m *(Wind)* upwind turbine

- die Blätter der Luvläufer sind dem Wind zugewandt
- the blades of upwind turbines face into the wind

LWKW (siehe **Laufwasserkraftwerk**)

M

Machbarkeit f feasibility

- ABC erprobt die Machbarkeit des Einsatzes einer Karbonatbrennstoffzelle zur Erzeugung von Strom aus Deponiegas
- ABC is about to test the feasibility of using a carbonate fuel cell to generate electricity from landfill gas
- dieser Bus hat die technische Machbarkeit von Brennstoffzellenbussen bewiesen
- this bus has demonstrated the technical feasibility of fuel cell buses
- nach der Untersuchung der technischen und wirtschaftlichen Machbarkeit von Brennstoffzellen will ABC ähnliche Einheiten an anderen Standorten aufstellen
- after studying the fuel cell's technical and economic feasibility, ABC hopes to install similar units at other locations

Machbarkeitsstudie f feasibility study

- letzten Monat wurde mit einer 325.000 $ kostenden Machbarkeitsstudie begonnen
- a $325,000 feasibility study started last month
- eine Machbarkeitstudie durchführen/anfertigen
- to undertake a feasibility study

Magma n *(Geo)* magma

- die flüssige Masse, das Magma, kühlt noch immer ab
- the molten mass, called magma, is still in the process of cooling
- das heiße Magma nahe der Erdoberfläche ist die Ursache für aktive Vulkane und heiße Quellen
- the hot magma near the surface thus causes active volcanoes and hot springs

Magmakammer f *(Geo)* magma chamber

Maisernte f corn crop

- ca. 5 % der Maisernte des Landes werden zurzeit in Ethanol umgewandelt
- about 5% of the country's corn crop is currently converted into ethanol

maritime Windfarm offshore wind farm

maritime Windturbine offshore turbine

Markt m market

- am Markt verfügbar sein
- to be commercially available

Markteinführung f market introduction; commercialisation *(GB)*; commercialization *(US)*

- nächstes Jahr baut ABC wahrscheinlich ein Werk, um die Markteinführung von Brennstoffzellen zu fördern
- ABC will likely build a plant next year to promote the market introduction of fuel cells
- ABC sucht Partner für die anschließende Markteinführung der neuartigen Technologie
- ABC is looking for partners to take part in the subsequent commercialisation of the novel technology

Markteintritt m market entry

Marktpotential n market potential

- das Marktpotential der Brennstoffzelle beurteilen
- to assess the FC's market potential
- das geschätzte Marktpotential für Festoxid-Brennstoffzellen im kommerziellen Bereich
- the estimated market potential for solid oxide fuel cells in the commercial sector

marktreif adj commercially viable

Marktreife f commercial availability/viability

- kurz vor der Marktreife stehen
- noch ein paar Jahre von der Marktreife entfernt sein

- to be on the verge of commerical viability
- to be still a few years away from commercial availability

marktüblich adj commercially available

Maschinenhaus n *(Wind)* nacelle

Massenproduktion f mass production

- der Mangel an Industrienormen für die Massenproduktion
- diese Kosten werden sinken, sobald mit der Massenproduktion begonnen wird
- es gibt keine Massenproduktion von Brennstoffzellenkomponenten

- the lack of industry standards for mass production
- these costs will be reduced once mass production is begun
- there is no mass production of components for fuel cells

Matrix f *(BZ)* matrix

- der Karbonatelektrolyt befindet sich in einer porösen keramischen Matrix

- the carbonate electrolyte is contained in a porous ceramic matrix

maximale Auslastung full-load

- die Brennstoffzellen-Einheit läuft ständig unter maximaler Auslastung

- the fuel cell is operated continuously at full-load

Maximum Power Point m; **Maximum-Power-Point** m *(Solar)* maximum power point; Maximum Power Point

- der Maximum Power Point ist der Punkt auf der Strom-Spannungkennlinie, in dem die PV-Zelle die höchste Leistung abgibt

- the Maximum-Power-Point is the point on a current-voltage curve where a PV cell produces maximum power

MCFC molten carbonate fuel cell (siehe **Schmelzkarbonat-Brennstoffzelle**)

MCFC-Kraftwerk n *(BZ)* MCFC plant; MCFC power plant

- mit MCFC-Kraftwerken lassen sich Wirkungsgrade von mehr als 55 % erreichen
- MCFC-Kraftwerke können hohe elektrische Wirkungsgrade erreichen

- MCFC plants can achieve efficiencies of more than 55 %
- MCFC power plants can achieve high electrical efficiencies

mechanische Belastung mechanical load

- Verfahren zur Messung der mechanischen Belastung von Windturbinen

- procedures for measuring mechanical loads on wind turbines

mechanische Bremse *(Wind)* mechanical brake

- die Windturbine ist mit einer mechanischen Bremse ausgerüstet, die bei Überdrehzahl ausgelöst wird

- the wind turbine has a mechanical brake that activates upon overspeed

Medium n working fluid

- mit Hilfe der Wärme des Heißwassers wird das Medium zum Sieden gebracht

- the heat of the hot water is used to boil the working fluid

Megawattanlage f *(Wind)* megawatt machine

Megawattklasse f *(Wind)*: **Windturbine der Megawattklasse** megawatt-sized wind turbine; megawatt-size wind turbine

- dies wird die erste Offshore-Anlage sein, bei der große Windturbinen der Megawattklasse eingesetzt werden

- this will be the first offshore project to use large-scale, megawatt-sized wind turbines

- das Forschungszentrum wird sich auf die Machbarkeit von Windturbinen der Megawattklasse konzentrieren
- the research centre will focus on the feasibility of megawatt-size wind turbines

Mehrwellenanordnung f multi-shaft arrangement
- Mehrwellenanordnungen bieten mehr Flexibilität im Betrieb
- multi-shaft arrangements provide more operating flexibility

Membran f *(BZ)* membrane
- die Membran durchdringen
- to pass/diffuse through the membrane
- die Elektronen können die Membran nicht durchdringen
- the electrons cannot pass through the membrane
- die Membrane der Brennstoffzellen haben kleine Löcher
- the fuel cell membranes contain small holes

Membran-Elektroden-Einheit f *(BZ)* membrane-electrode assembly

Membrantechnik f *(BZ)* membrane technology

Metallhydrid n *(BZ)* metal hydride
- alternativ kann der Wasserstoff auch an ein Metallhydrid angelagert werden
- as an alternative, the hydrogen can be absorbed into a metal hydride

Metallhydridspeicher m *(BZ)* metal hydride storage tank
- das Boot wird mit einer 10-kW-PEM-Brennstoffzelle und zwei Metallhydridspeichern ausgerüstet
- the boat will be equipped with a 10kW PEM fuel cell and two metal hydride storage tanks

Metallkontakt m metal contact
- dies ist ein alternatives Verfahren zur Anbringung der Metallkontakte der Zelle
- this is an alternative method for applying the cell's metal contacts
- Metallkontakte an der Ober- und Unterseite der PV-Zelle anbringen
- to place metal contacts on the top and bottom of the PV cell

Metall-Legierung f metal alloy
- bei dem Fahrzeug findet eine neuartige Metall-Legierung zur Wasserstoffspeicherung Anwendung
- the vehicle uses a new hydrogen-storing metal alloy

Metallrahmen m metal frame

Methan n methane
- diese Brennstoffzellen werden mit Methan betrieben
- these fuel cells use methane as a fuel
- Wasserstoff aus Methan gewinnen
- to derive hydrogen from methane
- in den USA wird Methan aus Mülldeponien nur in geringem Umfang zur Stromerzeugung eingesetzt
- only a small amount of electricity is generated from the methane in U.S. landfills
- Methan ist der Hauptbestandteil von Erdgas
- methane is the main ingredient of natural gas
- Methan ist ein brennbares Gas
- methane is a flammable gas
- diese Anlage wird mit Methan aus Mülldeponien betrieben
- this plant burns landfill-generated methane

Methangas n methane gas
- Deponien produzieren beträchtliche Mengen an Methangas
- landfills produce a substantial quantity of methane gas
- Methangas trägt zur globalen Erwärmung bei
- methane gas is a contributor to global warming

Methangehalt m methane content

Methanol n methanol

- die Brennstoffzelle wird mit Methanol betrieben
- ein mit Methanol betriebenes Fahrzeug
- ein mit Methanol betriebener Brennstoffzellen-Bus
- der Brennstoffzellen-Stapel wird mit aus Methanol gewonnenem Wasserstoff betrieben
- Methanol und Wasser erzeugen Kohlendioxid und Wasserstoff
- das Methanol wird in seine Bestandteile aufgespalten, um Wasserstoff zu erzeugen, der der Brennstoffzelle als Brennstoff dient

- the fuel cell operates on methanol
- a methanol-fuelled vehicle
- a fuel cell bus running on methanol
- the fuel cell stack runs on hydrogen from methanol
- methanol and water produce carbon dioxide and hydrogen
- the methanol is broken into its chemical components to generate hydrogen to run the fuel cell

methanolbetriebene PEMFC methanol-fueled PEMFC *(US)*; methanol-fuelled PEMFC *(GB)*

methanolbetriebene phosphorsaure Brennstoffzelle methanol-fuel(l)ed phosphoric acid fuel cell

methanolbetriebenes Brennstoffzellenfahrzeug methanol-fueled fuel cell vehicle *(US)*; methanol-fuelled fuel cell vehicle *(GB)*

- beide Unternehmen stellten methanolbetriebene Brennstoffzellenfahrzeuge vor
- zwei methanolbetriebene Brennstoffzellenfahrzeuge waren dieses Jahr zum ersten Mal auf der IAA in Frankfurt zu sehen

- both companies exhibited methanol-fueled fuel cell vehicles
- two methanol-fueled fuel cell vehicles debuted at this year's Frankfurt Auto Show

methanolbetriebenes Fahrzeug methanol-fueled vehicle *(US)*; methanol-fuelled vehicle *(GB)*

Methanol-Brennstoffzelle f methanol fuel cell; methanol-fueled fuel cell *(US)*; methanol-fuelled fuel cell *(GB)*

- bis jetzt ist eine Legierung aus Platin und Ruthenium der bekannteste Katalysator für Methanol-Brennstoffzellen

- up to now, a platinum-ruthenium alloy has been the best known catalyst for methanol fuel cells

Methanol-Brennstoffzellenfahrzeug n methanol-fueled fuel cell vehicle *(US)*; methanol-fuelled fuel cell vehicle *(GB)*

- beide Firmen stellten Methanol-Brennstoffzellenfahrzeuge aus
- zwei Methanol-Brennstoffzellenfahrzeuge wurden auf der diesjährigen Internationalen Automobilausstellung in Frankfurt vorgestellt

- both companies exhibited methanol-fueled fuel cell vehicles
- two methanol-fueled fuel cell vehicles debuted at this year's Frankfurt Auto Show

Methanolpatrone f methanol cartridge

Methanol-Reformer m; **Methanolreformer** m methanol reformer

- das neue Fahrzeug ist mit einem Methanolreformer ausgerüstet

- the new vehicle is equipped with a methanol reformer

Methanolreformierung f methanol reforming

- die Methanolreformierung erfolgt bei nur ca. 250 °C

- methanol reforming takes place at only about 250°C

Methanol-Wassergemisch n mixture of water and methanol

- der Katalysator würde ein Methanol-Wassergemisch in Wasserstoff und Kohlendioxid umwandeln

- the catalyst would convert a mixture of water and methanol into hydrogen and carbon dioxide

Methylalkohol m methyl alcohol
- Gegenstand der jüngsten Forschungsbemühungen sind Brennstoffzellen, die mit Methylalkohol betrieben werden
- the new research involves fuel cells that use methyl alcohol
- Methylakohol kann billig aus Biomasse hergestellt werden
- methyl alcohol can be made cheaply from biomass

Mikro-Brennstoffzelle f micro-fuel cell; micro fuel cell; microscopic fuel cell (siehe auch **Mini-Brennstoffzelle**)
- nach seiner Einschätzung könnten Mikro-Brennstoffzellen bis Ende 20.. auf dem Markt erhältlich sein
- he estimated the micro fuel cells could be on the market by late 20..
- Mikro-Brennstoffzellen sollten mindestens 20 Jahre halten
- the micro fuel cells should last at least 20 years
- auf einer deutschen Messe sind Mikro-Brennstoffzellen und zugehörige Ausrüstungen zu sehen
- German trade fair shows micro fuel cells and related products

Militäranwendung f military use; military application (siehe **militärische Anwendung**)

militärische Anwendung military application; military use
- Brennstoffzelle für militärische Anwendungen
- fuel cell for military applications/ military use
- für eine Vielzahl militärischer Anwendungen
- for a variety of military uses

Mineralstoff m mineral
- geothermisches Wasser ist manchmal stark mit Mineralstoffen angereichert
- geothermal water is sometimes heavily laden with dissolved minerals

Miniaturbrennstoffzelle f miniature fuel cell (siehe auch **Mini-Brennstoffzelle**)
- eine umweltfreundliche Miniaturbrennstoffzelle entwickeln
- to develop a miniature fuel cell that is environmentally safe
- Forscher entwickeln zur Zeit eine Miniaturbrennstoffzelle, die die Batterien in Handys ersetzen soll
- researchers are developing a miniature fuel cell designed to replace the batteries used in cellular phones

miniaturisiert adj miniaturised *(BE)*; miniaturized *(US)*
- miniaturisierte Energiequelle
- miniaturized power source

Miniaturisierung f miniaturization

Mini-Brennstoffzelle f miniature fuel cell
- ABC hat eine Mini-Brennstoffzelle entwickelt, die mit Methanol betrieben wird und zur Versorgung tragbarer elektrischer Geräte dient
- ABC has created a miniature fuel cell which runs on methanol to provide power for portable electronics
- ABC stellte eine Mini-Brennstoffzelle vor
- ABC unveiled a miniature fuel cell

Mini-Kraftwerk n mini-power plant
- eine Brennstoffzelle ist ein Mini-Kraftwerk, das ohne Verbrennung Strom erzeugt
- a fuel cell is a mini-power plant that produces power without combustion

mitlaufende Reserve spinning reserve

Mittelklassewagen m mid-size car
- ABC entwickelt zur Zeit eine Brennstoffzellen-Anlage für einen Mittelklassewagen
- ABC is developing a fuel cell system for a mid-size car

Mitteltemperatur-Brennstoffzelle f medium-temperature fuel cell

- diese Mitteltemperatur-Brennstoffzelle arbeitet bei einer Temperatur von 200° C
- this medium-temperature fuel cell operates at 200°C

Mitteltemperatur-Kollektor m *(Solar)* medium-temperature collector

mittlere Jahreswindgeschwindigkeit *(Wind)* average annual wind speed; annual mean wind speed

- mittlere Jahreswindgeschwindigkeiten von ca. 26 km/h und mehr bei einer Höhe von 30 m
- average annual wind speeds of approximately 16 mph and higher at a height of 30 meters
- die mittlere Jahreswindgeschwindigkeit in einer Höhe von 35 m betrug ca. 7,5 m/s
- the annual mean wind speed at a height of 35 m was about 7.5 m/s

mittlere Windkraftanlage (MWKA) medium sized wind turbine

Mitverbrennung f cofiring; co-firing

- die Mitverbrennung von Biomasse in einem herkömmlichen Kohlekraftwerk
- co-firing of biomass in a conventional coal-fired power station
- Mitverbrennen von Biomasse in einem mit Kohle befeuerten Kessel
- co-firing of biomass in a coal-fired boiler

mobile Anwendung mobile application; mobile use

- dieser Typ wird von vielen als die geeignetste Brennstoffzelle für mobile Anwendungen betrachtet
- this type is considered by many the most suitable fuel cell for mobile applications
- einige Brennstoffzellen eignen sich besser für mobile Anwendungen
- some fuel cells are better suited to mobile use

mobile Brennstoffzelle transportable fuel cell; mobile fuel cell

- mit Hilfe mobiler Brennstoffzellen könnte die Stromerzeugung in die unmittelbare Nähe von Verbrauchern in ländlichen Regionen verlegt werden
- a transportable fuel cell would allow power generation to be sited close to rural users

mobile Elektrizitätserzeugung mobile (electric) power generation

mobiler Einsatz mobile use

- Brennstoffzelle für den mobilen Einsatz
- fuel cell for mobile use

Mobilität f mobility

- Brennstoffzellen bieten Mobilität ohne Umweltverschmutzung
- fuel cells offer mobility without pollution

Modul n *(Solar)* module

- PV-Zellen werden zu Modulen zusammengeschaltet
- PV cells are combined into modules
- mehrer Zellen werden zu größeren Einheiten – so genannten Modulen – zusammengeschaltet
- several cells are connected together to form larger units called modules

modulare Bauweise modular design

Modulleistung f *(Solar)* module power

Modulwirkungsgrad m *(Solar)* module efficiency

- die Modulwirkungsgrade steigen ständig
- module efficiencies are constantly rising

Molekül n molecule

- die Moleküle werden in Wasserstoffgas und Kohlenmonoxid gespalten
- the molecules are broken down into hydrogen gas and carbon monoxide

monokristalline Siliziumzelle single crystal silicon cell

- die monokristalline Siliziumzelle ist die heute am weitesten verbreitete Siliziumzelle
- most widely used today is the single crystal silicon cell
- polykristalline Zellen sind billiger in der Herstellung als monokristalline Zellen
- polycrystalline cells are cheaper to produce than single crystal silicon cells

monokristallines Silizium mono-crystalline silicon

- diese Technologie erfordert monokristallines Silizium
- this technology requires mono-crystalline silicon

Montage f erection; installation

- Überwachung von Montage und Inbetriebnahme
- supervision of erection and commissioning
- die Montage der Turbine wurde verschoben
- erection of the turbine was postponed

Motor-BHKW n engine-driven cogenerator; engine-powered CHP plant

Motorhaube f hood

- unter die Motorhaube passen
- to fit under the hood
- der Platz unter der Motorhaube wird für die Batterien benötigt
- the space under the hood is taken up by batteries

MPP (siehe **Maximum Power Point**)

Müll m waste; refuse

- Energie aus Müll
- energy from waste
- der Müll wird im angelieferten Zustand verbrannt
- the refuse is combusted in the as-received state
- Brennstoff aus Müll
- refuse derived fuel (RDF)

Mülldeponie f (siehe **Deponie**)

Müllkraftwerk n energy from waste facility; energy from waste plant; EFW plant

- Ziel dieser Studie ist es, die Wirtschaftlichkeit eines Müllkraftwerks zu untersuchen
- the objective of this study is to investigate the economic viability of an energy from waste facility
- das neue Müllkraftwerk wird ausreichend Strom für den Eigenbedarf in Höhe von ca. 2,2 MW und Überschussstrom in Höhe von ca. 8,3 MW erzeugen
- the new waste from energy plant will produce enough electricity for the plant's in-house needs of around 2.2MW and a surplus of around 8.3MW

Müllverbrennung f waste incineration; combustion of refuse

- für die Müllverbrennung stehen mehrere Technologien zur Verfügung
- several technologies are available for the combustion of refuse

Müllverbrennungsanlage f waste incineration plant

Multi-Fuel-Reformer m *(BZ)* multi-fuel reformer system; multi-fuel processor; fuel-flexible fuel processor

- ein fortschrittlicher Multi-Fuel-Reformer dient der Aufbereitung üblicher Treibstoffe
- an advanced fuel-flexible fuel processor reforms common transportation fuels

multikristallines Silizium multicrystalline silicon

N

Nabe f *(Wind)* hub

- die Rotorblätter sind mit der Nabe verbunden — the blades are connected to the hub
- die Rotorblätter sind an der Nabe befestigt — the blades are attached to the hub
- die Rotorblätter drehen sich um die Nabe — the rotor blades rotate about the hub
- starre Nabe — rigid hub

Nabenhöhe f *(Wind)* hub height

- Windgeschwindigkeit in Nabenhöhe — wind speed at hub height

Nachführeinrichtung f *(Solar)* tracking mechanism; tracking device; tracking system

- der Einsatz aufwendiger Reflektoren und Nachführeinrichtungen wäre zu kostspielig — using complicated reflectors and tracking devices would be too costly
- ein- und zweiachsige Nachführeinrichtungen — one-axis and two-axis tracking systems

nachführen v track

- die meisten Konzentratoren müssen den ganzen Tag über der Sonne nachgeführt werden — most concentrators must track the sun throughout the day

nachhaltig adj sustainable

- nachhaltige wirtschaftliche Entwicklung — sustainable economic development
- eine nachhaltige Energieerzeugungsanlage muss mehr Energie erzeugen, als für ihren Bau und ihren Unterhalt erforderlich ist — a sustainable generation technology must produce more energy than is used to build and maintain the plant

Nachhaltigkeit f sustainability

- die Energiepolitik auf Nachhaltigkeit umstellen — to re-orient energy policy towards sustainability

Nachladen n recharging

- Brennstoffzellen erfordern kein Nachladen — a fuel cell does not require recharging

nachrüsten v retrofit

- ältere Anlagen können mit dieser Technologie nachgerüstet werden — the technology can be retrofitted in older power plants
- diese Bauteile können nachträglich in bestehende Brennstoffzellenanlagen eingebaut werden — these components can be retrofitted into existing fuel cell power plants
- die Taxis werden mit Brennstoffzellen-Antrieben nachgerüstet — the taxis will be retrofitted with fuel cell engines

Nachrüstung f retrofit

- mit der Nachrüstung der Kessel fortfahren — to proceed with the retrofit of the boilers
- ABC will die Nachrüstung seines Kraftwerks bis zum Herbst dieses Jahres abschließen — ABC expects to complete the retrofit of its power station by the fall of this year
- das neue System eignet sich zur Nachrüstung alter Anlagen und für neue Anlagen — the new system is suitable for both retrofit and new facility applications
- eine der Turbinen wurde im Sommer nachgerüstet — one of the turbine retrofits took place in the summer

- um den künftigen Umweltauflagen gerecht zu werden, müssen die Generatoren unter Umständen nachgerüstet oder ersetzt werden
- generators may require retrofits or replacements to satisfy future environmental requirements

nachwachsender Energieträger renewable; renewable energy resource; renewable resource; renewable energy source

Nanographitfaser f graphite nanofiber

Nassdampf m wet steam

- bei allen Ausrüstungen, die mit Nassdampf in Berührung kommen, muss nichtrostender Stahl verwendet werden
- stainless steel must be used in all equipment exposed to wet steam

Nassdampfsystem n *(Geo)* liquid-dominated system

- Nassdampfsysteme kommen häufiger vor als Trockendampfsysteme
- liquid-dominated systems, are much more plentiful than vapor-dominated systems

Naturschützer m conservationist; preservationist

Nebenaggregat n ancillary component

- grundlegende Probleme im Zusammenhang mit Brennstoffzellen und Nebenaggregaten lösen
- to resolve fundamental problems associated with fuel cells and ancillary components
- dies gilt nicht nur für den Brennstoffzellenstapel, sondern auch für die Nebenaggregate
- this applies not only to the fuel cell stack, but also to the ancillary components

Nebenprodukt n by-product; byproduct

- bei diesem Prozess entstehen als Nebenprodukte Wasserdampf und Wärme
- the by-products of this process are water vapor and heat
- die einzigen Nebenprodukte sind Wärme und reines, trinkbares Wasser
- the only byproducts are heat and pure, drinkable water
- Brennstoffzellen erzeugen als Nebenprodukt der chemischen Reaktion Wärme
- fuel cells produce heat as a byproduct of the chemical reaction

Nennlast f rated load

- Brennstoffverbrauch bei Nennlast
- fuel consumption at rated load

Nennleistung f rated output; rated power; rating

- das Gerät hat eine Nennleistung von 7 kW
- the device is rated at 7 kW
- Kraft-Wärme-Kopplungsanlagen mit Nennleistungen bis zu 10 MW
- combined heat and power stations rated at up to 10MW
- Brennstoffzellen gibt es mit Nennleistungen von einigen Watt bis zu mehreren Megawatt
- the fuel cell comes in ratings from watts to multi-megawatts
- die Brennstoffzelle hat eine Nennleistung von 200 kW
- the fuel cell has a rated output of 200 kW
- die Nennleistung erreichen
- to achieve the rated power
- die Turbine würde ca. 20 % ihrer Nennleistung bei einer durchschnittlichen Windgeschwindigkeit von 24 Kilometern pro Stunde produzieren
- the turbine would produce about 20% of its rated power at an average wind speed of 15 miles per hour
- Windturbinen werden am häufigsten nach ihrer Nennleistung bei einer bestimmten Nenn-Windgeschwindigkeit klassifiziert
- wind turbines are most commonly classified by their rated power at a certain rated wind speed

Nennwindgeschwindigkeit f rated wind speed

- die Nennwindgeschwindigkeit ist die Geschwindigkeit, bei der die Nennleistung erreicht wird
- the rated wind speed is the wind speed at which the rated power is achieved

Nettoausgangsleistung f net power output

- elektrische Nettoausgangsleistung einer Windenergieanlage
- net electric power output of a wind turbine generator system

Nettoleistung f net power

Netto-Wirkungsgrad m; **Nettowirkungsgrad** m net efficiency

- wenn die Zusammensetzung von Brennstoffen für eine Brennstoffzelle verändert werden muss, dann verringert sich der Nettowirkungsgrad
- if fuels must be altered in composition for a fuel cell, the net efficiency of the fuel-cell system is reduced

Netz n (1) grid; utility grid; electric grid

- die Brennstoffzelle sollte bis zu 2 MW in das kommunale Stromnetz einspeisen
- the fuel cell was designed to deliver up to 2MW into the municipal grid
- Strom in das Netz einspeisen
- to feed electrical energy into the grid
- der Strom wird in das lokale/örtliche Netz eingespeist
- the power is exported to the local grid
- Strom ins öffentliche Netz einspeisen
- to supply power to the national grid

Netz n (2): **ans Netz gehen** to come on-stream/on stream; to come on-line

- diese Kombianlage soll im Mai ans Netz gehen
- this combined-cycle plant is scheduled to come on-stream in May
- das Kraftwerk ging gegen Ende des vergangenen Jahres ans Netz
- the power station came on-line late last year
- in den folgenden Jahren gingen mehrere neue Kohlekraftwerke ans Netz
- in the following years several new coal-fired plants came on stream

Netz n (3): **am Netz sein** to be online

- das 1.400-MW-Kraftwerk macht gute Fortschritte und sollte bis Mitte des Jahres ans Netz gehen/am Netz sein
- the 1,400MW project is well under way and should be online by the mid-year

netzabgelegen adj off-grid (siehe **netzfern**)

Netzanschluss m grid connection; connection to the grid

- Netzanschluss von Windfarmen
- grid connection of wind farms
- die Kosten für den Netzanschluss hätten mindestens ... Dollar betragen
- the cost of connection to the grid would have been at least $ ...

netzfern adj off-grid; far from the utility grid; remote

- netzferne Kunden
- remote customers
- netzferne PV-Anlage/Anwendung
- off-grid PV system/application
- die PV-Anlage eignet sich für die Versorgung netzferner Verbraucher
- the PV system is suitable for serving off-grid loads

netzgeführter Wechselrichter line-commutated inverter

netzgekoppelt adj grid-connected; utility-connected

- eine netzgekoppelte 101-MW-Windfarm errichten
- to construct a 101 MW grid-connected wind farm
- für eine wirtschaftliche Anwendung kleiner netzgekoppelter Windturbinen werden Winde mit einer Geschwindigkeit von mehr als 5 m/s benötigt
- winds exceeding 5 m/s are required for cost-effective application of small grid-connected wind turbines
- netzgekoppelte Anwendung/PV-Anlage
- grid-connected application/PV system

Netzstrom m grid-supplied power

- in vielen Gegenden bieten Brennstoffzellen eine attraktive Alternative zum Netzstrom/zum Strom aus dem Versorgungsnetz
- in many areas, fuel cells provide an attractive alternative to grid-supplied power

netzunabhängig adj grid-independent; non-grid-tied

- welche Batteriegröße benötige ich für mein netzunabhängiges System
- what size battery will I need in my non-grid-tied system

Netzverträglichkeit f grid compatibility; network compatibility

Neuerung f advancement

- Kraftwerksturbinen mit den letzten technischen Neuerungen
- utility-grade turbines that use the latest technology advancements

NH *(Wind)* (siehe **Nabenhöhe**)

nichtkristallines Silizium noncrystalline silicon; non-crystalline silicon

- amorphes Silizium ist nichtkristallines Silizium
- amorphous silicon is non-crystalline silicon

nichtporös adj non-porous

Nichtverfügbarkeit f outage n

- mit geplanter und ungeplanter Nichtverfügbarkeit von Ausrüstungen fertig werden
- to cope with planned and unplanned outages of equipment

Nickelbasis f

- Elektroden auf Nickelbasis
- nickel-based electrodes

Nickelelektrode f nickel electrode

- kostengünstige Nickelelektroden einsetzen
- to use inexpensive nickel electrodes

Nickel-Metallhydrid-Batterie f nickel-metal hydride battery

- kommenden Herbst wird ABC damit beginnen, den Besitzern seiner Elektrofahrzeuge Nickel-Metallhydrid-Batterien anzubieten
- starting this fall ABC will offer nickel-metal-hydride batteries to users of its electric vehicles

Nickeloxid n nickel oxide

- diese Elektroden bestehen hauptsächlich aus porösem Nickel (Anode) oder porösem Nickeloxid (Kathode)
- these electrodes consist mainly of porous nickel (anode) or porous nickel oxide (cathode)

Niederdruck-Brennstoffzelle f low pressure fuel cell

Niederdruckkraftwerk n *(Wasser)* low-head hydro; low-head hydro installation; low-head installation; low-head hydro project; low-head plant

- ein Hochdruckkraftwerk benötigt eine geringere Wassermenge als ein Niederdruckkraftwerk
- a high-head installation requires a smaller volume of water than a low-head installation
- die Energiekrise hat in den USA zu einer Wiederentdeckung der Niederdruckkraftwerke geführt
- as a result of the energy crisis, low-head hydro has been rediscovered in the United States
- die Entwicklung eines neuartigen Generators für den Einsatz in Niederdruckkraftwerken finanziell fördern
- to fund the development of a new type of generator for use on low-head hydro projects
- Niederdruckkraftwerke haben eine Fallhöhe von 5 bis 20 m
- low-head plants have a head between 5 and 20 m

Niederschlagsmenge f rainfall

- in diesem Gebiet beträgt die jährliche Niederschlagsmenge normalerweise ungefähr ... mm
- in this area, the usual yearly rainfall is about ... millimetres

Niedertemperatur-Brennstoffzelle f low-temperature fuel cell

- Beispiele für Niedertemperatur-Brennstoffzellen sind die alkalische Brennstoffzelle (AFC) und die Protonenaustauschmembran-Brennstoffzelle (PEMFC)
- examples of the low-temperature fuel cell are the alkaline fuel cell (AFC) and the proton exchange membrane fuel cell (PEMFC)
- wir arbeiten zur Zeit an einer Niedertemperatur-Brennstoffzelle
- we are working on a low-temperature fuel cell

Niedertemperatur-Kollektor m *(Solar)* low-temperature collector

niedrigsiedende Flüssigkeit low-boiling-point fluid; fluid with a low boiling point

- die Wärme des geothermischen Fluids wird auf eine niedrigsiedende Flüssigkeit übertragen
- the heat of the geothermal fluid is transferred to a low-boiling-point fluid

Niedrigtemperatur-Erdwärme f low-temperature geothermal energy

- Niedrigtemperatur-Erdwärme wird zur Erwärmung des Speisewassers verwendet
- the low-temperature geothermal energy is used for feedwater heating

Niedrigtemperaturfeld n *(Geo)* low-temperature geothermal resource

Niedrigtemperatur-Wärmelagerstätte f *(Geo)* low-temperature geothermal resource; low-temperature resource

- Niedrigtemperatur-Wärmelagerstätten werden hauptsächlich zur Fern- und Raumheizung verwendet
- the primary uses of low-temperature geothermal resources are in district and space heating

Nischenmarkt m niche market

Niveau n elevation; level

- Wasser während Zeiten geringen Strombedarfs auf ein höheres Niveau pumpen
- to pump water to a higher elevation during times of low electrical demand

NO_x-Bildung f formation of NO_x

- die NO_x-Bildung wird vermieden
- the formation of NO_x is averted

Notabschaltung f *(Wind)* emergency shutdown

n-Schicht f n layer

NT-Kollektor m *(Solar)* (siehe **Niedertemperatur-Kollektor**)

nuklearer Brennstoff nuclear fuel

Nullemission f; **Null-Emission** f zero emission

Nullemissionsauto n zero-emission car

Null-Emissions-Brennstoffzellenantrieb m zero emission fuel cell propulsion system

Nullemissions-Brennstoffzellenfahrzeug n zero-pollution fuel cell vehicle

Nullemissionsfahrzeug n; **Null-Emissions-Fahrzeug** n zero-emission vehicle; zero emission vehicle (ZEV)

- mit der Wasserstoff-Brennstoffzellen-technologie lassen sich am ehesten Nullemissionsfahrzeuge verwirklichen
- hydrogen fuel cell technology is the most likely means to achieve a zero emission vehicle
- dieser Durchbruch stellt einen bedeutenden Schritt zur Weiterentwicklung von Nullemissionsfahrzeugen dar
- this breakthrough is a major step toward the advancement of zero emission vehicles

Nussschale f nut shell

- diese Anlage kann mit Nussschalen betrieben werden
- this plant can be run on nut shells

nutzbare Energie useful energy; usable energy

- eine Brennstoffzelle erzeugt ohne Verbrennung nutzbare Energie
- a fuel cell produces useful energy without combustion
- Brennstoffzellen wandeln die chemische Energie eines Brennstoffes direkt in nutzbare Energie um
- fuel cells convert the chemical energy of a fuel directly to usable energy
- Brennstoffzellen können Brennstoffe mit einem Wirkungsgrad von bis zu 60 Prozent in nutzbare Energie umwandeln
- fuel cells may convert fuels to useful energy at an efficiency as high as 60 percent

nutzbare Wärme useful heat; useful thermal energy; useable heat; usable heat (siehe auch **Nutzwärme**)

- nutzbare Wärme erzeugen
- to generate useful heat
- diese Brennstoffzelle liefert 200 kW Strom und nutzbare Wärme
- this fuel cell provides 200 kW of power and useable heat

nutzbar machen harness; utilise *(GB)*; utilize *(US)*; exploit

- die Sonnenwärme nutzbar machen
- to harness solar heat
- die Sonnenenergie zur Beheizung von Gebäuden nutzbar machen
- to harness the sun's energy for heating buildings
- diese Erfindung stellte die beste Methode zur direkten Nutzbarmachung der Sonnenwärme dar
- this invention was the best method for directly utilizing solar heat
- bei diesen Stoffen wird der photovoltaische Effekt auf eine etwas andere Art und Weise nutzbar gemacht
- these materials exploit the PV effect in slightly different ways

Nutzbremsung f regenerative braking

nutzen v utilise *(GB)*; utilize *(US)*; harness; exploit (siehe **nutzbar machen**)

Nutzenergie f useful energy

- das Verhältnis der Nutzenergie eines Systems zur zugeführten Energie
- the ratio of the useful energy delivered by a system to the energy supplied to it

Nutzfahrzeug n utility vehicle; commercial vehicle

- Nutzfahrzeuge bieten ausreichend Platz für die Unterbringung der Brennstoffzellen-Anlage
- commercial vehicles have the space to accommodate the fuel cell system

Nutzung f exploitation

- die Nutzung der geothermischen Energie
- the exploitation of geothermal energy

Nutzungsdauer f lifetime

- Schwankungen im Energiebedarf während der Nutzungsdauer der Anlage
- variations in energy demand over the lifetime of the plant

Nutzwärme f useful heat; useful thermal energy; usable heat

- Nutzwärme und Strom mit geringen Emissionen erzeugen
- to generate useful heat and power with very low emissions
- diese Brennstoffzelle wandelt Erdgas in hochwertigen Strom und Nutzwärme um
- this fuel cell converts natural gas into premium power and useful thermal energy
- die gleichzeitige Erzeugung von Nutzwärme und Strom in derselben Anlage
- the simultaneous production of usable heat and electricity in the same plant
- die in KWK-Anlagen anfallende Nutzwärme hat eine relativ hohe Temperatur
- in CHP systems, useful heat is delivered at a relatively high temperature
- die Brennstoffzellen-Anlage erzeugt Nutzwärme und Strom mit ganz geringen Emissionen
- the fuel cell system generates useful heat and power with very low emissions

O

Oberbecken n *(Wasser)* upper reservoir; high-level reservoir

- Wasser vom Unterbecken ins Oberbecken pumpen
- zur Stromerzeugung aus Wasserkraft füllt man das Unterbecken mit dem Wasser des Oberbeckens
- der Wasserstand im Oberbecken unterliegt starken Schwankungen

- to pump water from the lower reservoir to the upper reservoir
- hydro-electric generation takes place, allowing the lower reservoir to be filled from the high-level reservoir
- upper reservoirs are subject to large fluctuations in water level

oberer Heizwert upper heating value

Oberflächenwasser n *(Geo)* surface water

- jegliche Verschmutzung des Oberflächenwassers verhindern

- to prevent any contamination of surface waters

Oberschwingung f harmonic

- unerwünschte Oberschwingungen

- unwanted harmonics

öffentliches Netz grid; public grid; utility grid

- ans öffentliche Netz angeschlossen sein

- to be connected to the utitity grid

Offshore-Park m offshore wind farm; offshore wind park (siehe **Off-shore-Windfarm**)

Offshore-Turbine f *(Wind)* offshore turbine

Off-shore-Windenergie f offshore wind energyy

- der Preis für Off-shore-Windenergie ist im Sinken begriffen

- the price of offshore wind energy is coming down

Off-shore-Windfarm f offshore wind farm

- die Kosten für Errichtung und Betrieb einer Off-shore-Windfarm
- ABC baute 1991 die erste Off-shore-Windfarm der Welt
- Off-shore-Windfarmen sind teuer

- the costs of setting up and running an offshore wind farm
- in 1991 ABC built the world's first offshore wind farm
- off-shore wind farms are expensive

Offshore-Windpark m offshore wind park (siehe **Off-shore-Windfarm**)

ökologischer Vorteil ecological advantage; ecological benefit

Ökostrom m green power

- nach der Fertigstellung wird dieses Kraftwerk jährlich ca. 335 Millionen kW/h umweltfreundlichen Ökostrom ins Netz einspeisen

- once built, this power project will supply about 335 million kilowatt hours per year of zero-emission green power to the power grid

optische Beeinträchtigung *(Wind)* visual impact; visual intrusion; visual pollution

- Beschwerden über Geräuschbelästigung und optische Beeinträchtigung
- das Gehäuse ist grau, um die optische Beeinträchtigung der Landschaft gering zu halten
- die Transformatoren sollten in den Türmen untergebracht werden, um die optische Beeinträchtigung zu verringern

- complaints about noise and visual intrusion
- the housing is coloured grey to minimise its visual impact on the landscape
- transformers should be installed within towers to reduce visual impact

organischer Abfall organic waste

- beträchtliche organische Abfälle produzieren
- to produce considerable organic waste

organischer Stoff *(Bio)* organic matter

- Biomasse-Energie ist die Energie, die in Pflanzen und organischen Stoffen enthalten ist
- biomass energy is the energy contained in plants and organic matter

Ort des Bedarfs point of use

- diese Anlagen erzeugen gleichzeitig Wärme und elektrische Energie am Ort des Bedarfs oder in dessen Nähe
- these plants coproduce heat and electricity at, or close to, the point of use

ortsfest adj stationary

- ein ortsfester Verbrennungsmotor könnte die ideale Kraftmaschine sein
- a stationary internal combustion engine could be the ideal prime mover

Oxidant m oxidant

- solange die Versorgung der Brennstoffzelle mit einem Oxidanten und Brennstoff anhält, wird Strom erzeugt
- as long as the fuel cell is fed an oxidant and fuel, electrical power generation continues
- bei dieser Brennstoffzelle wird Umgebungsluft als Oxidant und Kühlmittel verwendet
- this fuel cell employs ambient air as the oxidant and coolant

Oxidation f oxidation

- die bei der Oxidation eines herkömmlichen Brennstoffes frei werdende Energie
- the energy released in the oxidation of a conventional fuel
- unmittelbare elektrochemische Oxidation eines herkömmlichen Brennstoffes
- direct electrochemical oxidation of a conventional fuel
- bei dieser Brennstoffzelle wird mit Hilfe einer chemischen Reaktion – der Oxidation von Wasserstoff – Strom erzeugt
- this fuel cell uses a chemical reaction – the oxidation of hydrogen – to produce a current

Oxidationsmittel n oxidant; oxidizer

- flüssige Oxidationsmittel sind gelegentlich für spezielle Anwendungen eingesetzt worden
- liquid oxidants have occasionally been used in specialized applications
- Wasserstoff aus einem Brennstoff, zum Beispiel Methanol, strömt durch den Elektrolyt und vermischt sich mit einem Oxidationsmittel
- hydrogen from a fuel, such as methanol, flows through the electrolyte to mix with an oxidizer
- der Kathode wird ein Oxidationsmittel wie Sauerstoff zugeführt
- an oxidizer, such as oxygen, is supplied to the cathode
- als Brennstoff wird meistens Wasserstoffgas mit Sauerstoff oder Luftsauerstoff als Oxidationsmittel verwendet
- the fuel is almost always hydrogen gas, with oxygen or oxygen in air as the oxidizer

Oxidationsprozess m oxidation process

- Brennstoffzellen wandeln über einen Oxidationsprozess chemische Energie direkt in Elektrizität um
- fuel cells convert chemical energy directly into electricity via an oxidation process

oxidieren v *(BZ)* oxidise *(GB)*; oxidize *(US)*

- Methanol wird unmittelbar an der Anode oxidiert
- methanol is oxidized directly at the anode
- wenn der Wasserstoff oxidiert wird, kommt es zur Freisetzung von Energie
- when hydrogen fuel is oxidized, it releases energy

- Brennstoffzellen oxidieren den Brennstoff ohne Verbrennung
- fuel cells oxidize fuel without combustion

Oxidkeramik-Brennstoffzelle f solid oxide fuel cell (siehe **Festoxid-Brennstoffzelle**)

Oxidkeramische Brennstoffzelle; **oxidkeramische Brennstoffzelle** ceramic-based solid oxide fuel cell, solid oxide fuel cell (SOFC) (siehe **Festoxid-Brennstoffzelle**)

P

PAFC phosphoric acid fuel cell (siehe **phosphorsaure Brennstoffzelle**)

PAFC-Brennstoffzellen-Blockheizkraftwerk n PAFC-powered CHP plant

Papierfabrik f paper plant; paper mill

- der so erzeugte Dampf wird an eine Papierfabrik verkauft — the steam thus produced is sold to a paper plant
- diese Kraftwerke werden mit Abfällen aus Papierfabriken und Sägewerken betrieben — these power plants use waste from paper mills and sawmills
- Papierfabriken erzeugen beträchtliche Mengen an Abfällen, die als Brennstoff verwendet werden können — paper mills generate substantial amounts of waste suitable for use as fuel

Papier- und Zellstoffindustrie f pulp and paper industry

- der Großteil der aus Biomasse gewonnenen Energie wird direkt in der Zellstoff- und Papierindustrie genutzt — most of the energy obtained from biomass today is used directly by the pulp and paper industry

parabolförmiger Reflektor *(Solar)* parabolic reflector

Paraboloidspiegel m *(Solar)* parabolic dish

- ein Paraboloidspiegel wird der Sonne nachgeführt und fokussiert seine Wärme auf einen Heißgasmotor/Stirlingmotor — a parabolic dish tracks the sun and focuses its heat on a Stirling engine

Parabolrinne f *(Solar)* parabolic trough

- Parabolrinnen fokussieren die Sonnenstrahlen auf eine Linie — a parabolic trough focuses solar rays in a line

Parabolrinnenkollektor m *(Solar)* parabolic trough collector

- ABC verwendet Parabolrinnenkollektoren für den Antrieb von Dampfturbinen — ABC uses parabolic trough collectors to drive steam-powered turbines

Parabolrinnen-Kraftwerk n *(Solar)* parabolic trough generating system

- ABC ist sehr erfolgreich mit seinen Parabolrinnen-Kraftwerken — ABC is very successful with its parabolic trough generating systems

Parkstellung f *(Wind)* parking

partielle Oxidation *(BZ)* partial oxidation

- Dampfreformierung, partielle Oxidation sowie Kombinationen dieser Verfahren wurden untersucht — steam reforming, partial oxidation, and combinations of these processes were investigated

partieller Oxidator *(BZ)* partial oxidation reformer

- die beiden wichtigsten Arten von Reformern, die für Verkehrsanwendungen entwickelt werden, sind Dampfreformer und Partialoxidatoren — the two primary types of reformers being developed for transportation are steam reformers and partial oxidation reformers

Partikel f particulate matter

- der Bus emittiert viel weniger Kohlenwasserstoffe und Partikel als Dieselmotoren — the bus emits much less hydrocarbons and particulate matter than diesels
- fast kein Ausstoß von Partikeln oder anderen Schadstoffen — near zero emissions of particulate matter and other pollutants

passive Solarenergienutzung passive solar

- bei der passiven Solarenergienutzung handelt es sich um eine Technologie, bei der Sonnenlicht direkt zur Beleuchtung und Beheizung von Gebäuden genutzt wird
- passive solar is a technology for using sunlight to light and heat buildings directly

passive Solarnutzung (siehe **passive Solarenergienutzung**)

Passivierung f passivation n

- durch die Passivierung wird die Leistung verbessert
- passivation improves performance
- viele Hersteller verzichten auf die Passivierung, um Geld zu sparen und den Ausstoß zu erhöhen
- many manufacturers delete passivation to save money and increase output

Peltonrad n (siehe **Pelton-Turbine**)

Pelton-Turbine f; **Peltonturbine** f Pelton turbine; Pelton wheel

- Pelton-Turbinen werden für sehr große Fallhöhen eingesetzt
- Pelton wheels are used for very high heads
- bei Peltonturbinen werden Wasserstrahlen mit hoher Geschwindigkeit auf Becher gerichtet, die am Radumfang befestigt sind
- in the Pelton wheel high speed water jets are directed at buckets fixed round the rim of the wheel

PEM-betrieben adj *(BZ)* PEM-powered

- ABC stellte ein PEM-betriebenes Auto vor, das innerhalb von zehn Jahren auf dem Markt erhältlich sein könnte
- ABC unveiled a PEM-powered car which could go on sale within a decade

PEM-Brennstoffzelle f PEM fuel cell (siehe auch **Protonenaustauschmembran-Brennstoffzelle**; **Polymer-Elektrolyt-Membran-Brennstoffzelle**)

- das Auto wird mit einer 25-kW-PEM-Brennstoffzelle betrieben
- the car operates on a 25kW PEM fuel cell
- ABC rüstet diesen Pkw mit einer 10-kW-PEM-Brennstoffzelle aus
- ABC is fitting this passenger vehicle with a 10kW PEM fuel cell
- ABC wird PEM-Brennstoffzellen mit einer Leistung von weniger als einem Kilowatt entwickeln und vertreiben
- ABC will develop and market PEM fuel cells below one kilowatt
- ABC will PEM-Brennstoffzellen mit einer Leistung von 60 bis 65 kW in Autos einbauen
- ABC plans to integrate PEM fuel cells with 60-65kW output into autos
- die Werkstoffe, aus denen PEM-Brennstoffzellen hergestellt weren, sind in größeren Mengen verfügbar und viel kostengünstiger als die der anderen Brennstoffzellen
- the materials from which PEM fuel cells are fabricated are more widely available and much less expensive than those used in other fuel cells

PEM-Brennstoffzellenanlage f PEM fuel cell system

- ABC hat mit Erfolg eine 50-kW-PEM-Brennstoffzellenanlage, die mit Wasserstoff und Umgebungsluft betrieben wird, vorgestellt
- ABC has successfully demonstrated a 50kW PEM fuel cell system running on hydrogen and ambient air

PEM-Brennstoffzellenantrieb m: **mit PEM-Brennstoffzellenantrieb** PEM-powered

- Elektroauto mit PEM-Brennstoffzellenantrieb
- PEM-powered electric car

PEM-Brennstoffzellenkraftwerk n PEM fuel cell power plant

PEM-Brennstoffzellenstack m PEM fuel cell stack

- das Fahrzeug wird von einem 50-kW-PEM-Brennstoffzellenstack angetrieben, der mit aus Methanol gewonnenem Wasserstoff betrieben wird
- the vehicle is powered by a 50kW PEM fuel cell stack which runs on hydrogen from methanol

PEM-Brennstoffzellentechnologie f PEM fuel cell technology

- Fortschritte auf dem Gebiet der PEM-Brennstoffzellentechnologie fließen direkt in die Aktivitäten zur Entwicklung von Antriebssystemen ein
- advances in PEM fuel cell technology will be directly incorporated into the power system development activities

PEMFC polymer electrolyte membrane fuel cell; proton exchange membrane fuel cell (siehe **Protonenaustauschmembran-Brennstoffzelle**; **Polymerelektrolytmembran-Brennstoffzelle**)

PEMFC-Kraftwerk n *(BZ)* PEMFC power plant

- ABC arbeitet an der Entwicklung eines PEMFC-Kraftwerks
- ABC is developing a PEMFC power plant

PEM-Stack m *(BZ)* PEM stack

- die Universität ABC arbeitet an der Entwicklung eines kleinen PEM-Stacks
- ABC University is developing a small-scale PEM stack

PEM-Technologie f *(BZ)* PEM technology

- ABC behauptet, seine PEM-Technologie habe Vorteile gegenüber Konkurrenzsystemen
- ABC asserts that its PEM technology has advantages over rival systems
- PEM-Technologie für Verkehrsanwendungen
- PEM technology for transportation

PEM-Zelle f PEM cell (siehe auch **PEM-Brennstoffzelle**)

- auf Grund dieser Eigenschaften lässt sich die PEM-Zelle leichter für den Einsatz in Automobilen anpassen als die PAFC
- these characteristics make the PEM cell more adaptable to automobile use than the PAFC

Pendelnabe f *(Wind)* teetered hub

Permeabilität f permeability

- der Grad der Permeabilität hängt von der Größe und Form der Risse im Fels ab
- the degree of permeability depends on the size and shape of the fractures in the rock

Permeabilitätsmessung f permeability study

Personenkraftwagen m (Pkw) personal vehicle; passenger vehicle; passenger car

- Brennstoffzellen in Personenkraftwagen einsetzen
- to apply fuel cells to personal vehicles
- ABC hat bewiesen, dass es möglich ist, einen umweltfreundlichen Pkw zu bauen, ohne Abstriche bei Leistung, Komfort, Reichweite oder Sicherheit zu machen
- ABC has demonstrated that a pollution-free passenger car can be built without compromise to performance, comfort, range or safety

Phosphor m phosphorus

- Phosphor hat fünf Elektronen in der äußeren Schale
- phosphorus has 5 electrons in its outer shell

Phosphor-Atom n phosphorus atom

Phosphorsäure f phosphoric acid

- Phosphorsäure wird als Elektrolyt verwendet
  - phosphoric acid is used as electrolyte
- die am weitesten fortgeschrittene terrestrische Brennstoffzellentechnik basiert auf Phosphorsäure
  - the most advanced terrestrial fuel cell technology is based on phosphoric acid
- die Zellen, bei denen Phosphorsäure als Elektrolyt verwendet wird, sind für einen 20-jährigen Betrieb ausgelegt
  - the cells, which use phosphoric acid as an electrolyte, are designed to last 20 years

Phosphorsäure-Brennstoffzelle f (siehe **phosphorsaure Brennstoffzelle**)

phosphorsaure Brennstoffzelle (PAFC) phosphoric acid fuel cell; phosphoric-acid fuel cell

- die phosphorsaure Brennstoffzelle ist unempfindlicher gegen Verunreinigungen als die AFC
  - the phosphoric acid fuel cell (PAFC) tolerates impurities better than the AFC
- die ausgereifteste terrestrische Technologie ist die phosphorsaure Brennstoffzelle
  - the most mature land-based technology is the phosphoric acid fuel cell
- die phosphorsaure Brennstoffzelle wird bei Temperaturen von ca. 200 °C betrieben
  - the phosphoric acid fuel cell (PAFC) operates at about 200°C
- phosphorsaure Brennstoffzellen erzeugen Strom mit einem Wirkungsgrad von mehr als 40 %
  - phosphoric acid fuel cells generate electricity at more than 40% efficiency
- bei den phosphorsauren Brennstoffzellen wird als Elektrolyt flüssige Phosphorsäure verwendet
  - phosphoric-acid fuel cells use liquid phosphoric-acid as an electrolyte
- PAFC mit integriertem Erdgasreformer
  - PAFC with integrated natural gas reformer

phosphorsaure Brennstoffzellenanlage phosphoric acid fuel cell system

- bei ABC arbeitet man an der Verringerung der Gesamtabmessungen von phosphorsauren Brennstoffzellenanlagen
  - reductions in the overall size of a phosphoric acid fuel cell power system are in the works at ABC

Phosphorsäure-Elektrolyt m *(BZ)* phosphoric acid electrolyte

- mit einem flüssigen Phosphorsäure-Elektrolyten hat man ermutigende Ergebnisse (Wirkungsgrad von 40 bis 50 %) erreicht
  - encouraging results (40 to 50 percent efficiency) have been attained with a liquid phosphoric acid electrolyte

phosphorsaurer Elektrolyt *(BZ)* phosphoric acid electrolyte

phosphorsaure Zelle *(BZ)* phosphoric acid cell (siehe auch **phosphorsaure Brennstoffzelle**)

- diese Zellen werden mit weit höheren Temperaturen betrieben als PEM- oder phosphorsaure Zellen
  - these cells run at far higher temperatures than PEM or phosphoric acid cells

Phosphorsäurezelle f (siehe **phosphorsaure Brennstoffzelle**)

Photon n photon

- Licht besteht aus Teilchen, die als Photonen bezeichnet werden
  - light consists of particles called photons
- Solarzellen wandeln Photonen von der Sonne in positive und negative Elektronen um
  - solar cells convert photons from the sun into positive and negative electrons
- die Reaktion beginnt, wenn Halbleitermaterial ein Photon absorbiert
  - the reaction starts when a semiconducting material absorbs a photon

- diese Photonen enthalten unterschiedliche Energiemengen — these photons contain various amounts of energy
- wenn Photonen auf eine PV-Zelle auftreffen, können sie reflektiert oder absorbiert werden — when photons strike a PV cell, they may be reflected or absorbed
- nur die absorbierten Photonen erzeugen Elektrizität — only the absorbed photons generate electricity

Photovoltaik f photovoltaics (PV)

- Befürworter der Photovoltaik — proponents of photovoltaics
- der zunehmende Einsatz der Photovoltaik zum Nutzen/Vorteil der EVU — increasing use of photovoltaics for the benefit of the utilities
- die Photovoltaik gibt es schon seit Jahrzehnten — photovoltaics has been around for decades
- die Photovoltaik verursacht weder sauren Regen noch Kohlendioxid-Emissionen — PV causes neither acid rain nor carbon dioxide emissions

Photovoltaikanlage f; **Photovoltaik-Anlage** f photovoltaic installation (siehe auch **PV-Anlage**)

- die Photovoltaikanlagen sollen spätestens am 1. Juni 20.. den kommerziellen Betrieb aufnehmen — the photovoltaic installations are planned to begin commercial operation no later than June 1, 20..

Photovoltaik-Dachanlage f rooftop PV system; roof-mounted PV system; roof-mounted photovoltaic scheme

- EVU beweist Durchführbarkeit/Machbarkeit von Photovoltaik-Dachanlagen — utility demonstrates feasibility of rooftop PV systems
- Photovoltaik-Dachanlagen könnten ohne negative Folgen an das öffentliche Versorgungsnetz angeschlossen werden — rooftop PV systems could be interconnected with the utility grid without adverse effects
- ABC erhielt den Auftrag, fünf netzgekoppelte Photovoltaik-Dachanlagen zu installieren — ABC received a contract to install five roof-mounted, utility-connected PV systems

Photovoltaik-Industrie f photovoltaics (PV) industry (siehe auch **PV-Industrie**)

- die Ankündigung des 1.000.000-Dächer-Programms hat für viel Aufregung in der Photovoltaik-Industrie gesorgt — the announcement of the Million Solar Roofs program has stirred up a lot of excitement in the photovoltaics (PV) industry

Photovoltaik-Kapazität f PV capacity

- insgesamt werden in den kommenden zweieinhalb Jahren ca. 300 kW Photovoltaik-Kapazität installiert werden — in total, about 300kW of PV capacity will be installed over 2 $^1/_2$ years

Photovoltaikmarkt m PV market; photovoltaics market

- der Anteil von ABC am globalen PV-Markt beträgt 20 % — ABC represents 20 per cent of the world photovoltaics market

Photovoltaikmodul n; **Photovoltaik-Modul** n photovoltaic module (siehe auch **PV-Modul**)

- das Dach besteht aus 2.856 Photovoltaikmodulen — the roof is made up of 2,856 photovoltaic modules
- ABC garantiert, dass seine Photovoltaikmodule mindestens eine Leistung von 80 % über einen Zeitraum von 25 Jahren beibehalten werden — ABC guarantees its photovoltaic modules will retain at least 80% of their capacity over a 25 year period

Photovoltaik-Technologie f photovoltaic technology

- mehr über die Photovoltaik-Technologie erfahren
- ABC arbeitet mit anderen Organisationen an der Entwicklung der Photovoltaik-Technologie

- to learn more about photovoltaic technology
- ABC works with other organisations on developing photovoltaic technology

Photovoltaik-Zelle f; **Photovoltaikzelle** f photovoltaic cell; PV cell

- Photovoltaik-Zellen wandeln Sonnenlicht unmittelbar in Elektrizität um
- eine einzelne PV-Zelle hat normalerweise eine Leistung von ein bis zwei Watt
- die Photovoltaikzelle ist ein Halbleiterbauelement, das sich aus dünnen Halbleiterschichten zusammensetzt

- photovoltaic cells directly convert energy from sunlight to electricity
- an individual PV cell typically produces between 1 and 2 watts
- the photovoltaic cell is a solid-state device composed of thin layers of semiconductor materials

photovoltaische Anlage photovoltaic system

- die Studenten haben Gelegenheit zu lernen, wie photovoltaische Anlagen Sonnenlicht in Strom umwandeln

- students have the opportunity to learn how photovoltaic systems convert sunlight into electricity

photovoltaische Energieumwandlung photovoltaic energy conversion

- ABC ist ein Halbleiterunternehmen, das sich auf die photovoltaische Energieumwandlung spezialisiert hat

- ABC is a semiconductor company specializing in photovoltaic energy conversion

photovoltaischer Effekt photovoltaic effect

- der photovoltaische Effekt wurde 1939 entdeckt
- aufgrund des photovoltaischen Effektes ist es einigen Stoffen möglich, unter Einwirkung von Sonnenlicht Elektrizität zu erzeugen
- der photovoltaische Effekt ist der grundlegende physikalische Prozess, mit dessen Hilfe eine PV-Zelle Sonnenlicht in Elektrizität umwandelt

- the photovoltaic effect was discovered in 1839
- the PV effect allows various materials to produce electricity from sunlight
- the photovoltaic effect is the basic physical process through which a PV cell converts sunlight into electricity

photovoltaischer Prozess photovoltaic process

- die während des photovoltaischen Prozesses erzeugte Wärme
- der photovoltaische Prozess hat gewisse Ähnlichkeiten mit der Photosynthese

- the heat generated in the photovoltaic process
- the photovoltaic process bears certain similarities to photosynthesis

photovoltaisches Kraftwerk PV power station; PV system; photovoltaic system

photovoltaisches System photovoltaic system

- einfache photovoltaische Systeme werden zur Versorgung von Armbanduhren und Taschenrechnern eingesetzt

- simple photovoltaic systems power calculators and wrist watches

photovoltaische Stromerzeugung photovoltaic power generation

photovoltaische Zelle photovoltaic cell

- die Zelle arbeitet wie eine herkömmliche photovoltaische Zelle

- the cell operates like a conventional photovoltaic cell

photovoltaisch hergestellte Energie photovoltaic-generated energy

- photovoltaisch erzeugte Energie ist noch immer etwa viermal so teuer wie aus fossilen Brennstoffen hergestellte Energie
- photovoltaic-generated energy remains about four times more expensive than energy produced from fossil fuels

Pilotanlage f pilot plant

- die beiden Unternehmen wollen mit der Produktion von Brennstoffzellenautos in einer Pilotanlage beginnen
- the two companies intend to begin manufacturing fuel cell cars at a pilot plant

Pilotfertigung f pilot manufacturing; pilot production

- die Technologie hat das Stadium der Pilotfertigung erreicht
- the technology has reached pilot production

Pilotprojekt n pilot project

- weitere Pilotprojekte befinden sich im Verhandlungsstadium
- other pilot projects are under negotiation
- ein einjähriges Pilotprojekt durchführen
- to undertake a one-year pilot project

Pitch-Regelung f; **Pitchregelung** f *(Wind)* pitch control

- durch Pitch-Regelung werden die Blätter verstellt, um so die Leistung bei unterschiedlichen Windgeschwindigkeiten zu verbessern
- pitch controls twist the blades to improve performance at different wind speeds
- Pitch-Regelung wird erreicht durch Veränderung des Blatteinstellwinkels in Abhängigkeit vom Wind
- pitch control is accomplished by changing the pitch angle of the blade relative to the wind

Pkw (siehe **Personenkraftwagen**)

planar adj *(BZ)* planar

- die Zellen selbst sind entweder planar oder tubular
- the cells themselves may be either flat plates or tubular

planare Festoxid-Brennstoffzelle planar SOFC; planar Solid Oxide Fuel Cell

- planare Festoxid-Brennstoffzellen lassen sich einfacher herstellen
- planar SOFCs are easier to fabricate
- ABC hat beschlossen, die Pläne zur Entwicklung einer planaren Festoxid-Brennstoffzelle aufzugeben
- ABC has decided to give up its plans for a planar SOFC
- planare Festoxid-Brennstoffzelle zur Stromerzeugung
- planar Solid Oxide Fuel Cell for power generation

planarer Aufbau *(BZ)* planar configuration/construction/design/layout

- beim planaren Aufbau gibt es Probleme mit der Abdichtung
- planar designs suffer from sealing problems

planares SOFC-System *(BZ)* planar SOFC system

- mit Erdgas betriebene planare SOFC-Systeme für den kommerziellen Einsatz verwirklichen
- to make natural gas-powered planar SOFC systems a commercial reality

Planspiegel m *(Solar)* plane mirror

Platin n platinum

- für die Elektroden wird Platin als Katalysator benötigt
- platinum is required as a catalyst for the electrodes

- die Belegung der Anode und Katode mit Platin betrug ca. 0,5 mg/cm^2
- the platinum loading of both the anode and cathode was approximately 0.5 mg/cm^2
- er behauptet, sein Unternehmen werde eine Möglichkeit finden, das Platin auf den Brennstoffzellen-Elektroden durch Kobalt zu ersetzen
- he claims that his company will find a way to replace the platinum on the fuel cell electrodes with cobalt

Platinbelegung f platinum loading

- die Platinbelegung der Anode und Katode betrug ca. 0,5 mg/cm^2
- the platinum loading of both the anode and cathode was approximately 0.5 mg/cm^2

Platinelektrode f platinum electrode

- diese Brennstoffzelle erzeugte Strom aus Wasserstoff und Sauerstoff, die an Platinelektroden miteinander reagierten
- this fuel cell produced electric current from hydrogen and oxygen reacting on platinum electrodes

Platinkatalysator m; **Platin-Katalysator** m *(BZ)* platinum catalyst

- für diese Brennstoffzellen werden teure Platinkatalysatoren benötigt
- these fuel cells rely on expensive platinum catalysts
- die Elektroden sind auf einer Seite mit einem Platinkatalysator beschichtet
- the electrodes are coated with a platinum catalyst on one side
- Platinkatalysatoren eignen sich gut für Wasserstoffbrennstoffzellen
- platinum catalysts work well in hydrogen fuel cells

Platte f plate

- Brennstoffzellen bestehen aus zwei Platten mit einer dazwischenliegenden Folie
- fuel cells are made up of two plates with a membrane in the middle

Plattentektonik f *(Geo)* plate tectonics

Platzbedarf m space requirement

- der Platzbedarf einer Kombianlage ist auf Grund ihrer kompakten Bauweise ausgesprochen gering
- the compact design of combined cycle power plants substantially reduces their space requirements
- Kosten und Platzbedarf sind vergleichbar mit herkömmlichen Stromerzeugungsanlagen
- cost and space requirements are comparable to conventional power generation technologies
- geringerer Platzbedarf
- decreased space requirements
- aufgrund der höheren Drehzahl und des geringeren Platzbedarfs schneidet die Francis-Turbine im Kostenvergleich besser ab
- the Francis turbine gains in the cost comparison due to its higher speed and smaller space requirement

p-n-Übergang m p-n junction

polykristalline Solarzelle polycrystalline solar cell

- jedes Modul besteht aus 36 polykristallinenen Solarzellen
- each module consists of 36 polycrystalline solar cells

polykristallines Silizium polycrystalline silicon

- polykristallines Silizium wird ebenfalls für PV-Zellen verwendet
- polycrystalline silicon is also used in PV cells

polykristalline Zelle polycristalline cell (siehe **polykristalline Solarzelle**)

Polymerelektrolyt m *(BZ)* polymer electrolyte

Polymer-Elektrolyt-Membran f polymer electrolyte membrane

- Abbildung 1 zeigt den Aufbau einer Polymer-Elektrolyt-Membran
- Fig. 1 shows the structure of a polymer electrolyte membrane

- Kernstück der Brennstoffzelle ist die Polymer-Elektrolyt-Membran
- die Dicke einer Polymer-Elektrolyt-Membran entspricht der Dicke von zwei bis sieben Blatt Papier

- the center of the fuel cell is the polymer electrolyte membrane
- polymer electrolyte membranes have thicknesses comparable to that of 2 to 7 pieces of paper

Polymer-Elektrolyt-Membran-Brennstoffzelle f; **Polymerelektrolytmembran-Brennstoffzelle** f (PEMFC) polymer electrolyte membrane fuel cell (siehe auch **PEM-Brennstoffzelle**)

- bei der PEMFC besteht der Elektrolyt aus einer Polymermembran
- ABC begann 1996 mit der Entwicklung von Polymerelektrolytmembran-Brennstoffzellen für die Hausversorgung
- diese Brennstoffzellen waren die Vorläufer der heutigen PEMF (Polymerelektrolytmembran-Brennstoffzelle)
- die Polymerelektrolytmembran-Brennstoffzellen sind auch unter der Bezeichnung Protonenaustauschmembran-Brennstoffzellen bekannt

- in the PEMF the electrolyte is incorporated into a polymer membrane
- ABC began developing polymer electrolyte membrane fuel cells (PEMFCs) for residential use in 1996
- these fuel cells were the precursors of the modern PEMFC (polymer electrolyte membrane fuel cell)
- polymer electrolyte membrane fuel cells are also known as proton exchange membrane fuel cells

Polymerfolie f (siehe **Polymer-Membran**)

Polymer-Membran f polymer membrane

- bei PEM-Zellen wird eine dünne Polymer-Membran als Elektrolyt verwendet
- Polymer-Membranen erfordern eine höhere Ionenleitfähigkeit

- PEM cells employ a thin polymer membrane as their electrolyte
- polymer membranes require higher ionic conductivity

Polymermembran-Brennstoffzelle f proton exchange membrane fuel cell; proton-exchange membrane fuel cell; proton-exchange-membrane fuel cell; polymer electrolyte fuel cell (siehe **PEM-Brennstoffzelle**)

porös adj porous

- der Brennstoffzellen-Stapel besteht aus zwei porösen Elektroden
- die Elektroden bestehen aus porösem Metall

- the fuel cell stack comprises two porous electrodes
- the electrodes consist of porous metal

Porosität f porosity n

- Porosität der Brennstoffzellen-Elektrode

- porosity of the fuel cell electrode

portable Anwendung portable application

positive Ladung positive charge

- die Kathode der Zelle hat eine positive Ladung

- the cathode of the cell has a positive charge

positiv geladen positively charged

- die positiv geladenen Protonen wandern durch die Membran
- ein Ion, dem Elektronen fehlen, ist positiv geladen

- the positively charged protons diffuse through the membrane
- an ion which is missing electrons is positively charged

potentielle Energie potential energy

- die potentielle Energie des fallenden oder schnell fließenden Wassers in mechanische Energie umwandeln

- to convert the potential energy in falling or fast-flowing water to mechanical energy

- die Umwandlung der potentiellen Energie des Wassers in elektrische Energie
- die potentielle Energie des Wassers wird in kinetische Energie umgewandelt

- the conversion of the potential energy of water to electric energy
- the potential energy in the water is turned into kinetic energy

Potenzial (siehe **Potential**)

potenziell (siehe **potentiell**)

POX (siehe **partielle Oxidation**)

praktischer Einsatz practical application

- Brennstoffzelle für den praktischen Einsatz

- practical fuel cell; fuel cell for practical applications

Praxisversuch m (siehe **Feldversuch**)

Preis-/Leistungsverhältnis n cost-to-power ratio

- diese Parabolrinnen wiesen an den meisten Standorten ein überlegenes Preis-/Leistungsverhältnis auf

- these parabolic troughs exhibited superior cost-to-power ratios in most locations

Primärenergie f primary energy

- elektrochemische Umwandlung der in der Brennstoffzelle chemisch gebundenen Primärenergie in elektrische Energie
- die Spezifikation enthält Angaben zur Primärenergie, die zum Heizen und Kühlen eingesetzt wird

- electrochemical conversion of the primary energy chemically bonded within the fuel cell into electrical energy
- the specification includes data describing the primary energy used to provide heating and cooling

Primärenergieeinsparung f primary energy saving

- dies führt zu Primärenergieeinsparungen von bis zu einem Drittel

- this results in energy savings of up to one-third

Primärenergieträger m primary energy resource; primary power source

Primärenergieverbrauch m primary energy consumption

- im Jahre 1994 betrug der Anteil der Wasserkraft am Primärenergieverbrauch weltweit 2 %

- in 1994, hydro-electric power represented 2% of the world's primary energy consumption

prinzipbedingt adv inherently

- eine Brenstoffzelle ist prinzipbedingt ein Hochleistungsgerät

- a fuel cell is inherently a high-efficiency device

Privatkunde m residential customer; domestic customer

- die Privatkunden müssen sich mit den Preisen ihrer Regionalversorger abfinden

- domestic customers must accept what they are given by their regional electricity company (REC)

Privatverbraucher m domestic consumer

- die Privatverbraucher zum Energiesparen ermuntern

- to encourage domestic consumers to save energy

Probebohrung f *(Geo)* exploratory well; test well

- eine Probebohrung niederbringen
- Probebohrung geringer Tiefe

- to drill a test well
- shallow exploratory well

Produktgas n product gas

Produktionsbohrung f *(Geo)* production well (siehe auch **Förderbohrung**)
- Heißwasser wird über Produktionsbohrungen aus den unterirdischen Lagerstätten an die Oberfläche gebracht
- hot water is brought to the surface from underground reservoirs by production wells

produktionsreif adj production-ready
- produktionsreifes Brennstoffzellenfahrzeug
- production-ready fuel cell vehicle

Propeller m *(Wind)* propeller
- jede der Windturbinen ist mit einem riesigen dreiflügeligen Propeller ausgerüstet
- each wind turbine is equipped with a giant three-bladed propeller

propellerartig adj propeller-like
- propellerartiges Blatt einer Windturbine
- ein propellerartiger Rotor treibt einen Generator an
- propeller-like blade of a wind turbine
- a propeller-like set of blades drives a generator

Propellertyp m *(Wind)* propeller type
- Windturbine des Propellertyps
- propeller-type wind turbine

Proton n proton
- die Protonen wandern zur Kathode
- die Sauerstoffionen und die Protonen verbinden sich miteinander, und es entsteht Wasser
- das Wasserstoffgas spaltet sich in Protonen und Elektronen auf
- the protons migrate/travel to the cathode
- the oxygen ions and the protons join together to form water
- the hydrogen gas divides into protons and electrons

Protonen-Austausch-Membran f; **Protonenaustauschmembran** f proton exchange membrane
- Brennstoffzelle mit Protonenaustauschmembran
- fuel cell with proton exchange membrane

Protonenaustauschmembran-Brennstoffzelle f (PEMFC) proton-exchange membrane fuel cell; proton-exchange-membrane fuel cell (siehe auch **Polymer-Elektrolyt-Membran-Brennstoffzelle**; **PEM-Brennstoffzelle**)
- Protonenaustauschmembran-Brennstoffzellen für den Einsatz in Autos
- die Protonenaustauschmembran-Brennstoffzelle ermöglicht eine hohe Leistungsdichte
- die Polymerelektrolytmembran-Brennstoffzellen sind auch unter der Bezeichnung Protonenaustauschmembran-Brennstoffzellen bekannt
- proton-exchange membrane fuel cells for automotive applications
- the proton-exchange-membrane (PEM) fuel cell is capable of high power density
- polymer electrolyte membrane fuel cells are also known as proton exchange membrane fuel cells

protonenleitende Brennstoffzelle proton exchange membrane fuel cell (siehe **Polymer-Elektrolyt-Membran-Brennstoffzelle**; **Protonenaustauschmembran-Brennstoffzelle**; **PEM-Brennstoffzelle**)

Protonenleitfähigkeit f proton conductivity
- gute Protonenleitfähigkeit
- high proton conductivity

Prototyp m prototype
- ABC will einen fahrtüchtigen Prototyp bauen
- einen funktionstüchtigen Prototypen liefern
- ABC plans to produce a driveable prototype
- to deliver a working prototype

- dieser Prototyp hat seit Dezember viele tausende Kilometer zurückgelegt
- this prototype has covered thousands of kilometres since December

Prototypbus m prototype bus

- ein zweiter Prototypbus mit einem 50-kW-PAFC-Antrieb soll im Dezember auf den Straßen von Washington erscheinen
- a second prototype bus, powered by a 50kW PAFC, is due on the streets of Washington DC in December

Prototypfahrzeug n; **Prototyp-Fahrzeug** n prototype vehicle

- ein Prototypfahrzeug könnte innerhalb von fünf Jahren verfügbar sein
- a prototype vehicle could be available within five years
- ein von Wasserstoff-Brennstoffzellen angetriebenes Prototypfahrzeug bauen
- to build a prototype vehicle powered by hydrogen fuel cells

Prozessdampf m process steam

- eine nahe gelegene Gewächshausanlage wird mit Prozessdampf versorgt, der dort zur Heizung und Kühlung verwendet wird
- process steam is fed to an adjacent greenhouse complex for heating and cooling
- Industrieanlagen dieser Art benötigen sowohl Prozessdampf als auch Strom
- industrial plants of this type require both process steam and electricity

Prozesswärme f process heat; process heating

- ohne Verbrennung wandeln die Brennstoffzellen Methan in Strom und Prozesswärme um
- without any combustion, the fuel cells will convert methane into electricity and process heat
- diese Systeme könnten eine effizientere/wirtschaftlichere Herstellung von Elektrizität und Prozesswärme ermöglichen
- these systems could provide more efficient production of electricity and process heat
- die gleichzeitige Herstellung von Strom und Prozesswärme mit Hilfe von kostengünstiger Kohle
- the simultaneous production of electricity and process heat using low-cost coal
- die Gesellschaft benötigt nicht nur elektrische Energie, sondern auch beträchtliche Mengen an Raum- und Prozesswärme
- society demands a significant amount of space and process heating in addition to electric energy
- der Abdampf ist heiß genug, um als Prozesswärme verwendet werden zu können
- the exhaust steam is hot enough to be used for process heating

Prozesswärmebedarf m process heating needs; process heating requirements

- den Prozesswärmebedarf abdecken
- to satisfy process heating needs
- traditionelle Abnehmer sind Freizeitzentren, Hotels und Industriebetriebe mit Prozesswärmebedarf
- traditional markets are hospitals, leisure centres, hotels and industrial sites with process heating requirements

p-Schicht f p layer

- in PV-Zellen werden Photonen von der p-Schicht absorbiert
- in a PV cell, photons are absorbed in the p layer

Pumpenturbine f pump turbine (siehe **Pumpturbine**)

Pumpspeicherkraftwerk n pumped storage plant/facility/scheme/power plant/power station; pumped-storage plant/ ...

- weltweit gibt es zurzeit ungefähr 300 Pumpspeicherkraftwerke
- there are now about 300 pumped storage plants around the world
- das größte Pumpspeicherkraftwerk des Landes ist mit sechs 300-MW-Generatoren ausgerüstet
- the country's largest pumped storage scheme incorporates six 300MW generators
- das erste Pumpspeicherkraftwerk mit einer Leistung von 1.500 kW wurde in der Nähe von ABC errichtet
- the first pumped storage plant with a capacity of 1,500 kilowatts was built near ABC

- Pumpspeicherkraftwerke werden weltweit in großer Zahl eingesetzt
- pumped storage plants are widely used throughout the world
- die heutigen Pumpspeicherkraftwerke arbeiten mit zwei Speicherbecken in einem geschlossenen Kreislauf
- the modern pumped storage plant operates with two reservoirs in a closed cycle
- Pumpspeicherkraftwerke speichern die während der Schwachlastzeiten erzeugte Überschussenergie, um sie dann während der Spitzenlastzeiten zu nutzen
- pumped-storage power plants store the extra power produced at off-peak time periods for use during high demand periods

Pumpspeicherung f pumped storage

- die Pumpspeicherung ist in den Industrieländern weit verbreitet
- pumped storage has become wide-spread in industrialized nations
- die Aussichten für die Wasserkraft sind zurzeit auf dem Gebiet der Pumpspeicherung am besten
- the best prospects for hydro power at the present time are in the area of pumped storage
- auf absehbare Zeit bleibt die Pumpspeicherung eine lebensfähige und akzeptable Lösung
- for the foreseeable future, pumped storage provides a viable and acceptable solution

Pumpspeicherwasserkraftwerk n pumped-storage hydropower station; pumped storage hydroelectric scheme (siehe auch **Pumpspeicherkraftwerk**)

- wenn der Strombedarf im Tagesverlauf extrem schwankt, dann werden Pumpspeicherwasserkraftwerke eingesetzt
- if electric-power demand varies sharply at different times of the day, pumped-storage hydroelectric stations are used

Pumpspeicherwerk n pumped storage plant (siehe **Pumpspeicherkraftwerk**; **Pumpspeicherwasserkraftwerk**)

Pumpturbine f pump turbine

- Pumpturbinen arbeiten als Turbine und als Pumpe
- pump turbines perform both turbine and pump functions

Punkt der maximalen Leistung *(Solar)* maximum power point; Maximum-Power-Point

PV (siehe **Photovoltaik**)

PV-Anlage f photovoltaic system; photovoltaic scheme; PV system

- aufgrund der hohen Kosten von PV-Anlagen
- because of the high cost of PV systems
- ca. 1100 kostengünstige PV-Anlagen waren von dem Unternehmen installiert worden
- about 1100 cost-effective PV systems had been installed by the company
- PV-Anlagen sind oft die kostengünstigste Lösung
- PV systems are often the most cost-effective solution
- die Vorteile von PV-Anlagen bei bestimmten Anwendungen
- the advantages of PV systems in certain applications
- jede PV-Anlage hat eine Nennleistung von 2 kW
- each PV system has a rated output of 2 kW
- ausgewählte Kunden mit PV-Anlagen ausrüsten
- to supply selected customers with PV systems
- die 342-Kilowatt-PV-Anlage wandelt Sonnenlicht in Elektrizität um
- the 342-kilowatt photovoltaic system converts sunlight into electricity
- Module oder Felder allein bilden noch keine vollständige PV-Anlage
- modules or arrays, by themselves, do not constitute a PV system

PV-Anwendung f PV application

- die folgenden PV-Anwendungen haben sich als besonders zuverlässig herausgestellt
- the following PV applications have proven to be particularly reliable
- netzunabhängige PV-Anwendungen
- grid-independent PV applications

PV-Industrie f PV industry

- ABC spielt eine wichtige Rolle in der globalen PV-Industrie
- ABC is a major player in the global PV industry

PV-Leistung f PV capacity

- ca. 300 kW PV-Leistung werden in einem Zeitraum von 2 $^{1}/_{2}$ Jahren installiert werden
- about 300kW of PV capacity will be installed over 2 $^{1}/_{2}$ years

PV-Markt m PV market

- der PV-Markt ist ein globaler Markt
- the PV market is a global one
- Voraussetzung für eine Expansion des PV-Marktes sind zuverlässige und kostengünstige Befestigungssysteme
- reliable and cost-efficient mounting systems are needed to expand the PV market

PV-Modul n PV module; PV panel

- 900 Wohnhäuser mit PV-Modulen ausrüsten
- to equip 900 homes with PV panels
- Wechselrichter in die PV-Module einbauen
- to build inverters into the PV panels
- der Absatz von PV-Modulen hat sich in den letzten fünf Jahren weltweit verdoppelt
- worldwide sales of PV modules have doubled in the last 5 years
- auf jedem der 30 Häuser wurde ein PV-Modul angebracht
- a PV panel was installed on each of the 30 houses
- die PV-Module werden von ABC geliefert
- the PV modules will be supplied by ABC

PV-Strom m PV power; PV electricity; PV-generated electricity

- in überraschend vielen Fällen ist PV-Strom die kostengünstigste Form der Elektrizität für die Durchführung dieser Aufgaben
- in a surprising number of cases, PV power is the cheapest form of electricity for performing these tasks
- diese Anlagen nutzen den PV-Strom sofort, wenn er hergestellt wird
- these systems utilize the PV electricity as it is produced
- die Kosten für PV-Strom sind um das 15- bis 20fache gefallen
- the cost of PV-generated electricity has dropped 15- to 20-fold

PV-System n photovoltaic system; PV system

- das PV-System arbeitet wie erwartet
- the photovoltaic system is operating as expected
- für PV-Systeme wird kein Brennstoff benötigt
- PV systems do not require fuel
- PV-Systeme müssen nicht ständig gewartet werden
- PV systems do not require constant maintenance
- unsere PV-Systeme sind modular aufgebaut und können je nach Bedarf erweitert werden
- our PV systems are modular and can be quickly expanded as demand increases

PV-Technik f (siehe **PV-Technologie**)

PV-Technologie f photovoltaic technology

- die PV-Technologie könnte weltweit die Energieinfrastruktur verändern
- PV technology could change the energy infrastructure of the world

PV-Zelle f PV cell; photovoltaic cell (siehe auch **Photovoltaik-Zelle; photovoltaische Zelle**)

• Photovoltaik-Zellen, auch Solarzellen genannt, sind zur Zeit eine der umweltfreundlichsten Formen der Energieerzeugung	• PV cells, also called solar cells, represent one of the most benign forms of electricity generation available
• Photovoltaik-Zellen werden zu großen Flächen, oder Modulen, zusammengeschaltet	• PV cells are combined into large panels, or modules
• die Zelle arbeitet wie eine herkömmliche photovoltaische Zelle	• the cell operates like a conventional photovoltaic cell
• photovoltaische Zellen wandeln Lichtenergie in Elektrizität um	• photovoltaic cells convert light energy into electricity
• normale PV-Zelle auf Siliziumbasis	• standard silicon-based photovoltaic cell

Pyrolyseöl n pyrolysis oil

• Biomasse in Pyrolyseöl umwandeln	• to convert biomass into a pyrolysis oil
• Pyrolyseöl lässt sich leichter lagern und transportieren als feste Biomasse	• pyrolysis oil is easier to store and transport than solid biomass material

Q

Querschnitt m cross section

- je kleiner der Querschnitt eines Leiters ist, umso größer ist der Widerstand
- Querschnitt eines Kraftwerks

- the smaller the cross section of a conductor, the greater the resistance
- cross section of a power plant

R

Radikal n radical

- wenn zwei positiv geladene Protonen auf ein negativ geladenes Sauerstoffradikal treffen, verbinden sie sich zu Wasser
- when two positively charged protons encounter a negatively charged oxygen radical they join together to form water

radioaktiver Zerfall radioactive decay

- die geothermische Energie stammt letztendlich aus dem radioaktiven Zerfall, der tief in der Erde stattfindet
- the ultimate source of geothermal energy is radioactive decay occurring deep within the earth

Radnabe f wheel hub

- der Bus wird von einem Paar luftgekühlter Elektromotoren angetrieben, die sich in der Radnabe befinden
- the bus is driven by a pair of air-cooled motors in its wheel hubs

Rahmen m *(Solar)* frame

- zur Erleichterung der Montage ist das Modul gewöhnlich mit einem Rahmen aus Aluminium oder Kunststoff versehen
- the module usually uses an aluminum or plastic frame to facilitate mounting
- unter einem Modul versteht man eine Gruppe von miteinander verschalteten Zellen, die in einem Rahmen zusammengefasst sind
- modules are a group of cells electrically connected and packaged in one frame

rahmenloses Modul *(Solar)* frameless module

Rauchgas n flue gas

- durch die chemische Reaktion wird das SO_2 aus dem Rauchgas entfernt
- the chemical reaction removes the SO_2 from the flue gas
- die bei der Verbrennung von Biomasse entstehenden Rauchgase haben einen hohen Feuchtigkeitsgehalt
- biomass-combustion flue gases have high moisture content
- das Rauchgas wird auf eine Temperatur unterhalb des Taupunktes abgekühlt
- the flue gas is cooled to a temperature below the dew point

Rauchgasentschwefelung f flue gas desulfurization *(US)*; flue gas desulphurisation *(GB)* (FGD)

Rauchgasentschwefelungsanlage f flue gas desulfurization equipment/ plant/system *(US)*; flue gas desulphurisation equipment/ plant/system *(GB)*

- dieses Kraftwerk ist mit einer Rauchgasentschwefelungsanlage ausgerüstet
- this powerplant is equipped with a flue-gas-desulfurization (FGD) system
- diese Rauchgasentschwefelungsanlage ist die erste ihrer Art in Großbritannien
- this flue gas desulphurisation (FGD) plant is the first of its kind in Britain

Rauchgasreinigung f flue-gas cleaning

- der Nettowirkungsgrad einer solchen Anlage mit Rauchgasreinigung beträgt 50 %
- the net efficiency of such a plant with flue-gas cleaning is 50%

Rauchgasreinigungsanlage f flue-gas cleanup system; flue gas cleaning system

Raum m space

- der vom Verbrennungsmotor eines Mittelklassewagens beanspruchte Raum
- the space occupied by the engine of a mid-sized car

- Nutzfahrzeuge verfügen über ausreichend Raum zur Unterbringung des Brennstoffzellensystems
- commercial vehicles have the space to accommodate the FC system

Raumbedarf m space requirement

- geringerer Raumbedarf
- smaller/decreased space requirements

Raumfahrt f space; space flight; space application; space mission

- Brennstoffzellen sind bis jetzt nur in der Raumfahrt eingesetzt worden
- fuel cells have so far only been used in space
- diese Brennstoffzellen werden hauptsächlich in der Raumfahrt eingesetzt
- these fuel cells find major use in space
- Brennstoffzellen werden seit den sechziger Jahren in der Raumfahrt eingesetzt
- fuel cells have been used since the 1960s in space missions
- die Wasserstoff-Brennstoffzellen, die in der Raumfahrt eingesetzt werden, sind für die meisten Anwendungen auf der Erde ungeeignet
- the hydrogen fuel cells that have flown on space missions are not practical for most applications on Earth

Raumfahrtanwendung f space application; for use in space

- Brennstoffzellen wurden ursprünglich für Raumfahrtanwendungen entwickelt
- fuel cells were originally developed for space applications

Raumfahrzeug n spacecraft

- Brennstoffzellen als Energiequelle für Raumfahrzeuge verwenden
- to use fuel cells as a power source for spacecraft
- Brennstoffzellen wurden zum ersten Mal in den Sechzigerjahren an Bord von Raumfahrzeugen eingesetzt
- fuel cells were first used aboard American spacecraft in the 1960s

Raumheizung f space heating

- die Abwärme der Brennstoffzellen-Einheit wird zur Raumheizung verwendet
- the waste heat from the fuel cell unit is used to heat space
- Raumheizung für Wohn- und Nutzgebäude
- space heating for residential and commercial buildings
- die geothermische Energie wird in Island hauptsächlich für die Raumheizung eingesetzt
- the principal use of geothermal energy in Iceland is for space heating

Raumtemperatur f room temperature

- einige Brennstoffzellen arbeiten bei Raumtemperatur
- some fuel cells work at room temperature

Raumwärme f space heating

- vier Industriebetriebe und eine Universität mit Raumwärme versorgen
- to supply four industries and a university with space heating

Raumwärmeversorgung f space heating (siehe **Raumheizung**)

reagieren v react

- die Wasserstoff-Ionen und der Sauerstoff reagieren zu Wasser
- the hydrogen ions react with the oxygen to produce water

Reaktant m reactant

- der Stromerzeugungsprozess dauert an, solange Reaktanten zugeführt werden
- the current-producing process continues for as long as there is a supply of reactants/as long as reactants are supplied

Reaktion f reaction

- in Brennstoffzellen wird durch geräuschlos ablaufende Reaktionen elektrischer Strom erzeugt
- in fuel cells, silent reactions produce an electric current

Reaktionspartner m reactant

- bei Brennstoffzellen kommen extern gespeicherte Reaktionspartner zum Einsatz
- fuel cells use reactants that are stored externally

Reaktionsprodukt n reaction product

- die Abfuhr der Wärme und der Reaktionsprodukte
- the removal of heat and reaction products
- die Reaktionsprodukte abführen
- to remove the reaction products
- das Reaktionsprodukt, Wasserdampf, wandert durch die Anode zurück und wird mit dem restlichen Wasserstoff aus der Zelle abgeführt
- the reaction product, water vapour, migrates back through the anode and is discharged from the cell with any remaining hydrogen

Realisierbarkeit f feasibility

- im Rahmen einer technischen Untersuchung muss zuerst die Realisierbarkeit des Kraftwerks nachgewiesen werden
- an engineering study must first prove the feasibility of the powerplant

Receiver m *(Solar)* receiver

- diese Geräte konzentrieren das Sonnenlicht auf einen kleinen, geschwärzten Receiver
- these devices concentrate sunlight onto a small blackened receiver

Reflektor m *(Solar)* reflector

- für den Reflektor wären 72 Spiegel erforderlich
- the reflector would require 72 mirrors
- der Reflektor konzentriert das einfallende Sonnenlicht auf einen Kessel
- the reflector concentrates solar radiation onto a boiler
- der Einsatz aufwendiger Reflektoren wäre zu teuer
- using complicated reflectors would be too costly
- stationäre Reflektoren stellten eine bessere Lösung dar
- stationary reflectors offered a better solution
- leichtere Werkstoffe für den Reflektor erproben
- to try lighter materials for the reflector
- der Reflektor hatte einen Durchmesser von 10 Metern
- the reflector spanned 33 feet in diameter

Reflexionsverlust m *(Solar)* reflection loss

- die Oberseite der Zelle ist mit einer Antireflexschicht versehen, die die Reflexionsverluste vermindert
- an antireflective coating is applied to the top of the cell to reduce reflection losses

Reformat n *(BZ)* reformate

- das Labor hat mit Erfolg eine Brennstoffzelle mit Reformat aus Benzin betrieben
- the laboratory has successfully operated a fuel cell on reformate from gasoline

Reformer m *(BZ)* reformer n

- externer Reformer
- external reformer
- der Reformer benötigt keinen zusätzlichen Brennstoff
- no extra fuel is required in the reformer
- der Reformer wandelt Benzin oder einen anderen Brennstoff in Wasserstoff um
- the reformer converts gasoline or other fuels into hydrogen
- die Brennstoffzelle besitzt einen Reformer zur Umwandlung des Brennstoffes in Wasserstoff
- the fuel cell has a reformer to convert the fuel to hydrogen

- das Methanol wird von einem an Bord mitgeführten Reformer verarbeitet — the methanol will be processed by an on-board reformer
- dieser Reformer extrahiert Wasserstoff aus Benzin — this reformer extracts hydrogen from gasoline
- bei diesem Auto wird in einem Reformer im Heck des Fahrzeuges flüssiges Methanol in Wasserstoff umgewandelt — this car converts liquid methanol into hydrogen in a reformer in the rear of the vehicle

reformieren v reform

- Erdgas wird zur Herstellung von Wasserstoff intern reformiert — natural gas is reformed internally to produce hydrogen
- bei einigen Brennstoffzellen muss das Gas zuerst reformiert werden — some fuel cells require that the gas be reformed first
- der Brennstoff wird zu Wasserstoff reformiert — the fuel is reformed into hydrogen
- der Brennstoff wird intern im Stapel zu einem wasserstoffreichen Gas reformiert — the fuel is reformed to hydrogen-rich gas internally in the stack
- Methanol wurde als Brennstoff gewählt, weil es sich leicht reformieren lässt — methanol was selected as the fuel because of its ability to be easily reformed

Reformierreaktion f reforming reaction

reformiertes Erdgas reformed natural gas

- Wasserstoff, reformiertes Erdgas und Methanol gehören zu den wichtigsten Brennstoffen, die für die heutigen Brennstoffzellen verfügbar sind — hydrogen, reformed natural gas, and methanol are the primary fuels available for current fuel cells
- Strom aus reformiertem Erdgas herstellen — to produce electricity from reformed natural gas
- die Fähigkeit, Strom aus reformiertem Erdgas herzustellen, stellt einen bedeutenden Durchbruch auf dem Gebiet der Brennstoffumwandlung dar — the ability to produce electricity from reformed natural gas is a major breakthrough in the fuel conversion process

Reformierung f reforming, reformation

- bordeigene Reformierung — on-board reformation/reforming
- externe Reformierung — external reformation/reforming
- interne Reformierung — internal reformation/reforming
- die Reformierung kann im Inneren der Brennstoffzellenstapel erfolgen — reforming can occur inside the fuel cell stacks
- Kohlenmonoxid muss nach der Reformierung entfernt werden — carbon monoxide must be removed after reforming
- die Reformierung des Erdgases zu einem wasserstoffreichen Gas erfolgt außerhalb des Zellenstapels — reforming of the natural gas to a hydrogen-rich gas occurs outside the fuel cell stacks

Reformierungsprozess m reforming process

Reformierungsreaktion f reformation reaction

regenerative Brennstoffzelle regenerative fuel cell

regenerative Energie renewable energy; renewable (siehe auch **erneuerbare Energie**)

- die Öffentlichkeit über regenerative Energien aufklären — to educate the public about renewable energy

regenerativer Energieträger renewable energy resource

- die erneuerbaren Energieträger sind scheinbar unerschöpflich — renewable energy resources are seemingly inexhaustible

regionaler Stromversorger regional electricity company

- die 12 regionalen Stromversorger werden einen größeren Anteil ihres Stromes aus erneuerbaren Energiequellen beziehen müssen
- the 12 regional electricity companies will have to buy more of their electricity from renewable energy sources

regionales Stromversorgungsunternehmen regional electricity company (REC)

- dies sind die Kriterien, an denen die Leistungsfähigkeit der regionalen Stromversorgungsunternehmen gemessen wird
- theses are the criteria by which the performance of the RECs is measured
- die Regulierungsbehörde übt Druck auf die regionalen Stromversorgungsunternehmen aus, damit diese ihre Betriebskosten senken
- the RECs are under pressure from the regulator to reduce operating costs

Regionalversorger m regional electricity company (REC)

- die Privatisierung der Regionalversorger
- the privatisation of the RECs

Reichweite f range

- mit einer Tankfüllung hat das Auto eine Reichweite von 500 km
- the car has a range of 500km on a full tank
- die 120-kW-PEM-Anlage verleiht dem Bus eine Reichweite von 150 km
- the 120kW PEM plant will give the bus a range of 150km
- große Reichweite
- long range

Reinheitsgrad m purity level

- den Brennstoffzellen-Stapel mit Wasserstoff mit dem geforderten Reinheitsgrad versorgen
- to supply the fuel cell stack with hydrogen at required purity levels
- der empfohlene Reinheitsgrad beträgt 99,99 Prozent Stickstoff
- the recommended purity level is 99.99 percent nitrogen

Reinigungsverfahren n *(BZ)* clean-up method

- alternative Reinigungsverfahren werden ebenfalls untersucht
- alternative clean-up methods are also being investigated

Reinjektion f *(Geo)* reinjection

- durch Reinjektion wird die Gefahr einer Umweltverschmutzung an der Oberfläche minimiert
- reinjection minimizes surface pollution
- die Reinjektion erfolgt unter Atmosphärendruck
- reinjection is carried out under atmospheric pressure

reinjizieren v *(Geo)* reinject

- möglichst viel von dem Wasser reinjizieren, um den Druck im Bohrloch zu stabilisieren
- to reinject as much of the water as possible to maintain the pressure in the wells

Repowering n repowering

- das Repowering eines bestehenden Dampfkraftwerks
- the repowering of an existing steam power plant
- durch diese Art des Repowering erhält man auch ein leistungsfähigeres Kombikraftwerk
- this type of repowering also results in a more efficient combined-cycle plant

Reservestellung f spinning reserve

- dieses Kraftwerk kann zur Reservestellung genutzt werden
- this power station can be used for spinning reserve

Ressourcenschonung f conserving natural resources; resource conservation

- neben Ressourcenschonung und Reduzierung der CO_2-Emissionen bietet diese Technologie noch weitere Umweltvorteile
- besides conserving natural resources and reducing CO_2 emissions, this novel technology offers other environmental benefits

Restwärme f residual heat

- Rückgewinnung der Restwärme aus den Verbrennungsgasen
- recovery of combustion-gas residual heat

Rinnenkollektor m *(Solar)* trough collector

Rinnenkraftwerk n *(Solar)* parabolic trough generating system (siehe **Parabolrinnen-Kraftwerk**)

Röhrenkollektor m *(Solar)* (siehe **Vakuumröhrenkollektor**)

Röhrenkonzept n *(BZ)* tubular concept

- wir werden uns auf das fortschrittlichere Röhrenkonzept konzentrieren
- we will concentrate on the more advanced tubular concept

Röhrenzelle f *(BZ)* tubular cell

- der SOFC-Stapel besteht aus 1.152 Röhrenzellen
- the SOFC stack consists of 1,152 tubular cells
- die Herstellung von Röhrenzellen ist jedoch schwieriger und teurer
- the tubular cells are, however, more difficult and costly to fabricate

Rohrturbine f *(Wasser)* bulb-turbine; bulb turbine; bulb-type turbine

- der Generator einer Rohrturbine muss einen relativ kleinen Durchmesser aufweisen
- the bulb turbine's generator must be of relatively small diameter

Rohsilizium n raw silicon

- bei diesem Verfahren werden ca. 90 Prozent des teuren Rohsiliziums verschwendet
- this process wastes around 90 percent of the expensive raw silicon

Rostfeuerung f grate firing system

rotierende Reserve spinning reserve

Rotor m *(Wind)* rotor

- der Rotor besteht gewöhnlich aus zwei oder drei Blättern, die auf einer Welle angeordnet sind
- the rotor usually consists of two or three blades mounted on a shaft
- der Rotor wird je nach Windgeschwindigkeit beschleunigt oder abgebremst
- the turbine rotor slows down or speeds up in response to changes in wind velocity
- der Rotor hat einen Durchmesser von 11,6 m
- the rotor measures 11.6 metres in diameter

Rotorachse f *(Wind)* rotor axis

- Drehung der Rotorachse um eine vertikale Achse
- rotation of the rotor axis about a vertical axis

Rotoraerodynamik f *(Wind)* aerodynamics of rotating blades

Rotorblatt n *(Wind)* rotor blade; blade

- die Rotorblätter müssen oft nach mehreren hundert Stunden ersetzt werden
- the rotor blades must often be replaced after several hundred hours
- die Rotorblätter sind einzeln verstellbar
- rotor blades are individually adjustable
- die Rotorblätter drehen sich mit einer Drehzahl von ... Umdrehungen pro Minute
- the blades rotate at ... revolutions per minute
- hydraulisch verstellbare Rotorblätter
- hydraulically adjustable rotor blades

Rotorblattbaugruppe f *(Wind)* blade assembly

- durch diesen Druckunterschied wird die Rotorblattgruppe in Drehung versetzt
- this pressure difference causes the blade assembly to spin

Rotorblatteinstellwinkel m *(Wind)* pitch angle

Rotorblattschaden m *(Wind)* blade damage

- kleinere Rotorblattschäden können zu nicht optimalen Rotordrehzahlen führen
- minor blade damage can result in off-optimum rotor rotation speeds
- drei Turbinen wurden im Februar vom Blitz getroffen, was zu ernsten Rotorblattschäden führte
- three turbines were struck by lightning last February, causing serious damage to blades
- an drei verschiedenen Standorten erlitten Turbinen ernste, durch Blitzschlag verursachte Rotorblattschäden
- turbines installed at three different locations suffered serious lightning induced blade damage

Rotorbremse f *(Wind)* rotor brake

Rotordrehzahl f *(Wind)* rotor speed

- die Rotordrehzahl steigt schnell
- rotor speed rises rapidly
- Betrieb mit variabler Rotordrehzahl ermöglichen
- to allow variable rotor speed operation

Rotordurchmesser m *(Wind)* rotor diameter

- der Rotordurchmesser beträgt 7 m
- the rotor diameter is 7 m
- zu den Neuerungen gehört ein größerer Rotordurchmesser
- innovations include a larger rotor diameter
- der Rotordurchmesser moderner Windturbinen beträgt bis zu 65 m
- modern wind turbines have rotor diameters ranging up to 65 metres
- die Leistung ändert sich mit dem Quadrat des Rotordurchmessers
- the power varies as the square of the rotor diameter

Rotorflügel m *(Wind)* rotor blade (siehe auch **Rotorblatt**)

Rotornabe f *(Wind)* rotor hub

- die Konstruktion der Rotornaben ist überarbeitet worden
- rotor hubs have been redesigned

Rotorwelle f rotor shaft

- der Generator ist direkt mit der Rotorwelle verbunden
- the generator is connected directly to the rotor shaft
- die Blätter sind an der Rotorwelle befestigt
- the blades are attached to the rotor shaft

Rückgewinnung f recovery

- Rückgewinnung von Wärmeenergie
- recovery of thermal energy

Rückseite f back

- Rückseite einer Siliziumzelle
- back of a silicon cell

Rückstand m residue; residual

- diese landwirtschaftlichen Rückstände könnte man zu flüssigen Brennstoffen verarbeiten
- these agricultural residues could be processed into liquid fuels

Ruthenium n *(BZ)* ruthenium

- das Geheimnis liegt in den 50 % Ruthenium, die dem normalerweise nur aus Platin bestehenen Anodenkatalysator zugesetzt werden
- the secret lies in the addition of 50% ruthenium to the normally platinum-only anode catalyst

S

Sägerei f sawmill (siehe **Sägewerk**)

Sägewerk n lumber mill; sawmill

- die in zahlreichen Sägewerken anfallenden Holzabfälle
- wood waste created by numerous lumber mills
- ein nahe gelegenes Sägewerk dient als Beschaffungsquelle für den Holzbrennstoff
- an adjacent sawmill serves as the procurement source for the wood fuel

Salz n *(Geo)* salt

- die Belastung des Wassers mit Salz ist manchmal sehr hoch
- the water is sometimes heavily laden with salts

Salzgehalt m *(Geo)* salinity

- das Wasser hat einen relativ hohen Salzgehalt von vier bis zehn Prozent
- the water has a relatively high salinity of 4 to 10 percent
- das Wasser weist einen unterschiedlichen Salzgehalt auf
- the water comes with various degrees of salinity

salzhaltig adj *(Geo)* laden with salts

- geothermales Wasser ist oft stark salzhaltig
- geothermal water is sometimes heavily laden with salts

salzhaltige Atmosphäre *(Wind)* salt spray

- die Turbinen für die korrosive Wirkung der salzhaltigen Atmosphäre auslegen
- to design the turbines to resist the corrosive effects of salt spray

Salzschmelze f molten salt

- Salzschmelzen und auch wässrige Lösungen wurden als Elektrolyt ausprobiert
- molten salts as well as aqueous solutions were tried as electrolytes
- diese Salzschmelzen komplizieren den Aufbau und die Wartung
- these molten salts complicate design and maintenance
- bei diesen Zellen werden äußerst aggressive Salzschmelzen als Elektrolyt eingesetzt
- these cells use as electrolytes highly corrosive molten salts

Sanierung f rehabilitation n

- die meisten der bestehenden Anlagen sind alt und müssen saniert werden
- most existing plants are old and require heavy rehabilitation
- aufgrund der steigenden Brennstoffpreise sind einige stillgelegte Wasserkraftwerke saniert worden
- the increase in fossil-fuel costs has led to the rehabilitation of some abandoned hydroelectric plants
- in neueren Untersuchungen wird die Sanierung und/oder der Ausbau bestehender Wasserkraftanlagen erwogen
- current studies are considering the rehabilitation and/or expansion of existing hydroelectric plants

sauber adj clean

- Brennstoffzellen sind von Natur aus sauberer als Systeme, die zur Energiegewinnung Brennstoffe verbrennen
- fuel cells are inherently cleaner than systems that burn fuel to release energy

Sauerstoff m oxygen

- Wasserstoff und Sauerstoff reagieren miteinander; dabei entstehen Strom, Wärme und Wasser
- hydrogen and oxygen react to produce electricity, heat and water
- diese Brennstoffzellen werden nur mit Wasserstoff und Sauerstoff betrieben
- these fuel cells are run on hydrogen and oxygen alone

- der Sauerstoff wird gewöhnlich der Luft entnommen
- the oxygen is usually derived from the air
- von einer Seite wird Sauerstoff zugeführt, von der anderen Wasserstoff
- oxygen is fed in from one side, hydrogen from the other

Sauerstoffatom n oxygen atom

- Brennstoffzellen erzeugen durch die Vereinigung von Wasserstoffionen mit Sauerstoffatomen Elektrizität
- fuel cells make electricity by combining hydrogen ions with oxygen atoms
- diese Ionen fließen dann durch einen Elektrolyten und reagieren mit Sauerstoffatomen
- these ions then pass through an electrolyte, such as phosphoric acid or molten carbonate, and react with oxygen atoms
- daher wird zur Bildung von CO_2 dem CO ein weiteres Sauerstoffatom hinzugefügt
- another oxygen atom is therefore added to the CO to produce CO_2

Sauerstoffelektrode f oxygen electrode

- die Elektronen fließen zu einem Verbraucher und dann zur Sauerstoffelektrode
- the electrons move to a load and then to the oxygen electrode

Sauerstoffgas n oxygen gas

- mit Hilfe elektrischer Energie wird Wasser in Wasserstoff und Sauerstoffgas zerlegt
- electric energy is used to split water into hydrogen and oxygen gas

Sauerstoffion n oxygen ion

- negativ geladene Sauerstoffionen bilden
- to form negative(ly charged) oxygen ions
- Sauerstoffionen leiten
- to conduct oxygen ions
- ein Werkstoff, der Sauerstoff-Ionen leitet
- a material that is conductive to oxygen ions
- Sauerstoffionen aus einem Luftstrom reagieren mit dem Wasserstoff und Kohlenmonoxid und erzeugen elektrischen Strom
- oxygen ions produced from an air stream react with the hydrogen and carbon monoxide to create electrical power

sauerstoffionenleitend adj oxygen-ion conductive

saure Brennstoffzelle acid fuel cell

- bei sauren Brennstoffzellen ist das Wasserstoffion das leitende Ion
- in acid fuel cells the conducting ion is the hydrogen ion

saurer Regen acid rain

- Schwefelemissionen sind mitverantwortlich für den sauren Regen
- sulfur emissions help cause acid rain

Savoniusrotor m *(Wind)* savonius rotor

- der Savoniusrotor hat halbkreisförmige Schaufeln
- the savonius rotor consists of semicircular blades

Schadstoff m pollutant

- weniger Schadstoffe ausstoßen
- to emit fewer pollutants
- Schadstoffe, die zur globalen Erwärmung beitragen
- pollutants that contribute to global warming
- Brennstoffzellen emittieren keine Schadstoffe in die Atmosphäre
- fuel cells release no pollutants into the atmosphere
- aus der Verringerung des Schadstoffausstoßes ergeben sich Umweltvorteile
- environmental benefits will result from reductions in the emission of pollutants

schadstoffarm low-polluting

Schadstoffausstoß m pollution output

- der höhere Wirkungsgrad und geringere Schadstoffausstoß der SOFC
- the SOFC's greater efficiency and lower pollution output

Schadstoffemission f emission of pollutants; noxious emission; pollutant emission

- sehr geringe Schadstoffemissionen
- very low pollutant emissions
- stark ansteigende Schadstoffemissionen aus Kohlekraftwerken
- soaring pollutant emissions from coal-fired power plants
- die Schadstoffemissionen vermindern
- to reduce pollutant emissions
- Schadstoffemissionen in die Umwelt können reduziert werden
- emissions of pollutants to the environment can be reduced
- Schadstoffemissionen von Brennstoffzellen
- emissions of pollutants from fuel cells
- Schadstoffemissionen beeinträchtigen die Luftqualität
- the emission of pollutants affects air quality
- die mit Verbrennungsvorgängen verbundenen Schadstoffemissionen vermeiden
- to avoid the emission of pollutants associated with combustion processes

schadstofffrei emission-free, clean

- schadstofffreie Autos
- emission-free autos
- schadstofffreier Betrieb
- emission-free operation
- schadstofffreie Stromerzeugung
- clean generation of electricity

Schallemission f acoustic emissions

- Schalemissionen von Windenergieanlagen
- acoustic emissions from wind turbine generator systems

Schallleistungspegel m sound power level

Schallmessung f noise measurement

Schallpegel m sound level

- der Schallpegel einer typischen modernen Windturbine beträgt in einem Abstand von 40 m ... dB(A)
- the sound level at 40 m from a typical modern wind turbine is ... dB(A)
- außergewöhnlich niedriger Schallpegel
- exceptionally low sound level

Schatten m shadow; shade

- einen Schatten werfen
- to cast a shadow

scheinen v shine (shone, shone)

- die Sonne scheint nur ungefähr ein Drittel der Zeit
- the sun shines only about a third of the time

schematische Darstellung schematic representation

- Abbildung 2 zeigt eine schematische Darstellung eines herkömmlichen Energieversorgungssystems
- a schematic representation of a conventional energy supply system is presented in Figure 2

Schlüsselkomponente f key component

- das Brennstoffzellenfahrzeug von ABC besteht aus sieben Schlüsselkomponenten
- the ABC fuel cell vehicle consists of seven key components

Schmelzkarbonat-Brennstoffzelle f; **Schmelzkarbonatbrennstoffzelle** f (MCFC) molten carbonate fuel cell; molten-carbonate fuel cell

- die Schmelzkarbonat-Brennstoffzelle arbeitet mit einer noch höheren Temperatur als die PAFC
- the molten carbonate fuel cell (MCFC) operates at an even higher temperature than the PAFC

- MCFC lassen sich einfacher und kostengünstiger herstellen als PAFC
- MCFC können mit einer Vielzahl von Brennstoffen betrieben werden
- die Schmelzkarbonat-Brennstoffzellen werden auf diesem Gebiet die führende Technologie sein

- MCFCs are simpler and cheaper to build than PAFCs
- MCFCs accept a variety of fuels
- molten carbonate fuel cells will be the dominant technology in this sector

Schmelzkarbonatzelle f (siehe **Schmelzkarbonat-Brennstoffzelle**)

Schmelzpunkt m melting point

- die Arbeitstemperatur von MCFC hängt vom Schmelzpunkt des Elektrolyts ab

- the operating temperature of MCFCs is determined by the melting point of the electrolyte

Schnelllaufzahl f *(Wind)* tip-speed ratio (TSR)

- mit Hilfe dieses Algorithmus kann man die Rotorleistung für alle Schnelllaufzahlen annähernd ermitteln

- using this algorithm, one can estimate rotor performance for all tip speed ratios

schnell wachsende Pflanze fast growing plant

- diese schnell wachsenden Pflanzen werden speziell für den Einsatz in Biomasse-Kraftwerken angebaut

- these fast growing plants are grown specifically for use in biomass power plants

schnell wachsender Baum fast-growing tree

- schnell wachsende Bäume und Gräser könnten sich zu einer wichtigen erneuerbaren Energiequelle für die Stromerzeugung entwickeln

- fast-growing trees and grasses could become a major renewable energy resource for electricity generation

Schornstein m stack

- diese Gase entweichen durch den Schornstein
- vor Verlassen des Schornsteins kühlen die Gase ab
- ein hoher Schornstein

- these gases exit via the stack
- the gases cool before leaving the stack
- a tall stack

Schrägdach n slanted style roof

Schuldach n school rooftop

- Photovoltaikanlagen auf Schuldächern

- photovoltaic systems on school rooftops

Schüttmaterial n *(Wasser)* fill

- der Staudamm ist 122 Meter hoch und enthält mehr als 2,6 Millionen Kubikmeter Schüttmaterial

- the dam is 122 metres high and contains more than 2.6 million cubic metres of fill

Schwachlastzeit f off-peak hours; off-peak period; period of low demand

- während der Schwachlastzeiten
- Speicherung von überschüssiger Energie, die während der Schwachlastzeiten produziert wurde, für die Nutzung während der Spitzenzeiten

- during periods of low demand/during off-peak hours
- storage of excess energy produced during off-peak periods for use during peak periods

Schwefel m sulfur *(US)*; sulphur *(GB)*

- da der Schwefel aus dem Brennstoff entfernt wird, wird kein Schwefeloxid emittiert

- because sulfur is removed from the fuel, no sulfur oxide is emitted

Schwefeldioxid n sulfur dioxide *(US)*; sulphur dioxide *(GB)*
- beim Verbrennen von Biomasse entsteht im Allgemeinen weniger Schwefeldioxid (SO_2) als bei Kohle
- biomass, when burned, typically produces less sulfur dioxide (SO_2) than coal

Schwefeloxid n sulfur oxide *(US)*; sulphur oxide *(GB)*
- das System erzeugt geringfügige Mengen an Schwefel- und Stickoxiden
- the system produces negligible amounts of sulfur and nitrogen oxides

Schwefelsäure f sulfuric acid *(US)*; sulphuric acid *(GB)*
- bei der ersten Brennstoffzelle wurde Schwefelsäure als Elektrolyt verwendet
- the first fuel cell used sulfuric acid as the electrolyte

Schwefelverbindung f sulfur compound *(US)*; sulphur compound *(GB)*
- Schwefelverbindungen aus dem Gas entfernen
- to remove sulfur compounds from the gas
- Schwefelverbindungen emittieren
- to emit sulfur compounds

Schwerkraft f gravity
- unter Einwirkung der Schwerkraft
- under the action of gravity

Schweröl n heavy oil
- billigere Brennstoffe minderer Qualität, wie Schweröl und Kohle, können ebenfalls verwendet werden
- cheaper lower-grade fuels such as heavy oil or coal, can also be used

Schwimmbaderwärmung f pool heating
- Australien ist richtungsweisend auf dem Gebiet der solaren Schwimmbaderwärmung
- Australia leads the way in solar pool heating

Schwungrad n flywheel
- Schwungräder werden schon zur Deckung des Spitzenbedarfs eingesetzt
- flywheels are already used to meet peak demands

sechssitzig adj six-passenger
- das Fahrzeug ist eine elektrische Version der neuen sechssitzigen Großraumlimousine von ABC
- the vehicle is an electric version of ABC's new six-passenger van

Seeanwendung f marine application

Seekabel n *(Wind)* subsea cable
- den Strom über Seekabel an Land bringen
- to bring the power ashore via subsea cables

Seitenrad n *(Wind)* fantail

Selen n selenium
- auf das Halbleitermaterial Selen eine ultradünne Goldschicht aufbringen
- to coat the semiconductor selenium with an ultrathin layer of gold

Selenzelle f selenium cell
- Selenzellen wurden zur Lichtmessung in der Photographie eingesetzt
- selenium cells were used as light-measuring devices in photography

seriell verschaltet series-connected
- seriell verschaltete Solarzellen
- series-connected solar cells

Serienfertigung f volume production

- die Entscheidung über eine mögliche Serienfertigung der Brennstoffzellen wird nicht vor der Jahrhundertwende fallen
- the decision on whether to put fuel cells into volume production will not be taken until the turn of the century
- aufgrund von Verfahrensverbesserungen und Serienfertigung werden die Brennstoffzellenkosten stark sinken
- fuel cell costs will fall dramatically thanks to process improvements and volume production

Serienreife f commercial readiness; commercial viability

Shiftkonverter m *(BZ)* shift reactor (siehe auch **Shiftreaktor**)

- ein Shiftkonverter wandelt dann das Kohlenmonoxid weitgehend in Kohlendioxid um
- a shift reactor then converts most of the carbon monoxide into carbon dioxide

Shiftreaktor m shift reactor (siehe **Shiftkonverter**)

sicher adj safe

- Wasserstoff ist sicherer im Umgang als Benzin oder Propan
- handling hydrogen is safer than handling gasoline or propane

Sicherheitsbestimmung f safety regulation

- das Fehlen von Sicherheitsbestimmungen
- the lack of safety regulations

Sicherheitsmaßnahme f safety precaution

- die Verwendung von Wasserstoff erfordert bestimmte Sicherheitsmaßnahmen
- using hydrogen requires taking some safety precautions

Sicherheitssystem n *(Wind)* protection system

- Fallstudie einer Windturbine mit aufwendigem Sicherheitssystem
- case study of a wind turbine with a complicated protection system
- die heutigen Windturbinen sind gewöhnlich mit einem Sicherheitssystem ausgerüstet
- modern wind turbines are usually equipped with a protection system
- das Schutzsystem soll Schäden bei extrem starken Winden verhindern
- the protection system serves to prevent damage in excessively high winds

Siebdrucktechnik f *(Solar)* screen printing

- die Siebdrucktechnik ist schneller, führt jedoch zu Zellen mit geringerer Leistungsfähigkeit
- screen printing is quicker but produces less efficient cells

Silicium n (siehe **Silizium**)

Silicium... (siehe **Silizium...**)

Silizium n silicon

- polykristallines Silizium
- einkristallines Silizium
- hochreines kristallines Silizium
- amorphes Silizium
- polycrystalline silicon
- single-crystal silicon
- highly pure crystalline silicon
- amorphous silicon

Siliziumatom n silicon atom; atom of silicon

- ein Siliziumatom ist immer bestrebt, seine äußerste Elektronenschale aufzufüllen
- a silicon atom will always look for ways to fill up its last shell
- ein Siliziumatom besitzt 14 Elektronen, die sich in drei verschiedenen Schalen befinden
- an atom of silicon has 14 electrons, arranged in 3 different shells

Siliziumblock m *(Solar)* silicon block; block of silicon; silicon ingot; Si ingot

Silizium-Dünnschichtsolarzelle f *(Solar)* silicon thin-film solar cell

Siliziumkristall n *(Solar)* silicon crystal

- die herkömmlichen Solarzellen werden entweder aus einzelnen Siliziumkristallen oder amorphem Silizium hergestellt
- traditional solar cells are made from either single silicon crystals or amorphous silicon

Siliziumscheibe f *(Solar)* silicon wafer

- das neue Verfahren ermöglichte eine kostengünstige Herstellung von Siliziumscheiben
- the new process allowed the cheap production of silicon wafers

Siliziumschicht f silicon layer

Silizium-Solarzelle f; **Siliziumsolarzelle** f silicon solar cell

- in Reihe geschaltete Silizium-Solarzellen
- silicon solar cells connected in series
- Forscher haben die Zeit, die zur Herstellung einer Silizium-Solarzelle benötigt wird, halbiert
- researchers have cut in half the time it takes to make a silicon solar cell
- die ersten Weltraumsatelliten wurden von Silizium-Solarzellen mit Strom versorgt
- the first space satellites were electrically powered by silicon solar cells
- wenn Sonnenlicht auf eine Silizium-Solarzelle fällt, dann wird ein Teil der Energie von einem Sandwich aus unterschiedlichen Siliziumschichten absorbiert
- when sunlight falls on the silicon solar cell, some of its energy is absorbed in a sandwich of different types of silicon

Siliziumwafer m; **Silizium-Wafer** m *(Solar)* silicon wafer

Siliziumzelle f *(Solar)* silicon cell

- sie versuchten mehrmals, Siliziumzellen in kommerziellen Produkten einzusetzen
- they made a few attempts to use silicon cells in commercial products
- die Siliziumzelle misst zehn Quadratzentimeter
- the silicon cell measures 10 centimetres square
- die Zellen sind hundertmal dünner als die derzeitigen Siliziumzellen
- the cells are 100 times thinner than today's silicon cells

Sitzplatz m seat

- ein kleines Brennstoffzellenauto mit zwei Sitzplätzen
- a small fuel cell car that seats two people
- ein kompaktes Brennstoffzellenauto mit fünf Sitzplätzen
- a five-seat compact fuel cell car

SKE (siehe **Steinkohleeinheit**)

SOFC solid oxide fuel cell (siehe **Festoxid-Brennstoffzelle**)

SOFC-Stapel m SOFC stack

- während der ersten Phase des Projektes bauten die Forscher einen 100-W-SOFC-Stapel
- in the first phase of the project, the researchers built a 100W SOFC stack

SOFC-Technologie f SOFC technology

- ABC ist weltweit anerkannter Marktführer auf dem Gebiet der SOFC-Technologie
- ABC is the recognized world leader in SOFC technology

Solaranlage f solar plant; solar system

- diese 10-MW-Solaranlage erzeugt auch nach Sonnenuntergang Strom
- this 10MW solar plant continues to generate after sunset
- andere EVU betreiben ebenfalls Solaranlagen
- other utilities also operate solar plants
- die Investitionskosten für die neue Solaranlage
- the initial cost of the new solar system

Solarbatterie f solar panel; PV panel; photovoltaic panel

- diese Solarbatterie wurde im Jahre 1966 von ABC für einen Nachrichtensatelliten entwickelt
- this PV panel was developed by ABC for a communications satellite in 1966

Solardach n solar roof

- auf 600 Häusern wurden Solardächer installiert
- houses were fitted with solar roofs
- bis zum Jahre ... eine Million Gebäude mit Solardächern ausrüsten
- to put solar roofs on one million buildings by ...

Solareinstrahlung f (siehe **Sonneneinstrahlung**)

Solarenergie f solar energy; solar power

- die Kosten der Solarenergie senken
- to reduce the cost of solar energy
- die Großindustrie wird auf die Solarenergie aufmerksam
- big business is waking up to solar energy
- alle diese klimatischen Faktoren haben Auswirkungen auf die Solarenergiemenge, die den PV-Anlagen zur Verfügung steht
- these climatic factors all affect the amount of solar energy that is available to PV systems
- die bei Tageslicht gewonnene Solarenergie kann gespeichert und nachts verwendet werden
- the solar energy collected during daylight can be stored for night-time use

solarer Wasserstoff solar-derived hydrogen; solar hydrogen

- zukünftige Brennstoffzellenfahrzeuge mit solarem Wasserstoff antreiben
- to power future fuel cell vehicles with solar-derived hydrogen

solare Stromerzeugung solar power generation; solar electricity generation

- ABC wurde weltweit führend auf dem Gebiet der solaren Stromerzeugung
- ABC became the world leader in solar power generation

Solarfarm f solar farm

- über die gesamte Solarfarm sind Wechselrichter verteilt, die den erzeugten Gleichstrom in Wechselstrom umwandeln
- inverters are distributed throughout the solar farm to convert the generated electricity from DC to AC
- mit dem Bau der größten Solarfarm des Landes wird nächsten Monat begonnen
- construction on the country's largest solar farm will begin next month

Solarfeld n PV array; solar array; array of PV modules; solar cell array

- das Solarfeld soll im Jahr 55 MWh produzieren
- the array of PV modules is expected to produce around 55MWh a year
- PV-Module können zu noch größeren Einheiten zusammengeschaltet werden, die man als Solarfelder bezeichnet
- PV modules can be connected to form even larger units known as PV arrays
- die Solarfelder von Satelliten dienen der Stromversorgung der elektrischen Einrichtungen
- solar cell arrays on satellites are used to power the electrical systems
- man könnte das Solarfeld auch nach Südwesten ausrichten
- the solar array also might be oriented toward the southwest

Solargenerator m solar generator

- ABC hofft, den Solargenerator bis Mitte November in Betrieb zu nehmen
- ABC is hoping to commission the solar generator by mid-November

solargetrieben adj solar-driven; solar-powered

- solargetriebener Motor
- solar-powered motor

Solarheizung f solar heating; solar heating system

- unter Solarheizung versteht man die Nutzung des Sonnenlichts zur Erwärmung von Wasser oder Luft in Gebäuden
- solar heating is the use of sunlight to heat water or air in buildings
- alle Solarhäuser sind nicht nur mit einer Solarheizung, sondern auch mit einer konventionellen Heizung ausgestattet
- in addition to the solar heating system, all solar homes also have a conventional home heating system

Solarkollektor m solar collector (siehe auch **Sonnenkollektor**)

- er installierte einen Solarkollektor auf seinem Dach
- he installed a solar collector on his roof
- dies ist einer der größten Hersteller von Solarkollektoren in den Vereinigten Staaten
- this is one of largest producers of solar collectors in the United States

Solarkraftstation f solar power plant; solar electric power plant (siehe **Solarkraftwerk**)

Solarkraftwerk n solar power plant; solar power station; solar electric power plant; solar electric generation facility

- seit 1984 hatte ABC immer bessere Solarkraftwerke gebaut
- since 1984, ABC had been building successively better solar electric power plants
- den Bau von Solarkraftwerken auf deregulierten Märkten fördern
- to encourage construction of solar power plants in deregulated marketplaces
- mit dem Bau des Solarkraftwerkes wurde im September begonnen
- construction of the solar power plant began in early September

Solarmodul n solar module

- Hochleistungs-Solarmodule werden pro Jahr schätzungsweise ... Kilowattstunden Sonnenstrom liefern
- high-performance solar modules will supply an estimated ... kilowatt-hours of solar-generated electricity annually
- die Solarmodule versorgen Privatkunden mit Strom
- the solar modules deliver electricity to residential customers
- jedes Solarmodul besteht aus 36 polykristallinen Solarzellen
- each solar module consists of 36 polycrystalline solar cells

Solarpanel n solar panel

- die Herstellung derartiger Solarpanels könnte billiger werden
- solar panels like these could become cheaper to make
- Solarpanels kaufen, die für die Erzeugung von 10 Millionen Watt Strom ausreichen
- to buy enough solar panels to make 10 million watts of electricity

Solarpionier m solar pioneer

Solarstrahlung f solar radiation

- Solarstrahlung kann direkt in Elektrizität umgewandelt werden
- solar radiation can be converted directly into electricity

Solarstrom m solar electricity; solar-based electricity; solar power

- diese Entscheidung könnte den Markt für Solarstrom revolutionieren
- this decision could revolutionize the market for solar electricity
- ABC erzeugt mehr als 95 Prozent des weltweit hergestellten Solarstromes
- ABC produces more than 95 percent of the world's solar-based electricity
- Solarenergie wurde zuerst zur Versorgung von Weltraumkapseln und Telekommunikationssatelliten eingesetzt
- solar power was first used to power space capsules and telecommunications satellites

Solarstromanlage f solar power system

- die Solarstromanlage besteht aus 24 Solarpanels
- Betriebsmittel wie z. B. Klimaanlagen könnten mit Hilfe einer Solarstromanlage betrieben werden

- the solar power system consists of 24 solar panels
- a solar power system could run appliances such as an air conditioner

Solarstrom-Dachanlage f roof-mounted PV system (siehe **Photovoltaik-Dachanlage**)

Solarstromerzeugung f solar power generation

- im Jahre 1984 baute ABC sein erstes Solarkraftwerk und wurde weltweit führend auf dem Gebiet der Solarstromerzeugung

- in 1984, ABC built its first solar electric generating system plant and became the world leader in solar power generation

Solarstrommodul n solar module (siehe **Solarmodul**)

Solartechnik f (siehe **Solartechnologie**)

Solartechnologie f solar technology

- mit der Solartechnologie kann man Geld machen
- die Solartechnologie blickt schon auf hundert Jahre Forschung und Entwicklung zurück
- die Solartechnologie ist ideal für den Antrieb von Wasserpumpen

- there's money to be made in solar technology
- solar technology already boasts a century of R&D
- solar technology is a perfect match for water pumping applications

Solarteich m solar pond

- Solarteiche fangen die Sonnenenergie ein und speichern sie

- solar ponds are used to collect and store solar energy

solarthermische Anlage solar thermal system; solar thermal plant; solar thermal generating plant (siehe auch **solarthermisches Kraftwerk**)

- die wirtschaftlichen und umweltbezogenen Vorteile von solarthermischen Anlagen
- Warmwasser kann gewöhnlich kostengünstiger mit einer solarthermischen Anlage hergestellt werden

- the economic and environmental benefits of solar thermal generating plants
- hot water can usually be produced much more cheaply by a solar thermal system

solarthermischer Kollektor solar thermal collector

- ein üblicher solarthermischer Kollektor nutzt zurzeit nur etwa 45 % der Solarenergie zur Warmwasserbereitung
- dieses Gerät sieht wie ein herkömmlicher solarthermischer Kollektor aus

- the typical solar thermal collector still only converts about 45 percent of the solar energy into hot water
- this device looks just like a conventional solar thermal collector

solarthermisches Kraftwerk solar thermal generating plant; solar thermal power station; solar thermal plant/power plant (siehe auch **solarthermische Anlage**)

- sie haben die wirtschaftlichen und Umweltvorteile von solarthermischen Kraftwerken nicht erkannt
- ein solarthermisches Kraftwerk mit einer Leistung von 5 MW bauen

- they failed to recognize the economic and environmental benefits of solar thermal generating plants
- to construct a 5MW solar thermal power plant

Solar-Turm-Anlage f power tower system; solar power tower plant; power tower (siehe **Solarturm-Kraftwerk**)

Solarturm-Kraftwerk n; **Solar-Turm-Kraftwerk** n solar power tower plant; solar power tower; tower-type solar plant; power tower

- bei früheren Solarturm-Kraftwerken wurde Wasser direkt zur Dampferzeugung erwärmt • previous solar power tower plants heated water directly to make steam
- bei einem Solarturm-Kraftwerk wird das Sonnenlicht mit Hilfe von Heliostaten auf einen zentral angeordneten Receiver auf einem Turm konzentriert • power towers use a number of heliostats to focus sunlight onto a central receiver which is situated on a tower

Solarwärme f solar heat (siehe auch **Sonnenwärme**)

- Solarwärme in Strom umwandeln • to turn solar heat into electricity
- Europa trieb die praktische Anwendung der Solarwärme weiter voran • Europe continued to advance the practical application of solar heat
- diese Erfindung war die beste Methode zur direkten Nutzung der Solarwärme • this invention was the best method for directly utilizing solar heat

Solarwärme-Kraftwerk n solar thermal generating plant; solar thermal power station (siehe **solarthermisches Kraftwerk**)

Solarwasserstoff m solar hydrogen

- da Solarwasserstoff aus Wasser und PV-Strom hergestellt wird, handelt es sich um einen erneuerbaren Energieträger • because solar hydrogen is created from water and photovoltaic electricity, it is a renewable energy resource

Solarzelle f solar cell; PV cell; photovoltaic cell

- die elektrische Leistung einer Solarzelle • electrical output of a solar cell
- wie Solarzellen funktionieren • how solar cells work
- die für die Herstellung einer Silizium-Solarzelle benötigte Zeit • the time it takes to make a silicon solar cell
- sie stellten eine Solarzelle mit einem Wirkungsgrad von 19 % her • they produced a solar cell with 19 percent efficiency
- dieser teure Prozess macht die Hälfte der Kosten einer fertigen Solarzelle aus • this expensive process accounts for half the cost of the finished solar cell
- Solarzellen zur Stromerzeugung gibt es schon seit Jahrzehnten • solar cells that make electricity have been around for decades
- Solarzellen können auch für den Antrieb von Booten eingesetzt werden • solar cells can also move boats
- die klassische Solarzelle wird aus monokristallinem oder amorphem Silizium hergestellt • traditional solar cells are made from either single silicon crystals or amorphous silicon
- heute werden praktisch alle Satelliten von Solarzellen mit Strom versorgt • today, solar cells power virtually all satellites
- die neuen und billigeren Solarzellen könnten schon innerhalb der nächsten drei Jahre in Produktion gehen • the new cheaper cells could be in production within three years

Solarzellenherstellung f solar cell production; solar cell manufacturing

- diese Säuren werden bei der Herstellung von Solarzellen verwendet • these acids are used in solar cell manufacturing

Solarzellenwirkungsgrad m solar cell efficiency

- sie haben den Solarzellenwirkungsgrad von ... Prozent auf ... Prozent erhöht • they have raised solar cell efficiency from ... percent to ... percent
- Wissenschaftler wollen den Solarzellenwirkungsgrad auf über 40 % erhöhen • scientists hope to take solar-cell efficiency to greater than 40 percent

Sole f *(Solar)* brine n

- die erhitzte Sole wird vom Grund des Teiches abgepumpt und in einen Wärmetauscher geleitet
- heated brine is drawn from the bottom of the pond and piped into a heat exchanger

Sonne f sun

- die Sonne ist der bekannteste erneuerbare Energieträger
- the sun is the best known renewable resource

Sonnenangebot n solar resource

- wenn das Sonnenangebot am kleinsten ist
- when the solar resource is at a minimum

Sonnenbatterie f (siehe **Solarbatterie**)

Sonneneinstrahlung f insolation; solar irradiance; incident solar radiation

- auf dem Wege durch die Atmosphäre zur Erdoberfläche wird die Sonneneinstrahlung gedämpft
- solar irradiance attenuates as it passes through the atmosphere to the surface of the earth
- die Sonneneinstrahlung auf den Receiver konzentrieren
- to focus incident solar radiation onto the receiver
- unter Sonneneinstrahlung versteht man die Menge an Sonnenlicht, die auf eine Fläche auftrifft
- insolation is the amount of sunlight reaching an area

Sonnenenergie f solar energy (siehe **Solarenergie**)

Sonnengürtel m sunbelt

- diese Gebäude sind nicht alle im Sonnengürtel gelegen
- these buildings are not all in the sunbelt

Sonnenkollektor m solar collector (siehe **Solarkollektor**)

Sonnenlicht n sunlight

- die direkte Umwandlung von Sonnenlicht in Strom
- the direct conversion of sunlight into electricity
- das Sonnenlicht ändert sich ständig
- the sunlight changes all the time
- Strom aus Sonnenlicht herstellen
- to generate/produce electricity from sunlight
- das Sonnenlicht nutzen
- to exploit the sunlight
- das Sonnenlicht besteht aus Photonen
- sunlight is composed of photons

sonnenreich adj sunny

- Konzentratoren würde man eher in sonnigen Breiten und für größere Anlagen einsetzen
- concentrators would tend to be used in sunny latitudes for larger installations

Sonnenschein m sunshine

- in Gegenden mit viel Sonnenschein
- in areas where there is plenty of sunshine

Sonnenspektrum n solar spectrum; sun's spectrum

- Sonnenstrahlung im sichtbaren Bereich des Sonnenspektrums
- solar radiation in the visible region of the solar spectrum
- die drei Zellen bestehen aus unterschiedlichen Werkstoffen, um die verschiedenen Bereiche des Sonnenspektrums zu nutzen
- the three cells are based on different materials to capture different portions of the sun's spectrum

Sonnenstrahlen mpl sun's rays

- die Sonnenstrahlen in mechanische Energie umwandeln
- to turn the sun's rays into mechanical power
- Solarkraftwerke erzeugen aus Sonnenstrahlen Elektrizität
- solar power stations generate electricity from the sun's rays

Sonnenstrahlung f solar radiation

- Sonnenstrahlung in Wärme umwandeln
- neuartige Techniken zum Einfangen der Sonnenstrahlung
- die direkte Umwandlung von Sonnenstrahlung in mechanische Energie

- to convert solar radiation into heat
- innovative techniques for capturing solar radiation
- the direct conversion of solar radiation into mechanical power

Sonnenwärme f solar heat (siehe auch **Solarwärme**)

Spaltung f separation

- die Spaltung von Wasserstoff in freie Elektronen und Protonen

- the separation of hydrogen into free electrons and protons

Spannung f voltage

- wenn die Brennstoffzelle bei höherer Spannung betrieben werden könnte
- zwischen zwei Elektroden wird eine Spannung erzeugt
- höhere Spannungen können durch Zusammenschalten von Zellen erreicht werden

- if the fuel cell could be operated at higher voltages
- a voltage is generated between two electrodes
- higher voltages can be created by arranging cells together

Spannungsschwankung f voltage fluctuation

- diese Einrichtungen reagieren empfindlich auf Spannungsschwankungen

- this equipment is sensitive to voltage fluctuations

Speicher m *(Wasser)* storage; reservoir

- große Speicher füllen sich über mehrere Jahre hinweg
- der Wasserpegel im Speicher sinkt zur Zeit

- big storages fill up over a number of years
- the level of water in the storage is dropping

Speicherbecken n *(Wasser)* reservoir; storage reservoir

- Wasser in ein höher gelegenes Speicherbecken pumpen
- Wasser von einem niedriger gelegenen Speicherbecken in ein höher gelegenes Speicherbecken pumpen
- die überschüssige Energie wird dazu verwendet, Wasser in ein speziell dafür vorgesehenes Speicherbecken zu pumpen
- mit überschüssigem Strom Wasser in das höher gelegene Speicherbecken pumpen
- während der Schwachlastzeiten Wasser in die Speicherbecken pumpen

- to pump water to a reservoir at a higher level
- to pump water from a lower reservoir to another reservoir at a higher elevation
- the extra power available is used to pump water into a special reservoir
- to use surplus power to pump water into the upper reservoir
- to pump water into the storage reservoirs during the off-peak periods

Speicherfähigkeit f storage capacity

- im Gegensatz zur Batterie ist die Speicherfähigkeit einer Brennstoffzelle nicht begrenzt

- unlike the battery, the fuel cell has no finite storage capacity

Speicherkapazität f storage capacity

- dank ihrer größeren Speicherkapazität sind Brennstoffzellen zur Zeit das Thema Nummer eins, wenn es um Energiespeicherung geht

- their greater storage capacity makes fuel cells the number-one topic in energy storage these days

Speicherkraftwerk n storage plant; hydroelectric dam; storage development

- die Biomasse versorgt uns insgesamt mit beinahe genauso viel Energie wie die Speicherkraftwerke

- we get almost as much total energy from biomass as we do from hydroelectric dams

speichern v store

- diese Technologie sollte ein flexibles Werkzeug zur Speicherung elektrischer Energie in großen Mengen bieten
- this technology should offer a flexible means of storing electricity in bulk

Speichertank m storage tank

- der Speichertank enthält Wasserstoff oder einen wasserstoffhaltigen Brennstoff
- the storage tank holds hydrogen or a hydrogen-carrying fuel

Speichertechnologie f storage technology

Speicherung f storage

- die Speicherung von Wasserstoff bleibt ein Problem
- hydrogen storage remains a problem
- die Speicherung von Wasserstoff an Bord von Fahrzeugen
- hydrogen storage on vehicles
- die Speicherung von Wasserstoff an Bord
- on-board hydrogen storage
- die Speicherung elektrischer Energie
- the storage of electrical energy

spektrale Zusammensetzung *(Solar)* spectral distribution

- spektrale Zusammensetzung des Sonnenlichts
- spectral distribution of the sunlight

Spezialanwendung f specialized application/use; special application; specific application

SPFC solid polymer fuel cell (siehe **Festpolymer-Brennstoffzelle**)

Spiegel m *(Solar)* mirror

- ein Feld aus 1.926 Spiegeln, die durch Computer gesteuert werden
- an array of 1,926 computer-controlled mirrors
- jeder Spiegel kann individuell eingestellt werden
- each mirror can be individually adjusted

Spitzenbedarf m peak demand

- den Spitzenbedarf decken
- to meet peak demand
- Schwungräder werden zum Beispiel zur Deckung des Spitzenbedarfs eingesetzt
- flywheels are used, for example, to meet peak demand
- die EVU verfügen über ausreichend Kapazität, um den Spitzenbedarf abdecken zu können
- utilities have enough capacity to handle peak demand

Spitzenenergie f peak energy

Spitzengeschwindigkeit f top speed

- die Spitzengeschwindigkeit des Brennstoffzellen-Fahrzeuges wird 70 km/h betragen
- the fuel cell vehicle will have a top speed of 70km/h

Spitzenkraftwerk n (siehe **Spitzenlastkraftwerk**)

Spitzenlast f peak load

- Spitzenlast ist die maximale Last innerhalb eines festgesetzten Zeitraums
- peak load is the maximum load in a stated period
- mit diesen Kraftwerken lässt sich die Spitzenlast am wirtschaftlichsten abdecken
- these power plants constitute the most economical way to meet peak loads

Spitzenlastbedarf m peak-load demand; peak-power needs; peak demand; peak load

- den Spitzenlastbedarf abdecken
- to meet peak-load demand

Spitzenlastkraftwerk n peak-load plant; peaking plant; peaking generating unit; peaking unit; peaking facility

- eine derartige Anlage wird als Spitzenlastkraftwerk bezeichnet
- such a plant is usually called a peaking plant
- Spitzenlastkraftwerke werden gewöhnlich mit Erdgas oder Öl betrieben und sind teurer im Betrieb
- peaking generating units usually use natural gas or oil as a fuel, and cost more to operate
- mit Erdgas befeuertes Spitzenlastkraftwerk
- natural gas-fired peaking facility
- ein echtes Spitzenlastkraftwerk ist jeden Tag nur ein paar Stunden in Betrieb
- a true peaking plant operates for only a few hours a day
- Spitzenlastkraftwerke werden normalerweise zu Deckung des Strombedarfs während der Spitzenlastzeiten eingesetzt
- a peak-load plant is normally operated to provide power during maximum-load periods

Spitzenlastzeit f peak period; peak-load period; peak hours; period of high demand; period of peak-load demand; period of peak demand; period of peak power demand

- Energie zur Verwendung während der Spitzenlastzeiten speichern
- to store energy for use during the periods of peak-load demand

Spitzenleistung f peak capacity

- eine Spitzenleistung von 44 kW liefern
- to provide a peak capacity of 44 kW
- auf dem Dach sind 80 Photovoltaik-Module installiert, die eine Spitzenleistung von insgesamt 4,4 kW abgeben
- the roof is covered with 80 photovoltaic modules with a combined peak output of 4.4kW

Spitzenleistungsbedarf m peak-load demand; peak-power needs; peak demand

Spitzenstrom m peaking power

- dieses Wasserkraftwerk wird zur Erzeugung von Spitzenstrom eingesetzt
- this hydro plant is used for peaking power
- Pumpspeicher-Kraftwerke erzeugen konkurrenzfähigen Spitzenstrom
- pumped-storage hydro produces competitive peaking power
- die Nachfrage nach/der Bedarf an wirtschaftlicherem Spitzenstrom
- the demand for more economical peaking power

Spitzenstrombedarf m peak-load demand; peak-power needs; peak demand

Spitzenstromerzeugung f peak lopping

- auf Grund der höheren Betriebskosten eignen sich Gasturbinen heute weniger gut für die Spitzenstromerzeugung
- due to increased running costs gas turbines are now less attractive for peak lopping generation

Stack m *(BZ)* stack (siehe auch **Stapel**)

- die Zellen sind zu Stacks zusammengeschaltet
- the cells are linked to form stacks
- Brennstoffzellen werden zu Stacks zusammengefasst
- fuel cells are combined into stacks
- einzelne Brennstoffzellen werden zu so genannten Stacks zusammengeschaltet
- individual fuel cells are connected into groups called stacks

Stack-Größe f *(BZ)* stack size

- Stack-Größe und -Gewicht sind entscheidende Faktoren bei kommerziellen Verkehrsanwendungen
- stack size and weight are critical to commercial transportation applications

Stackwirkungsgrad m *(BZ)* stack efficiency

Stadtbus m urban bus

- Stadtbus mit Brennstoffzellentechnologie
- urban bus with fuel cell technology

Stadtverkehr m city driving

- dieses Brennstoffzellenauto hat zur Zeit im Stadtverkehr eine Reichweite von ... km
- this fuel cell vehicle currently achieves ... miles in city driving

Stadtwerke npl municipal utility

Stahlrohrturm m *(Wind)* tubular steel tower

- die Turbinen sind auf 40 Meter hohen Stahlrohrtürmen befestigt
- the turbines are mounted on 40 meter tubular steel towers

Stahlturm m *(Wind)* steel tower

- die Windturbinen sitzen auf einem 30 Meter hohen Stahlturm
- the wind turbines are supported by a 30 m steel tower

stallgeregelt adj *(Wind)* stall-regulated; stall-controlled

- stallgeregelter Rotor
- stallgeregelte Windturbine
- stall-controlled rotor
- stall-regulated wind turbine

Stall-Regelung f *(Wind)* stall control

Stand der Technik state of the art; status of the technology; state of the technology

- an dieser Konferenz wird über den Stand der Technik diskutiert werden
- der jetzige Stand der Technik ist das Ergebis vieler tausende winziger Schritte
- den Stand der Technik vorantreiben
- der Stand der Technik hat sich beträchtlich weiterentwickelt
- at this conference the status of the technology will be discussed
- the current state of the art was reached via thousands of incremental steps
- to advance the state of the art
- the state of the technology has advanced significantly

Standort m site; location

- ein idealer Standort mit Anschlüssen ans Versorgungsnetz
- in dieser Gegend gibt es sehr wenige ideale Standorte
- die Wahl eines geeigneten Standortes
- ABC wählte diesen Standort wegen seiner starken Winde
- Abbildung 5 zeigt die Standorte weiterer Groß-Windkraftanlagen
- Windturbinen an windreichen Standorten aufstellen
- an ideal site with grid connections
- there are very few ideal sites in this area
- selection of a suitable site
- ABC selected this site because of its strong winds
- locations of other large wind turbine installations can be seen in figure 5
- to site wind turbines in windy locations

Standortbeurteilung f site evaluation

Standort suchen/wählen/festlegen site

- der Standort für diese Brennstoffzellen wurde unter wirklichkeitsgetreuen Einsatzbedingungen gewählt
- these fuel cells have been sited in a real world environment

Standortwahl f siting; site selection

Stapel m *(BZ)* stack

- der Stapel besteht aus in Reihe geschalteten Zellen
- Einzelzellen werden zu Stapeln zusammengefasst
- the stack consists of cells connected in series
- individual cells are linked to form stacks

- Brennstoffzellen werden zu so genannten Stapeln zusammengeschaltet
- fuel cells are combined into groups called stacks

stapeln v *(BZ)* stack

- Brennstoffzellen werden gewöhnlich zu Modulen gestapelt, um so höhere Leistungen zu erreichen
- fuel cells are usually "stacked" into modules to provide a larger output
- zur Erreichung höherer Leistungen werden die Brennstoffzellen gestapelt und in Reihe geschaltet
- to develop higher voltages, cells are "stacked" and connected in series
- ein Brennstoffzellenstapel kann jede gewünschte Strommenge erzeugen, wenn man die entsprechende Anzahl von Zellen zu einem Stapel zusammenfasst/stapelt
- a fuel cell stack can produce any required amount of current by stacking the proper numbers of cells

Startzeit f *(BZ)* starting time; start-up time; start time

- die Startzeit beim Einsatz in Autos darf nur wenige Sekunden betragen
- start-up time for automotive applications must be less than a few seconds
- kurze Startzeit
- fast start time

stationäre Anwendung stationary application

- der Einsatz von Brennstoffzellen für stationäre Anwendungen
- the use of fuel cells for stationary applications
- Brennstoffzellen für mobile und stationäre Anwendungen entwickeln
- to develop fuel cells for mobile and for stationary applications

stationäre Brennstoffzelle stationary fuel cell

stationäre elektrische Energieerzeugung (siehe **stationäre Elektrizitätserzeugung**)

stationäre Elektrizitätserzeugung stationary (electric) power generation

- drei Brennstoffzellentypen will man zur stationären Elektrizitätserzeugung einsetzen
- three types of fuel cells are targeted for stationary power generation

stationäre Energieumwandlung stationary energy conversion

- sich besonders gut für die stationäre Energieumwandlung eignen
- to be particularly suitable for stationary energy conversion

staubfein gemahlene Kohle pulverised *(GB)*/pulverized *(US)* coal

Staudamm m dam; impoundment dam

- Staudämme kann man in zwei Gruppen einteilen
- dams can be grouped in two major categories
- Staudämme aus Beton werden oft als „Bogen"-Staumauern gebaut
- concrete dams are often constructed with an arch in them

Staumauer f *(Wasser)* masonry dam

Stauraum m *(Wasser)* reservoir

Stausee m water reservoir

Steamreforming n (siehe **Dampfreformierung**)

Steigung f pitch

- die Steigung der Laufradschaufeln der Turbine kann verändert werden
- the pitch of the turbine runner blades can be altered

Steindamm m *(Wasser)* rockfill dam

• Steindämme mit Kerndichtung/ Innendichtung	• cored rockfill dams

Steinkohle f hard coal

• Steinkohle verbrennt sehr heiß mit kleiner Flamme	• hard coal burns very hot, with little flame

Steinkohleeinheit f (SKE) equivalent to ... metric tons/tonnes of coal

• Großbritannien produziert jährlich Müll mit einem Energieinhalt von ca. 30 Millionen Tonnen SKE	• The UK produces wastes with an energy content equivalent to about 30 million tonnes of coal each year

Stickoxid n nitrogen oxide

• zu diesen Schadstoffen gehören Stickoxide	• these pollutants include nitrogen oxides
• diese Anlage erzeugt nur ganz geringe Mengen an Stickoxid	• this system produces negligible amounts of nitrogen oxides
• Anlage zur Reduzierung der Stickoxide/ Entstickungsanlage	• nitrogen oxide reduction system
• der Ausstoß von Smog verursachenden Stickoxiden erhöhte sich im Zeitraum von 1996 bis 1998 um 136 %	• the discharges of smog-causing nitrogen oxides rose 136% from 1996 to 1998

Stickstoffgehalt m nitrogen content

• Biomassebrennstoffe haben oft einen niedrigen Stickstoffgehalt im Vergleich zu Kohle	• biomass fuels often have a low nitrogen content compared to coal

Stickstoffoxid n nitrogen oxide (siehe **Stickoxid**)

Stickstoffverbindung f nitrogen compound

• Stickstoffverbindungen emittieren	• to emit nitrogen compounds

Stirling-Motor m Stirling engine

• moderne Technologien wie Brennstoffzellen und Stirling-Motoren könnten den Verbrauchern zusätzliche Vorteile bieten	• advanced technologies such as fuel cells and Stirling engines could provide additional benefits to users
• ein Stirling-Motor wandelt Wärmeenergie in mechanische Energie um	• a Stirling engine converts heat energy to mechanical energy

Strahlungsenergie f *(Solar)* radiation energy

• Strahlungsenergie abgeben/emittieren	• to emit radiation energy

Strahlungsleistung der Sonne f solar irradiance

• unter der Strahlungsleistung der Sonne versteht man die Menge Solarenergie, die innerhalb eines bestimmten Zeitintervalls auf eine bestimmte Fläche auftrifft	• solar irradiance is the amount of solar energy that arrives at a specific area of a surface during a specific time interval

Straßenfahrzeug n road vehicle

• die Autohersteller investieren Millionen in die Entwicklung von Brennstoffzellentechnologie für Straßenfahrzeuge	• car companies are investing millions in developing fuel cell technology for road vehicles

Straßenverkehr m road transportation

Streifenmembran-Brennstoffzellensystem n banded-structure fuel cell system

Stroh n *(Bio)* straw

- beim Verbrennen von Holz und Stroh entstehen geringere SO_X- und NO_X-Emissionen als beim Verbrennen fossiler Brennstoffe
- burning wood and straw produces less SO_X and NO_X emissions than burning fossil fuels

Strom m (siehe **elektrischer Strom**)

Stromaufbereitung f power conditioning; power conditioning system; power conditioning subassembly; power conditioning section; power conditioning equipment; power conditioner

Strom aus Biomasse electricity from biomass (siehe **Biomassestrom**)

Strom aus Wasserkraft hydroelectric power; hydro-electric power

- der Strombedarf des Landes wird zu ca. 13 Prozent mit Strom aus Wasserkraft abgedeckt
- hydroelectric power meets about 13 percent of the country's total demand for electrical energy

Strombedarf m power demand; demand for electricity; electric-power demand; electrical requirements; electrical needs

- diese Zellen können ihre Leistung schnell einem sich verändernden Strombedarf anpassen
- these cells can vary their output quickly to meet shifts in power demand
- Brennstoffzellen reagieren nicht schnell, wenn der Strombedarf steigt
- fuel cells do not respond quickly to increasing power demand
- den wachsenden Strombedarf decken
- to meet the growing demand for electricity
- der Strombedarf schwankt stark im Tagesverlauf
- electric-power demand varies sharply at different times of the day
- die Windenergie wird nie den gesamten Strombedarf Kanadas abdecken
- wind energy will not ever supply all of Canada's electrical requirements
- auf den meisten Farmen ist der durchschnittliche Strombedarf relativ gering im Vergleich zur Leistung einer großen Windturbine
- the average power requirement on most farms is quite small in comparison to the output of a large wind turbine
- das bedeutet nicht, dass dort der gesamte Strombedarf durch Wasserkraft gedeckt wird
- this does not mean that all electrical needs there are filled by hydroelectric power

Stromdichte f current density

- die PAFC sollen sich durch hohe Stromdichten auszeichnen
- PAFCs are expected to exhibit current densities
- die Brennstoffzellen-Industrie arbeitet ständig an der Verbesserung der Stromdichte
- the fuel cell industry continually improves current density

strömendes Wasser flowing water (siehe auch **fließendes Wasser**)

- aus dem strömenden Wasser emissionsfreie Energie gewinnen
- to extract emissions-free energy from flowing water

Stromerzeuger m (1) *(Unternehmen)* (power) generator; electricity company; electricity producer

- in der Region sind die Wasserkraftwerke die kostengünstigen Stromerzeuger
- the hydro units are the low-cost generators in the region

Stromerzeuger m (2) *(Gerät)* power generator

- eine Brennstoffzelle ist im Grunde ein Stromerzeuger
- a fuel cell is basically a power generator
- als Stromerzeuger kann die SOFC mehr als 55 % des Energieträgers in Elektrizität umwandeln
- as a power generator, the SOFC can convert more than 55% of the energy in its fuel source to electricity

Stromerzeugung f electric/electrical power generation; power generation; electricity generation/production

- der Anteil der Kraftwärmekopplung an der Stromerzeugung des Landes beträgt nur wenig mehr als 7 % — cogeneration accounts for little more than 7% of the country's electricity production
- umweltfreundliche Stromerzeugung — low-impact power generation
- die Stromerzeugung aus Wasserkraft ist im Grunde ganz einfach — hydroelectric power generation is basically quite simple
- Stromerzeugung aus Biomasse — biomass power generation
- Stromerzeugung aus Windenergie — wind electric power generation
- die umweltfreundlichste Art der Stromerzeugung — the most benign form of electricity generation

Stromerzeugungsanlage f generating plant; electric generating plant; generating facility

- eine durchschnittliche fossil befeuerte Stromerzeugungsanlage in den Vereinigten Staaten erreicht bei der Umwandlung von Brennstoff in elektrische Energie einen Wirkungsgrad von 33 % — the average fossil-fuel electric generating plant in the US converts fuel to electricity energy at 33% efficiency

Stromerzeugungsausrüstung f generating equipment

- der unvorhergesehene Ausfall der Stromerzeugungsausrüstung — the unforeseen failure of generating equipment

Stromerzeugungskosten pl power generation cost/costs; generation cost/costs

- Abb. 3 zeigt die Abhängigkeit zwischen Stromerzeugungskosten und Windgeschwindigkeit — Figure 3 shows how power generation cost varies with wind speed
- die Stromerzeugungskosten sind auf weniger als ... Pf/kWh gefallen — generation costs have fallen to less than ... cents/kWh

Stromerzeugungswirkungsgrad m power generating efficiency

- der Stromerzeugungswirkungsgrad könnte 60 % erreichen — power generating efficiencies could reach 60%
- diese Brennstoffzellen können Stromerzeugungswirkungsgrade von bis zu 70 % erreichen — these cells can achieve power generating efficiencies of up to 70 percent
- höhere Betriebstemperaturen führen zu höheren Stromerzeugungswirkungsgraden — higher operating temperatures increase power-generating efficiencies

Stromgenerator m power generator

- eine Brennstoffzelle ist im Grunde ein Stromgenerator — a fuel cell is basically a power generator

Stromgestehungskosten pl generation cost

- die Stromgestehungskosten betragen 0.91$/kWh — the generation cost is $0.91/kWh

Stromgewinnung f (siehe **Stromerzeugung**)

Stromleitung f transmission line

- elektrische Energie lässt sich problemlos über Stromleitungen zum Verbrauchsort transportieren — electricity can easily be carried to the places where it is needed by transmission lines
- die meisten Stromleitungen sind Freileitungen — the transmission lines are mostly overhead ones

Strommarkt m electricity market

- die zunehmende Liberalisierung des Strommarktes
- den Verzerrungen auf dem Strommarkt ein Ende bereiten
- Vorschläge zur Öffnung des Strommarktes
- den Strommarkt in drei Schritten liberalisieren

- the increasing liberalisation in the electricity market
- to end distortions in the electricity market
- proposals to liberalise the electricity market
- to liberalise the electricity market in three steps

Stromnachfrage f demand for electricity

- die wachsende Nachfrage nach Strom erhöht die Attraktivität der Kraft-Wärme-Kopplung

- growing demand for electricity increases the appeal of cogeneration

Stromnetz n electric(al) grid; power grid; electric power grid; grid

- ans Stromnetz angeschlossen sein
- das Methan in Strom umwandeln und diesen in das lokale Stromnetz einspeisen
- die Windenergie lässt sich gut in das Stromnetz integrieren
- Wasserkraftwerke können oft mehr Strom erzeugen, als zu einem bestimmten Zeitpunkt im Stromnetz benötigt wird

- to be connected to the electrical grid/ electric power grid
- to convert the methane to electricity and feed it into the nearby power grid
- wind energy integrates well into the electrical grid
- the hydroelectric plant is often capable of producing more power than is needed in the electric grid at a given time

Strompreis m electricity price

- die Strompreise sinken

- electricity prices are falling

Stromqualität f power quality (PQ)

- die EVU und ihre Kunden legen zunehmend größeren Wert auf die Stromqualität
- das Problem der Stromqualität wird noch immer allzu oft von den Stromproduzenten vernachlässigt
- ABC bietet eine Reihe von Geräten zur Bekämpfung von Stromqualitätsproblemen an
- Windturbinen und Windfarmen können Auswirkungen haben auf die Stromqualität des Netzes

- utilities and their customers are placing an increasing emphasis on power quality
- the issue of power quality still is being neglected too often by the power generators
- ABC offers a variety of equipment for tackling PQ problems
- wind turbines and wind farms may influence the power quality on the grid

Stromquelle f power source; source of electricity

- diese Technologie ist zu teuer, um mit konventionellen Stromquellen konkurrieren zu können
- Solarzellen wurden zu einer zuverlässigen Stromquelle für Satelliten

- this technology is too expensive to compete with conventional sources of electricity
- solar cells became a reliable source of electricity for satellites

Stromrechnung f power bill

- die Stromrechnung nach oben treiben
- die Stromrechnung wird sich leicht reduzieren

- to push up power bills
- power bills will be cut slightly

Strom-Spannungskennlinie f current-voltage curve

- der Verlauf der Strom-Spannungskennlinie zeigt das charakteristische Verhalten einer Solarzelle oder eines Solarmoduls

- the shape of the current-voltage curve characterizes solar cell or module performance

Strom-Spannungskurve f (siehe **Strom-Spannungskennlinie**; **I-U-Kennlinie**)

Stromunternehmen n power company

- 100 000 Menschen haben das Stromunternehmen gewechselt • 100,000 people have switched power companies

Stromverbrauch m electricity consumption

- jährlicher Stromverbrauch • annual electricity consumption
- der Stromverbrauch steigt weiterhin weltweit • electricity consumption continues to rise around the world

Stromverbraucher m (1) *(Gerät)* load (siehe auch **Verbraucher**)

- äußerer Stromverbraucher • externally connected load

Stromverbraucher m (2) *(Organisation, Person)* electricity user; electricity consumer; consumer; consumer of electricity

- die Stromverbraucher verwenden zunehmend empfindliche elektronische Geräte • electricity users rely more and more on sensitive electronic equipment
- Stromausfälle kosten den durchschnittlichen Großverbraucher elektrischer Energie 9.000 £ pro Vorfall • power supply failures cost the average large electricity user £9,000 an incident

Stromversorger m electric utility; power utility; electricity supplier

- Privatkunden werden sich ihren Stromversorger selbst aussuchen können • domestic customers will be able to choose their electricity supplier

Stromversorgung f power supply; electricity supply

- einen wichtigen Beitrag zur Wärme- und Stromversorgung leisten • to make a major contribution to heat and power supply
- Stromversorgung aus dem Netz • electricity supply from the grid

Stromversorgungsnetz n electric grid

Stromversorgungsunternehmen n electricity supplier; electric utility (siehe auch **Elektrizitätsversorgungsunternehmen**)

- in der Vergangenheit haben die Stromversorgungsunternehmen den Grundlastbedarf mit Hilfe von Kernkraftwerken und fossil befeuerten Hochleistungsdampfkraftwerken abgedeckt • electric utilities have historically met the base-load requirements with nuclear and high-efficiency fossil-fuel steam plants
- die Stromversorgungsunternehmen sind gesetzlich dazu verpflichtet, eine ausreichende Versorgung der Kunden mit elektrischer Energie sicherzustellen • under state law, electric utilities have an obligation to ensure they can provide adequate electricity to customers

Strom/Wärme-Verhältnis n electrical-to-thermal output ratio

- diese Prozesse erfordern höhere Strom/Wärme-Verhältnisse, als bei herkömmlichen Dampfturbinen möglich sind • these processes require higher electrical-to-thermal output ratios than are yielded by standard steam turbines
- Blockheizkraftwerk mit einem hohen Strom/Wärme-Verhältnis • high electrical-to-thermal ratio diesel cogeneration system
- langsam laufende Dieselmotoren haben ein höheres Strom/Wärme-Verhältnis als Dampfturbinen • slow-speed diesel engines have a higher electrical-to-thermal output ratio than steam turbines
- ein großes Problem war die Auslegung der Ausrüstung, um ein optimales Strom/Wärme-Verhältnis zu erreichen • one of the major problems was sizing the equipment to give the best ratio of electricity to steam

Stromwirtschaft f electric(al) power industry; power generation industry; electricity supply industry; electricity industry

- kompakte Brennstoffzellensysteme für die Stromwirtschaft entwickeln
- to develop compact fuel cell systems for the power generation industry
- die Stromwirtschaft versorgt das Land mit der am weitesten verbreiteten Energieform – Elektrizität
- the electric power industry provides the nation with the most prevalent energy form – electricity
- die Stromwirtschaft spielt in unserer Gesellschaft eine entscheidende Rolle
- the electric power industry plays a critical role in our society
- die Umstrukturierung der amerikanischen Stromwirtschaft
- the restructuring of the U.S. electricity industry
- dazu ist die aktive Beteiligung der Stromwirtschaft erforderlich
- this requires the active involvement of the electricity industry
- seit den frühesten Anfängen hat sich die Stromwirtschaft an KWK-Projekten beteiligt
- from its earliest days, the electricity industry has been involved in CHP schemes

Subsystem n subsystem

- Abb. 3 zeigt diese Subsysteme
- these subsystems are illustrated in Figure 3

Synthesegas n synthetic gas

- Biomasse in Synthesegas umwandeln, das dann in Methanol umgewandelt werden kann
- to convert biomass into synthetic gases which can then be converted into methanol

Systemanalyse f systems analysis

- mit Hilfe von Systemanalyse und Modellbildung werden FuE-Bedarf und -Prioritäten festgelegt
- systems analysis and modeling will be used to help define R&D needs and priorities

Systemaufbau m system design

Systemwirkungsgrad m system efficiency

- diese Brennstoffzellen können einen Systemwirkungsgrad von über 50 % erreichen
- these fuel cells may attain over 50% system efficiency
- der Hauptnachteil bei diesem Brennstoffzellentyp ist der relativ geringe Systemwirkungsgrad
- the principal drawback with this fuel cell type is its relative low system efficiency

T

Tankfüllung f full tank; tankful

- mit einer Tankfüllung hat der Wagen eine Reichweite von 400 km
- eine Tankfüllung wird eine mit einem herkömmlichen Auto vergleichbare Reichweite ermöglichen

- the car has a range of 400km on a full tank
- a tankful will provide a similar range to a conventional car

Tankstelle f refuel(l)ing station; filling station; gasoline station

- eine Tankstelle für eine Flotte von 100 Taxis bauen
- dieses Fahrzeug könnte an bestehenden Tankstellen aufgetankt werden
- diese Autos könnten das vorhandene Tankstellennetz nutzen

- to build a refueling station for a fleet of 100 cabs
- this vehicle could be refuelled at existing filling stations
- these cars could use the existing network of gasoline stations

Tauchpumpe f submersible pump

technisch ausgereift technically valid

technische Einsatzreife technical viability

- diese Anlage demonstriert die technische Einsatzreife und Umweltfreundlichkeit der Brennstoffzellen-Technologie

- this plant demonstrates the technical viability and environmental cleanliness of fuel cell technology

technische Machbarkeit technical feasibility

- Informationen über die technische Machbarkeit von PEM-Brennstoffzellen

- information on the technical feasibility of PEM fuel cells

technische Reife technical viability (siehe **technische Einsatzreife**)

Teillast f partial load; part load

- bei Teillast
- Leitschaufeln sorgen auch bei Teillast für die richtige Strömungsrichtung

- at partial load
- guide vanes assure proper flow directions even at part load

Teillastbetrieb m part load operation

- durch diese neuartige Konstruktion kann die Gasturbine sowohl im Volllast- als auch im Teillastbetrieb hohe Wirkungsgrade erreichen

- this innovative design enables the gas turbine to achieve high efficiencies at both full and part load operation

Teiloxidation f partial oxidation

Teilsystem n subsystem

- ein Erdgas-Brennstoffzellensystem besteht aus drei Teilsystemen

- an NGFC system is composed of three subsystems

Temperatur f temperature

- der Werkstoff kann hohen Temperaturen standhalten
- solange die Temperaturen über 1000 °C gehalten werden
- diese Kessel arbeiten mit sehr hohen Temperaturen
- die Temperatur auf 800 – 900 °C halten

- the material is capable of withstanding high temperatures
- as long as temperatures are kept above 1000°C
- these boilers operate at very high temperatures
- to keep the temperature at 800 – 900 °C

Temperaturbereich m temperature range

Temperaturgradient m temperature gradient

terrestrisch adj terrestrial

- terrestrische Brennstoffzellentechnologie — terrestrial fuel cell technology
- terrestrische Solarzelle — terrestrial solar cell
- Brennstoffzellen für terrestrische Anwendungen entwickeln — to develop fuel cells for terrestrial applications
- Brennstoffzellentechnologie für terrestrische Anwendungen — fuel cell technology for terrestrial use/purposes

terrestrische Solarzelle terrestrial solar cell

- die Leistung terrestrischer Solarzellen verdoppeln — to double the power output of terrestrial solar cells

Testzweck m testing purpose

- nur für Testzwecke vorgesehen sein — to be intended for testing purposes only

Thermalquelle f thermal spring

Thermalwasser n thermal water

- die Verwendung von Thermalwasser im Bade- und therapeutischen Bereich — bathing and therapeutic uses of thermal water

thermische Energie thermal energy (siehe **Wärmeenergie**)

thermischer Wirkungsgrad thermal efficiency

- der thermische Wirkungsgrad der alkalischen Brennstoffzelle ist niedrig — the thermal efficiency of the alkaline fuel cell is low

thermisches Kraftwerk thermal power station (siehe **Wärmekraftwerk**)

thermisches Solarkraftwerk solar thermal plant; solar thermal generating plant; solar thermal power station

- dieses thermische Solarkraftwerk dient zur Deckung des Spitzenbedarfs — this solar thermal plant meets peaking needs
- Wirtschaftlichkeit und Umweltvorteile von thermischen Solarkraftwerken — the economic and environmental benefits of solar thermal generating plants
- die Gesamtkapazität der thermischen Solarkraftwerke in Kalifornien beträgt über 350 MW — in California, solar thermal power stations provide over 350MW of generating capacity

Thermodynamik f thermodynamics

- die Hauptsätze der Thermodynamik begrenzen den maximal möglichen Wirkungsgrad von Turbinen und Verbrennungskraftmaschinen — the fundamental laws of thermodynamics limit the maximum efficiency of turbines and internal combustion engines

thermodynamisches Gleichgewicht thermodynamic equilibrium

- im thermodynamischen Gleichgewicht — at thermodynamic equilibrium

Tidenhub m difference in water levels between high and low tides

Tiefenbohrung f *(Geo)* deep drilling

- es sind noch keine Tiefenbohrungen zum Nachweis geothermaler Vorkommen unternommen worden — no deep drilling to prove geothermal reservoirs has been undertaken
- Tiefenbohrungen befinden sich im Planungsstadium — deep drilling is at the planning stage

Tiefenregion f *(Geo)* deeper lying area

tierischer Stoff *(Bio)* animal material

- Biomasseenergie wird aus pflanzlichen und tierischen Stoffen gewonnen
- unter Biomasse versteht man pflanzliche und tierische Stoffe, die zur Energieerzeugung verwendet werden können

- biomass energy is derived from plant and animal material
- biomass is plant and animal material which can be used to produce energy

tolerant adj tolerant

- die SPFC ist CO_2-tolerant
- es werden bessere Metallkatalysatoren benötigt, die CO-tolerant sind

- the SPFC is tolerant of CO_2
- improved metal catalysts are needed that are carbon monoxide tolerant

Topographie f topography

- die Wahl des wirtschaftlichsten Dammes für ein Wasserkraftwerk wird gewöhnlich durch die Topographie am Standort bestimmt
- für den Standort eines Wasserkraftwerks ist die Topographie vor Ort ausschlaggebend

- selection of the most economical type of dam for a hydroelectric project is usually dictated by site topography
- the location of a hydroelectric scheme is governed by topography

tragbare Anwendung portable application (siehe auch **portable Anwendung**)

tragbare elektronische Geräte portable electronics; portable electronic equipment

- Forscher entwickeln Brennstoffzellen für tragbare elektronische Geräte
- Wissenschaftler entwickelt winzige Brennstoffzelle für tragbare elektronische Geräte
- tragbare elektronische Geräte mit Strom versorgen
- diese Brennstoffzelle würde sich auch für andere tragbare elektronische Geräte eignen

- researchers develop fuel cells for portable electronics
- scientist creates tiny fuel cell for portable electronics
- to provide power for portable electronics
- this fuel cell would also be suitable for other types of portable electronic equipment

Trägermaterial n *(Solar)* substrate

- diese Zellen werden hergestellt, indem man Schichten dotierten Siliziums auf ein Trägermaterial abscheidet

- these cells are manufactured by depositing layers of doped silicon on a substrate

Transformator m transformer n

- Transformatoren formen den Wechselstrom in einen Strom sehr hoher Spannung um

- transformers change the alternating current into a very high-voltage current

Transitbus m transit bus

- ABC stellte einen kommerziell einsetzbaren brennstoffzellenangetriebenen Transitbus vor

- ABC introduced a commercially viable fuel cell powered transit bus

Transporter m transporter

- brennstoffzellenangetriebener Transporter

- fuel cell powered transporter

Treibhaus n greenhouse

- geothermische Fluida in Treibhäusern einsetzen

- to use geothermal fluids for greenhouses

Treibhausgas n greenhouse gas

- Kohlendioxid ist ein Treibhausgas
- den Ausstoß von Treibhausgasen halbieren
- dieses Kraftwerk setzt 50 % mehr Treibhausgas frei als eine Brennstoffzelle
- durch einen höheren Wirkungsgrad kann der Ausstoß von Treibhausgasen reduziert werden

- carbon dioxide is a greenhouse gas
- to cut emissions of greenhouse gases in half
- this power plant puts out 50 percent more greenhouse gas than does a fuel cell
- increased efficiency can decrease the emission of greenhouse gases

Treibhausgasemission f greenhouse gas emission; emission of greenhouse gases; greenhouse emission

- die Treibhausgasemissionen halbieren
- die Treibhausgasemissionen um mindestens die Hälfte reduzieren
- Brennstoffzellen erzeugen weniger Treibhausgasemissionen als herkömmliche Kraftwerke
- das Programm hat die Verminderung der Treibhausgasemissionen zum Ziel
- die Treibhausgasemissionen reduzieren
- mit Hilfe dieser Energietechnologien können die Treibhausgasemissionen praktisch beseitigt werden

- to cut greenhouse gas emissions in half
- to cut greenhouse gas emissions by at least half
- fuel cells produce fewer greenhouse gas emissions than conventional power plants
- the objective of the program is to reduce greenhouse emissions
- to curb emissions of greenhouse gases
- these energy technologies are capable of virtually eliminating greenhouse gas emissions

Treibstoff m fuel; transportation fuel

Treibstoffbedarf m demand for transportation fuel

Treibstoffinfrastruktur f fuel infrastructure

- das Fehlen einer Treibstoffinfrastruktur

- the lack of a fuel infrastructure

Triebstrang m (siehe **Antriebsstrang**)

Trockendampf m *(Geo)* dry steam

- geothermische Ressourcen kommen entweder als Trockendampf oder als Heißwasser vor
- Trockendampf kann direkt einer Turbine zur Stromerzeugung zugeführt werden
- unter Trockendampf versteht man sehr heißen Dampf, der keine Flüssigkeit enthält

- geothermal resources exist as either dry steam or as hot water
- dry steam can be routed directly to a turbine to generate power
- dry steam is very hot steam that contains no liquid

Trockendampfsystem n *(Geo)* vapor-dominated system

- bei Trockendampfsystemen verdampft das Wasser und erreicht die Oberfläche in einem relativ trockenen Zustand

- in vapor-dominated systems the water is vaporized into steam that reaches the surface in a relatively dry condition

tubular adj *(BZ)* tubular

- die Zellen selbst sind entweder planar oder tubular

- the cells themselves may be either flat plates or tubular

tubularer Aufbau *(BZ)* tubular design

- die Zellen haben einen tubularen Aufbau

- the cells have a tubular design

tubulare SOFC tubular SOFC

- das Programm hat den kommerziellen Einsatz der tubularen SOFC bis zum Jahre 20.. zum Ziel

- the program goal is to commercialize the tubular SOFC by 20..

Tunnel m *(Wasser)* tunnel

- das Wasser wird durch Tunnel oder Röhren zum Kraftwerk geleitet
- Tunnel dieser Art sind zur Verstärkung oft mit Beton oder Stahl ausgekleidet

- the water is led through tunnels or pipes to the power station
- tunnels of this kind are often lined with concrete or steel to strengthen them

Turbine f turbine (siehe **Dampf-/Gas-/Wasser-/Windturbine**)

Turbinenabdampf m turbine exhaust steam

- in einem Wärmetauscher wird ein Teil des Turbinenabdampfes dazu genutzt, die Temperatur des Wassers weiter zu erhöhen

- a heat exchanger uses some turbine exhaust steam to further increase the temperature of the water

Turbinenabgas n turbine exhaust

- die Temperatur der Turbinenabgase ist zu niedrig
- die Turbinenabgase werden durch einen Abhitzekessel geleitet

- the temperature of the turbine exhaust is too low
- the turbine exhaust is ducted through a waste heat recovery boiler

Turbinenwelle f turbine shaft

- der Generator ist mit der Turbinenwelle direkt gekuppelt

- the generator is directly coupled with the turbine shaft

Turbogruppe f turboset; turbo-generator set

Turbosatz m turboset; turbo-generator set

Turbulenz f *(Wind)* turbulence n

- die Turbulenz ändert sich in gleicher Weise wie die Windgeschwindigkeit

- turbulence varies as much as the wind speed

Turm m (1) *(Solar)* tower

- die Sonnenstrahlen auf einen Turm bündeln
- das Sonnenlicht auf die Spitze des Turms konzentrieren
- die Sonnenstrahlen auf dünne Metallrohre auf der Spitze eines 90 m hohen Turmes fokussieren

- to focus the sun's rays onto a tower
- to focus the light on the top of the tower
- to focus the sun's rays onto fine metal tubes at the top of a 90m-tall tower

Turm m (2) *(Wind)* tower

- die Turbinen sind auf Türmen befestigt
- einige Türme bestehen aus Beton
- die Türme bestehen meistens aus Stahlrohr
- die Höhe der Türme beträgt 25 bis 80 m

- the turbines are mounted on towers
- some towers are made of concrete
- the towers are mostly tubular and made of steel
- towers range from 25 to 80 meters in height

Turmhöhe f *(Wind)* tower height

- die Windturbinen haben eine Turmhöhe von 30 bis 50 m

- the wind turbines have a tower height of 30 to 50 m

Turmkraftwerk n *(Solar)* (siehe **Solarturm-Kraftwerk**)

U

Überdruckturbine f reaction turbine

- Überdruckturbinen arbeiten nach einem anderen Prinzip — reaction turbines work on a different principle
- Überdruckturbinen werden im Allgemeinen bei geringen oder mittleren Fallhöhen eingesetzt — reaction turbines are generally used at low or medium head
- Überdruckturbinen werden in den meisten Wasserkraftwerken eingesetzt — reaction turbines are used in most hydro plants

überhitzter Dampf superheated steam

- diese Turbinen werden mit überhitztem Dampf betrieben — these turbines use superheated steam
- die Abhitzekessel erzeugen überhitzten Dampf für eine Dampfturbine — the HRBs generate superheated steam for one steam turbine

Überholung f overhaul

- der Brennstoffzellen-Stapel muss alle fünf bis zehn Jahre gründlich überholt werden — the fuel cell stack requires complete overhaul every 5 to 10 years

Überkapazität f surplus capacity; excess capacity

- Pumpbetrieb erfolgt, wenn Überkapazitäten in Kohle- und Kernkraftwerken vorhanden sind — pumping takes place when there is surplus capacity in coal and nuclear plants
- vorübergehende/zeitweilige Überkapazität — temporary excess capacity

überproportional adj greater-than-proportional

- diese Technologie kann zu einer überproportionalen Reduzierung der Stickoxidemissionen führen — this technology may yield a greater-than-proportional reduction in emissions of nitrogen oxides

überschüssige Energie excess energy

- überschüssige Energie wird in Batterien gespeichert — excess energy is stored in batteries

überschüssiger Strom surplus electricity; excess electricity

- überschüssiger Strom kann normalerweise ohne spezielle Genehmigung verkauft werden — surplus electricity can normally be sold without the need for a supply licence
- der überschüssige Strom wird an das öffentliche Netz verkauft — the excess electricity is sold to the grid
- überschüssigen Strom ans Netz verkaufen — to export surplus electricity to the grid

Überschuss-Strom m excess electricity (siehe **überschüssiger Strom**)

überstrichene Fläche *(Wind)* swept area

- die verfügbare Leistung ist direkt porportional der von den Blättern überstrichenen Fläche — the power available is directly proportional to the swept area of the blades

Übertragungsnetz n electricity transmission grid

- das Übertragungsnetz ausbauen — to expand the electricity transmission grid

Übertragungsverluste mpl transmission losses; losses from transmission

- durch die Errichtung von Kraftwerken in der Nähe der Verbraucher senkt man die Übertragungsverluste
- building power stations near where the demand is reduces transmission losses
- man schätzt, dass die durchschnittlichen Übertragungsverluste um 0,5 % gestiegen sind
- it is estimated that average transmission losses have gone up by 0.5%
- da sich die Anlage am Ort des Verbrauchs befindet, gibt es fast keine Übertragungsverluste
- as the plant is situated on-site, the losses from transmission are minimal

überzähliges Elektron excess electron

- Silizium besitzt überzählige Elektronen
- silicon has excess electrons

Umgebungsdruck m ambient pressure (siehe **Umgebungsluftdruck**)

Umgebungsluft f ambient air

- das Brennstoffzellensystem läuft mit Wasserstoff und Umgebungsluft
- the fuel cell system runs on hydrogen and ambient air
- Sauerstoff aus der Umgebungsluft verbindet sich mit dem Wasserstoff zu Wasser
- oxygen from ambient air combines with the hydrogen to produce water

Umgebungsluftdruck m ambient pressure (siehe auch **Atmosphärenluftdruck**)

- die MCFC kann bei oder leicht über dem Umgebungsluftdruck arbeiten
- the MCFC can operate at or slightly above ambient pressure
- der Brennstoffzellenstapel wurde für eine Leistung von 500 Watt bei 40 °C und Umgebungsdruck ausgelegt
- the fuel cell stack was designed to produce 500 watts of power at 40 degrees centigrade and at ambient pressure

Umgebungstemperatur f ambient temperature

- einfache Zellen, die direkt mit Methanol bei Umgebungstemperatur betrieben werden, werden in begrenztem Rahmen eingesetzt
- simple cells operating directly on methanol at ambient temperature do find some use
- die Umgebungstemperaturen reichen von ... bis über ... °C
- ambient temperatures range from ... to above ... °C

Umrichter m *(Wind)* frequency converter

- Umrichter mit Pulsbreitenmodulation
- pulse-width modulated frequency converter

Umwandlungstechnologie f conversion technology

Umwandlungsverfahren n conversion process

Umwandlungswirkungsgrad m conversion efficiency; efficiency of conversion

- Umwandlungswirkungsgrade von bis zu 70 % sind erzielt worden
- conversion efficiencies as high as 70 percent have been achieved
- der Umwandlungswirkungsgrad einer Brennstoffzelle kann größer sein als der einer Wärmekraftmaschine
- the efficiency of conversion in a fuel cell can be greater than in a heat engine
- der Stapel wandelte Erdgas mit einem Energieumwandlungswirkungsgrad von 43 % in Gleichstrom um
- the stack converted natural gas to DC power with a 43% energy conversion efficiency

Umwelt f environment

- die verwendeten Werkstoffe sind schädlich für die Umwelt
- the materials used are harmful to the environment

- die Beeinträchtigung der Umwelt wird nur minimal sein
- there will be minimal impact on the environment

Umweltauswirkung f impact on the environment; environmental impact

- die Brennstoffzelle zeichnet sich durch deutlich geringere Umweltauswirkungen aus
- the fuel cell has significantly less impact on the environment

Umweltbedenken npl environmental concerns; environmental worries

- Umweltbedenken können dazu führen, dass keine neuen Kraftwerke errichtet werden
- environmental worries can preclude the installation of new generating plant

Umweltbewusstsein n environmental awareness

- wachsendes Umweltbewusstsein
- growing/increasing environmental awareness
- größeres Umweltbewusstsein
- increased environmental awareness
- weltweites Umweltbewusstsein
- global environmental awareness
- beträchtliches/starkes Umweltbewusstsein
- significant environmental awareness

Umweltfreund m environmentalist

- die Nachfrage nach PV ist nicht nur auf Umweltfreunde beschränkt
- the demand for PV is not limited to environmentalists

umweltfreundlich adj environmentally benign/clean/friendly/safe; environmentally-friendly; low-polluting; nonpolluting

- umweltfreundliche Energiequelle
- environmentally benign power source
- die Brennstoffzelle ist umweltfreundlich
- the fuel cell is environmentally friendly
- eine umweltfreundliche und kostengünstige Methode zur Stromerzeugung
- an environmentally benign and cost-effective method of power generation
- eine umweltfreundliche Technologie
- an environmentally-friendly technology
- Brennstoffzellen sind wirtschaftlicher und umweltfreundlicher als herkömmliche Energieerzeugungsanlagen
- fuel cells are more efficient and low-polluting than conventional energy systems
- eine umweltfreundliche Mini-Brennstoffzelle
- an environmentally safe miniature fuel cell
- das Energieunternehmen stellt seine Energie auf umweltfreundliche Weise her
- the utility company is generating its electricity in an environmentally friendly fashion

Umweltfreundlichkeit f environmental cleanliness

- diese Brennstoffzelle verdeutlicht die Umweltfreundlichkeit der Brennstoffzellentechnologie
- this fuel cell demonstrates the environmental cleanliness of fuel cell technology

umweltneutral adj environmentally neutral

- die Kohlendioxidemissionen bei der Verbrennung von Holz gelten als umweltneutral
- carbon dioxide emissions from wood burning are deemed environmentally neutral

Umweltschaden m environmental damage

- die Umweltschäden auf ein Mindestmaß begrenzen
- to minimise environmental damage
- Umweltschäden zur Folge haben
- to lead to environmental damage
- minimale/praktisch keine Umweltschäden verursachen
- to cause negligible environmental damage
- Wasserkraftwerke können beträchtliche Umweltschäden verursachen
- hydro-electric generation may cause significant environmental damage

Umweltschutz m environmental protection

- strengeren staatlichen Umweltschutz fordern
- to call for stricter state environmental protection
- ungefähr ein Drittel der Gesamtkosten des Kraftwerkes ist für den Umweltschutz bestimmt
- about one third of the station's total cost is devoted to environmental protection
- Gesetze zum Umweltschutz erlassen
- to enact legislation on environmental protection
- die Investitionen in/Ausgaben für den Umweltschutz sind gestiegen
- spending on environmental protection has increased
- nur 3,3 % dieser Mittel sind für den Umweltschutz vorgesehen
- only 3.3% of these funds are allocated for environmental protection

Umweltschutzeinrichtung f air pollution control device; air pollution control system

- die Schadstoffe werden von der Umweltschutzeinrichtung zurückgehalten
- the pollutants are captured by the air pollution control devices

Umweltschützer m environmentalist

- heute sind es nicht nur Umweltschützer, die Photovoltaikprodukte nachfragen
- today, the demand for PV is not limited to environmentalists

umweltsicher adj environmentally safe

- umweltsichere Brenstoffzellen
- environmentally safe fuel cells
- umweltsichere und wirtschaftliche Lösungen
- environmentally safe and economical solutions

Umweltsünder m polluter (siehe **Luftverschmutzer**)

umweltverträglich adj environmentally compatible

Umweltverträglichkeit f environmental compatibility

- die Umweltverträglichkeit dieser Anlagen erleichtert die Standortsuche
- environmental compatibility makes these plants easier to site

Umweltvorteil m environmental benefit

- Brennstoffzellen sind für ihre Umweltvorteile bekannt
- fuel cells are well known for their environmental benefits
- der Einsatz dieser Technologie bringt Umweltvorteile mit sich
- there are environmental benefits associated with installing this technology
- die Entwicklung einer solchen Biomasse-Ressource könnte beachtliche Umweltvorteile mit sich bringen
- significant environmental benefits could accrue from the development of such a biomass energy resource
- die Umweltvorteile der Kraft-Wärme-Kopplung
- the environmental benefits of cogeneration
- der Grünen-Lobby ist es gelungen, einige Umweltvorteile der Biomasse deutlich zu machen
- the green lobby has managed to put across some of biomass's environmental benefits

unabhängiger Stromerzeuger independent generator; independent power producer (IPP)

- ABC erhielt den Status eines unabhängigen Stromerzeugers
- ABC was granted independent power producer (IPP) status

undurchlässig adj impermeable

- das Gestein ist weitgehend undurchlässig
- the rock is largely impermeable

unerschöpflich adj inexhaustible

- die geothermische Energie ist fast so unerschöpflich wie die Solar- oder Windenergie
- geothermal energy is almost as inexhaustible as solar or wind energy

Unterbecken n *(Wasser)* lower reservoir

- während der Spitzenlastzeiten lässt man das Wasser vom Oberbecken ins Unterbecken zurückströmen
- during peak-load periods, the water is allowed to return from the upper reservoir to the lower reservoir

Unterbrechungsfreie Stromversorgung (USV) uninterruptible power supply (UPS)

- diese Brennstoffzellen ersetzen herkömmliche USV
- these fuel cells replace conventional uninterruptible power supplies

Unterwasseranwendung f subsea application/use

V

Vakuumröhrenkollektor m; **Vakuum-Röhrenkollektor** m *(Solar)* evacuated tube collector

- Vakuumröhrenkollektoren werden hauptsächlich zur Warmwassererzeugung in Wohnhäusern verwendet
- evacuated tube collectors are most commonly used for residential hot water heating

Verbraucher m *(Gerät)* load

- die Elektronen fließen durch einen externen Stromkreis zu einem Verbraucher
- the electrons move through an external circuit to a load
- die Brennstoffzelle versorgt kritische Verbraucher mit Energie
- the fuel cell provides energy to critical loads
- einen Verbraucher an eine Brennstoffzelle anschließen
- to connect a load to a fuel cell
- diese Brennstoffzellen wurden zur Energieversorgung ausgewählter/spezieller Verbraucher installiert
- these fuel cells have been installed as the primary source of supply for dedicated loads
- für zusätzliche Stromquellen in der Nähe wichtiger Verbraucher sorgen
- to provide extra sources of power near key loads
- empfindliche Verbraucher wie Rechneranlagen und automatisierte Fabriken
- sensitive loads such as computer installations and automated factories
- mit der gespeicherten Energie können dann die Verbraucher während windschwacher Zeiten versorgt werden
- the stored energy is then available to supply the loads during low wind periods
- wenn die von der Windkraftanlage gelieferte Leistung für den Betrieb des Verbrauchers nicht ausreicht, dann wird die alternative Energiequelle zugeschaltet
- when the power from the wind turbine is not sufficient to operate the load, the alternate power source comes on-line
- einen externen Verbraucher mit Strom versorgen
- to furnish a current to an external load

verbrauchernah adv close to the load centre; near the load center

- kleine dezentrale Energieerzeugungsanlagen werden verbrauchernah errichtet/aufgestellt
- small distributed generation systems are placed close to the load centres/near the load centers

Verbraucherschwerpunkt m load centre

- kleinere Anlagen werden in der Nähe der Verbraucherschwerpunkte errichtet
- smaller plants are placed close to load centres
- diese Kraftwerke können in der Nähe der Verbraucherschwerpunkte errichtet werden
- these power plants may be located adjacent to load centres
- Brennstoffzellen bieten dezentrale Stromerzeugung am oder in der Nähe des Verbraucherschwerpunktes
- fuel cells offer distributed power generation located at or near the load center

Verbrauchsort m: **am Verbrauchsort** on-site

- Erzeugung von Strom am Verbrauchsort
- on-site power generation
- Erzeugung von Wasserstoff am Verbrauchsort
- on-site hydrogen generation
- Brennstoffzellen können zur Erzeugung von Strom und Wärme am Verbrauchsort eingesetzt werden
- fuel cells can be used for on-site cogeneration

Verbrennung f combustion

- die Brennstoffzelle erzeugt Strom ohne Verbrennung
- the fuel cell generates electricity without combustion

Verbrennungsgas n combustion gas; exhaust gas

- diese leichten Teilchen verlassen mit den Verbrennungsgasen die Kammer
- these lightweight particles are borne out of the chamber along with combustion gases
- die Verbrennungsgase entweichen durch den Schornstein
- combustion gases exit through the stack
- die heißenVerbrennungsgase aus einer Gasturbine werden dazu benutzt, Wasser zur Dampferzeugung zu erhitzen
- the hot exhaust gases from a gas turbine are used to heat water to provide steam

Verbrennungsluft f combustion air

- Anreicherung der Verbrennungsluft mit Sauerstoff
- oxygen enrichment of the combustion air
- die Verbrennungsluft hat einen höheren Sauerstoffgehalt als die Umgebungsluft
- the combustion air has a higher oxygen content than ambient air

Verbrennungsmotor m internal combustion engine; internal-combustion engine

- die Brennstoffzelle könnte den Verbrennungsmotor in Autos, Lastwagen, Bussen und sogar in Schiffen und Lokomotiven ablösen
- the fuel cell could replace the internal combustion engine in cars, trucks, buses, and even ships and locomotives
- Brennstoffzellen sind naturgemäß sauberer als Verbrennungsmotoren
- fuel cells are inherently cleaner than internal combustion engines
- in diesem Fall könnte ein stationärer Verbrennungsmotor die geeignetere Kraftmaschine sein
- in this case, a stationary internal combustion engine could be a more practical prime mover
- bei kleinen KWK-Anlagen wird gewöhnlich ein Verbrennungsmotor eingesetzt, der mit Gas oder Gasöl betrieben wird
- small cogeneration systems usually use an internal combustion engine burning gas or gas oil

Verbrennungsprodukt n product of combustion

- Kohlendioxid ist eines der Verbrennungsprodukte
- carbon dioxide is one of the products of combustion

Verbrennungsprozess m combustion process

- bei der Festoxid-Brennstoffzelle wird der Strom elektrochemisch erzeugt, wodurch die für Verbrennungsprozesse typischen Luftschadstoffe und Wirkungsgradverluste vermieden werden
- the solid oxide fuel cell generates power electrochemically avoiding the air pollutants and efficiency losses associated with combustion processes

Verbrennungsturbine f combustion turbine

- die Abgase aus der Verbrennungsturbine werden in einen Abhitzekessel geleitet
- the exhaust gases leaving the combustion turbine are piped to a waste heat steam boiler

Verbrennungsvorgang m combustion process

- eine wirksame Steuerung des Verbrennungsvorganges sicherstellen
- to ensure an effective control of the combustion process

Verbrennungswärme f heat of combustion

- die Verbrennungswärme des Brennstoffs wird in elektrische Arbeit umgewandelt
- the heat of combustion of the fuel is turned into electrical work
- die Verbrennungswärme wandelt Wasser in Dampf um
- the heat of combustion turns water to steam

Verbundnetz n interlinked power system; interconnected grid

- die Schaffung eines skandinavischen Verbundnetzes
- the creation of an interlinked Scandinavian power system
- ein Verbundnetz aufbauen
- to build an interconnected grid

Vereinigung f combination

- die Vereinigung von Wasserstoff mit Sauerstoff
- the combination of hydrogen with oxygen

Verfügbarkeit f availability

- die Verfügbarkeit der Brennstoffzellen betrug zwischen 85 und 88 Prozent
- the fuel cells were available between 85 percent and 88 percent of the time
- die Nichtverfügbarkeitszeit hängt weitgehend von der Verfügbarkeit und Lieferung von Ersatzteilen ab
- the downtime will be determined largely by the availability and delivery of spare parts
- die durchschnittliche Verfügbarkeit der Zellen beträgt 95 Prozent
- the cells have shown an average availability of 95 percent
- Verfügbarkeit von Windturbinen
- wind turbine availability
- die begrenzte Verfügbarkeit der Solarenergie
- the limited availability of solar power

vergären v *(Bio)* ferment

- Ethanol wird durch Vergären von Biomasse hergestellt
- ethanol is is made by fermenting biomass

Vergaser m *(Bio)* gasifier

- der Vergaser wandelt Biomasse in einen gasförmigen Brennstoff um
- the gasifier converts biomass into a gaseous fuel
- die vom Brennstoff mitgeführten Verunreinigungen werden aus dem Vergaser entfernt
- the fuel-borne impurities are removed from the gasifier

Vergasungsanlage f *(Bio)* gasification system

Vergasungsmittel n *(Bio)* gasifying agent

Vergasungssystem n *(Bio)* gasification system

Vergasungstechnik f *(Bio)* gasification technology

- ABC arbeitet an der Entwicklung fortschrittlicher Vergasungstechniken für Biomasse
- ABC is developing advanced gasification technologies for biomass

Verkehr m transportation

- Brennstoffzellen für den Verkehr
- fuel cells for transportation
- die Vereinigten Staaten verbrauchen mehr Erdöl für den Verkehr als für alle anderen Energieanwendungen
- the United States consumes more petroleum for transportation than for any other energy use

Verkehrsanwendung f transport application; transportation application

- seit Jahren arbeitet das Unternehmen an alkalischen Brennstoffzellen für Verkehrsanwendungen
- for several years, the company has been working on AFCs for transport applications
- das Potenzial von Brennstoffzellen für Verkehrsanwendungen
- the potential of fuel cells for transportation applications

Verkehrsbetrieb m transit company

Verkehrsmittel n transport

- eine neue Generation umweltfreundlicher, ruhiger städtischer Verkehrsmittel
- a new generation of clean, quiet urban transport

verkehrstaugliches Fahrzeug road-going vehicle

- ABC hat die Brennstoffzellen-Technologie in ein verkehrstaugliches Fahrzeug eingebaut
- ABC has put the fuel cell technology into a road-going vehicle

Verpressen n *(Geo)* injection; reinjection

- Verpressen ist die Zurückführung verbrauchter geothermaler Fluida in den Untergrund
- injection is the process of returning spent geothermal fluids to the subsurface

Verschleißeigenschaft f wear property

- hochlegierte Werkstoffe mit außergewöhnlichen Verschleißeigenschaften
- high-alloy materials with exceptional wear properties

verschleißen v wear out

- eine Brennstoffzelle hat keine beweglichen Teile, die verschleißen/die dem Verschleiß unterliegen
- a fuel cell has no moving parts to wear out

Verschleißteil n wearing part

verstromen v convert to electricity

- in Brennstoffzellen wird Wasserstoff direkt verstromt
- fuel cells convert hydrogen directly to electricity
- das Kraftwerk muss den Brennstoff automatisch verstromen
- the power plant must automatically convert fuel into electricity

Verstromung f conversion into electrical energy

Versuch m trial n

- es werden schon Versuche durchgeführt, um festzustellen, welche Pflanzen am energiereichsten sind
- trials are already under way to evaluate which crop can yield the most energy

Versuchsanlage f experimental plant

Versuchsflotte f pilot fleet

- in Chicago wird ABC aus Brennstoffzellenbussen bestehende Versuchsflotten einsetzen
- pilot fleets of fuel cell buses will be deployed by ABC in Chicago
- bis Mitte 1999 will ABC in Vancouver Versuchsflotten mit brennstoffzellenbetriebenen Autobussen auf die Straße bringen
- by mid-1999 ABC is planning to launch pilot fleets of a fuel cell-powered passenger bus in Vancouver

Verteilungsverluste mpl distribution losses; losses from distribution

- die Verteilungsverluste sind minimal
- losses from distribution are minimal
- durch dezentrale Stromerzeugung können Verteilungs- und Übertragungsverluste vermieden werden
- generating electricity on-site can also avoid transmission and distribution losses

Vertikalachsenturbine f; **Vertikalachsen-Turbine** f *(Wind)* vertical axis turbine

- diese Vertikalachsenturbinen sind mit Aluminiumflügeln ausgerüstet
- these vertical-axis turbines use aluminum blades

Vertikalachsen-Windturbine f vertical axis wind turbine (VAWT)

- manchmal ist es schwierig, Informationen über Vertikalachsen-Windturbinen zu finden
- it may be difficult to find information on vertical axis wind turbines

vertikale Achse vertical axis

- wenn der Wind stärker wird, dreht sich die Windmühle um ihre vertikale Achse
- as the wind increases the windmill turns on its vertical axis

verunreinigen v contaminate

- bei diesen Brennstoffzellen kann mit Kohlendioxid verunreinigter Wasserstoff als Brennstoff verwendet werden
- these fuel cells can use a hydrogen fuel contaminated with carbon dioxide

Verunreinigung f impurity; contaminant

- diese Brennstoffzelle ist empfindlich gegen Verunreinigungen wie CO und CO_2
- this fuel cell is is sensitive to impurities such as CO and CO_2
- das Erdgas wird von Schwefel und anderen Verunreinigungen befreit
- sulfur and other impurities are removed from the natural gas
- die phosphorsaure Brennstoffzelle ist weniger empfindlich gegen Verunreinigungen als die AFC
- the phosphoric acid fuel cell tolerates impurities better than the AFC
- das Vorhandensein von Verunreinigungen im Deponiegas
- the presence of impurities in landfill gas
- diese Reinigungsanlage befreit das Gas von Verunreinigungen, bevor es in die Brennstoffzelle gelangt
- this cleanup system removes contaminants from the gas before it enters the fuel cell

vielflügeliger Rotor *(Wind)* multibladed rotor; multiple-bladed rotor

Vielflügler m *(Wind)* multibladed windmill; multi-blade windmill

Vielstoff-Prozessor m *(BZ)* multi-fuel processor

Vogelschlag m *(Wind)* bird kill from impact with the turning rotor

Vogelwelt f *(Wind)* bird life; birds

- mögliche störende Einflüsse auf die Vogelwelt am Standort
- possible disruption of local bird life
- mögliche Auswirkungen auf die Vogelwelt hängen vom jeweiligen Standort ab
- potential effects on birds are dependent on site locations
- Forschungsergebnisse zeigen, dass die Auswirkungen auf die Vogelwelt bei schlechten Sichtverhältnissen und stürmischem Wetter am größten sind
- research has shown impact on birds to be greatest at times of poor visibility and stormy weather

Volllast f full load

- bei Volllast beträgt der Wirkungsgrad 50 %
- full-load efficiency is 50%
- bei Volllast könnten die Energiekosten um 10 % gesenkt werden
- energy costs could be reduced by 10% at full load
- die Brennstoffzelle läuft ständig unter Volllast/wird ständig unter Volllast betrieben
- the fuel cell is operated continuously at full-load

Volllastbetrieb m full-load operation

- ein maximaler Wirkungsgrad wird nur bei Volllastbetrieb erreicht
- maximum efficiency is only achieved during full-load operation

volumenbezogen adj in terms of volume

voluminös adj bulky

- Autos, die keine voluminösen Batterien benötigen
- cars that do not need bulky batteries
- voluminöse Wasserstofftanks mitführen
- to carry bulky hydrogen tanks

Vorführanlage f demonstration plant

- in den Vereinigten Staaten plant man die Errichtung von Vorführanlagen mit einer Leistung von bis zu 2.000 kW
- demonstration plants of up to 2,000kW are planned in the US

Vorkommen n reserve

- diese Länder besitzen eigene Kohlevorkommen
- these countries have indigenous coal reserves
- unerschlossene Erdgasvorkommen
- undeveloped natural gas reserves

Voruntersuchung f preliminary analysis

- Voruntersuchungen haben gezeigt, dass Brennstoffzellen-Antriebssysteme konkurrenzfähig sein können
- preliminary analyses show that fuel cell power systems can be competitive

W

Wärmeaustauschfläche f *(Geo)* heat transfer surface

- insbesondere wegen der geringen Wärmeleitfähigkeit des Gesteins ist eine große Wärmeaustauschfläche erforderlich
- a large heat transfer surface is particularly necessary because of the low thermal conductivity of the rock

Wärmebedarf m thermal requirements; heating needs

- den Wärmebedarf der Anlage decken
- to meet plant thermal requirements
- den Wärme- und Strombedarf des Krankenhauses decken
- to meet the hospital's electrical and heating needs
- Verbraucher mit großem Strom- und Wärmebedarf
- users with large electricity and heating needs

Wärmeenergie f thermal energy; heat energy

- die Wärmeenergie kann zurückgewonnen und genutzt werden
- the thermal energy can be recovered and utilized
- als Nebenprodukt in der Brennstoffzelle erzeugte thermische Energie kann zur gleichzeitigen Erzeugung von Heißwasser oder -dampf verwendet werden
- by-product thermal energy generated in the fuel cell is available for cogeneration of hot water or steam
- die Wärmeenergie, die dieses Gerät erzeugt, übersteigt scheinbar bei weitem die elektrische Energie, die es verbraucht
- this device apparently generates considerably more heat energy than the electrical power it consumes
- Brennstoffzellen wandeln Wasserstoff direkt in elektrische und Wärmeenergie um
- fuel cells convert hydrogen directly to electrical and heat energy
- Wärmeenergie, die beim Stromerzeugungsprozess entsteht, kann zurückgewonnen werden
- thermal energy produced in the generation process can be recaptured

Wärmeerzeugung f heat generation; heat production

- dadurch wird die Wärmeerzeugung einer KWK-Anlage um mehr als 30 Prozent erhöht
- this increases the heat generation from a cogeneration plant by more than 30 percent
- die Kraft-Wärme-Kopplung ist wirtschaftlicher als die konventionelle Strom- und Wärmeerzeugung
- CHP is more efficient than conventional power or heat production

Wärmefluss m heat flow

- unter Wärmefluss versteht man die Bewegung von Wärme aus dem Erdinnern zur Erdoberfläche
- heat flow is the movement of heat from within the Earth to the surface

Wärmeflussdichte f *(Geo)* heat flow density

Wärmegewinnung f heat production; heat generation (siehe **Wärmeerzeugung**)

Wärmegradient m *(Geo)* thermal gradient

Wärmegrundlast f base thermal load; base load for heat

- die Wärmegrundlast abdecken
- to cover the base loads for heat

Wärmeinhalt m heat content

- geologische Formationen mit extrem hohem Wärmeinhalt
- geologic formations of abnormally high heat content

Wärmekraftmaschine f heat engine

Wärmekraftwerk n thermal power station

- Wärmekraftwerke erzeugen elektrische Energie aus Wärmenergie
- thermal power stations use heat to produce electricity
- die Erzeugung elektrischer Energie erfolgt heute hauptsächlich in Wärmekraftwerken
- electric power generation today is based on thermal power stations

Wärmelagerstätte f *(Geo)* heat resource; heat reservoir

- verbesserte Technologie für die Entdeckung von Wärmelagerstätten
- improved technology for heat reservoir discovery

Wärmeleitfähigkeit f thermal conductivity

- geringe Wärmeleitfähigkeit des Gesteins
- low thermal conductivity of the rock

Wärmenetz n heat grid

- Heizkraftwerke erfordern ein kostspieliges Wärmenetz
- CHP community heating schemes require an expensive heat grid

Wärmepotential der Erde geothermal potential

Wärmepumpe f heat pump

- die Wärmepumpe transportiert im Winter die Wärme vom Boden ins Haus
- the heat pump transfers heat from the soil to the house in winter

Wärmequelle f heat source

- diese Wärmepumpen nutzen die Erde als Wärmequelle
- these heat pumps use the earth as a heat source
- tief unter der Erdoberfläche liegende Wärmequellen
- deep subsurface heat sources

Wärmerückgewinnung f waste heat utilisation *(GB)*/utilization *(US)*

Wärmerückgewinnungs-Dampferzeuger m heat recovery steam generator (HRSG)

- die Energie der Turbinenabgase wird meistens zur Dampferzeugung in Wärmerückgewinnungs-Dampferzeugern verwendet
- the most common use of turbine exhaust energy is for steam production in heat recovery steam generators (HRSG)
- der Wärmerückgewinnungs-Dampferzeuger ist eine der wichtigsten Anlagenkomponenten
- the heat recovery steam generatoris a key system component

warmes Tiefenwasser *(Geo)* geothermal water

- es wird berichtet, dass zur Beheizung einiger Treibhäuser warmes Tiefenwasser mit einer Temperatur von 60 °C verwendet wird
- some greenhouses are reported to be using 60°C geothermal water for heating

Wärmestrom m *(Geo)* heat flow

- die Wärmeströme haben eine Größenordnung von ...
- heat flows are of the order of ...

Wärmetauscher m heat exchanger

- Wärmetauscher übertragen Wärmeenergie von einem Medium zu einem anderen
- heat exchangers transfer thermal energy from one fluid to another

Wärmeträger m *(Solar)* heat transfer medium; thermal transfer medium

- die Verwendung von Öl als Wärmeträger kann eine potentielle Gefahr darstellen
- the use of oil as a thermal transfer medium can create a potential hazard

Wärmetransport m heat transfer; transport of heat

- der Aufbau einer für den Wärmetransport erforderlichen Infrastruktur ist sehr kostspielig
- the construction of infrastructures necessary for the transport of heat is very costly

Wärmeübertragung f heat transfer

- diese Art der Wärmeübertragung wird als Strahlung bezeichnet
- this type of heat transfer is called radiation

Wärmeversorgung f heat supply

Wärmeverteilung f heat distribution

Wärmeverteilungsnetz n heat distribution scheme

- er ist der Meinung, dass sich geographisch ausgedehnte Wärmeverteilungsnetze durchaus wirtschaftlich betreiben lassen/lohnen können
- he argues that heat distribution schemes covering a wide geographical area can be run profitably

Warmwasser n hot water

- diese Anlage liefert Warmwasser zum Baden, Kochen und Waschen
- die Anlage liefert ausreichend Warmwasser
- this system provides hot water for bathing, cooking, and laundry
- the system provides sufficient hot water

Warmwasserbedarf m hot water requirement; hot water demand

- der Warmwasserbedarf schwankt während des Tages
- die Brennstoffzelle erwärmt auch ausreichend Wasser, um den Warmwasserbedarf einer amerikanischen Durchschnittsfamilie abzudecken
- the hot water requirement varies throughout the day
- the fuel cell will also heat enough water to meet the hot water demands of an average American family

Warmwasserproduktion f hot-water heating

- diese Kollektoren werden gewöhnlich für die Warmwasserproduktion eingesetzt
- these collectors are commonly used for hot-water heating

Wartung f maintenance

- die Verwendung dieser Elektrolyte kompliziert Konstruktion und Wartung
- die Brennstoffzelle erfordert wenig oder gar keine Wartung
- die Brennstoffzelle erfordert wenig Wartung
- the use of these electrolytes complicates design and maintenance
- the fuel cell requires little or no maintenance
- the fuel cell demands little maintenance

Wartungsaufwand m maintenance

- das Gerät zeichnet sich auch durch hohe Zuverlässigkeit und Wartungsfreundlichkeit/geringen Wartungsaufwand aus
- the unit also has high reliability and low maintenance

wartungsfreundlich adj easy to maintain

- Brennstoffzellen sind sicher, zuverlässig und wartungsfreundlich
- fuel cells are safe, reliable and easy to maintain

Wartungsfreundlichkeit f low maintenance

- das Gerät zeichnet sich auch durch hohe Zuverlässigkeit und Wartungsfreundlichkeit aus
- the unit also has high reliability and low maintenance

Wasser n water

- Wasserstoff und Sauerstoff reagieren miteinander und es entstehen Elektrizität, Wärme und Wasser
- dieses Gerät zerlegt Wasser in Wasserstoff und Sauerstoff
- hydrogen and oxygen react to produce electricity, heat and water
- this device breaks down water into hydrogen and oxygen

- man lässt das Wasser nach unten strömen, um zusätzliche elektrische Energie zu erzeugen
- Wasser wird in Wasserstoff und Sauerstoff aufgespalten

- the water is allowed to flow down to generate additional electrical energy
- water is split into hydrogen and oxygen

Wasserdampf m water vapour *(GB)*; water vapor *(US)*

- Nebenprodukte dieses Prozesses sind Wasserdampf und Wärme
- bei diesen grundlegenden Reaktionen entstehen Elektrizität, Wärme, Wasserdampf und Kohlendioxid

- the by-products of this process are water vapor and heat
- electricity, heat, water vapor, and carbon dioxide are the products of these basic reactions

Wasserdruck m water pressure

- der auf die Turbine wirkende Wasserdruck hängt von der Fallhöhe des Wassers bis zur Turbine ab

- the water pressure acting on the turbine depends on the height through which the water has to fall to get to the turbine

Wassereinzugsgebiet n *(Wasser)* catchment area

- in diesem Gebiet, das als Wassereinzugsgebiet bezeichnet wird, befindet sich oft ein See

- this area, called the catchment area, is often occupied by a lake

Wasserelektrolyse f; **Wasser-Elektrolyse** f electrolysis of water; water electrolysis

- die Umkehrung der Wasserelektrolyse
- die Erzeugung von Wärme durch Wasserelektrolyse
- der Vorgang der Wasserelektrolyse kann umgekehrt werden

- the reverse of water electrolysis
- the production of heat from the electrolysis of water
- the electrolysis of water can be reversed

wasserführende Schicht *(Geo)* aquifer (siehe **Aquifer**)

Wasserkraft f waterpower; water power; hydropower

- 75 % der potentiellen Wasserkraft des Landes sind schon ausgebaut
- nur ein geringer Prozentsatz der in Schottland verwendeten elektrischen Energie wird aus Wasserkraft gewonnen
- Maschinen zur Umwandlung von Wasserkraft in elektrische Energie
- Ausbau der Wasserkraft
- die Wasserkraft ist eine erneuerbare Energiequelle

- 75 percent of the country's potential waterpower has already been developed
- only a small percentage of the electricity used in Scotland is obtained from water power
- machinery for converting water power to electric energy
- hydropower development
- hydropower is a renewable source of energy

Wasserkraftanlage f hydro-electric scheme; hydro-electric development; hydroelectric installation

- der Bau von Wasserkraftanlagen bringt beträchtliche Eingriffe in die Umwelt mit sich
- die Umweltauswirkungen von Wasserkraftanlagen so klein wie möglich halten
- in Wasserkraftanlagen werden zwei Arten von Generatoren eingesetzt: Synchron- und Asynchrongeneratoren

- the building of hydro-electric schemes involves significant changes to the environment
- to minimise environmental impacts associated with hydro-electric developments
- two types of generators are used in hydroelectric installations: synchronous and induction

Wasserkraftnutzung f use of water power; hydropower development

- die Wasserkraftnutzung birgt technische, Umwelt- und kommerzielle Risiken

- hydropower development involves technical, resource and commercial risks

Wasserkraftpotential n; **Wasserkraftpotenzial** n hydro potential; hydro energy potential; hydropower potential; hydroelectric potential; resources of water power

- nur 15 % des nutzbaren Wasserkraftpotentials waren im Jahre ... ausgebaut
  - only about 15 percent of the world's exploitable hydroelectric potential was used in ...
- ABC führt jedes Jahr eine Bestandsaufnahme des weltweit vorhandenen Wasserkraftpotentials durch
  - ABC conducts an annual survey of worldwide hydro energy potential
- weltweit beträgt das Wasserkraftpotential fast 12 Millionen GWh
  - worldwide, the hydro energy potential is almost 12 million GWh
- aus der Tabelle geht hervor, dass es in diesen Ländern noch immer beträchtliches Wasserkraftpotential zu erschließen gibt
  - the table shows that considerable hydro energy potential remains to be developed in these countries
- Länder mit wenig Kohle oder Öl als Brennstoff für Dampfkraftwerke haben ihr Wasserkraftpotential schon ausgebaut
  - countries with little coal or oil to burn in steam power stations have developed their resources of water power

Wasserkraftwerk n hydroelectric plant/power station/power plant/ power generation project/power scheme/facility; hydro-electric plant/...; hydropower plant/project; hydro plant; hydro generating plant

- wieviel Energie ein Wasserkraftwerk liefern kann, hängt im Wesentlichen von zwei Faktoren ab
  - the amount of energy available from a hydro-electric power station depends on two major factors
- das Energieministerium plant den Bau eines 21.000-MW-Wasserkraftwerkes
  - the power ministry plans to build a 21,000-megawatt hydroelectric power generation project
- in Wasserkraftwerken treibt das Wasser Turbinen an
  - in a hydro-electric power scheme the water drives turbines
- viele kleine Wasserkraftwerke wurden geschlossen/stillgelegt
  - many small hydroelectric facilities have been closed down
- ein Wasserkraftwerk kostet mindestens dreimal so viel wie ein Kohlekraftwerk gleicher Leistung
  - a hydro-electric power station costs at least three times as much as a coal-burning one of the same power
- Wasserkraftwerke können in niederschlagsreichen gebirgigen Gegenden oder in Flusstälern errrichtet werden
  - a hydro-electric power station can be built either in a mountainous district where plenty of rain falls or in a river valley
- der Bau des 12,75-MW-Wasserkraftwerks verläuft nach Plan
  - construction of the 12.75 megawatt hydroelectric plant is proceeding on schedule
- dieses Wasserkraftwerk wird einmal 10.000 MW Strom erzeugen
  - this hydro-electric power plant will eventually produce 10,000 megawatts
- die Wahl des Turbinentyps für ein Wasserkraftwerk hängt in erster Linie von den hydrologischen Bedingungen ab
  - the type of turbine chosen for a hydro-electric power station is decided primarily by the water conditions
- Wasserkraftwerke haben im Allgemeinen eine größere Verfügbarkeit
  - hydropower projects tend to have higher availability

Wasserkreislauf m water cycle; hydrologic cycle

- aus dem Dampf bilden sich Wolken und der Wasserkreislauf beginnt von neuem
  - the vapour collects in clouds and the water cycle starts all over again
- innerhalb des Wasserkreislaufs verdampft das Wasser und kehrt in Form von Niederschlägen als Regen oder Schnee zurück
  - in the water cycle, water is evaporated and through precipitation, returns as rain or snow
- vereinfachte Darstellung des Wasserkreislaufs
  - simplified view of the hydrologic cycle

Wassermanagement n water management

Wasserpegel m water level; level of water

- den Wasserpegel anheben
- to raise the level of water

Wasserspeicher m water storage

- es werden Dämme zur Schaffung von Wasserspeichern gebaut
- dams are constructed to provide water storages
- manche Kraftwerke befinden sich in unmittelbarer Nähe der Wasserspeicher
- some power plants are located near the water storages

Wasserstoff m hydrogen

- Brennstoffzellen arbeiten am besten mit reinem Wasserstoff
- fuel cells operate best on pure hydrogen
- die Brennstoffzelle wird mit reinem Wasserstoff betrieben
- the fuel cell operates on pure hydrogen
- Strom und Wärme entstehen durch die Reaktion von Wasserstoff mit Sauerstoff
- electric current and heat result from the reaction of hydrogen with oxygen
- das Unternehmen stellte einen Brennstoffzellenbus vor, der mit gespeichertem Wasserstoff betrieben wird
- the company unveiled a fuel cell bus that will run on stored hydrogen
- bei diesen Brennstoffzellen werden Katalysatoren und Elektrolyte verwendet, die nur mit sehr reinem Wasserstoff arbeiten
- these fuel cells use catalysts and electrolytes that work only with very pure hydrogen
- der Bus wird mit Wasserstoff betrieben
- the bus is fuelled by hydrogen
- reiner Wasserstoff ist teuer in der Herstellung, und Lagerung und Transport sind schwierig
- pure hydrogen is expensive to make and is hard to store and transport
- Wasserstoff aus Benzin
- hydrogen from gasoline

Wasserstoffanteil m hydrogen content

- einen Brennstoff in ein Gemisch mit einem hohen Wasserstoffanteil umwandeln
- to convert a fuel into a mixture with a high hydrogen content

Wasserstoffatom n; **Wasserstoff-Atom** n hydrogen atom

- ein einzelnes Metallatom nimmt ein Wasserstoffatom auf
- a single metal atom absorbs one hydrogen atom
- Wasserstoffatome werden mit Hilfe eines Katalysators in Wasserstoffionen und Elektronen aufgespalten
- hydrogen atoms are split by a catalyst into hydrogen ions and electrons
- die Membran lässt nur einen Teil des Wasserstoffatoms, das Proton, durch
- the membrane will only allow part of the hydrogen atom, the proton, to pass through

wasserstoffbetriebene Brennstoffzelle hydrogen-fuel(l)ed fuel cell; hydrogen-powered fuel cell (siehe auch **Wasserstoff-Brennstoffzelle**)

wasserstoffbetriebener Bus hydrogen-fuel(l)ed bus

- im Rahmen dieses Projektes werden zwei wasserstoffbetriebene Busse entwickelt
- as part of this project, two hydrogen-fuelled buses are being developed

Wasserstoff-Brennstoffzelle f hydrogen fuel cell

Wasserstoff-Brennstoffzellentechnik f hydrogen fuel cell technology

- ABC förderte die Wasserstoff-Brennstoffzellentechnik für diese spezielle Anwendung
- ABC fostered hydrogen fuel cell technology for this specific purpose
- mit der Wasserstoff-Brennstoffzellentechnik lassen sich am ehesten Nullemissionsfahrzeuge verwirklichen
- hydrogen fuel cell technology is the most likely means to achieve a "zero emission" vehicle

Wasserstoff-Bus m hydrogen-fuelled bus

Wasserstoffdrucktank m pressurised *(GB)*/pressurized *(US)* hydrogen tank

- die Firmen sind um die Sicherheit besorgt, falls ein Wasserstoffdrucktank bei einem Unfall beschädigt wird
- companies are worried about safety should a pressurized hydrogen tank be damaged in an accident

Wasserstofferzeugung f hydrogen production; hydrogen generation

Wasserstofferzeugungsanlage f hydrogen generation system

- ABC wurde für seine Wasserstoffer-zeugungsanlage ein Patent erteilt
- ABC has received a patent for its hydrogen generation system

Wasserstoff-Flasche f hydrogen cylinder

- der Rechner wird durch bloßes Austau-schen der Wasserstoff-Flasche aufgeladen
- recharging the computer is simply a matter of replacing the hydrogen cylinder
- an die Kunden könnten nachgefüllte Wasserstoff-Flaschen oder kleine Elektrolyseure zum Füllen der leeren Flaschen verkauft werden
- customers could be sold refilled hydrogen cylinders or a small electrolyser to fill empty ones

Wasserstoffgas n hydrogen gas

- der Bus wird direkt mit Wasserstoffgas betrieben
- the bus runs directly on hydrogen gas
- an Bord mitgeführtes Wasserstoffgas
- hydrogen gas stored on-board
- Wasserstoffgas als Brennstoff verwenden
- to use hydrogen gas as fuel
- Wasserstoffgas wird ionisiert
- hydrogen gas is ionised

Wasserstoffgehalt m hydrogen content

- einen Brennstoff in ein Gemisch mit einem hohen Wasserstoffgehalt umwandeln
- to convert a fuel into a mixture with a high hydrogen content

Wasserstoff-getriebenes Fahrzeug; wasserstoffgetriebenes Fahrzeug hydrogen-powered vehicle; hydrogen-powered vehicle

Wasserstoffgewinnung f hydrogen production

wasserstoffhaltig adj hydrogen-containing

- wasserstoffhaltiger Brennstoff
- hydrogen-containing fuel

Wasserstoff-Infrastruktur f; **Wasserstoffinfrastruktur** f hydrogen infra-structure; hydrogen distribution infrastructure

- die für Wasserstoff-Brennstoffzellen-Fahrzeuge erforderliche Wasserstoff-Infrastruktur entwickeln
- to develop the hydrogen infrastructure necessary for hydrogen fuel cell vehicles

Wasserstoffion n; **Wasserstoff-Ion** n hydrogen ion

- die Wasserstoffionen wandern durch den Elektrolyten zur Kathode
- the hydrogen ions travel through the electrolyte to the cathode
- diese Kunststoff-Folie ist für positive Wasserstoffionen durchlässig
- these plastic films are permeable to positive hydrogen ions

Wasserstoffkern m hydrogen nucleus

Wasserstoff-Lagerung f hydrogen storage (siehe auch **Wasserstoffspei-cherung**)

- die Wasserstoff-Lagerung stellt weiterhin ein Problem dar
- hydrogen storage remains a problem

Wasserstoffmolekül n hydrogen molecule
- die Suche nach einem praktikablen Verfahren zur Gewinnung von Wasserstoffmolekülen war schwierig • the search for a practical way to obtain hydrogen molecules was difficult
- jedes Wasserstoffmolekül weist genau zwei Elektronen auf • each hydrogen molecule contains exactly two electrons
- die Wasserstoffmoleküle in Wasserstoffionen und Elektronen umwandeln • to convert the hydrogen molecules into hydrogen ions and electrons

Wasserstoffpartialdruck m hydrogen partial pressure

Wasserstoffproduktion f hydrogen production
- Wasserstoffproduktion durch Elektrolyse • hydrogen production from electrolysis

Wasserstoffproton n hydrogen proton (siehe **Proton**)

wasserstoffreich adj hydrogen-rich
- den Brennstoff zu einem wasserstoffreichen Gemisch reformieren • to reform the fuel into a hydrogen-rich mixture
- theoretisch kann jede wasserstoffreiche Substanz als Wasserstoffquelle für Brennstoffzellen verwendet werden • any hydrogen-rich material can theoretically serve as a source of hydrogen for fuel cells
- Brennstoffzellen können mit einer Vielzahl von wasserstoffreichen Brennstoffen betrieben werden • fuel cells can utilize a wide variety of hydrogen-rich fuels

wasserstoffreiches Gas hydrogen-rich gas
- Methan in wasserstoffreiches Gas umwandeln • to convert methane to hydrogen-rich gas

Wasserstoffseite f hydrogen side
- auf der Wasserstoffseite der Brennstoffzelle • on the hydrogen side of the fuel cell
- Sauerstoff wandert zur Wasserstoffseite der Zelle • oxygen passes to the hydrogen side of the cell

Wasserstoffspeicher m hydrogen tank; hydrogen storage tank (siehe **Wasserstofftank**)

Wasserstoffspeichersystem n hydrogen storage system
- Wasserstoffspeichersysteme können genauso sicher konstruiert werden wie die Kraftstoffsysteme der heutigen Automobile • hydrogen storage systems can be engineered to be as safe as the fuel systems in current automobiles

Wasserstoffspeichertechnologie f hydrogen storage technology

Wasserstoffspeicherung f hydrogen storage
- Wasserstoffspeicherung an Bord von Fahrzeugen • hydrogen storage on vehicles
- Wasserstoffspeicherung an Bord • on-board hydrogen storage
- Fortschritte auf dem Gebiet der Wasserstoffspeicherung • advances in hydrogen storage
- die Wasserstoffspeicherung ist immer noch ein Problem • hydrogen storage remains a problem

Wasserstoffspeicherverfahren n hydrogen storage technology

Wasserstofftank m; **Wasserstoff-Tank** m hydrogen tank; hydrogen storage tank

- die früheren Brennstoffzellen-Fahrzeuge mussten sperrige Wasserstofftanks mitführen • previous fuel cell vehicles had to carry bulky hydrogen tanks
- Wasserstofftanks an Bord des Fahrzeuges mitführen • to carry hydrogen tanks on board the vehicle

Wasserstoffteilchen n hydrogen particle

- der Transport von aufgeladenen Wasserstoffteilchen durch den Elektrolyten • the transport of charged hydrogen particles through the electrolyte

Wasserstoffverbrauch m hydrogen consumption

- diese Beziehung zwischen elektrischem Strom und Wasserstoffverbrauch lässt sich mit Hilfe einfacher physikalischer Konstanten berechnen • this relationship of electrical current v.s. hydrogen consumption can be calculated using simple fundamental physical constants

Wasserstoffverteilungsinfrastruktur f hydrogen distribution infrastructure

- die Notwendigkeit, eine Wasserstoffverteilungsinfrastruktur aufzubauen • the need to set up a hydrogen distribution infrastructure

Wasserstoffwirtschaft f hydrogen economy

- bei diesem Projekt wird die Machbarkeit einer Wasserstoffwirtschaft untersucht • this project is looking at the feasibility of a hydrogen economy

Wasserturbine f water turbine; hydraulic turbine

- Wasserturbinen antreiben • to power hydraulic turbines
- Wasserturbinen werden heutzutage fast ausschließlich zur Stromerzeugung eingesetzt • water turbines now are used almost exclusively to generate electric power
- der direkte Vorläufer der heutigen Wasserturbine • the direct precursor of the modern water turbine
- Wasserturbinen kann man in zwei Gruppen unterteilen – Gleichdruck- und Überdruckturbinen • water turbines may be divided into two types – impulse turbines and reaction turbines
- das unter Druck stehende Wasser strömt in das Kraftwerk und wird in die Wasserturbine geleitet • water under pressure enters the power station and is directed onto the water turbine

Wasserzufluss m inflow of water

- großer Wasserzufluss in einen kleinen Speicher • large inflows of water into a small storage
- das Kraftwerk besitzt einen kleinen Stauraum zur Regulierung des natürlichen Wasserzuflusses • the power plant has a small reservoir to regulate the natural inflow of water

WEA (siehe **Windenergieanlage**)

WEA-Standort m windplant site

Wechselrichter m inverter

- zu den weiteren Verbesserungen gehört auch ein neuartiger Wechselrichter, durch den Größe und Gewicht der Anlage reduziert werden • other advances include a new type of inverter that reduces size and weight of the system
- Wechselrichter wandeln den Gleichstrom in Wechselstrom um • inverters turn the DC output into AC
- ein Wechselrichter wandelt den von der Brennstoffzelle erzeugten Gleichstrom in Wechselstrom um • an inverter converts the direct current produced by the fuel cell to alternating current

- der Wechselrichter steuert und überwacht auch die gesamte PV-Anlage
- the inverter also controls and monitors the overall photovoltaic system

Wechselstromverbraucher m alternating-current load

- den Gleichstrom in die vom Wechselstromverbraucher benötigte Form und Größe umformen
- to convert the dc electricity to the proper form and magnitude required by an alternating-current (ac) load

Wechselwirkung f interaction

- die Wechselwirkung zwischen energiereichen Photonen und Materie
- the interaction of high energy photons with matter

Wehr n *(Wasser)* weir

- Winterhochwasser kann Schäden am Wehr verursachen
- winter flooding can result in damage to the weir

Weide f *(Bio)* willow

- Energiepflanzen wie Weiden und Pappeln gehören zu den größten potentiellen erneuerbaren Energieträgern in Großbritannien
- energy crops such as willow and poplar are among the largest potential renewable resources in the UK
- Weiden und Pappeln wachsen schnell
- both willow and poplar grow quickly

Weiterentwicklung f advancement

- die Weiterentwicklung von Nullemissionsfahrzeugen
- the advancement of zero emission vehicles
- eine enge Abstimmung gewährleistet eine schnelle Weiterentwicklung der Technologie
- close coordination ensures rapid advancement of the technology

WEK (siehe **Windenergiekonverter**)

Wellenenergie f wave energy

- bei der Erzeugung von Strom aus Wellenenergie entsteht keinerlei Umweltverschmutzung
- the production of electricity from wave energy causes no pollution

Wellenenergiewandler m wave machine; wave device; wave energy device; wave energy system; wave-energy system; wave system

- der größte Wellenenergiewandler der Welt
- the world's largest wave energy converter
- Wellenenergiewandler nutzen die Auf- und Abbewegung der Wellen, um eine Turbine und/oder Generator anzutreiben
- wave energy systems use the up and down motion of waves to turn a turbine and/or generator

Wellenkraftwerk n wave energy power station; wave generator; wave energy generator

- ein 1,5-MW-Wellenkraftwerk bauen
- to build a 1.5MW wave energy power station
- das erste dieser neuen Wellenkraftwerke wird zurzeit in ... errichtet
- the first of these new wave generators is currently being installed at ...
- die geschützte Irische See wäre ein ungeeigneter Standort für ein Wellenkraftwerk
- the sheltered Irish Sea would be a poor site for a wave energy generator

Wellenlänge f wavelength

- die unterschiedlichen Energiemengen entsprechen den unterschiedlichen Wellenlängen des Sonnenspektrums
- the various amounts of energy correspond to the different wavelengths of the solar spectrum

Weltraumanwendung f space application

- Brennstoffzellen wurden vor 30 Jahren für Weltraumanwendungen entwickelt
- fuel cells were developed for space applications 30 years ago

Widerstandsläufer m *(Wind)* drag-type rotor; drag device

Wiederbetankung f *(BZ)* refuel(l)ing

- die Wiederbetankung soll nur ca 10 Minuten dauern — refueling is said to take only about 10 minutes
- schnelle Wiederbetankung — rapid refueling

Wind m wind

- Wind verstromen — to turn wind into electricity
- wenn der Wind nicht mehr weht/bei Windstille — when the wind stops blowing
- die im Wind enthaltene Energie nutzen — to extract energy from the wind
- die Stromerzeugung aus Wind ist wirtschaftlich sinnvoll — generating electricity from the wind makes economic sense
- Wind entsteht durch die ungleichmäßige Erwärmung der Erde durch die Sonne — wind is caused by the uneven heating of the earth by the sun

Windangebot n wind resource

- in Gebieten mit gutem Windangebot — in areas with good wind resources
- theoretisch reicht das Windangebot Großbritanniens aus, um seinen gesamten Strombedarf zu decken — in theory, the UK's wind resource is large enough to meet its entire power needs

Windanlage f windplant; wind plant; wind project

- der Erfolg dieser Windanlage wird andere dazu ermutigen, diese umweltfreundliche Energiequelle zu nutzen — the success of this wind plant will encourage others to exploit this environmentally friendly power source
- die Windenergiekosten können beträchtlich reduziert werden, wenn die Windanlage einem EVU gehört — wind energy costs can be cut substantially if a wind project is owned by a utility
- wieviel Land ist für große Windanlagen erforderlich — how much land is required for large wind plants

Windbedingungen fpl wind conditions; wind pattern (siehe **Windverhältnisse**)

Windbö f wind gust

- bei Windböen auftretende Drehmomentschwankungen dämpfen — to dampen torque fluctuations during wind gusts

Wind-Diesel-System n wind/diesel system; wind/diesel unit

- eine Reihe von Wind-Diesel-Systemen untersuchen — to investigate a range of wind/diesel systems

Windenergie f wind energy; wind power

- die Windenergie wird endlich als eine legitime Energiequelle akzeptiert — wind power is finally winning acceptance as a legitimate energy source
- sie decken ihren gesamten Strombedarf aus Windkraft — they get all of their electricity from wind power
- die Kosten der Windenergie weiter reduzieren — to further reduce the cost of wind energy
- der Vergleich der Windenergie mit fossilen Brennstoffen — the comparison of wind energy to fossil fuels
- Windenergie für kommerzielle Zwecke einsetzen — to use wind energy for commercial purposes
- diese Organisation kämpft gegen die Entwicklung/den Ausbau der Windenergie — this organisation campaigns against the development of wind energy

Windenergieanhänger m wind power enthusiast

Windenergieanlage f (WEA) wind power plant; wind turbine system/ installation; wind energy system; wind turbine generator system (WTGS); wind turbine generating system (siehe auch **Windkraftanlage**)

- kleine Windenergieanlagen bilden an abgelegenen Standorten oft die kostengünstigste Form der Stromversorgung
- small wind turbine systems are often the most inexpensive source of power for remote sites
- die Bedeutung und Verbreitung von Normen für Windenergieanlagen nimmt zu
- standards relating to wind turbine installations are becoming more important and widely used
- der Einsatz von Windenergieanlagen nahm in den achtziger Jahren deutlich zu
- the utilization of wind energy systems grew discernibly during the 1980s
- Windenergieanlagen wandeln die kinetische Energie des Windes in elektrische Energie um
- wind turbine generator systems convert the kinetic wind energy into electric energy

Windenergieanlage mit Horizontalachse horizontal axis/horizontal-axis wind turbine; horizontal-axis/horizontal axis turbine

Windenergiekapazität f wind energy capacity

- das Land erhöhte seine Windenergiekapazität auf mehr als 2.800 Megawatt
- the country increased its wind energy capacity to more than 2,800 megawatts
- man schätzt, dass in den kommenden zehn Jahren 22.000 Megawatt Windenergiekapazität installiert werden
- it is estimated that 22,000 megawatts of wind energy capacity will be installed in the next 10 years

Windenergiekonverter m wind energy conversion system; wind energy conversion device (siehe auch **Windkraftanlage**)

- dieses Dokument beschreibt eine Methode zur Bestimmung der Leistungsmerkmale von Windenergiekonvertern
- this document describes a method of determining performance characteristics of wind energy conversion systems
- die Hauptkomponente eines Windenergiekonverters ist die Turbine
- the basic wind energy conversion device is the wind turbine

Windenergiekosten pl wind energy costs

- seit ... sind die Windenergiekosten stetig und beträchtlich gesunken
- wind energy costs have declined steadily and substantially since ...

Windenergiemarkt m wind energy market

- der Windenergiemarkt expandiert weltweit mit großer Geschwindigkeit
- the global wind energy market is expanding rapidly
- der Windenergiemarkt ist zur Zeit weitgehend auf staatliche Unterstützung oder andere Förderprogamme angewiesen
- the wind energy market is at the moment largely dependent on government support or other stimulation programmes

Windenergiepark m (siehe **Windfarm**)

Windenergiepotential n; **Windenergiepotenzial** n wind energy potential

- das Windenergiepotential Kanadas ist weit größer als sein derzeitiger Gesamt-Stromverbrauch
- Canada has far more wind energy potential than its current total use of electricity

Windenergietechnik f wind energy technology

- bei der Entwicklung der Windenergietechnik sind bedeutende Fortschritte gemacht worden
- important progress has been made in the development of wind energy technology

Windenergieumwandlung f wind energy conversion

Windfahne f wind vane; tail vane

eine elektronische Windfahne ist oben auf der Gondel angebracht	an electronic wind vane is located on top of the turbine nacelle
die Windfahne sorgt dafür, dass der Rotor immer in Windrichtung steht	the tail vane keeps the rotor facing into the wind
eine Windfahne versorgt den Computer der Turbine mit Informationen	a wind vane feeds information to the turbine's computer

Windfarm f wind farm; windfarm

die in den Windfarmen Kaliforniens gewonnenen Erfahrungen	the experience gained in the wind farms of California
der Bau und Betrieb von Windfarmen	the construction and operation of wind farms
einige der größten europäischen und amerikanischen Windfarmen befinden sich an Standorten mit durchschnittlichen Windgeschwindigkeiten von 26 Kilometern pro Stunde	some of the biggest European and American wind farms are sited where the average speed is 16 mph
ABC plant die Errichtung einer Windfarm	ABC plan wind farm
Windfarmen schrecken Touristen ab	wind farms detract tourists
was passiert, wenn eine Windfarm abgebaut/stillgelegt wird	what happens when a wind farm is taken down/decommissioned
Windfarmen erfordern Windgeschwindigkeiten von 6 m/s	windfarms require wind speeds of 6 m/s
Windfarmen bestehen aus mehreren Windenergieanlagen	wind farms consist of several wind turbine generator systems

Windgenerator m wind generator

ABC hat einen Windgenerator entwickelt, der weder Getriebe noch Transformator benötigt	ABC has created a wind generator that requires neither a gearbox nor a transformer
es ist wichtig, dass Windgeneratoren an Standorten mit hohen Windgeschwindigkeiten errrichtet werden	it is important to site wind generators in a place where the wind speed is high

Windgeschwindigkeit f wind speed; windspeed; wind velocity

durchschnittliche/mittlere Windgeschwindigkeit	average/mean wind speed
es ist zu beachten, dass bei niedrigeren Windgeschwindigkeiten die Leistung deutlich abfällt	note that at lower wind speeds, the power output drops off sharply
die Windgeschwindigkeit, bei der die Nennleistung erreicht wird	the wind speed at which the rated power is achieved
Windturbinen laufen bei einer Windgeschwindigkeit von 4 bis 5 Metern pro Sekunde an	wind turbines start operating at wind speeds of 4 to 5 metres per second
die Leistung steigt mit der dritten Potenz der Windgeschwindigkeit	the power is a function of the cube of the wind speed
an diesem Standort beträgt die durchschnittliche Windgeschwindigkeit acht Meter pro Sekunde	at this site, the wind speed averages eight metres per second
es müssen genaue Messungen der Windgeschwindigkeiten am Aufstellungsort vorgenommen werden	detailed analysis of site wind speeds must be carried out
die Leistung ändert sich mit der 3. Potenz der Windgeschwindigkeit	the power varies as the cube of the wind velocity

Windgeschwindigkeit im Jahresmittel average annual wind speed

Windgeschwindigkeitsvektor m wind velocity

windgünstig adj windy

- in abgelegenen windgünstigen Gegenden • in remote, but windy regions
- windgünstiger Standort • windy site
- die Wahl des richtigen Standortes an windgünstigen Stellen • proper siting in windy locations

windig adj windy

Windindustrie f wind industry (siehe auch **Windkraftindustrie**)

- Vertreter der Windindustrie • wind industry representative
- die sieben Jahre alte Windindustrie des Landes • the country's seven-year-old wind industry

Windkonverter m (siehe **Windenergiekonverter**)

Windkraftanlage f wind power plant/installation; wind generation plant; wind generating plant; wind system

- eine Windkraftanlage bauen und betreiben • to construct and operate a wind power plant
- die Zahl der Windkraftanlagen in den Vereinigten Staaten nahm ebenfalls stark zu • wind power installations also grew rapidly in the United States
- das Land besitzt Windkraftanlagen mit einer installierten Leistung von ungefähr 22 Megawatt • the country has about 22 megawatts of wind generation plant installed
- diese Windkraftanlage erzeugt pro Jahr mehr als 55.000.000 kWh Strom • this wind generating plant produces more than 55,000,000 kilowatt-hours of electricity per year
- Batterien sind wichtige Bestandteile von abgelegenen Windkraftanlagen/von Windkraftanlagen an abgelegenen Standorten • batteries are an important part of remote wind systems

Windkraftbefürworter m wind power advocate

Windkraft-Firma f wind company

- die dänischen Windkraft-Firmen haben im Export die Führung übernommen • Denmark's wind companies have become leading exporters

Windkraftindustrie f wind power industry; wind industry

- die Windkraftindustrie ist stark im Expandieren begriffen • the wind power industry is expanding rapidly
- die Windkraftindustrie schafft tausende Arbeitsplätze • the wind industry is creating thousands of jobs

Windkraftkapazität f; **Windkraft-Kapazität** f wind generation capacity; wind power capacity

- die ca. 200 MW Windkraftkapazität, die bis jetzt installiert wurden, liefern weniger als 0,2 % der elektrischen Energie Großbritanniens • the 200MW or so of wind power capacity installed to date provide less than 0.2% of the UK's electricity
- weltweit ist die Windkraftkapazität über die 9000-MW-Marke hinausgeschossen • world wind power capacity has shot past the 9000 MW milestone
- die Windkraftkapazität ist 1998 kräftig gewachsen • wind power capacity grew rapidly in 1998
- weltweit stieg die Windkraftkapazität um 32 % auf ... Megawatt • worldwide wind power capacity increased by 32% to ... megawatts

Windkraftkonverter m (siehe **Windenergiekonverter**)

Windkraftleistung f wind generation capacity; wind capacity

- installierte Windkraftleistung • installed wind generation capacity/ wind capacity

Windkraftpionier m wind energy pioneer

Windkraftpotential n; **Windkraftpotenzial** n wind power potential

- das Windkraftpotential beruht auf der mittleren Windgeschwindigkeit, die an einem Standort über einen längeren Zeitraum vorherrscht • wind power potential is based on long-term average wind speed at a site
- das erschließbare Windkraftpotential berechnen • to calculate practical wind power potential
- das Land verfügt über beträchtliches Windkraftpotential, besitzt aber bis jetzt noch keine nennenswerten Anlagen • the country has much wind power potential, but virtually no installations so far

Windkraftspezialist m expert on wind power

- ein Windkraftspezialist aus Kalifornien • a California-based expert on wind power

Windkraftunternehmen n wind company

Windkraftwerk n wind power plant; wind power station (siehe auch **Windkraftanlage**)

- das 6-MW-Windkraftwerk hat in den ersten beiden Monaten des Jahres über 2,3 Mio. kWh Strom erzeugt • the six megawatt wind power plant generated over 2.3 million kilowatt-hours of electricity in the first two months of the year
- ein Windkraftwerk besteht aus einer oder mehreren Gruppen von Windenergieanlagen • a wind power station comprises a group or groups of wind turbine generator systems

Windmesser m anemometer (siehe **Anemometer**)

Windmühlenpark m wind park (siehe **Windfarm**)

Windpark m wind park; wind farm (siehe **Windfarm**)

- in einem Windpark muss der Abstand zwischen den einzelnen Windturbinen normalerweise drei bis neun Rotordurchmesser betragen • in a wind park, turbines generally have to be spaced between three and nine rotor diameters apart

Windpotential n; **Windpotenzial** n wind potential

- das Windpotential übersteigt den derzeitigen Stromverbrauch bei weitem • the wind potential far exceeds current electricity consumption

Windpumpe f wind pump

- Windpumpen arbeiten mit großem Drehmoment und niedriger Drehzahl • wind pumps operate with plenty of torque but not much speed

Windrechte npl wind rights

- die Windrechte für 30 Jahre an ein Windenergieunternehmen verpachten • to lease the wind rights to a wind energy company for 30 years

windreich adj windy

- in windreichen Gegenden • in windy regions
- in dem windreichen nördlichen Bundesland • in the windy northern state

Windressource f wind resource (siehe **Windangebot**)

Windrichtungsnachführung f yaw system; yawing system

- auf der Turmspitze befindet sich auch eine Windrichtungsnachführung, mit deren Hilfe die Gondel in den Wind gedreht werden kann
- the tower top includes a yaw system allowing the nacelle to rotate to face the wind
- diese Windturbinen sind mit einer Windrichtungsnachführung ausgerüstet, die sie in den Wind dreht
- these wind turbines have a yaw system to orient them into the wind
- im unteren Teil der Gondel befindet sich die Windrichtungsnachführung
- the lower section of the nacelle contains the yawing system

Windschatten m wind shadow; wind shade

- die Blätter müssen bei jeder Umdrehung den Windschatten des Turms passieren
- the blades must pass through the tower's wind shadow on every rotation

windschwach adj low wind

- während windschwacher Zeiten
- during low wind periods

Windstärke f wind force

Windstrom m wind-generated electricity, wind-powered electricity

- das EVU plant, Windstrom zu verkaufen
- the utility plans to sell wind-generated electricity
- auf diese Weise wird Windstrom nur geringfügig teurer als Strom, der mit Kohle oder anderen herkömmlichen Brennstoffen erzeugt wird
- this makes wind-powered electricity only slightly more expensive than electricity generated by coal and other conventional fuels

Windstromerzeugung f wind generation

Windstromerzeugungskosten pl wind generation costs

- Abb. 3 zeigt die Abhängigkeit zwischen Windstromerzeugungskosten und Windgeschwindigkeit
- Figure 3 shows how generation cost varies with wind speed

Windstromproduktion f production of wind-generated electricity

- 1995 betrug die Windstromproduktion weltweit 7,5 Mrd. Wattstunden
- in 1995, world production of wind-generated electricity stood at 7.5 billion watt-hours

Windströmung f wind flow

- die Rotorachse ist parallel zur Windströmung angeordnet
- the rotor axis is parallel to the wind flow

Windturbine f wind turbine

- die Windturbinen in 5 Meter tiefem Wasser 1 Kilometer vor der Küste errichten
- to erect the turbines in waters 5m deep and about 1km out to sea
- die heutigen technisch ausgereiften Windturbinen sind 97 % zuverlässig
- today's state-of-the-art wind turbines are 97 percent reliable
- mehr als 1400 Windturbinen sind in insgesamt mehr als 60 Ländern errichtet worden
- more than 1400 wind turbines have been installed in a total of more than 60 countries
- bei sehr hohen Windgeschwindigkeiten schalten die Windturbinen sich ab
- at very high wind speeds, wind turbines shut down
- eine Windturbine hat im Allgemeinen eine Lebensdauer von 20 bis 25 Jahren
- a wind turbine typically lasts around 20 – 25 years
- Windturbinen konstruieren, herstellen, errichten und betreiben
- to design, make, erect, and run wind turbines
- zur Zeit wird eine neue Generation moderner Windturbinen entwickelt
- a new generation of advanced wind turbines is now under development

- man hat technisch hochstehende Windturbinen zur Umwandlung der Windenergie in elektrische Energie entwickelt
- sophisticated wind turbines have been developed to convert wind energy to electric power

Windturbinenrotor m wind turbine rotor

Windturbinentechnik f wind turbine technology

- die Fortschritte in der Windturbinentechnik führen zur nächsten Generation von Windturbinen
- the advancement of wind turbine technology is leading to next-generation wind turbines

Windverhältnisse npl wind conditions; wind regime; wind pattern

- die Leistungsabgabe einer Windturbine hängt von den Windverhältnissen am Aufstellungsort ab
- the output of a wind turbine depends upon the wind regime where it is located
- diese Blätter passen ihre Form den Windverhältnissen an
- these blades change shape in response to wind conditions
- an den Standorten herrschen unterschiedliche Windverhältnisse
- there are differing wind patterns at the sites

Wirbelschichtfeuerung f (1) fluidised-bed *(GB)*/fluidized-bed *(US)* combustion

Wirbelschichtfeuerung f (2): **Kessel mit Wirbelschichtfeuerung** fluidised *(GB)*/fluidized *(US)* bed boiler

- bei Kesseln mit Wirbelschichtfeuerung verbrennt der Brennstoff in einer aus Sand oder einem anderen Mineral bestehenden Schicht, die durch die Verbrennungsluft aufgewirbelt wird
- in a fluidised bed boiler the fuel burns in a bed of sand or other mineral that is violently agitated by the combustion air

Wirbelschichtverbrennung f fluidised-bed *(GB)*/fluidized-bed *(US)* combustion; fluidised-bed combustion technology

- die Wirbelschichtverbrennung ist eine relativ junge und neuartige Technik
- fluidised-bed combustion is a fairly recent innovation
- durch die Entwicklung der Wirbelschichtverbrennung hat sich der Anteil von Biomasse- und Abfallstoffen an der Strom- und Wärmeerzeugung beträchtlich erhöht
- the development of fluidized-bed-combustion technology has significantly increased the use of biomass and waste products in power and heat generation
- in den letzten zehn Jahren wurde die Wirbelschichtverbrennung erfolgreich in der Biomasseindustrie angewendet
- over the past 10 years, fluidized-bed combustion (FBC) technology has been applied successfully in the biomass industry

wirklicher Einsatz practical application

- Brennstoffzelle für den wirklichen Einsatz
- fuel cell for practical applications

Wirkungsgrad m efficiency

- elektrischer Wirkungsgrad
- electrical efficiency
- theoretischer Wirkungsgrad
- theoretical efficiency
- thermischer Wirkungsgrad
- thermal efficiency
- der Wirkungsgrad der Brennstoffzelle ist nahezu unabhängig von ihrer Größe
- a fuel cell's efficiency is almost independent of its size
- die AFC besitzt einen Wirkungsgrad von bis zu 65 %
- the AFC is up to 65% efficient
- Wirkungsgrade bis zu 80 % ermöglichen
- to yield efficiencies as high as 80%
- Wirkungsgrade von mehr als 55 % erreichen
- to achieve/attain efficiencies of more than 55 %

- mit einem Wirkungsgrad von mehr als 40 % Strom erzeugen
  - to generate electricity at more than 40% efficiency
- einen maximalen Wirkungsgrad erreichen
  - to achieve maximum efficiency
- durch extrem hohe Temperaturen im August sank der Wirkungsgrad der Anlage
  - extremely high temperatures in August decreased the efficiency of the system
- der Wirkungsgrad der Brennstoffzelle sinkt
  - the fuel cell's efficiency decreases
- der Wirkungsgrad kann noch gesteigert werden
  - the efficiency can be boosted further
- den Wirkungsgrad verbessern/verdoppeln
  - to improve/double the efficiency
- die Brennstoffzelle arbeitet mit einem Wirkungsgrad von 85 %
  - the fuel cell operates with an efficiency of 85%/at 85% efficiency
- wie groß ist der Wirkungsgrad eines Stapels
  - what is the efficiency of a stack
- die Anlage arbeitet nahe am erwarteten Wirkungsgrad
  - the system operates close to the expected efficiency

Wirkungsgradverlust m efficiency loss

- die mit Verbrennungsprozessen verbundenen Wirkungsgradverluste vermeiden
  - to avoid the efficiency losses associated with combustion processes

Wirtschaftlichkeit f economics

- die Wirtschaftlichkeit der KWK hängt in hohem Maße vom jeweiligen Standort ab
  - the economics of CHP are very site-specific
- die Wirtschaftlichkeit der Stromerzeugung
  - the economics of power generation
- die Wirtschaftlichkeit von Brennstoffzellen durch die Verwendung kostengünstiger Komponenten verbessern
  - to improve the economics of fuel cells through the use of low-cost components

WKA (1) (siehe **Wasserkraftanlage**)

WKA (2) (siehe **Windkraftanlage**)

Wohngebäude n residential building

Wolkendecke f cloud cover

Z

Zelldesign n *(BZ)* cell design

- Weiterentwicklung des Zelldesigns — further development of the cell design
- ABC arbeitet derzeit an einem kostengünstigen Zelldesign — ABC is working on a cost-efficient cell design

Zelle f (siehe **Brennstoffzelle, Solarzelle**)

Zellenaufbau m *(BZ; Solar)* cell design

Zellenfläche f *(Solar)* cell area

- die Zellenfläche vergrößern — to increase the cell area

Zellenstapel m *(BZ)* cell stack; stack

- einzelne Zellen werden zu einem Zellenstapel zusammengeschaltet, der Gleichstrom erzeugt — individual cells are electrically connected forming a cell stack that produces direct current
- die Größe des Zellstapels um 30 bis 50 % reduzieren — to reduce the size of a cell stack by 30% to 50%

Zellentemperatur f *(Solar)* cell temperature

Zellenwirkungsgrad m *(Solar)* cell efficiency

- sie haben den Zellenwirkungsgrad von ... Prozent auf ... Prozent erhöht — they have raised cell efficiency from ... percent to ... percent

Zellfläche f *(BZ)* cell (surface) area

- Zellen mit dem neuen keramischen Elektrolyt erzeugen zwei Watt pro Quadratzentimeter Zellfläche — cells with the new ceramic electrolyte generate two watts per square centimeter of cell surface area
- der von einer einzelnen Brennstoffzelle erzeugte Strom ist etwa direkt proportional zur Zellfläche — the current produced by an individual fuel cell is approximately a linear function of cell surface area
- der von einer Zelle erzeugte Strom ist proportional der gesamten Zellfläche — the amount of electrical current produced by a cell is proportional to the total area of the cell
- je größer die Zellfläche ist, umso größer ist die Strommenge, die bei einer gegebenen Spannung erzeugt werden kann — the greater the area of the cell the more current can be produced at a given voltage

zellintern adj within the cell; inside the cell

- der Brennstoff wird zellintern zu Wasserstoff reformiert — the fuel that is reformed into hydrogen right inside the cells

Zellspannung f *(BZ)* cell voltage

- diese Brennstoffzellen haben eine relativ niedrige Zellenspannung — these fuel cells have relatively low cell voltages
- PAFC erzeugen eine Zellspannung von 0,66 Volt bei Atmosphärendruck — PAFCs produce a cell voltage of 0.66 volts at atmospheric pressure

Zellstapel m cell stack (siehe **Zellenstapel**)

Zersetzung f *(Bio)* decomposition

- die natürliche Zersetzung organischer Stoffe — natural decomposition of organic matter

Zirkoniumoxid n *(BZ)* zirconium oxide (siehe auch **Zirkonoxid**)
- Elektrolyt aus Zirkoniumoxid • zirconium oxide electrolyte
- bei diesen Zellen wird eine dünne Schicht aus Zirkoniumoxid als Festelektrolyt verwendet • these cells use a thin layer of zirconium oxide as a solid electrolyte

Zirkonoxid n *(BZ)* zirconium oxide (siehe auch **Zirkoniumoxid**)

zirkularer Brennstoffzellen-Stapel circular fuel cell stack

Zuckerrohrrückstände mpl sugarcane residue

zufließendes Wasser inflow of water

Zufluss m *(Wasser)* inflow
- natürlicher Zufluss • natural inflow

zugeführte Energie energy input
- weitere 3 % der zugeführten Energie gehen bei der Übertragung und Verteilung an den Verbraucher verloren • a further 3% of energy input is lost during transmission and distribution to the end-user

zurückgewinnen v recover; recapture
- Wasser zur Wiederverwendung zurückgewinnen und aufbereiten • to recover and treat water for reuse
- Abwärme zurückgewinnen • to recover waste heat
- Wärmeenergie zurückgewinnen • to recover thermal energy
- einen Teil der Bremsenergie zurückgewinnen • to recapture some of the energy from braking
- beim Stromerzeugungsprozess entstehende Wärme kann zurückgewonnen werden • thermal energy produced in the generation process can be recaptured

Zusatzfeuerung f supplementary firing system; supplementary firing; supplementary firing equipment
- in der Zusatzfeuerung wird nur ein Teil des verfügbaren Sauerstoffs verwendet • supplementary firing uses only a portion of the available oxygen
- in der Zusatzfeuerung kann der gleiche hochwertige Brennstoff wie in der Gasturbine verwendet werden • the fuel used in supplementary firing may be the same high-grade fuel used in the gas turbine
- in großen Kombianlagen wird eine spezielle Zusatzfeuerung zwischen Gasturbine und Abhitzekessel geschaltet • in large combined-cycle plants separate supplementary firing equipment (SF) is interposed between the gas turbine and the HRB

Zuverlässigkeit f reliability
- diese Brennstoffzellen werden immer bekannter für ihre Zuverlässigkeit • these fuel cells are developing a reputation for excellent reliability
- außergewöhnliche Zuverlässigkeit und Leistungsfähigkeit in rauer Umgebung • extraordinary reliability and performance in harsh environments
- einzigartige/unvergleichliche/unerreichte Zuverlässigkeit • unmatched reliability

zweiblättrig adj *(Wind)* two-bladed; twin-blade
- zweiblättrige Maschinen sind billiger und leichter • two bladed machines are cheaper and lighter
- zweiblättrige Turbine • twin-blade turbine

zweiflügelig adj *(Wind)* two-bladed (siehe **zweiblättrig**)

Zweiflügler m *(Wind)* two-bladed machine; two-bladed turbine

- Zweiflügler sind unter Umständen lauter im Betrieb
- two bladed machines can be noisier

zweigehäusige Turbine two-casing turbine

Zweikreis-System n *(Geo)* binary-cycle plant; binary fluid cycle

- bei diesem 10-MW-Zweikreissystem wird Ammoniak als Arbeitsmittel verwendet
- this 10-MW binary cycle plant uses ammonia as working fluid

Energy Technology Dictionary with Examples on Usage

Part II
English-German

Abbreviations in the English-German Section

adj	adjective	Adjektiv
adv	adverb	Adverb
bio	biomass	Biomasse
FC	fuel cell	Brennstoffzelle
f	feminine	Femininum
fpl	feminine plural	Femininum Plural
GB	British English	britisches Englisch
geo	geothermal energy	Geothermie
hydro	hydropower	Wasserkraft
m	masculine	Maskulinum
mpl	masculine plural	Maskulinum Plural
n	neuter	Neutrum
n	noun	Substantiv
npl	neuter plural	Neutrum Plural
pl	plural	Plural
solar	solar energy	Solarenergie
US	American English	amerikanisches Englisch
wind	wind energy	Windenergie

A

absorb v absorbieren

- to absorb sunlight
- Sonnenlicht absorbieren

absorber n *(solar)* Absorber m

- the absorber takes in the sun's energy
- der Absorber nimmt die Sonnenenergie auf

absorber layer *(solar)* Absorberschicht f

- free electrons occur as a result of the interaction of the light with the absorber layer
- durch die Wechselwirkung zwischen dem Licht und der Absorberschicht kommt es zur Bildung freier Elektronen

absorption n Absorption f

- the absorption of incident and reflected radiation
- die Absorption von einfallender und reflektierter Strahlung

accelerate v beschleunigen

- the vehicle is able to accelerate from 0-50km/h in 20 seconds
- das Fahrzeug kann in 20 Sekunden von 0 auf 50 km/h beschleunigen

acceleration n Beschleunigung f

- hard acceleration
- starke Beschleunigung
- a battery provides the additional power needed during acceleration
- eine Batterie liefert die bei der Beschleunigung erforderliche zusätzliche Leistung
- acceleration from rest
- Beschleunigung aus dem Stillstand

acceptance n Akzeptanz f

- wind power is finally winning acceptance as a legitimate energy source
- die Windenergie findet endlich Akzeptanz als eine echte/gleichberechtigte Energiequelle; die Windenergie wird endlich als eine echte/gleichberechtigte Energiequelle akzeptiert
- to enhance the acceptance of fuel cell technology
- die Akzeptanz der Brennstoffzellentechnologie verbessern

acid fuel cell saure Brennstoffzelle

- in acid fuel cells the conducting ion is the hydrogen ion
- bei sauren Brennstoffzellen ist das Wasserstoffion das leitende Ion

acid rain saurer Regen

- sulfur emissions help cause acid rain
- Schwefelemissionen sind mitverantwortlich für den sauren Regen

acoustic emissions Schallemission f

- acoustic emissions from wind turbine generator systems
- Schallemissionen von Windenergieanlagen

active area *(FC)* aktive Fläche

- a PEM fuel cell's performance is often measured in terms of milliamperes per square centimeter of active area
- die Leistung einer PEM-Brennstoffzelle wird oft in Milliampere pro Quadratzentimeter aktive Fläche gemessen

advanced adj fortgeschritten; fortschrittlich, modern

- the world's largest advanced fuel cell plant • das größte fortgeschrittene Brennstoffzellenkraftwerk der Welt
- one of the most advanced fuel cells • eine der am weitesten fortgeschrittenen Brennstoffzellen
- the most advanced terrestrial fuel cell technology • die fortgeschrittenste terrestrische Brennstoffzellentechnologie

advancement n Fortschritt m; Neuerung f; Weiterentwicklung f; Verbesserung f

- advancements are being made in three areas • Fortschritte werden zur Zeit in drei Bereichen gemacht
- utility-grade turbines that use the latest technology advancements • Kraftwerksturbinen mit den modernsten technischen Neuerungen
- the advancement of zero emission vehicles • die Weiterentwicklung von Nullemissionsfahrzeugen
- close coordination ensures rapid advancement of the technology • eine enge Abstimmung gewährleistet eine schnelle Weiterentwicklung der Technologie

advocate n Befürworter m; Anhänger m

- wind power advocate • Befürworter der Windenergie
- fuel-cell advocate • Brennstoffzellen-Anhänger

aerodynamic brake *(wind)* aerodynamische Bremse

- the standard does not call for aerodynamic brakes • die Norm verlangt keine aerodynamische Bremse

aerodynamic lift *(wind)* aerodynamischer Auftrieb

- this pressure differential results in a force, called aerodynamic lift • auf Grund dieser Druckdifferenz entsteht eine Kraft, die man als aerodynamischen Auftrieb bezeichnet

aerodynamics of rotating blades *(wind)* Rotoraerodynamik f

AFC (see **alkaline fuel cell**)

agricultural residues landwirtschaftliche Rückstände; Rückstände aus der Landwirtschaft

- these agricultural residues could be processed into liquid fuels • diese landwirtschaftlichen Rückstände könnten zu flüssigen Brennstoffen verarbeitet werden

agricultural waste Abfallprodukte aus der Landwirtschaft; landwirtschaftlicher Abfall; landwirtschaftliche Abfälle

- wood, grasses and agricultural waste are the world's fourth largest source of energy • Holz, Gras und landwirtschaftliche Abfälle sind die viertgrößte Energiequelle der Welt

airborne pollutant Luftschadstoff m

- emissions of these airborne pollutants are below allowed levels • die Emissionen dieser Luftschadstoffe liegen unterhalb der erlaubten Grenzwerte

air-breathing fuel cell luftatmende Brennstoffzelle

- significant market opportunities exist for affordable, air-breathing fuel cells operating at ambient temperature • für kostengünstige „luftatmende" Brennstoffzellen, die bei Umgebungstemperatur betrieben werden, bestehen beträchtliche Absatzmöglichkeiten

air compressor Luftverdichter m; Luftkompressor m

- this fuel cell produced more than 50 kW of electrical power without an air compressor
- diese Brennstoffzelle erzeugte ohne Luftverdichter mehr als 50 kW Strom

air density *(wind)* Luftdichte f

- differences in temperature, pressure, and altitude significantly affect air density
- Temperatur-, Druck- und Höhenunterschiede haben beträchtliche Auswirkungen auf die Luftdichte
- air density at standard conditions of temperature and at sea level is equal to ... kg/m^3
- bei Normaltemperatur und auf Meereshöhe beträgt die Luftdichte ... kg/m^3

air electrode Luftelektrode f

- the electrolyte does not allow nitrogen to pass from the air electrode to the fuel electrode
- der Elektrolyt verhindert, dass Stickstoff von der Luftelektrode zur Brennstoffelektrode gelangt

air flow *(wind)* Luftströmung f

- there are fewer obstructions to air flow at sea
- auf dem Meer gibt es weniger Hindernisse für die Luftströmung

air mass Luftmasse f

- the effect of the atmosphere on sunlight at the Earth's surface is defined by the air mass
- die Wirkung der Atmosphäre auf das Sonnenlicht auf der Erdoberfläche wird durch die Luftmasse bestimmt

air pollutant Luftschadstoff m

- fuel cells avoid the air pollutants and efficiency losses associated with combustion processes
- bei Brennstoffzellen werden die mit Verbrennungsprozessen verbundenen Luftschadstoffe und Wirkungsgradverluste vermieden

air pollution Luftverschmutzung f

- fuel cells produce little air pollution
- Brennstoffzellen verursachen wenig Luftverschmutzung
- fuel cells have the potential to help control air pollution
- Brennstoffzellen können zur Bekämpfung der Luftverschmutzung beitragen
- fuel cells can dramatically lower air pollution
- Brennstoffzellen können entscheidend zur Verringerung der Luftverschmutzung beitragen
- to minimise urban air pollution
- die Luftverschmutzung in den Städten auf ein Mindestmaß begrenzen
- to reduce air pollution
- die Luftverschmutzung vermindern

air pollution control device Umweltschutzeinrichtung f

- the pollutants are captured by the air pollution control devices
- die Schadstoffe werden von der Umweltschutzanlage zurückgehalten

air pollution control system Umweltschutzeinrichtung f

alkali carbonate Alkalikarbonat n

alkaline cell alkalische Zelle *(FC)* (see also **alkaline fuel cell**)

- alkaline cells offer the highest electrochemical efficiency among the known fuel cell types
- von allen bekannten Brennstoffzellentypen besitzt die alkalische Zelle den höchsten elektrochemischen Wirkungsgrad

alkaline electrolyte *(FC)* alkalischer Elektrolyt

- they worked on creating practical fuel cells with an alkaline electrolyte
- sie arbeiteten an der Entwicklung einsatzfähiger Brennstoffzellen mit alkalischem Elektrolyt

alkaline fuel cell; **Alkaline Fuel Cell** (AFC) alkalische/Alkalische Brennstoffzelle (AFC)

- the alkaline fuel cell has a limited number of applications
- die alkalische Brennstoffzelle eignet sich nur für eine beschränkte Anzahl von Anwendungen
- the alkaline fuel cell is up to 65% efficient
- die Alkalische Brennstoffzelle hat einen Wirkungsgrad von bis zu 65 %
- AFC for transport applications
- alkalische Brennstoffzellen für Verkehrsanwendungen
- one of the greatest drawbacks of the AFC is that it needs to be fed by pure hydrogen
- einer der größten Nachteile der AFC ist, dass sie mit reinem Wasserstoff betrieben werden muss

alternate fuel alternativer Brennstoff

- alternate fuels such as ethanol and methanol
- alternative Brennstoffe wie zum Beispiel Ethanol und Methanol

alternating-current load Wechselstromverbraucher m

- to convert the dc electricity to the proper form and magnitude required by an alternating-current (ac) load
- den Gleichstrom in die vom Wechselstromverbraucher benötigte Form und Größe umformen

alternative energy alternative Energie

- another term that is often used interchangeably with renewable energy is alternative energy
- anstelle der Bezeichnung „erneuerbare Energie“ wird häufig auch die Bezeichnung „alternative Energie“ verwendet

alternative fuel alternativer Brennstoff

- fuel cells can increase use of alternative fuels
- mit Hilfe von Brennstoffzellen kann der Einsatz alternativer Brennstoffe gesteigert werden

AM (see **air mass**)

ambient air Umgebungsluft f

- the fuel cell system runs on hydrogen and ambient air
- das Brennstoffzellensystem läuft mit Wasserstoff und Umgebungsluft
- oxygen from ambient air combines with the hydrogen to produce water
- Sauerstoff aus der Umgebungsluft verbindet sich mit dem Wasserstoff zu Wasser

ambient pressure Umgebungsdruck m; Umgebungsluftdruck m

- the MCFC can operate at or slightly above ambient pressure
- die MCFC kann bei oder leicht über dem Umgebungsluftdruck arbeiten
- the fuel cell stack was designed to produce 500 watts of power at 40 degrees centigrade and at ambient pressure
- der Brennstoffzellenstapel wurde für eine Leistung von 500 Watt bei 40 °C und Umgebungsdruck ausgelegt

ambient pressure operation Betrieb bei Umgebungsluftdruck

ambient temperature Umgebungstemperatur f

- simple cells operating directly on methanol at ambient temperature do find some use
- einfache Zellen, die direkt mit Methanol bei Umgebungstemperatur betrieben werden, werden in begrenztem Rahmen eingesetzt
- ambient temperatures range from ... to above ... °C
- die Umgebungstemperaturen reichen von ... bis über ... °C

American windmill amerikanische Windturbine

amorphous silicon amorphes Silizium

- nine layers of amorphous silicon • neun Schichten aus amorphem Silizium
- in amorphous silicon, the atoms are not arranged in an orderly pattern • in amorphem Silizium sind die Atome unregelmäßig angeordnet
- amorphous-silicon products have advantages at higher temperatures over other products • Erzeugnisse aus amorphem Silizium weisen bei höheren Temperaturen gegenüber anderen Produkten Vorteile auf

amorphous silicon cell amorphe Siliziumzelle

- to make an amorphous silicon cell with an efficiency of ... per cent • eine amorphe Siliziumzelle mit einem Wirkungsgrad von ... Prozent herstellen
- amorphous silicon cells are presently about 10% efficient • amorphe Siliziumzellen haben zur Zeit einen Wirkungsgrad von ca. 10 %

amorphous-silicon product Erzeugnis aus amorphem Silizium

- amorphous-silicon products have advantages at higher temperatures over other products • Erzeugnisse aus amorphem Silizium weisen bei höheren Temperaturen gegenüber anderen Produkten Vorteile auf

amount of steam Dampfmenge f

- the maximum amount of steam that can be generated • die maximale Dampfmenge, die erzeugt werden kann

anaerobic digestion *(bio)* anaerober Abbau

- anaerobic digestion is the decomposition of biomass through bacterial action in the absence of oxygen • unter anaerobem Abbau versteht man die Zersetzung von Biomasse durch Bakterien unter Sauerstoffabschluss

ancillaries pl *(FC)* Hilfsaggregate npl; Nebenaggregate npl

- the fuel cell, reformer and other ancillaries took up about half of the vehicle • Brennstoffzelle, Reformer und andere Hilfsaggregate füllten fast das halbe Fahrzeug

ancillary component *(FC)* Hilfsaggregat n; Nebenaggregat n

- to resolve fundamental problems associated with fuel cells and ancillary components • grundlegende Probleme im Zusammenhang mit Brennstoffzellen und ihren Nebenaggregaten lösen
- this applies not only to the fuel cell stack, but also to the ancillary components • dies gilt nicht nur für den Brennstoffzellenstapel, sondern auch für die Nebenaggregate

ancillary equipment *(FC)* Hilfsaggregate npl; Nebenaggregate npl

anemometer n *(wind)* Anemometer n; Windmesser m

- anemometers were recently installed at the sites • vor kurzem sind Anemometer an den Standorten installiert worden
- the procedures for the calibration of anemometers have been improved • die Verfahren zur Kalibrierung von Anemometern sind verbessert worden

animal material *(bio)* tierischer Stoff

- biomass energy is derived from plant and animal material • Biomasseenergie wird aus pflanzlichen und tierischen Stoffen gewonnen

animal waste *(bio)* Abfälle tierischer Herkunft

- biomass is plant and animal material which can be used to produce energy • unter Biomasse versteht man pflanzliche und tierische Stoffe, die zur Energieerzeugung verwendet werden können

annual energy output *(wind)* Jahresleistung f

- annual energy output from the expanded wind farm is expected to exceed 1,800,000 kilowatt-hours
- man erwartet, dass die Jahresleistung der erweiterten Windfarm 1.800.000 Kilowattstunden übersteigen wird

annual mean wind speed *(wind)* mittlere Jahreswindgeschwindigkeit

- the annual mean wind speed at a height of 35 m was about 7.5 m/s
- die mittlere Jahreswindgeschwindigkeit in einer Höhe von 35 m betrug ca. 7,5 m/s

annual wind speed *(wind)* Jahreswindgeschwindigkeit f

anode n *(FC)* Anode f

- the anode is made of nickel
- die Anode besteht aus Nickel
- a single cell consists of two electrodes – an anode and a cathode
- eine einzelne Zelle besteht aus zwei Elektroden – einer Anode und einer Kathode
- at the anode, hydrogen atoms are split into protons and electrons by a catalyst
- an der Anode werden Wasserstoffatome durch einen Katalysator in Protonen und Elektronen aufgespalten
- the anode is simply defined as the side that reacts with hydrogen
- als Anode wird ganz einfach die Seite bezeichnet, die mit dem Wasserstoff reagiert

anode catalyst *(FC)* Anodenkatalysator m

- to use a suitable anode catalyst
- einen geeigneten Anodenkatalysator verwenden
- the anode catalyst contains platinum
- der Anodenkatalysator enthält Platin

anode reaction *(FC)* Anodenreaktion f

- the electrochemical reaction consists of an anode reaction and a cathode reaction
- die elektrochemische Reaktion besteht aus einer Anodenreaktion und einer Katodenreaktion

antireflection layer *(solar)* Antireflexschicht f; Antireflektionsschicht f

- the function of the antireflection layer is to trap the light falling on the solar cell
- die Antireflexschicht hat die Aufgabe, das auf die Solarzelle fallende Licht einzufangen
- silicon oxides or titanium dioxide are employed as the antireflection layer in solar cells
- Siliziumoxide oder Titaniumdioxid werden als Antireflexschicht in Solarzellen eingesetzt

antireflective coating *(solar)* Antireflexschicht f; Antireflektionsschicht f

- an antireflective coating is applied to the top of the cell
- eine Antireflexschicht wird auf die Oberseite der Zelle aufgebracht

application n Anwendung f; Anwendungsfall m

- automotive application
- automobile Anwendung
- commercial application
- kommerzielle Anwendung
- land-based application
- landgestützte Anwendung
- maritime application
- maritime Anwendung
- military application
- militärische Anwendung
- mobile application
- mobile Anwendung
- naval application
- Marineanwendung
- portable application
- portable/tragbare Anwendung
- for special(ized)/specialty/specific applications
- für spezielle Anwendungsfälle/Anwendungen
- stationary application
- stationäre Anwendung
- terrestrial application
- terrestrische Anwendung
- for vehicular applications
- für den Einsatz in Fahrzeugen
- to find application/use
- Anwendung finden

approval process Genehmigungsverfahren n

- it is anticipated that the approval process will take six to ten months
- man geht davon aus, dass das Genehmigungsverfahren sechs bis zehn Monate dauern wird

aquifer n *(geo)* wasserführende Schicht; Aquifer m

- to exploit shallow aquifers with heat pumps for heating and air conditioning
- in geringerer Tiefe gelegene Aquifere mit Wärmepumpen für Heiz- und Klimatisierungszwecke nutzen
- an aquifer is a water-bearing stratum of sand, rock, or gravel
- ein Aquifer ist eine wasserführende Sand-, Gesteins- oder Kiesschicht

area n Fläche f

- a typical wind farm of 20 turbines might extend over an area of 1 square kilometre
- eine typische Windfarm mit 20 Turbinen kann sich über eine Fläche von einem Quadratkilometer erstrecken

array n *(solar)* Feld n

- modules or arrays, by themselves, do not constitute a PV system
- Module oder Felder für sich allein bilden noch keine Photovoltaik-Anlage
- modules can be connected into arrays
- Module können zu Feldern zusammengeschaltet werden
- these arrays may be composed of many thousands of individual cells
- diese Felder können aus vielen tausenden Einzelzellen bestehen

array of PV modules Solarfeld n

- the array of PV modules is expected to produce around 55MWh a year
- das Solarfeld soll im Jahr 55 MWh produzieren

ash content Aschegehalt m

- the ash content of biomass is lower than that of coal
- der Aschegehalt von Biomasse ist niedriger als der von Kohle

asynchronous generator Asynchrongenerator m

- this asynchronous generator is designed and built specially for wind turbines
- dieser Asynchrongenerator wurde speziell für Windturbinen konzipiert und gebaut
- double-feed asynchronous generator
- doppeltgespeister Asynchrongenerator

atmosphere n Atmosphäre f

- the gas leaks into the atmosphere
- das Gas entweicht in die Atmosphäre
- a filter removes the carbon dioxide gas, preventing its release to the atmosphere
- ein Filter beseitigt das Kohlenstoffdioxidgas und verhindert so, dass es in die Atmosphäre freigesetzt wird
- to discharge about 55,000 tonnes of carbon dioxide into the atmosphere annually
- jährlich etwa 55.000 Tonnen Kohlendioxid in die Atmosphäre emittieren

atmospheric oxygen Luftsauerstoff m

- the PEMFC can operate with atmospheric oxygen
- die PEMFC kann mit Luftsauerstoff arbeiten

atmospheric pressure Atmosphärendruck m; Umgebungsluftdruck m

- the fuel cell operates at atmospheric pressure
- die Brennstoffzelle arbeitet bei Atmosphärendruck

atom of silicon Siliziumatom n

- an atom of silicon has 14 electrons, arranged in 3 different shells
- ein Siliziumatom besitzt 14 Elektronen, die sich in drei verschiedenen Schalen befinden

auto industry Autoindustrie f

- they have announced joint ventures to supply fuel cell engines to the world's auto industry
- sie haben Jointventures angekündigt, die die Automobilindustrie auf der ganzen Welt mit Brennstoffzellenantrieben versorgen sollen

automaker n Autohersteller m

- involvement of the automakers will assure that emphasis is placed on advanced, low cost manufacturing techniques
- durch die Einbeziehung der Autohersteller wird sichergestellt, dass das Hauptaugenmerk auf modernen und kostengünstigen Fertigungsverfahren liegt

automotive fuel cell technology Brennstoffzellentechnologie für Autos

availability n Verfügbarkeit f

- the downtime will be determined largely by the availability and delivery of spare parts
- the cells have shown an average availability of 95 percent
- the limited availability of solar power
- die Nichtverfügbarkeitszeit hängt weitgehend von der Verfügbarkeit und Lieferung von Ersatzteilen ab
- die durchschnittliche Verfügbarkeit der Zellen beträgt 95 Prozent
- die begrenzte Verfügbarkeit der Solarenergie

available adj verfügbar

- the fuel cells were available between 85 percent and 88 percent of the time
- die Verfügbarkeit der Brennstoffzellen betrug zwischen 85 und 88 Prozent

average annual wind speed *(wind)* mittlere Jahreswindgeschwindigkeit; Windgeschwindigkeit im Jahresmittel

- with average annual wind speeds of approximately 16 mph and higher at a height of 30 meters
- mit mittleren Jahreswindgeschwindigkeiten von ca. 26 km/h und mehr bei einer Höhe von 30 m

aviation fuel Flugzeugtreibstoff m

- to develop a fuel cell system that can use either diesel or aviation fuel
- ein Brennstoffzellensystem entwickeln, das mit Diesel- oder Flugzeugtreibstoff betrieben werden kann

axis n (pl axes) *(wind)* Achse f

- the blades revolve on a horizontal axis
- as the wind increases the windmill turns on its vertical axis
- die Blätter drehen sich um eine horizontale Achse
- wenn der Wind stärker wird, dreht sich die Windmühle um ihre vertikale Achse

axis of rotation *(wind)* Drehachse f

- the axis of rotation is vertical with respect to the ground
- die Drehachse ist senkrecht zur Grundfläche

B

back n Rückseite f

- the back of a silicon cell
- die Rückseite einer Siliziumzelle

backpressure steam turbine Gegendruckdampfturbine f

- the main components of the combined cycle plant are two gas turbines, a backpressure steam turbine and two waste-heat recovery boilers
- die Hauptbestandteile der Kombianlage sind zwei Gasturbinen, eine Gegendruck-Dampfturbine und zwei Abhitzekessel

backup diesel generation Stromerzeugung mit Diesel-Notstromaggregat

- the hybrid system is operated without use of any backup diesel generation
- die Hybridanlage wird ohne Diesel-Notstromaggregat betrieben

back-up diesel generator Diesel-Notstromaggregat n

- larger wind systems make more frequent use of back-up diesel generators
- bei größeren Windanlagen findet man häufiger Diesel-Notstromaggregate

bagasse n Bagasse f

- bagasse is a by-product of sugarcane processing
- Bagasse ist ein Nebenprodukt der Zuckerrohrverarbeitung
- the waste from processing sugar cane is called bagasse
- der bei der Zuckerrohrverarbeitung entstehende Abfall wird als Bagasse bezeichnet
- the sugar cane industry produces large volumes of bagasse
- die Zuckerrohrindustrie erzeugt große Mengen an Bagasse

balance of heat and electricity output Verhältnis von abgegebener Nutzwärme zu abgegebener elektrischer Energie

- in CHP systems, the balance of heat and electricity output is optimised to meet the particular site requirements
- bei KWK-Anlagen wird das Verhältnis von abgegebener Nutzwärme zu abgegebener elektrischer Energie optimal auf die Anforderungen vor Ort abgestimmt

banded-structure fuel cell system Streifenmembran-Brennstoffzellensystem n

band gap; bandgap *(solar)* Bandlücke f

- the band gap determines the strength of the electric field
- die Bandlücke bestimmt die Stärke des elektrischen Feldes
- different materials have different band gaps
- unterschiedliche Stoffe haben unterschiedliche Bandlücken

baseload application Grundlastbetrieb m

- these power stations offer outstanding efficiencies in baseload application
- diese Kraftwerke bieten ausgezeichnete Wirkungsgrade im Grundlastbetrieb

base-load duty Grundlastbetrieb m

- the turbine is suitable for both peaking and base-load duties
- die Turbine eignet sich für Spitzenlast- und Grundlastbetrieb

base-loaded plant Grundlastkraftwerk n

base load energy Grundlaststrom m

- power stations that provide base load energy are usually coal or nuclear stations
- Kraftwerke, die Grundlaststrom produzieren, sind gewöhnlich Kohle- oder Kernkraftwerke

base load for heat Wärmegrundlast f
- to cover the base loads for heat • die Wärmegrundlast abdecken

base load generation Grundlast-Stromerzeugung f

base-load operation Grundlastbetrieb m
- fossil plants were designed primarily for base-load operation • fossilbefeuerte Anlagen wurden hauptsächlich für Grundlastbetrieb vorgesehen

base-load plant Grundlast-Kraftwerk n
- energy generated by a base-load plant during periods of low demand is used to increase the potential energy of water • die von einem Grundlastkraftwerk während der Schwachlastzeiten erzeugte Energie wird zur Erhöhung der Lageenergie von Wasser verwendet

base-load power Grundlaststrom m
- large central plants provide base-load power • Großkraftwerke liefern Grundlaststrom

base load power generating plant Grundlastkraftwerk n

baseload station Grundlast-Kraftwerk n

base thermal load Wärmegrundlast f

battery n Batterie f
- the fuel cell is very much like a battery • die Brennstoffzelle hat große Ähnlichkeit mit der Batterie
- unlike a battery, a fuel cell consumes fuel and does not require recharging • im Gegensatz zur Batterie verbraucht eine Brennstoffzelle Brennstoff und muss nicht nachgeladen werden
- a nickel-cadmium battery is available for peak-power needs • die vorhandene Nickel-Cadmium-Batterie dient zur Abdeckung der Spitzenlast

battery bank Batteriespeicher m; Batteriespeicheranlage f
- the system includes six wind turbines, a PV array, an inverter, and a battery bank • die Anlage besteht aus sechs Windturbinen, einem PV-Feld, einem Wechselrichter und einem Batteriespeicher
- battery bank sizes typically range from one to three days of back-up capability • die Batteriespeicher sind üblicherweise für eine Reservekapazität, die für ein bis drei Tage reicht, ausgelegt

battery replacement Batterieersatz m
- fuel cells for use as battery replacements • Brennstoffzellen als Batterieersatz
- fuel cells for battery replacement applications • Brennstoffzellen als Batterieersatz

binary-cycle plant *(geo)* Zweikreis-System n
- this 10-MW binary cycle plant uses ammonia as working fluid • bei diesem 10-MW-Zweikreissystem wird Ammoniak als Arbeitsmittel verwendet

binary fluid cycle *(geo)* Zweikreis-System n

bio-based fuel Biobrennstoff m; Biokraftstoff m
- proponents of using bio-based fuels are gaining momentum • die Anhänger von Biokraftstoffen bekommen Auftrieb
- bio-based fuels are recyclable • Biobrennstoffe sind recyclierbar

biodegradable adj biologisch abbaubar
- to produce methane from biodegradable waste • aus biologisch abbaubarem Müll Methan herstellen

biodiesel n Biodiesel m
- soybeans are used to produce so-called biodiesel
- biodiesel is used to fuel farm machinery

- Sojabohnen werden zur Herstellung von so genanntem Biodiesel verwendet
- Biodiesel wird als Treibstoff für landwirtschaftliche Maschinen eingesetzt

bioenergy n Bioenergie f
- the journal deals with the environmental aspects of bioenergy
- the chemical energy stored in plants and animals is called bioenergy

- die Fachzeitschrift beschäftigt sich mit den Umweltaspekten der Bioenergie
- die chemische Energie, die in Pflanzen und Tieren gespeichert ist, bezeichnet man als Bioenergie

bioenergy market Bioenergiemarkt m

biofuel n Biobrennstoff m; Biokraftstoff m; Biotreibstoff m
- in the longer term biofuels are likely to supersede gas in many new installations
- ethanol is the most widely used biofuel
- proponents of using bio-based fuels are gaining momentum

- langfristig werden Biobrennstoffe wahrscheinlich Gas in vielen neuen Anlagen verdrängen
- Ethanol ist der am weitesten verbreitete Biokraftstoff
- die Anhänger von Biokraftstoffen bekommen Auftrieb

biogas n Biogas n
- the biogas is fired in a small gas turbine
- the biogas is then used to drive a high-efficiency gas turbine

- mit dem Biogas wird eine kleine Gasturbine befeuert
- mit dem Biogas wird anschließend eine Hochleistungsgasturbine angetrieben

biomass n Biomasse f
- this liquid fuel can be made cheaply from biomass
- to convert biomass to methanol
- biomass today accounts for about 3% of the country's total energy production
- biomass is one of the oldest fuels known to human kind
- these fuel cell power plants operate on biomass
- biomass energy production on a large scale
- only certain types of biomass materials can be used for direct combustion
- biomass is a primary energy resource which encompasses a variety of feedstocks with wide ranging properties
- biomass is stored solar energy
- solid, liquid and gaseous biomass

- dieser flüssige Brennstoff lässt sich kostengünstig aus Biomasse herstellen
- Biomasse in Methanol umwandeln
- Biomasse macht heute insgesamt etwa 3 % der gesamten Energieerzeugung des Landes aus
- Biomasse ist einer der ältesten Brennstoffe, die der Mensch kennt
- diese Brennstoffzellen-Kraftwerke werden mit Biomasse betrieben
- Energiegewinnung aus Biomasse in großem Umfang
- nur ganz bestimmte Arten von Biomasse eignen sich für die direkte Verbrennung
- Biomasse ist ein Primärenergieträger, der viele Ausgangsstoffe mit einer Vielzahl von Eigenschaften umfasst
- Biomasse ist gespeicherte Sonnenenergie
- feste, flüssige und gasförmige Biomasse

biomass combustion Biomasseverbrennung f
- biomass combustion can be used to generate heat and steam

- die Biomasseverbrennung kann zur Erzeugung von Strom und Wärme eingesetzt werden

biomass electricity n Biomassestrom m; Strom aus Biomasse
- researchers are developing advanced technologies that reduce the cost of biomass electricity

- Forscher arbeiten an der Entwicklung von modernen Verfahren zur Reduzierung der Kosten von Biomassestrom

biomass energy Biomasse-Energie f

- biomass energy is one of the oldest energy sources known to man
- biomass energy uses the energy embodied in organic matter

- Biomasse-Energie ist eine der ältesten Energiequellen, die der Mensch kennt
- bei der Biomasse-Energie wird die in organischen Stoffen enthaltene Energie genutzt

biomass energy feedstock Ausgangsstoff/Ausgangsmaterial für Biomasse-Energie; biogene Rohstoffe für die energetische Nutzung

biomass energy production Energiegewinnung aus Biomasse

biomass feedstock Ausgangsstoff/Ausgangsmaterial/Rohstoff für Biomasse; Biomasserohstoffe mpl

- large-scale production of dedicated biomass feedstocks
- ABC will grow energy crops to have enough biomass feedstock available
- a wide assortment of plants can be grown as energy crops for use as biomass feedstocks
- biomass feedstocks are bulky and costly to transport

- Erzeugung spezieller Ausgangsmaterialien für Biomasse im großen Maßstab
- ABC wird Energiepflanzen anbauen, um genügend Biomasserohstoffe verfügbar zu haben
- es gibt eine Vielzahl von Pflanzen, die sich zum Anbau als Energiepflanzen für die Verwendung als Biomasserohstoffe eignen
- Biomasserohstoffe sind voluminös und ihr Transport ist teuer

biomass-fired cogeneration Kraft-Wärme-Kopplung mit Biomassefeuerung

- process steam from biomass-fired cogeneration

- Prozessdampf aus KWK-Anlagen mit Biomassefeuerung

biomass-fired electricity generation Stromerzeugung aus Biomasse

- biomass-fired electricity generation is currently uneconomic

- die Stromerzeugung aus Biomasse ist zur Zeit unwirtschaftlich/unrentabel

biomass-fired electricity plant Biomassekraftwerk n

- ABC will become the largest biomass-fired electricity plant in Europe

- ABC wird das größte Biomassekraftwerk Europas sein

biomass-fired powerplant biomassebefeuertes Kraftwerk; Biomassekraftwerk n

- an important consideration for the future use of biomass-fired power plants is the treatment of biomass flue gases

- die Behandlung der Biomasse-Rauchgase ist ein wichtiger Aspekt, der beim zukünftigen Einsatz von Biomassekraftwerken berücksichtigt werden muss

biomass fuel Biomassebrennstoff m

- biomass fuels can be used to generate electricity
- these advanced generating systems are optimized to run entirely on biomass fuel
- the plant could run on biomass fuels

- Biomassebrennstoffe können zur Stromerzeugung verwendet werden
- diese modernen Energieerzeugungsanlagen sind für den ausschließlichen Betrieb mit Biomassebrennstoffen optimiert
- die Anlage könnte mit Biomassebrennstoffen betrieben werden

biomass-fuel(l)ed generating system Biomassekraftwerk n

biomass gasification Biomassevergasung f

- biomass gasification for electricity production

- Biomassevergasung zur Stromerzeugung

- biomass gasification is still at a research and development stage
  - die Biomassevergasung befindet sich noch im Forschungs- und Entwicklungsstadium
- this technology makes biomass gasification competitive with conventional electricity generating technologies
  - durch diese Technologie wird die Biomassevergasung konkurrenzfähig zu herkömmlichen Stromerzeugungsverfahren

biomass gasification plant Biomassevergasungsanlage f; Anlage zur Biomassevergasung

- co-firing of gas from a biomass gasification plant in a coal-fired power plant
  - Mitverbrennung von Gas aus einer Biomassevergasungsanlage in einem Kohlekraftwerk

biomass material Biomasse f

- only certain types of biomass materials can be used for direct combustion
  - nur ganz bestimmte Arten von Biomasse eignen sich für die direkte Verbrennung

biomass plant Biomasseanlage f

- the ash that is recovered from a biomass plant can be used for fertilizer
  - die Asche aus einer Biomasseanlage kann als Düngemittel verwendet werden
- ash from a biomass plant contains a relatively large amount of unburned carbon
  - die Asche aus einer Biomasseanlage enthält einen relativ hohen Anteil an unverbranntem Kohlenstoff
- high-efficiency biomass plant
  - Hochleistungsbiomasseanlage

biomass power Biomassestrom m; Strom aus Biomasse

- municipal waste is the second largest source of biomass power
  - Abfälle aus dem kommunalen Bereich sind die zweitgrößte Quelle für Biomassestrom
- the growing interest in biomass power
  - das wachsende Interesse an Biomassestrom
- biomass power is enjoying a wave of interest among some electric utilities
  - Biomassestrom stößt bei einigen Stromerzeugern auf sehr starkes Interesse
- biomass power helps improve the environment by reducing sulfur emissions
  - Energie aus Biomasse trägt durch die Reduzierung der Schwefelemissionen zur Verbesserung der Umwelt bei

biomass power generation Stromerzeugung aus Biomasse

biomass power plant Biomassekraftwerk n; Biomasse-Kraftwerk n

- these biomass power plants generate over 7,500 megawatts of electricity
  - diese Biomassekraftwerke produzieren mehr als 7.500 Megawatt Strom

biomass power use Verwendung von Biomassestrom

- to increase biomass power use
  - die Verwendung von Biomassestrom erhöhen

biomass use Nutzung von Biomasse; Biomassenutzung f

- the country hopes to double its biomass use by the end of the decade
  - das Land will bis zum Ende des Jahrzehnts die Biomassenutzung verdoppeln

bipolar plate *(FC)* Bipolarplatte f

- low-cost bipolar plates have been developed
  - es wurden kostengünstige Bipolarplatten entwickelt
- metallic bipolar plate
  - metallische Bipolarplatte
- present graphite bipolar plates are expensive, heavy and large
  - die zurzeit verwendeten Bipolarplatten auf Graphitbasis sind teuer, schwer und groß

bird n Vogel m

- potential effects on birds are dependent on site locations
- research has shown impact on birds to be greatest at times of poor visibility and stormy weather

- mögliche Auswirkungen auf Vögel/die Vogelwelt hängen vom jeweiligen Standort ab
- Forschungsergebnisse zeigen, dass die Auswirkungen auf die Vogelwelt bei schlechten Sichtverhältnissen und stürmischem Wetter am größten sind

bird kill from impact with the turning rotor Vogelschlag m

bird life Vogelwelt f

- possible disruption of local bird life

- mögliche störende Einflüsse auf die Vogelwelt am Standort

blade n *(wind)* Rotorblatt n; Blatt n; Flügel m (see also **rotor blade**)

- the blades rotate at ... revolutions per minute
- the majority of modern wind turbines have two blades
- three turbines were struck by lightning last February, causing serious damage to blades

- die Rotorblätter drehen sich mit einer Drehzahl von ... Umdrehungen pro Minute
- die meisten Windturbinen haben heute zwei Blätter
- drei Turbinen wurden im Februar vom Blitz getroffen, was zu ernsten Rotorblattschäden führte

blade assembly *(wind)* Rotorblattbaugruppe f

- this pressure difference causes the blade assembly to spin

- durch diesen Druckunterschied wird die Rotorblattgruppe in Drehung versetzt

blade damage *(wind)* Rotorblattschaden m

- minor blade damage can result in off-optimum rotor rotation speeds
- turbines installed at three different locations suffered serious lightning induced blade damage

- kleinere Rotorblattschäden können zu nicht optimalen Rotordrehzahlen führen
- an drei verschiedenen Standorten entstanden an Turbinen durch Blitzschlag ernste Rotorblattschäden

blade pitch adjustment *(wind)* Blattverstellung f

- some turbines have computer-controlled blade pitch adjustments

- einige Turbinen sind mit einer rechnergesteuerten Blattverstellung ausgerüstet

blade pitch change mechanism *(wind)* Blattverstellmechanismus m

blade pitch mechanism *(wind)* Blattverstellmechanismus m

blade testing facility *(wind)* Prüfanlage für Rotorblätter

- the blade testing facility is fully operational
- this blade testing facility is one of the most advanced testing facilities in the world

- die Prüfeinrichtung für Rotorblätter ist betriebsbereit
- diese Prüfanlage für Rotorblätter ist eine der modernsten der Welt

blade tip *(wind)* Blattspitze f

- the blade tips move along a circle during rotation

- die Blattspitzen beschreiben bei der Drehbewegung einen Kreis

blade tip speed *(wind)* Geschwindigkeit der Blattspitze; Blattspitzengeschwindigkeit f

boiler m Kessel m; Dampferzeuger m

- coal-fired boiler
- dedicated boilers are constructed for biomass such as straw, grass and wood chips

- kohlebefeuerter Kessel
- für Biomasse wie Stroh, Gras und Holzspäne werden spezielle Kessel gebaut

boiler plant Kesselanlage f

boiling point: **with a low boiling point** niedrigsiedend

borehole n *(geo)* Bohrloch n; Bohrung f

- to inject water into boreholes
- boreholes in a depth range of 100 – 4,000 m

- Wasser in Bohrlöcher verpressen
- Bohrlöcher in einer Tiefe von 100 bis 4000 m

boron n Bor n

- boron has only 3 electrons in its outer shell
- one layer is doped with atoms of boron
- the silicon is doped with a small quantity of boron

- Bor hat nur drei Elektronen in seiner äußeren Schale
- eine Schicht wird mit Boratomen dotiert
- das Silizium wird mit einer geringen Menge Bor dotiert

boron atom Boratom n

boron-doped adj bordotiert

braking system *(wind)* Bremssystem n

- the aerodynamic and mechanical braking systems have been improved

- die aerodynamischen und mechanischen Bremssysteme sind verbessert worden

brine n *(solar)* Sole f

- heated brine is drawn from the bottom of the pond and piped into a heat exchanger

- die erhitzte Sole wird vom Grund des Teiches abgepumpt und in einen Wärmetauscher geleitet

brown coal Braunkohle f

- main cause of these environmental problems is the use of brown coal
- brown-coal quality has been deteriorating

- diese Umweltprobleme sind vor allem auf die Verwendung von Braunkohle zurückzuführen
- die Qualität der Braunkohle hat sich ständig verschlechtert

building facade *(solar)* Gebäudefassade f

building roof *(solar)* Gebäudedach n

bulb-turbine n; **bulb turbine** *(hydro)* Rohrturbine f

- the bulb turbine's generator must be of relatively small diameter

- der Generator einer Rohrturbine muss einen relativ kleinen Durchmesser aufweisen

bulb-type turbine *(hydro)* Rohrturbine f

bulky adj klobig; unhandlich; sperrig; voluminös; großvolumig

- cars that do not need bulky batteries
- to carry bulky hydrogen tanks

- Autos, die keine voluminösen Batterien benötigen
- voluminöse Wasserstofftanks mitführen

bundle n *(FC)* Bündel n

- multiple tubes link to form bundles
- bundles link to form modules

- mehrere Röhren werden zu Bündeln verschaltet
- Bündel werden zu Modulen verschaltet

burnable adj brennbar

- burnable methane

- brennbares Methan

business consumer Geschäftskunde m

business customer Geschäftskunde m

bus operator Busbetreiber m

- the bus operator plans to convert the entire fleet to fuel cell buses
- the bus operator has announced plans to begin deploying fuel cell buses in 2005

- der Busbetreiber will die gesamte Flotte auf Brennstoffzellenbusse umstellen
- der Busbetreiber hat Pläne bekannt gegeben, die den Einsatz von Brennstoffzellenbussen im Jahre 2005 vorsehen

bypass diode Bypassdiode f; Bypass-Diode f

- the bypass diode is connected in parallel with a PV module

- die Bypassdiode wird parallel zu einem PV-Modul geschaltet

byproduct n; **by-product** n Nebenprodukt n

- the only byproducts are heat and pure, drinkable water
- fuel cells produce heat as a byproduct of the chemical reaction
- the by-products of this process are water vapor and heat

- die einzigen Nebenprodukte sind Wärme und reines, trinkbares Wasser
- Brennstoffzellen erzeugen als Nebenprodukt der chemischen Reaktion Wärme
- bei diesem Prozess entstehen als Nebenprodukte Wasserdampf und Wärme

C

cadmium telluride *(solar)* Cadmium-Tellurid n; Cadmiumtellurid n

- copper indium diselenide and cadmium telluride also show promise as low-cost solar cells
- Kupfer-Indium-Diselenid und Cadmium-Tellurid sind ebenfalls vielversprechende Werkstoffe zur Herstellung kostengünstiger Solarzellen
- ABC opted to develop cadmium telluride cells
- ABC entschied sich für die Entwicklung von Cadmium-Tellurid-Zellen
- to add a cadmium telluride layer
- eine Cadmium-Tellurid-Schicht hinzufügen

CAES compressed air energy storage

- the use of CAES is limited to sites where there is an air-tight underground cavern
- Druckluftspeicherung ist nur an Standorten mit einem luftdichten unterirdischen Hohlraum möglich

CAES plant Druckluftspeicher-Kraftwerk n; Luftspeicherkraftwerk n

calorific value Heizwert m

- solid waste of high calorific value
- fester Müll mit hohem Heizwert

capacity n Leistung f; Kapazität f

- globally, close to 50MW of fuel cell capacity is now in service
- weltweit befinden sich Brennstoffzellen mit einer installierten Leistung von fast 50 MW im Einsatz

capacity range Leistungsbereich m

- this fuel cell is best suited for applications in the 1 to 20 MW capacity range
- diese Brennstoffzelle eignet sich am besten für Anwendungen im Leistungsbereich von 1 MW bis 20 MW

capacity to do work Arbeitsvermögen n

capital cost Investitionskosten pl

- the current capital cost for a turbine is about $ ...
- die Anschaffungskosten für eine Turbine betragen zur Zeit ... Dollar
- the capital cost for an advanced turbine is estimated to be $ ...
- die Anschaffungskosten für eine moderne Turbine liegen zur Zeit schätzungsweise bei ... Dollar

capture v einfangen

- the top cell captures blue light
- die oberste Zelle fängt blaues Licht ein

carbohydrate n Kohlenhydrat n

- biomass consists of about 25% lignin and 75% carbohydrates or sugars
- Biomasse besteht aus ca. 25 % Lignin und 75 % Kohlenhydraten oder Zucker

carbon n Kohlenstoff m

- electrodes are made of carbon and a metal such as nickel
- die Elektroden werden aus Kohlenstoff und einem Metall, z. B. Nickel, hergestellt

carbonate n Karbonat n

- these fuel cells use molten carbonate as the electrolyte
- bei diesen Brennstoffzellen wird geschmolzenes Karbonat als Elektrolyt verwendet

carbonate electrolyte *(FC)* Karbonatelektrolyt m

- the carbonate electrolyte is contained in a porous matrix
- der Karbonatelektrolyt befindet sich in einer porösen Matrix
- these fuel cells have a carbonate electrolyte that must be kept in a liquid form
- diese Brennstoffzellen besitzen einen Karbonatelektrolyt, der in flüssigem Zustand gehalten werden muss
- to keep the carbonate electrolyte in a molten state
- den Karbonatelektrolyt in flüssigem Zustand halten

carbonate ion Karbonation n

- at the cathode, oxygen and carbon dioxide are converted into carbonate ions
- an der Katode werden Sauerstoff und Kohlendioxid in Karbonationen umgewandelt
- at the anode, hydrogen reacts with carbonate ions to form water and CO_2
- an der Anode reagiert Wasserstoff mit Karbonationen zu Wasser und CO_2

carbon-based fuel Brennstoff/Kraftstoff auf Kohlenstoffbasis

- this fuel cell internally reforms carbon-based fuels
- bei dieser Brennstoffzelle werden Brennstoffe auf Kohlenstoffbasis intern reformiert
- sulfur is found in all carbon-based fuels
- alle Brennstoffe auf Kohlenstoffbasis enthalten Schwefel

carbon dioxide Kohlendioxid n (see also **CO_2**)

- carbon dioxide is a greenhouse gas which raises the temperature of the atmosphere
- Kohlendioxid ist ein Treibhausgas, das die Temperatur der Atmosphäre erhöht
- alkaline cells cannot tolerate carbon dioxide
- alkalische Zellen sind nicht CO_2-tolerant
- this type of fuel cell is capable of converting carbon monoxide (CO) into carbon dioxide
- dieser Brennstoffzellentyp kann Kohlenmonoxid in Kohlendioxid umwandeln
- the emissions from the NGFC are primarily carbon dioxide and water
- bei den Emissionen der erdgasbetriebenen Brennstoffzelle handelt es sich hauptsächlich um Kohlendioxid und Wasser

carbon dioxide emissions pl; **CO_2 emissions** pl Kohlendioxidemissionen fpl; Kohlendioxidausstoß m; CO_2-Emissionen fpl; CO_2-Ausstoß m

- to reduce carbon dioxide emissions by nearly 50%
- die Kohlendioxidemissionen um fast 50 % reduzieren
- elimination of carbon dioxide emissions
- Beseitigung der Kohlendioxidemissionen
- the unavoidable CO_2 emissions produced by all CHP installations decrease as the electrical efficiency increases
- die unvermeidbaren Kohlendioxidemissionen, die von allen KWK-Anlagen erzeugt werden, nehmen mit zunehmendem elektrischem Wirkungsgrad ab

carbonic acid Kohlensäure f

carbon monoxide (CO) Kohlenmonoxid n

- this fuel cell is capable of converting carbon monoxide into carbon dioxide
- diese Brennstoffzelle kann Kohlenmonoxid in Kohlendioxid umwandeln
- the fuel consists of a mixture of hydrogen and carbon monoxide generated from water and a fossil fuel
- der Brennstoff besteht aus einem Gemisch aus Wasserstoff und Kohlenmonoxid, das aus Wasser und einem fossilen Brennstoff hergestellt wird
- the plant also uses a boiler system that minimizes emissions of carbon monoxide
- die Anlage ist mit einer Kesselanlage mit minimalen Kohlendioxidemissionen ausgerüstet

carbon monoxide concentration CO-Konzentration f

carbon monoxide tolerant CO-tolerant

- improved metal catalysts are needed that are carbon monoxide tolerant
- es werden bessere Metallkatalysatoren benötigt, die CO-tolerant sind

car industry Autoindustrie f

- the car industry is focusing on alternatives to oil-based fuels
- die Autoindustrie konzentriert sich auf Alternativen zu den aus Erdöl hergestellten Kraftstoffen

car maker Autohersteller m

- foreign car makers have taken the lead in fuel cells
- ausländische Autohersteller haben auf dem Gebiet der Brennstoffzellen die Führung übernommen
- ABC is one of the leading car makers in the fuel cell field
- ABC gehört zu den führenden Autoherstellern auf dem Gebiet der Brennstoffzellen

Carnot cycle Carnot-Prozess m; Carnot-Kreisprozess m

- fuel cells have no moving parts and are not limited by the Carnot cycle
- Brennstoffzellen haben keine beweglichen Teile und unterliegen nicht den Beschränkungen des Carnot-Prozesses
- this technology is unconstrained by the limitations of the Carnot cycle
- diese Technologie unterliegt nicht den Beschränkungen des Carnot-Prozesses

Carnot cycle heat engine auf dem Carnot-Prozess beruhende Wärmekraftmaschine

- fuel cells are more efficient than Carnot cycle heat engines
- Brennstoffzellen haben einen höheren Wirkungsgrad als die auf dem Carnot-Prozess beruhenenden Wärmekraftmaschinen

cascading heat *(geo)* Kaskadennutzung der Wärme

catalysis n *(FC)* Katalyse f

catalyst n *(FC)* Katalysator m

- the electrodes are coated with a platinum catalyst on one side
- die Elektroden sind auf einer Seite mit einem Platinkatalysator beschichtet
- hydrogen atoms are split by a catalyst into hydrogen ions and electrons
- durch einen Katalysator werden die Wasserstoffatome in Wasserstoffionen und Elektronen aufgespalten
- catalysts are used to facilitate the chemical reactions
- Katalysatoren werden eingesetzt, um die chemischen Reaktionen zu erleichtern
- the catalyst converts a mixture of water and methanol into hydrogen and carbon dioxide
- der Katalysator wandelt ein Methanol-Wassergemisch in Wasserstoff und Kohlendioxid um
- the oxygen, hydrogen ions, and electrons combine on a catalyst to form water
- Sauerstoff, Wasserstoffionen und Elektronen verbinden sich auf einem Katalysator zu Wasser
- a new catalyst dramatically improves the performance of fuel cells
- ein neuartiger Katalysator führt zu einer starken Verbesserung der Leistung von Brennstoffzellen
- these catalysts work only with very pure hydrogen
- diese Katalysatoren funktionieren nur mit sehr reinem Wasserstoff
- catalysts are materials that accelerate a chemical reaction without being consumed in it
- Katalysatoren sind Stoffe, die eine chemische Reaktion beschleunigen, ohne in ihr aufzugehen

catalyst costs Katalysatorkosten pl

catalyst development Katalysatorentwicklung f

catalyst material Katalysatormaterial n

- the catalyst material is platinum
- als Katalysatormaterial wird Platin verwendet

catalytic partial oxidation katalytische Teiloxidation

- catalytic partial oxidation takes place at 700°C
- die katalytische Teiloxidation findet bei 700 °C statt

catchment area *(hydro)* Einzugsgebiet n; Wassereinzugsgebiet n

- this area, called the catchment area, is often occupied by a lake
- in diesem Gebiet, das als Wassereinzugsgebiet bezeichnet wird, befindet sich oft ein See

cathode n *(FC)* Kathode f; Katode f

- the oxygen migrates through the cathode
- der Sauerstoff wandert durch die Kathode
- the cathode absorbs electrons
- die Kathode nimmt Elektronen auf
- at the cathode, oxygen reacts with the hydrogen ions and the electrons to form water
- an der Kathode reagiert Sauerstoff mit den Wasserstoffionen und Elektronen zu Wasser
- the cathode of a fuel cell is the side that reacts with oxygen
- die Kathode einer Brennstoffzelle ist die Seite, die mit dem Sauerstoff reagiert

cathode material *(FC)* Kathodenwerkstoff m; Kathodenmaterial n

- novel cathode materials
- neuartige Kathodenwerkstoffe

cathode side *(FC)* Kathodenseite f

- on the cathode side of the membrane
- auf der Kathodenseite der Membran

caustic potash Kalilauge f

cell n (see **fuel cell**; **solar cell**)

cell area (1) (Brennstoff)Zellfläche f

- the amount of electrical current produced by a cell is proportional to the total area of the cell
- der von einer Zelle erzeugte Strom ist proportional der gesamten Zellfläche

cell area (2) (Solar)Zellenfläche f

- to increase the cell area
- die Zellenfläche vergrößern

cell design Zelldesign n

- further development of the cell design
- Weiterentwicklung des Zelldesigns
- ABC is working on a cost-efficient cell design
- ABC arbeitet derzeit an einem kostengünstigen Zelldesign

cell efficiency (Solar)Zellenwirkungsgrad m (see **solar cell efficiency**)

cell stack *(FC)* Zellenstapel m; Zellstapel m; Brennstoffzellenstapel m; Brennstoffzellen-Stapel m

- individual cells are electrically connected forming a cell stack that produces direct current
- einzelne Zellen werden zu einem Zellstapel zusammengeschaltet, der Gleichstrom erzeugt
- to reduce the size of a cell stack by 30% to 50%
- die Größe des Zellenstapels um 30 bis 50 % reduzieren

cell stack life *(FC)* Lebensdauer des Zellstapels

cell surface area *(FC)* Zellfläche f

- cells with the new ceramic electrolyte generate two watts per square centimeter of cell surface area
- Zellen mit dem neuen keramischen Elektrolyt erzeugen zwei Watt pro Quadratzentimeter Zellfläche
- the current produced by an individual fuel cell is approximately a linear function of cell surface area
- der von einer einzelnen Brennstoffzelle erzeugte Strom ist etwa direkt proportional zur Zellfläche

cell temperature *(FC)* Temperatur der Zelle; Zellentemperatur f

- the cell temperature was 40°C
- die Zellentemperatur betrug 40 °C

cellular phone Handy n

- the development of small fuel cells for use in cellular phones, paging devices and computers
- die Entwicklung kleiner Brennstoffzellen für den Einsatz in Handys, Pagern und Rechnern

cell voltage *(FC)* Zellspannung f

- these fuel cells have relatively low cell voltages
- diese Brennstoffzellen haben verhältnismäßig niedrige Zellspannungen

central dispatching center Lastverteilerwarte f; Lastverteilerzentrale f

- ABC is a base-load station whose output is controlled from a computerized central dispatching center
- ABC ist ein Grundlastkraftwerk, dessen Leistung von einer rechnergestützten Lastverteilerwarte aus gesteuert wird

central power plant Großkraftwerk n

- electricity is generated by a traditional fossil-fueled central power plant
- die Stromerzeugung erfolgt in einem herkömmlichen fossil befeuerten Großkraftwerk

central power station Großkraftwerk n

- conventional generation of electricity in central power stations is normally only 30-40% energy efficient
- bei der herkömmlichen Stromerzeugung in Großkraftwerken werden normalerweise nur Wirkungsgrade von 30 bis 40 % erreicht

central receiver *(solar)* zentral angeordneter Empfänger

central-receiver plant *(solar)* Anlage mit zentral angeordnetem Empfänger

ceramic-based solid oxide fuel cell Oxidkeramische Brennstoffzelle (see also **solid oxide fuel cell**)

ceramic membrane *(FC)* keramische Membran

change in load Laständerung f

- adjustment to changes in load must be automatic
- die Anpassung an Laständerungen muss automatisch erfolgen

chemically bonded chemisch gebunden

- the primary energy chemically bonded within the fuel cell
- die in der Brennstoffzelle chemisch gebundene Primärenergie

chemical reaction chemische Reaktion

- fuel cells convert the energy liberated by chemical reactions directly into electrical energy
- Brennstoffzellen wandeln die durch chemische Reaktionen freigesetzte Energie direkt in Strom um
- the chemical reaction produces an electric current between the two electrodes
- durch die chemische Reaktion wird zwischen den beiden Elektroden ein elektrischer Strom erzeugt

- chemical reactions occur
- fuel cells consume fuel to maintain the chemical reaction
- fuel cells create electricity from an electrochemical reaction between hydrogen and oxygen
- to trigger a chemical reaction

- chemische Reaktionen treten auf
- Brennstoffzellen verbrauchen Brennstoff zur Aufrechterhaltung der chemischen Reaktion
- Brennstoffzellen erzeugen Strom durch die chemische Reaktion von Wasserstoff und Sauerstoff
- eine chemische Reaktion auslösen

CHP (see **combined heat and power**)

CHP application KWK-Anwendung f

- the use of wastes as fuels is especially attractive for CHP applications

- der Einsatz von Müll als Brennstoff bietet sich besonders für KWK-Anwendungen an

CHP-based district heating scheme Heizkraftwerk n

CHP capacity KWK-Leistung f

- ABC has declared a goal of increasing CHP capacity by 35 percent by 20..

- ABC hat es sich zum Ziel gesetzt, die KWK-Leistung bis zum Jahre 20.. um 35 % zu erhöhen

CHP community heating scheme kommunales Heizkraftwerk

CHP district heating operator Betreiber eines Heizkraftwerks

CHP plant Kraft-Wärme-Kopplungsanlage f; KWK-Anlage f

- the PAFC is more suitable for use in CHP plants
- overall fuel efficiency of CHP plant can be 80% or more compared with up to 50% for electricity generation alone

- die PAFC eignet sich besser für den Einsatz in Kraft-Wärme-Kopplungsanlagen
- der Gesamt-Brennstoffausnutzungsgrad einer KWK-Anlage kann 80% oder mehr betragen im Vergleich zu bis zu 50% bei einem reinen Kraftwerk

CHP scheme Kraft-Wärme-Kopplungsanlage f

- the operators of local authority-based CHP schemes
- current CHP schemes are 75% efficient

- die Betreiber kommunaler Kraft-Wärme-Kopplungsanlagen
- die heutigen Kraft-Wärme-Kopplungsanlagen haben einen Wirkungsgrad von 75 %

CHP unit Blockheizkraftwerk n

- the college has been fitted with a computer-controlled CHP unit that produces 176kW of electricity and 275kW of heat

- das College wurde mit einem rechnergesteuerten BHKW ausgerüstet, das 176 kW elektrische Energie und 275 kW Wärme liefert

circuit n Kreis m; Leiterkreis m; Stromkreis m

- the electrons flow through the external circuit

- die Elektronen fließen durch den äußeren Leiterkreis

circular fuel cell stack zirkularer Brennstoffzellen-Stapel

CIS (see **copper indium diselenide**)

CIS-based thin-film technology *(solar)* auf CIS basierende Dünnschichttechnologie

CIS module *(solar)* CIS-Modul n

- to fabricate CIS modules

- CIS-Module herstellen

CIS technology *(solar)* CIS Technologie f
- ABC readies the CIS technology for commercialization
- ABC bereitet die Markteinführung der CIS-Technologie vor

city driving Stadtverkehr m
- this fuel cell vehicle currently achieves ... miles in city driving
- dieses Brennstoffzellenauto hat zur Zeit im Stadtverkehr eine Reichweite von ... km

civilian use ziviler Einsatz; zivile Verwendung; zivile Anwendung
- fuel cells are now being adapted for civilian use
- Brennstoffzellen werden nun für den zivilen Einsatz weiterentwickelt

clay core *(hydro)* Kern aus Ton

clean adj sauber; umweltfreundlich
- fuel cells are inherently cleaner than systems that burn fuel to release energy
- Brennstoffzellen sind von Natur aus sauberer als Systeme, die zur Energiegewinnung Brennstoffe verbrennen

clean-up method Reinigungsverfahren n
- alternative clean-up methods are also being investigated
- alternative Reinigungsverfahren werden ebenfalls untersucht

climate change Klimaänderung f; Klimawandel m
- global climate change
- globaler Klimawandel

cloud cover Wolkendecke f

CO_2
- to emit CO_2
- CO_2 emittieren

coal combustion Kohleverbrennung f
- fly ash is the largest byproduct of coal combustion
- Flugasche ist das größte Nebenprodukt der Kohleverbrennung
- the major source of power in India is coal combustion
- die Kohleverbrennung ist die Hauptenergiequelle in Indien

coal-derived gas Kohlegas n
- fuel cells operate continuously as long as natural gas, clean coal-derived gas, or other hydrocarbon fuels are supplied
- Brennstoffzellen arbeiten kontinuierlich, solange Erdgas, sauberes Kohlegas oder andere Brennstoffe auf Kohlenwasserstoff-Basis zugeführt werden

coal-fired boiler mit Kohle befeuerter Kessel

coal-fired electrical plant Kohlekraftwerk n

coal-fired electricity generator Kohlekraftwerk n

coal-fired plant; **coal fired plant** Kohlekraftwerk n

coal-fired power plant Kohlekraftwerk n
- an advanced coal-fired power plant can operate efficiently and economically
- moderne Kohlekraftwerke können effizient und wirtschaftlich arbeiten

coal-fired power station; **coal fired power station** Kohlekraftwerk n
- wind energy is competitive with new clean coal fired power stations
- die Windenergie kann mit neuen umweltfreundlichen Kohlekraftwerken konkurrieren

coal-generated electricity Kohlestrom m; aus Kohle hergestellter Strom

coal plant Kohlekraftwerk n

- much existing coal plant will be closed before the year 2010
- viele der jetzigen Kohlekraftwerke werden vor dem Jahr 2010 stillgelegt
- conventional coal plants, for example, operate at efficiencies of 33%-35%
- die herkömmlichen Kohlekraftwerke arbeiten mit Wirkungsgraden von 33% bis 35%

coastline n Küste f

- to site wind turbines in shallow waters off Britain's coastline
- Windturbinen im seichten Wasser vor der britischen Küste errichten

cofiring n; **co-firing** n Mitverbrennung f

- co-firing of biomass in a conventional coal-fired power station
- Mitverbrennung von Biomasse in einem herkömmlichen Kohlekraftwerk
- co-firing of biomass in a coal-fired boiler
- Mitverbrennung von Biomasse in einem mit Kohle befeuerten Kessel

cogen n Kraft-Wärme-Kopplung f (see also **cogeneration**)

- cogen is more effient than power-only systems
- Kraft-Wärme-Kopplung ist wirtschaftlicher als reine Stromerzeugung

cogenerate v gleichzeitig herstellen

- future fuel cells could cogenerate electricity and steam for hospitals, shopping malls, and apartment complexes
- zukünftige Brennstoffzellen könnten gleichzeitig Strom und Dampf zur Versorgung von Krankenhäusern, Einkaufszentren und Hochhäusern liefern

cogenerated electricity KWK-Strom m

- tariffs for surplus cogenerated electricity sold to the grid are very low
- die Tarife für überschüssigen KWK-Strom, der an das öffentliche Netz verkauft wird, sind sehr niedrig

cogenerated power KWK-Strom m

- the pulp and paper industry accounts for 40 percent of all cogenerated power used in the U.S. today
- 40 % des heute in den Vereinigten Staaten verbrauchten KWK-Stroms wird von der Papier- und Zellstoffindustrie erzeugt

cogeneration n Kraftwärmekopplung f; Kraft-Wärme-Kopplung f (KWK)

- the growing demand for electricity increases the appeal of cogeneration
- die wachsende Nachfrage nach Strom erhöht die Attraktivität der Kraftwärmekopplung
- to promote the wider use of cogeneration in Europe
- den verstärkten Einsatz der Kraft-Wärme-Kopplung in Europa fördern
- cogeneration can deliver major benefits to the country's economy and environment
- die Kraftwärmekopplung kann der Wirtschaft und Umwelt des Landes große Vorteile bringen
- about 30% of power production is already based on cogeneration
- ca. 30 % der Stromerzeugung erfolgen schon in Kraft-Wärme-Kopplung
- why cogeneration pays
- warum sich die Kraft-Wärme-Kopplung auszahlt/lohnt/rentiert

cogeneration electricity KWK-Strom m

cogeneration facility Kraft-Wärme-Kopplungsanlage f; KWK-Anlage f

cogeneration installation Kraft-Wärme-Kopplungsanlage f; KWK-Anlage f

- the most commonly used fuel for most new cogeneration installations is natural gas
- in den meisten neuen Kraft-Wärme-Kopplungsanlagen wird Erdgas als Brennstoff eingesetzt

cogeneration of electricity and heat Kraft-Wärme-Kopp(e)lung f
- fuel cells allow the cogeneration of electricity and heat
- Brennstoffzellen ermöglichen die gekoppelte Erzeugung von Strom und Wärme

cogeneration plant Kraft-Wärme-Kopplungsanlage f; KWK-Anlage f
- to upgrade existing cogeneration plants
- bestehende Kraft-Wärme-Kopplungsanlagen modernisieren
- in cogeneration plants, both electricity and steam or hot water are produced from a single fuel source
- in Kraft-Wärme-Kopplungsanlagen werden sowohl Strom als auch Dampf oder Heißwasser aus einer einzigen Energiequelle erzeugt

cogeneration power plant Kraft-Wärme-Kopplungsanlage f
- the Defense Department will be operating 30 fuel cell cogeneration power plants by the end of the year
- das Verteidigungsministerium wird bis Ende des Jahres 30 Kraft Wärmekopplungs-Anlagen mit Brennstoffzellen in Betrieb haben

cogeneration project Kraft-Wärme-Kopplungsanlage f; KWK-Anlage f (see also **cogeneration plant**; **cogeneration system**)
- ABC developed small gas-fired cogeneration projects
- ABC baute kleine gasbefeuerte KWK-Anlagen

cogeneration scheme Kraft-Wärme-Kopplungsanlage f; KWK-Anlage f
- the financial viability of cogeneration schemes
- die Wirtschaftlichkeit von KWK-Anlagen

cogeneration scheme with community/district heating Heizkraftwerk n

cogeneration system Kraft-Wärme-Kopplungsanlage f; KWK-Anlage f (see also **cogeneration plant**; **cogeneration project**)
- a cogeneration system incorporates both electric power supply and the recovery of thermal energy
- eine Kraft-Wärme-Kopplungsanlage umfasst sowohl die Bereitstellung elektrischer Energie als auch die Rückgewinnung von Wärme
- cogeneration systems that produce both electricity and thermal energy have been in use for decades
- KWK-Anlagen, die Strom und Wärme erzeugen, gibt es schon seit Jahrzehnten

cogeneration system with district heating Heizkraftwerk n
- large scale cogeneration systems associated with district heating (CHP/DH) produce almost 3% of Europe's electricity
- große Heizkraftwerke erzeugen fast 3 % des europäischen Strombedarfs

cogeneration technology KWK-Technologie f
- cogeneration technology is not widely used in industries such as textiles manufacturing
- die KWK-Technologie findet man relativ selten in Industriezweigen wie der Textilherstellung

cogenerator n (1) Kraft-Wärme-Kopplungsanlage f
- cogenerators use waste heat to produce steam which is used to spin a turbine
- in Kraft-Wärme-Kopplungsanlagen wird Abwärme zur Erzeugung von Dampf verwendet, der dann zum Antrieb einer Turbine dient

cogenerator n (2) Betreiber einer KWK-Anlage
- this arrangement benefits both the cogenerator and the utility
- diese Abmachung bringt sowohl dem Betreiber der KWK-Anlage als auch dem EVU Vorteile

cold combustion *(FC)* kalte Verbrennung

collector area *(solar)* Kollektorfläche f

collector array *(solar)* Kollektorfeld n

- the sunlight falling on a building's collector array is converted to heat
- das auf das Kollektorfeld eines Gebäudes fallende Sonnenlicht wird in Wärme umgewandelt

combination n Vereinigung f

- the combination of hydrogen with oxygen
- die Vereinigung von Wasserstoff mit Sauerstoff

combined cycle Kombiprozess m; GUD-Prozess m

- some of the largest plants use a combined cycle
- bei einigen der größten Anlagen wird ein Kombiprozess eingesetzt

combined-cycle cogeneration plant Kombikraftwerk mit Kraft-Wärme-Kopplung

- in combined-cycle cogeneration plants, both a steam turbine and a gas turbine produce electricity and process steam
- in Kombikraftwerken mit Kraft-Wärme-Kopplung werden Dampf- und Gasturbinen zur Erzeugung von Strom und Prozessdampf eingesetzt

combined-cycle gas-fired (CCGT) power station (erd)gasbefeuertes Kombikraftwerk

combined-cycle plant Kombi-Kraftwerk n; Kombikraftwerk n

- to use the fuel cell's waste heat in a cogeneration or combined-cycle plant
- die Abwärme der Brennstoffzelle in einer Kraft-Wärme-Kopplungsanlage oder einem Kombikraftwerk nutzen
- to provide turn-key combined-cycle plants
- schlüsselfertige Kombikraftwerke liefern
- in combined-cycle plants, both a steam turbine and gas turbine produce electricity only
- in einem Kombikraftwerk erzeugen Dampf- und Gasturbinen ausschließlich elektrische Energie

combined-cycle power plant Kombi-Kraftwerk n; Kombikraftwerk n; GuD-Kraftwerk n; Kombianlage f; kombinierte Gas-/Dampfturbinenanlage

- the two companies have announced their intention to build a combined-cycle power plant
- die beiden Unternehmen kündigten ihre Absicht zur Errichtung eines Kombikraftwerks an

combined-cycle power station Kombikraftwerk n; GuD-Kraftwerk n; Kombianlage f; kombinierte Gas-/Dampfturbinenanlage

- the construction of a 484MW combined-cycle, gas-fired power station
- der Bau eines erdgasbefeuerten 484-MW-Kombikraftwerkes

combined gas and steam turbine plant GuD-Kraftwerk n

combined heat and power (CHP) Kraft-Wärme-Kopplung f; Kraftwärmekopplung f (KWK)

- CHP is a well understood and mature technology
- die Kraftwärmekopplung ist eine gut erforschte und ausgereifte Technologie
- CHP is not developed to its full technical potential in the UK
- in Großbritannien ist das technische Potential der Kraft-Wärme-Kopplung noch nicht voll ausgeschöpft
- the benefits of CHP are manifold
- die Kraft-Wärme-Kopplung bietet viele Vorteile

combined heat and power installation Kraft-Wärme-Kopplungsanlage f

combined heat and power plant Kraft-Wärme-Kopplungsanlage f; KWK-Anlage f

- the molten carbonate fuel cell (MCFC) and the solid-oxide fuel cell (SOFC) are suitablefor combined heat and power plant
- die Schmelzkarbonat-Brennstoffzelle (MCFC) und die Festoxid-Brennstoffzelle (SOFC) eignen sich für Kraft-Wärme-Kopplungsanlagen
- by the year ..., a third of Europe's electricity could come from combined heat and power plants
- bis zum Jahre ... könnte ein Drittel des europäischen Stromes von KWK-Anlagen erzeugt werden

combined heat and power scheme Kraft-Wärme-Kopplungsanlage f; KWK-Anlage f

- the number of combined heat and power schemes in the UK has grown steadily in the past few years
- die Zahl der KWK-Anlagen in Großbritannien ist in den letzten Jahren ständig gestiegen

combined heat and power station Kraft-Wärme-Kopplungsanlage f

combined heat and power system Kraft-Wärme-Kopplungsanlage f

combustible adj brennbar

- due to these reactions, a combustible gas is produced
- durch diese Reaktionen entsteht ein brennbares Gas
- the combustible constituents of waste
- die brennbaren Bestandteile des Mülls

combustion n Verbrennung f

- the fuel cell generates electricity without combustion
- die Brennstoffzelle erzeugt Strom ohne Verbrennung

combustion air Verbrennungsluft f

- oxygen enrichment of the combustion air
- Anreicherung der Verbrennungsluft mit Sauerstoff
- the combustion air has a higher oxygen content than ambient air
- die Verbrennungsluft hat einen höheren Sauerstoffgehalt als die Umgebungsluft

combustion chamber *(gas turbine)* Brennkammer f

- a compressor provides high-pressure air to the combustion chamber
- ein Verdichter fördert hochkomprimierte Luft in die Brennkammer

combustion gas Verbrennungsgas n

- these lightweight particles are borne out of the chamber along with combustion gases
- diese leichten Teilchen verlassen mit den Verbrennungsgasen die Kammer
- combustion gases exit through the stack
- die Verbrennungsgase entweichen durch den Schornstein

combustion of biomass Biomasseverbrennung f

- the combustion of biomass generally produces less ash than coal combustion
- bei der Biomasseverbrennung entsteht im Allgemeinen weniger Asche als bei der Verbrennung von Kohle

combustion process Verbrennungsprozess m; Verbrennungsvorgang m

- the solid oxide fuel cell generates power electrochemically avoiding the air pollutants and efficiency losses associated with combustion processes
- bei der Festoxid-Brennstoffzelle wird der Strom elektrochemisch erzeugt, wodurch die für Verbrennungsprozesse typischen Luftschadstoffe und Wirkungsgradverluste vermieden werden
- to ensure effective control of the combustion process
- eine wirksame Steuerung des Verbrennungsvorganges sicherstellen

combustion turbine Verbrennungsturbine f

- the exhaust gases leaving the combustion turbine are piped to a waste heat steam boiler
- die Abgase aus der Verbrennungsturbine werden in einen Abhitzekessel geleitet

combustor n *(gas turbine)* Brennkammer f

- this gas turbine employs a heat exchanger between the compressor and the combustor for the purpose of recovering heat
- bei dieser Gasturbine befindet sich zwischen Verdichter und Brennkammer ein Wärmetauscher zur Wärmerückgewinnung

commercial application kommerzielle Anwendung

- to be suitable for many commercial applications
- sich für viele kommerzielle Anwendungen eignen
- until recently these fuel cells were too costly for commercial applications
- bis vor kurzem waren diese Brennstoffzellen noch zu teuer für kommerzielle Anwendungen
- to establish the basis for commercial application
- die Voraussetzungen für den kommerziellen Einsatz schaffen

commercial breakthrough kommerzieller Durchbruch

- the fuel cell is about to make its commercial breakthrough
- die BZ steht kurz vor dem kommerziellen Durchbruch

commercialisation n *(GB)*; **commercialization** *(US)* Markteinführung f; Kommerzialisierung f

- the development and commercialization of fuel cells
- die Entwicklung und Kommerzialisierung von Brennstoffzellen
- this should accelerate the commercialization of SOFCs
- dies sollte die Kommerzialisierung von SOFC beschleunigen
- but the cost to build these cells has been a barrier to broad commercialization
- aber die Herstellungskosten dieser Zellen standen bisher einer Kommerzialisierung im großen Stil im Wege
- ABC is looking for partners to take part in the subsequent commercialisation of the novel technology
- ABC sucht Partner für die anschließende Markteinführung der neuartigen Technologie

commercialise v *(GB)*; **commercialize** *(US)* kommerzialisieren

- they are still confident the MCFC technology could be commercialised by the turn of the century
- sie sind noch immer zuversichtlich, dass die MCFC-Technologie bis zur Jahrhundertwende kommerzialisiert werden könnte
- the key to commercialising the fuel cell lies not in government subsidies
- staatliche Subventionen sind nicht der Schlüssel zur Kommerzialisierung der Brennstoffzelle

commercially available kommerziell verfügbar; kommerziell erhältlich; marktüblich; handelsüblich

- phosphoric-acid fuel cells (PAFC) are commercially available now
- phosphorsaure Brennstoffzellen sind nun kommerziell verfügbar
- currently there is only one system commercially available in the United States
- zur Zeit ist in Amerika nur ein System kommerziell verfügbar
- this fuel cell is scheduled to become commercially available by the year 2002
- diese Brennstoffzelle soll bis zum Jahr 2002 kommerziell verfügbar werden
- to use commercially available fuels
- handelsübliche Brennstoffe verwenden

commercial production kommerzielle Produktion

- ABC announced it plans to have a working fuel-cell by 20.. and commercial production before 20..
- ABC gab bekannt, das Unternehmen wolle bis 20.. eine funktionsfähige Brennstoffzelle haben und mit der kommerziellen Produktion noch vor 20.. beginnen
- the company's fuel cells are now in commercial production
- die Brennstoffzellen des Unternehmens werden jetzt kommerziell hergestellt/die kommerzielle Produktion ... hat begonnen
- ABC aims to start commercial production of fuel cells for cars in 20..
- ABC will im Jahre 20.. mit der kommerziellen Produktion von Brennstoffzellen für Autos beginnen
- fuel-cell cars go into commercial production
- Brennstoffzellenautos gehen in die kommerzielle Produktion

commercial readiness kommerzielle Reife

commercial use kommerzielle Anwendung; kommerzieller Einsatz; kommerzielle Nutzung

- fuel cells have only recently been adapted to commercial use on earth
- Brennstoffzellen sind vor nicht allzu langer Zeit für den kommerziellen Einsatz auf der Erde modifiziert/angepasst/weiterentwickelt worden

commercial vehicle Nutzfahrzeug n

- commercial vehicles have the space to accommodate the FC system
- Nutzfahrzeuge bieten ausreichend Platz für die Unterbringung der BZ-Anlage

commercial viability kommerzielle Einsatzreife; kommerzielle Reife

- solid oxide fuel cells (SOFCs) have been on the verge of commercial viability for years
- Festoxid-Brennstoffzellen (SOFC) stehen schon seit Jahren kurz vor der kommerziellen Einsatzreife

commission v in Betrieb nehmen

- ABC is now starting to commission the 660MW station
- ABC beginnt nun mit der Inbetriebnahme des 660-MW-Kraftwerks
- the test facility was commissioned in the summer of 1997
- die Prüfeinrichtung wurde im Sommer 1997 in Betrieb genommen
- the country's fourth largest power generator has successfully commissioned its first wind turbine
- der viertgrößte Stromerzeuger des Landes hat seine erste Windturbine erfolgreich in Betrieb genommen

commissioning n Inbetriebnahme f

- the commissioning of a straw-fired cogeneration plant with a capacity of ...
- die Inbetriebnahme einer mit Stroh befeuerten KWK-Anlage mit einer Leistung von ...
- the late commissioning of three power stations
- die verspätete Inbetriebnahme von drei Kraftwerken
- the installation and commissioning of modern instrumentation and control equipment for power stations
- die Montage und Inbetriebnahme moderner Leiteinrichtungen für Kraftwerke
- a test conducted shortly after commissioning revealed a boiler efficiency of just above 90%
- eine kurz nach der Inbetriebnahme durchgeführte Prüfung erbrachte einen Kesselwirkungsgrad von knapp über 90 %

commissioning delay Inbetriebnahmeverzögerung f

- to cause commissioning delays
- Inbetriebnahmeverzögerungen verursachen

community heating system Fernwärmenetz n

- to provide limited funds for development, renewal or extension of community heating systems
- in begrenztem Umfang Mittel für den Bau, die Erneuerung oder den Ausbau von Fernwärmenetzen bereitstellen

compact design kompakte Bauweise

compact fuel cell Kompaktbrennstoffzelle f

- ABC has been developing compact fuel cell systems operating on natural gas since 19..
- ABC entwickelt seit 19.. mit Erdgas betriebene Kompaktbrennstoffzellen

competitive adj konkurrenzfähig

- to be economically competitive with other technologies
- wirtschaftlich konkurrenzfähig sein zu anderen Technologien
- to become cost competitive
- wirtschaftlich konkurrenzfähig werden
- present costs for PEM fuel cells are high and not competitive
- die gegenwärtigen Kosten der PEM-Brennstoffzellen sind hoch und nicht konkurrenzfähig

completion n Fertigstellung f

- a number of substantial power station projects are currently nearing completion
- eine Reihe von größeren Kraftwerken steht kurz vor der Fertigstellung

compressed air energy storage Druckluftspeicherung f

- compressed air energy storage has some similarities to pumped storage
- die Druckluftspeicherung hat gewisse Ähnlichkeiten mit der Pumpspeicherung

compressed-air energy storage plant Druckluftspeicher-Kraftwerk n

compressed air storage Druckluftspeicherung f

compressed gas storage Druckgasspeicher m

compressed hydrogen komprimierter Wasserstoff; Hochdruckwasserstoff m; Druckwasserstoff m

- ABC rolled out a fuel cell car running on compressed hydrogen
- ABC brachte ein Brennstoffzellenauto heraus, das mit komprimiertem Wasserstoff betrieben wird
- nobody wants to carry a tank of compressed hydrogen with their laptop computer
- niemand will mit seinem Laptop einen Behälter mit komprimiertem Wasserstoff herumtragen
- compressed hydrogen is carried in three storage tanks
- komprimierter Wasserstoff wird in drei Speichertanks mitgeführt

compressor/expander n *(FC)* Kompressor-Expander-System n

concentrated light *(solar)* konzentriertes Licht

- cell efficiency increases under concentrated light
- der Wirkungsgrad der Zellen erhöht sich unter konzentriertem Licht

concentrating collector *(solar)* konzentrierender Kollektor

- a concentrating collector focuses the incoming solar energy on a point
- ein konzentrierender Kollektor bündelt das einfallende Sonnenlicht auf einen Punkt

concentrating system *(solar)* Konzentrator m

concentration factor *(solar)* Konzentrationsfaktor m

- concentrating systems with high concentration factors require mechanisms that track the sun
- Konzentratoren mit hohem Konzentrationsfaktor erfordern eine Nachführvorrichtung

concentrator n *(solar)* Konzentrator m

- high-efficiency concentrator
- there are several drawbacks to using concentrators
- most concentrators must track the sun throughout the day and year to be effective

- Hochleistungs-Konzentrator
- der Einsatz von Konzentratoren bringt mehrere Nachteile mit sich
- die meisten Konzentratoren müssen für ein wirkungsvolles Arbeiten tagaus tagein der Sonne nachgeführt werden

concentrator system *(solar)* Konzentrator m

- concentrator systems with one- or two-axis tracking
- Konzentratoren mit ein- oder zweiachsigen Nachführsystemen

concept vehicle Konzeptfahrzeug n

- concept vehicle with fuel cell engine
- Konzeptfahrzeug mit Brennstoffzellenantrieb

concrete dam *(hydro)* Staumauer aus Beton

- concrete dams are often constructed with an arch in them
- Staumauern aus Beton werden oft als „Bogen"-Staumauern gebaut

concrete foundation *(wind)* Betonfundament n

- more than one-third of the total energy consumed by the wind turbine is contained in the concrete foundation and tower
- mehr als ein Drittel der Gesamtenergie, die bei der Herstellung einer Windturbine verbraucht wird, ist im Betonfundament und im Turm enthalten

concrete tower *(wind)* Betonturm m

condenser n Kondensator m

- condensers convert the steam to water
- in Kondensatoren wird der Dampf in Wasser umgewandelt

condensing power plant Kondensationskraftwerk n

conductivity n Leitfähigkeit f

- the new material exhibits high conductivity
- der neue Werkstoff zeichnet sich durch gute Leitfähigkeit aus

CO_2 neutral CO_2-neutral

- biomass energy systems are CO_2 neutral
- Biomasse-Energieanlagen sind CO_2-neutral

connect v: **connect in series** hintereinander schalten

- the stacks consist of a group of active cells connected in series
- the cells are connected in series and generate a total of 18V at about 600mA – around 11W

- die Stapel bestehen aus einer Gruppe aktiver Zellen, die hintereinander geschaltet sind
- die Zellen sind hintereinander geschaltet und erzeugen insgesamt 18 V bei 600 mA – ungefähr 11 W

conservationist n Naturschützer m

construction n (1) Aufbau m

- fuel cells are surprisingly simple in their construction
- der Aufbau von Brennstoffzellen ist überraschend einfach

construction n (2) Bau m; Errichtung f

- potentially, construction could commence in 20..
- construction of the powerplant is expected to get underway soon

- theoretisch könnte im Jahre 20.. mit dem Bau begonnen werden
- man geht davon aus, dass mit dem Bau des Kraftwerks bald begonnen wird

construction approval Baugenehmigung f

- construction approvals were difficult to obtain
- die Baugenehmigungen zu erhalten war schwierig

construction site Baustelle f; Standort m

consumer n Abnehmer m; Verbraucher m; Stromverbraucher m

- energy is supplied to consumers in remote locations
- weit entfernte Abnehmer werden mit Energie versorgt

consumer of electricity *(Organisation, Person)* Stromverbraucher m

contact layer *(solar)* Kontaktschicht f

- this contact layer acts as a highly effective reflector
- diese Kontaktschicht wirkt als äußerst wirksamer Reflektor

contaminant n Verunreinigung f

- this cleanup system removes contaminants from the gas before it enters the fuel cell
- diese Reinigungsanlage befreit das Gas von Verunreinigungen, bevor es in die Brennstoffzelle gelangt

contaminate v verunreinigen

- these fuel cells can use a hydrogen fuel contaminated with carbon dioxide
- bei diesen Brennstoffzellen kann mit Kohlendioxid verunreinigter Wasserstoff als Brennstoff verwendet werden

continuous operation Dauerbetrieb m

- two fuel cells achieved over one year of continuous service
- zwei Brennstoffzellen liefen über ein Jahr im Dauerbetrieb
- this fuel cell stack has successfully completed 200 hours continuous operation
- dieser Brennstoffzellen-Stapel lief 200 Stunden erfolgreich im Dauerbetrieb

continuous service Dauerbetrieb m

control system *(wind)* Betriebsführungssystem n; Betriebsführung f

- smart control systems can detect wind-speed changes and adjust individual turbines
- intelligente Betriebsführungssysteme können Änderungen der Windgeschwindigkeit entdecken und die einzelnen Turbinen entsprechend einstellen

conventional generation herkömmliche Stromerzeugung

- in conventional generation 30-50% of the energy consumed is converted to electricity
- bei der herkömmlichen Stromerzeugung werden 30 bis 50 % der verbrauchten Energie in Elektrizität umgewandelt

conversion efficiency Umwandlungswirkungsgrad m

- conversion efficiencies as high as 70 percent have been achieved
- Umwandlungswirkungsgrade von bis zu 70 % sind erzielt worden
- the fuel cell stack converted natural gas to DC power with a 43% energy conversion efficiency
- der Brennstoffzellen-Stapel wandelte Erdgas mit einem Energieumwandlungswirkungsgrad von 43 % in Gleichstrom um

conversion process Umwandlungsprozess m; Umwandlungsverfahren n

conversion technology Umwandlungstechnik f

convert v: **convert to electricity** verstromen

- fuel cells convert hydrogen directly to electricity
- in Brennstoffzellen wird Wasserstoff direkt verstromt

copper-indium-diselenide (CIS) Kupfer-Indium-Diselenid n
- this technology uses a semiconductor called copper indium diselenide
- bei dieser Technologie wird ein Halbleiterwerkstoff mit der Bezeichnung Kupfer-Indium-Diselenid verwendet

corn crop Maisernte f
- about 5% of the country's corn crop is currently converted into ethanol
- ca. 5 % der Maisernte des Landes werden zurzeit in Ethanol umgewandelt

corrosion problem Korrosionsproblem n
- the SOFC does not suffer from the corrosion problems of other types of fuel cell
- die SOFC leidet nicht unter Korrosionsproblemen wie die anderen Brennstoffzellentypen

corrosion-resistant electrode korrosionsbeständige Elektrode

cost saving Kosteneinsparung f
- the higher efficiency results in a substantial fuel cost savings
- der höhere Wirkungsgrad führt zu beträchtlichen Kosteneinsparungen beim Brennstoff
- these cost savings will contribute to an improved return on investment
- diese Kosteneinsparungen werden die Rentabilität verbessern
- significant/large/major cost savings
- beträchtliche/große/bedeutende Kosteneinsparungen
- CHP provides true cost savings
- die Kraft-Wärme-Kopplung bringt/bietet/ermöglicht echte Kosteneinsparungen

cost-to-power ratio Preis-/Leistungsverhältnis n
- these parabolic troughs exhibited superior cost-to-power ratios in most locations
- diese Parabolrinnen wiesen an den meisten Standorten ein überlegenes Preis-/Leistungsverhältnis auf

CPO (see **catalytic partial oxidation**)

crop residue Ernterückstände mpl
- large quantities of crop residues are produced annually worldwide
- jedes Jahr werden weltweit große Mengen an Ernterückständen erzeugt
- to utilise a portion of crop residue for energy production
- einen Teil der Ernterückstände für die Energieerzeugung nutzen
- crop residues such as straw or bagasse can be used to supply the heat required for the process
- Ernterückstände wie Stroh oder Bagasse können zur Bereitstellung der erforderlichen Prozesswärme verwendet werden

cross section Querschnitt m
- the smaller the cross section of a conductor, the greater the resistance
- je kleiner der Querschnitt eines Leiters ist, umso größer ist der Widerstand
- cross section of a power plant
- Querschnitt eines Kraftwerks

cryogenic hydrogen kryogener Wasserstoff

crystal lattice Kristallgitter n

crystalline cell *(solar)* kristalline Zelle

crystalline silicon kristallines Silizium
- today's cells are made of crystalline silicon
- die heutigen Zellen werden aus kristallinem Silizium hergestellt

crystalline silicon cell kristalline Siliziumzelle
- one aim is to make crystalline silicon cells more cheaply
- ein Ziel ist die kostengünstigere Herstellung von kristallinen Siliziumzellen

current density Stromdichte f

- PAFCs are expected to exhibit current densities
- the fuel cell industry continually improves current density

- die PAFC sollen sich durch hohe Stromdichten auszeichnen
- die Brennstoffzellen-Industrie arbeitet ständig an der Verbesserung der Stromdichte

current-voltage curve Strom-Spannungskurve f; Strom-Spannungskennlinie f; I-U-Kennlinie f

- the shape of the current-voltage curve characterizes solar cell or module performance
- there are three important points on the current-voltage curve

- der Verlauf der Strom-Spannungskennlinie zeigt das charakteristische Verhalten einer Solarzelle oder eines Solarmoduls
- auf der I-U-Kennlinie liegen drei wichtige Punkte

customer n Kunde m

- this 200-kW phosphoric acid fuel cell converts natural gas into electricity and heat for large commercial customers
- the company serves more than 365,000 customers in six states

- diese 200-kW phosphorsaure Brennstoffzelle wandelt Erdgas in Strom und Wärme für gewerbliche Großkunden um
- das Unternehmen versorgt mehr als 365.000 Kunden in sechs Staaten

cut-in speed *(wind)* Einschaltgeschwindigkeit f; Einschaltwindgeschwindigkeit f

- cut-in speed is the wind speed at which the turbine begins to produce power
- if the turbine's cut-in speed is significantly below a site's average wind speed, problems are inevitable

- die Einschaltgeschwindigkeit ist diejenige Windgeschwindigkeit, bei der die Turbine anfängt, Leistung zu erzeugen
- wenn die Einschaltgeschwindigkeit der Turbine deutlich unter der Durchschnittswindgeschwindigkeit des Standorts liegt, dann treten unweigerlich Probleme auf

cut-in wind speed/windspeed Einschaltwindgeschwindigkeit f; Einschaltgeschwindigkeit f

cut-out speed *(wind)* Abschaltwindgeschwindigkeit f; Abschaltgeschwindigkeit f

- the cut-out speed is the wind speed at which the turbine may be shut down to protect it from damage

- bei der Abschaltwindgeschwindigkeit kann die Turbine abgeschaltet werden, um sie gegen Beschädigung zu schützen

cut-out wind speed *(wind)* Abschaltwindgeschwindigkeit f; Abschaltgeschwindigkeit f

D

dam n Damm m; Staudamm m

- dams are constructed to provide water storages for hydro-electric power stations
- Dämme werden gebaut, um Speicherbecken für Wasserkraftwerke zu schaffen
- dams are the most recognisable features of hydro-electric schemes
- Dämme sind die auffälligsten Teile von Wasserkraftwerken
- dams can be grouped in two major categories
- Staudämme kann man in zwei Gruppen einteilen
- concrete, bitumen or clay are used to prevent water seeping through the dam
- Beton, Bitumen oder Ton wird verwendet um zu verhindern, dass Wasser durch den Damm sickert
- to build a dam across the river
- einen Damm quer über den Fluss bauen

Darrieus machine Darrieus-Rotor m

Darrieus turbine Darrieus-Rotor m; Darrieusrotor m

- Darrieus turbines require an external motor for start-up
- Darrieus-Rotoren benötigen einen speziellen Motor als Anlaufhilfe
- this Darrieus turbine with aluminum blades was erected in 1980
- dieser Darrieus-Rotor mit Aluminiumblättern wurde im Jahre 1980 errichtet

DC current Gleichstrom m

- the DC current produced depends on the material involved and the intensity of the solar radiation incident on the cell
- der erzeugte Gleichstrom hängt von dem verwendeten Material ab und von der Intensität der Solarstrahlung, die auf die Zelle trifft

decentralised *(GB)*/**decentralized** *(US)* **electricity production** dezentrale Elektrizitätserzeugung

decentralised *(GB)*/**decentralized** *(US)* **power supply** dezentrale Energieversorgung; dezentrale Stromversorgung

decomposition n *(bio)* Zersetzung f; Abbau m

- natural decomposition of organic matter
- die natürliche Zersetzung organischer Stoffe
- bacterial decomposition of the organic matter
- der Abbau organischer Stoffe durch Bakterien

deep drilling *(geo)* Tiefenbohrung f

- no deep drilling to prove geothermal reservoirs has been undertaken
- es sind noch keine Tiefenbohrungen zum Nachweis geothermaler Vorkommen unternommen worden
- deep drilling is at the planning stage
- Tiefenbohrungen befinden sich im Planungsstadium

deep rock formation *(geo)* Tiefengestein n

- to generate electricity from the heat in deep rock formations that contain no water
- Strom erzeugen mit Hilfe der Wärme aus Tiefengestein, das kein Wasser enthält

demand for electricity Strombedarf m

- to meet the growing demand for electricity
- den wachsenden Strombedarf decken

demonstration plant Demonstrationsanlage f; Vorführanlage f

- demonstration plants up to 2,000kW are planned in the US
- in den Vereinigten Staaten plant man die Errichtung von Vorführanlagen mit einer Leistung von bis zu 2.000 kW

demonstration project Demonstrationsprojekt n; Demonstrationsvorhaben n; Demonstrationsanlage f

- numerous demonstration projects have illustrated fuel cell system performance under various operational conditions
- im Rahmen zahlreicher Demonstrationsprojekte ist das Leistungsvermögen von Brennstoffzellenanlagen unter unterschiedlichen Betriebsbedingungen gezeigt worden
- the system was installed as part of a demonstration project
- die Anlage wurde im Rahmen eines Demonstrationsprojektes eingebaut
- ABC is looking for partners to take part in the demonstration project
- ABC sucht Partner, die an dem Demonstrationsprojekt teilnehmen
- this 10MW demonstration project can continue to generate power for several hours after sunset
- diese 10-MW-Demonstrationsanlage kann auch noch mehrere Stunden nach Sonnenuntergang Strom produzieren

demonstrator plant Demonstrationsanlage f

- demonstrator plants using SOFC modules are under development
- Demonstrationsanlagen mit SOFC-Modulen werden zur Zeit entwickelt

dependence n Abhängigkeit f

- dependence on fossil fuels
- Abhängigkeit von fossilen Brennstoffen
- the country's dependence on imported oil
- die Abhängigkeit des Landes von importiertem Öl

deregulation n Deregulierung f

- deregulation of the power industry
- Deregulierung der Energiewirtschaft

desulfurization n *(US)*; **desulphurisation** n *(GB)* Entschwefelung f

desulfurization plant *(US)*; **desulphurisation plant** *(GB)* Entschwefelungsanlage f

- these power stations do not require separate desulphurisation plants
- diese Kraftwerke benötigen keine speziellen Entschwefelungsanlagen

desulfurization process *(US)*; **desulphurisation process** *(GB)* Entschwefelungsverfahren n

- if desulfurization processes are used, emissions can be reduced by as much as 90%
- bei Einsatz von Entschwefelungsverfahren können die Emissionen um bis zu 90 % vermindert werden

desulfurize v *(US)*; **desulphurise** v *(GB)* entschwefeln

- the gas feeding the generator must be desulfurized
- das Gas, mit dem der Generator versorgt wird, muss entschwefelt werden
- diesel must be desulfurized prior to its feed to the fuel cell
- Dieselbrennstoff muss entschwefelt werden, bevor er der Brennstoffzelle zugeführt wird

desulfurized adj *(US)*; **desulphurised** adj *(GB)* entschwefelt

- the power system operates on desulfurized natural gas
- der Antrieb läuft mit entschwefeltem Erdgas
- to supply desulfurized methane to the fuel cell stack
- den Brennstoffzellenstapel mit entschwefeltem Methan versorgen

desulfurizer n *(US)*; **desulphuriser** n *(GB)* Entschwefler m

- the desulfurizer enables conversion of commercially available gasoline into hydrogen
- der Entschwefler ermöglicht die Umwandlung von handelsüblichem Benzin in Wasserstoff
- a desulphuriser removes any sulphur compounds remaining in the sludge
- ein Entschwefler entfernt alle noch eventuell im Schlamm vorhandenen Schwefelverbindungen

develop v ausbauen

- most of the feasible sites have already been developed
- die meisten der in Frage kommenden Standorte sind schon ausgebaut
- about 75 percent of the potential waterpower in the country has already been developed
- das Wasserkraftpotential des Landes ist schon zu ca. 75 % ausgebaut
- CHP is not developed to its full technical potential in the UK
- die Kraft-Wärme-Kopplung in Großbritannien ist noch nicht voll ausgebaut

development n (1) Entwicklung f

- this cell type is still under development
- dieser Zellentyp befindet sich noch in der Entwicklung
- latest developments in the field of CHP
- neuste Entwicklungen auf dem Gebiet der Kraft-Wärme-Kopplung
- the development of the electron microscope has made possible the observation of very minute organisms
- die Entwicklung des Elektronenmikroskops hat die Beobachtung winziger Organismen ermöglicht
- sustainable economic development
- nachhaltige wirtschaftliche Entwicklung
- ABC is an industry leader in the development of state-of-the-art power facilities
- ABC ist ein führendes Unternehmen auf dem Gebiet der Entwicklung moderner Energieanlagen
- ABC is leading the development of this technology
- ABC führt die Entwicklung dieser Technologie an
- ABC will continue to invest in research and development (R&D)
- ABC wird weiterhin in Forschung und Entwicklung (FuE) investieren

development n (2) Ausbau m

- development of community heating systems
- Ausbau von Fernwärmenetzen
- development of the country's geothermal energy
- Ausbau der Erdwärme des Landes
- hydropower development
- Ausbau der Wasserkraft
- development of wind energy
- Ausbau der Windenergie

development potential Ausbaupotential n; Ausbaupotenzial n; Entwicklungspotential n; Entwicklungspotenzial n

- there is considerable development potential for cogeneration/there is substantial potential for the development of cogeneration
- das Ausbaupotential der Kraft-Wärme-Kopplung ist noch immer beträchtlich

development stage Entwicklungsstadium n

- to be still at/in the development stage
- sich noch im Entwicklungsstadium befinden
- to be in the final stages of development
- im letzten Entwicklungsstadium sein
- the technology is proceeding through the development stage
- die Technologie durchläuft gerade das Entwicklungsstadium

DFC (see **direct fuel cell**)

DH (see **district heating**)

diameter n Durchmesser m

- rotor with a diameter of 40 meters
- ein Rotor mit einem Durchmesser von 40 Metern
- a rotor of 54 metres in diameter
- ein Rotor mit einem Durchmesser von 54 Metern

diesel generator Dieselgenerator m; Dieselstromaggregat n

- in a number of applications, existing decentralized diesel generators are being retrofitted with wind turbines
- in einer Reihe von Fällen werden die vorhandenen Dieselgeneratoren zur dezentralen Stromerzeugung nachträglich durch Windturbinen ergänzt

diesel power station Dieselkraftwerk n; Dieselkraftanlage f

- diesel power stations are designed for base-, medium-, and peak-load operation
- Dieselkraftwerke werden für Grundlast-, Mittellast- und Spitzenlastbetrieb ausgelegt

diffuse v diffundieren

- only the positively charged protons diffuse through the membrane
- nur die positiv geladenen Protonen diffundieren durch die Membran
- oxygen from the air diffuses into the fuel cell stack
- Luftsauerstoff diffundiert in den Brennstoffzellen-Stapel

diffuse radiation diffuse Strahlung

- diffuse radiation is solar radiation scattered by the atmosphere
- diffuse Strahlung ist Sonnenstrahlung, die durch die Atmosphäre gestreut wird

diffuse sunlight diffuses Sonnenlicht

- the diffuse sunlight is reflected from clouds
- das diffuse Sonnenlicht wird von den Wolken reflektiert

digester n *(bio)* Faulbehälter m

- the digester is heated with energy from a solar pond
- der Faulbehälter wird mit Energie aus einem Solarteich beheizt

direct-energy conversion system Anlage zur direkten Energieumwandlung

- a natural gas fuel cell (NGFC) is a direct-energy conversion system with no moving parts
- eine erdgasbetriebene Brennstoffzelle ist eine Anlage zur direkten Energieumwandlung ohne bewegliche Teile

direct fuel cell Direkt-Brennstoffzelle f; Direktbrennstoffzelle f

- molten-carbonate fuel cells are direct fuel cells that eliminate external fuel processors
- Schmelzkarbonat-Brennstoffzellen sind Direkt-Brennstoffzellen, die keine externe Brennstoff-Aufbereitungsanlage erfordern
- ABC has received a $3.0 million contract to develop Direct Fuel Cells (DFC) for naval applications
- ABC hat einen Auftrag in Höhe von 3 Mio. Dollar zur Entwicklung einer Direkt-Brennstoffzelle für Marineanwendungen erhalten
- direct fuel cells can utilize natural gas without an external reformer
- Direktbrennstoffzellen erlauben den Betrieb mit Erdgas ohne externen Reformer

direct fuel cell power plant Direkt-Brennstoffzellen-Kraftwerk n

direct methanol fuel cell; **direct-methanol fuel cell**; **Direct Methanol Fuel Cell** (DMFC) Direktmethanol-Brennstoffzelle f

- a limited amount of work is also being done on direct methanol fuel cells (DMFCs)
- in begrenztem Umfang wird auch an der Direktmethanol-Brennstoffzelle (DMFC) gearbeitet
- ABC is also working on direct-methanol fuel cells
- ABC arbeitet auch an Direktmethanol-Brennstoffzellen

direct radiation Direkteinstrahlung f; direkte Strahlung

- direct radiation is solar radiation transmitted directly through the atmosphere
- unter Direkteinstrahlung versteht man Sonnenstrahlung, die direkt durch die Atmosphäre übertragen wird
- direct radiation is light that has traveled in a straight path from the sun
- unter Direkteinstrahlung versteht man Licht, das auf direktem Weg von der Sonne kommt

direct use direkte Nutzung

- low- to moderate-enthalpy direct use
- direkte Nutzung geothermischer Vorkommen mit niedrigem bis mittlerem Temperaturangebot
- direct use involves using the heat in the water directly
- bei direkter Nutzung wird die im Wasser enthaltene Wärme unmittelbar genutzt

distributed control system dezentrales Leitsystem; dezentrales Steuerungssystem

distributed generation dezentrale Stromerzeugung

- the growing interest in distributed generation
- das wachsende Interesse an der dezentralen Stromerzeugung

distribution losses Verteilungsverluste mpl

- generating electricity on-site can also avoid transmission and distribution losses
- durch dezentrale Stromerzeugung können Verteilungs- und Übertragungsverluste vermieden werden

district heat Fernwärme f

- the biofueled plant will generate 9.5 MW of electricity and 20 MW of district heat
- die mit Biomasse befeuerte Anlage wird 9,5 MW Strom und 20 MW Fernwärme erzeugen
- the plant will supply up to 500 MW of district heat to the region's networks
- das Kraftwerk wird bis zu 500 MW Fernwärme für die Versorgungsnetze der Region liefern

district heating Fernheizung f; Fernwärme f

- district heating provides about half of total national heat demand
- ungefähr die Hälfte des gesamten Wärmebedarfs des Landes wird durch Fernwärme abgedeckt
- geothermal fluids are used mainly for space and district heating
- geothermische Fluida werden hauptsächlich zur Raum- und Fernheizung eingesetzt
- district heating is not economically viable
- Fernwärme ist unwirtschaftlich

district heating network Fernwärmenetz n; Heiznetz n; Fernheiznetz n

- wider efforts should be made to develop and reinforce district heating networks
- es sollten größere Anstrengungen zum Bau und Ausbau von Fernwärmenetzen unternommen werden
- to monitor the district heating network
- das Fernwärmenetz überwachen
- to modernise existing district heating networks
- bestehende Fernwärmenetze modernisieren

district heating plant Heizkraftwerk n

- district heating plants can serve towns or large cities and are sometimes based on waste incineration
- Heizkraftwerke können kleinere oder große Städte versorgen und werden manchmal mit Müll befeuert

district heating system Fernwärmeversorgungsnetz n; Fernwärmenetz n; Fernwärmesystem n; Fernwärmeversorgungsanlage f

- district heating systems distribute steam or hot water to buildings
- Fernwärmeversorgungsnetze versorgen Gebäude mit Dampf oder heißem Wasser
- the heat may be produced as hot water to supply district heating schemes
- Wärme kann in Form von Heißwasser erzeugt werden, das dann zur Versorgung von Fernwärmenetzen dient

DMFC (see **direct methanol fuel cell**)

DOE (see **Department of Energy**) Energieministerium der Vereinigten Staaten von Amerika

domestic adj Haus...; Wohnungen und Wohnhäuser betreffend

- fuel cells for domestic hot water applications
- Brennstoffzellen zur Warmwasserversorgung von Wohnhäusern

domestic consumer Privatkunde m; Privatverbraucher m

- to encourage domestic consumers to save energy
- die Privatverbraucher zum Energiesparen ermuntern

domestic customer Haushaltskunde m; Privatkunde m; Privatverbraucher m

- domestic customers must accept what they are given by their regional electricity company (REC)
- die Privatkunden müssen sich mit den Preisen ihrer Regionalversorger abfinden

domestic fuel cell system Haus-Brennstoffzellen-System n

domestic power plant Hausenergieversorgung f

dope v dotieren

- the silicon is doped with phosphorus
- das Silizium wird mit Phosphor dotiert
- silicon is doped with tiny quantities of boron
- Silizium wird mit einer winzigen Menge Bor dotiert

doping n Dotierung f

- the process of adding impurities on purpose is called doping
- der Vorgang, bei dem absichtlich Verunreinigungen eingebracht werden, wird als Dotierung bezeichnet
- there are many other methods of doping silicon
- es gibt noch eine Reihe weiterer Verfahren zur Dotierung von Silizium

downwind turbine *(wind)* Leeläufer m

- in the case of downwind turbines, the wind hits the tower first
- bei Leeläufern trifft der Wind zuerst auf den Turm

drag n Luftwiderstand m

drag-type rotor *(wind)* Widerstandsläufer m

drill v *(geo)* bohren

- a 2km hole has been drilled with funding from the Department of Energy
- mit finanzieller Unterstützung des Energieministeriums ist ein zwei Kilometer tiefes Loch gebohrt worden
- one way of harnessing all this heat is to drill two holes into hot, fractured rock
- eine Möglichkeit zur Nutzung all dieser Wärme besteht darin, dass man zwei Löcher in heißes zerklüftetes Gestein bohrt

drilling costs *(geo)* Bohrkosten pl

- the capital cost of the power project, including drilling costs, was $135 million
- einschließlich der Bohrkosten betrugen die Kapitalkosten für das Kraftwerk 135 Millionen Dollar

driveable adj fahrtüchtig

- to produce a driveable fuel cell car
- ein fahrtüchtiges Brennstoffzellenauto herstellen

drive shaft *(wind)* Antriebswelle f

- the hub is attached to the drive shaft
- die Nabe ist an der Antriebswelle befestigt
- these wind turbines have a horizontal drive shaft
- diese Windturbinen haben eine horizontale Antriebswelle

drive system Antrieb m; Antriebssystem n

- drive systems for commercial and industrial applications
- Antriebssysteme für kommerzielle und industrielle Anwendungen
- ABC is developing electric drive systems for fuel cell-powered vehicles
- ABC arbeitet an der Entwicklung von elektrischen Antriebssystemen für Brennstoffzellen-Fahrzeuge

drive technology Antriebstechnologie f

- the fuel cell is the most promising alternative drive technology
- die Brennstoffzelle ist die vielversprechendste Antriebstechnologie

drivetrain n; **drive train** (1) *(FC)* Antriebsstrang m

- to develop electric drivetrains for fuel-cell-powered vehicles
- elektrische Antriebsstränge für Brennstoffzellenfahrzeuge entwickeln
- to design a drivetrain capable of running on any DC power source
- einen Antriebsstrang konstruieren, der mit jeder Gleichstromquelle betrieben werden kann

drivetrain n; **drive train** (2) *(wind)* Antriebsstrang m

- the integrated drivetrain eliminates many critical bolted joints
- durch den integrierten Antriebsstrang werden viele kritische Schraubenverbindungen überflüssig
- the new drivetrain weighs less than conventional drivetrains
- der neue Antriebsstrang wiegt weniger als die herkömmlichen Antriebsstränge

dry steam Trockendampf m

- geothermal resources exist as either dry steam or as hot water
- geothermische Ressourcen kommen entweder als Trockendampf oder als Heißwasser vor
- dry steam can be routed directly to a turbine to generate power
- Trockendampf kann direkt einer Turbine zur Stromerzeugung zugeführt werden
- dry steam is very hot steam that contains no liquid
- unter Trockendampf versteht man sehr heißen Dampf, der keine Flüssigkeit enthält

dung n *(bio)* Dung m

- dried animal dung
- getrockneter Dung von Tieren

dynamic response dynamisches Verhalten; Dynamikverhalten n

- both the performance and dynamic response of the fuel-cell vehicle have improved dramatically
- sowohl Leistung als auch dynamisches Verhalten des Brennstoffzellenfahrzeuges haben sich stark verbessert

E

earth n; **Earth** n Erde f

- fuel cells have only recently been adapted to commercial use on earth
- Brennstoffzellen sind erst in jüngster Zeit für den kommerziellen Einsatz auf der Erde weiterentwickelt worden
- heat contained within the Earth can be recovered and put to useful work
- die im Innern der Erde enthaltene Wärme kann zurückgewonnen und genutzt werden

earthfill n *(hydro)* geschüttetes Erdreich

Earth's core *(geo)* Erdkern m

- the Earth's core of liquid iron and nickel
- der Erdkern aus flüssigem Eisen und Nickel
- at earth's core temperatures may reach over 9,000 degrees F
- im Erdkern können die Temperaturen über 5000 °C erreichen
- the heat from the earth's core continuously flows outward
- die Wärme aus dem Erdkern strömt ständig zur Erdoberfläche

Earth's crust; **earth's crust** Erdkruste f

- vast heat stores lie beneath the earth's crust
- unterhalb der Erdkruste befinden sich riesige Wärmevorräte
- the earth's crust now averages about 32 km in thickness
- die Erdkruste ist durchschnittlich 32 Kilometer dick

Earth's interior Erdinnere n

- these heat pumps take advantage of the relatively constant temperature of the Earth's interior
- diese Wärmepumpen nutzen die relativ konstante Temperatur des Erdinneren
- geothermal energy is energy from the earth's own interior
- geothermische Energie ist Energie aus dem Erdinnern

Earth's interior heat Wärme im Erdinnern

Earth's surface Erdoberfläche f

- the magma came close to the earth's surface in certain places
- an bestimmten Stellen kam das Magma bis nahe an die Erdoberfläche

easy to maintain leicht zu warten, wartungsfreundlich

- fuel cells are safe, reliable and easy to maintain
- Brennstoffzellen sind sicher, zuverlässig und wartungsfreundlich

ecological advantage ökologischer Vorteil

ecological benefit ökologischer Vorteil

economically viable wirtschaftlich; wirtschaftlich vertretbar

- CHP is usually only economically viable when simultaneous heat and power is required for at least 4500 hours a year
- Kraft-Wärme-Kopplung ist normalerweise nur dann sinnvoll, wenn mindestens 4500 Stunden im Jahr gleichzeitig Wärme und Strom benötigt werden

economics n Wirtschaftlichkeit f

- the economics of CHP are very site-specific
- die Wirtschaftlichkeit der KWK hängt in hohem Maße vom jeweiligen Standort ab
- to improve the economics of fuel cells through the use of low-cost components
- die Wirtschaftlichkeit von Brennstoffzellen durch die Verwendung kostengünstiger Komponenten verbessern

efficiency n Wirkungsgrad m; Effizienz f

- electrical efficiency • elektrischer Wirkungsgrad
- theoretical efficiency • theoretischer Wirkungsgrad
- thermal efficiency • thermischer Wirkungsgrad
- a fuel cell's efficiency is almost independent of its size • der Wirkungsgrad der Brennstoffzelle ist nahezu unabhängig von ihrer Größe
- the AFC is up to 65% efficient • die AFC besitzt einen Wirkungsgrad von bis zu 65 %
- to yield efficiencies as high as 80% • Wirkungsgrade bis zu 80 % ermöglichen
- to achieve efficiencies of more than 55 % • Wirkungsgrade von mehr als 55 % erreichen
- plant efficiencies could reach 85 % • der Wirkungsgrad der Anlage könnte 85 % erreichen
- to generate electricity at more than 40% efficiency • mit einem Wirkungsgrad von mehr als 40 % Strom erzeugen
- to achieve maximum efficiency • einen maximalen Wirkungsgrad erreichen
- efficiencies of 45 percent may be attained • Wirkungsgrade von 45 % können erzielt werden
- the fuel cell's efficiency decreases • der Wirkungsgrad der Brennstoffzelle sinkt
- the efficiency can be boosted further • der Wirkungsgrad kann noch gesteigert werden
- a fuel cell's efficiency is almost independent of its size • der Wirkungsgrad einer Brennstoffzelle ist nahezu unabhängig von ihrer Größe
- to improve/double the efficiency • den Wirkungsgrad verbessern/verdoppeln
- the fuel cell operates with an efficiency of 85%/at 85% efficiency • die Brennstoffzelle arbeitet mit einem Wirkungsgrad von 85 %
- what is the efficiency of a stack • wie groß ist der Wirkungsgrad eines Stapels
- increase in efficiency • Wirkungsgraderhöhung
- the system operates close to the expected efficiency • die Anlage arbeitet nahe am erwarteten Wirkungsgrad

efficiency advantage Effizienzvorteil m; Wirkungsgradvorteil m

- such a fuel-cell system would still display an efficiency advantage of as much as 20 percent • ein derartiges Brennstoffzellensystem würde immer noch einen Effizienzvorteil von 20 Prozent bieten

efficiency benefit Effizienzvorteil m; Wirkungsgradvorteil m

efficiency loss Wirkungsgradverlust m

- to avoid the efficiency losses associated with combustion processes • die mit Verbrennungsprozessen verbundenen Wirkungsgradverluste vermeiden

efficiency of conversion Umwandlungswirkungsgrad m

- the efficiency of conversion in a fuel cell can be greater than in a heat engine • der Umwandlungswirkungsgrad einer Brennstoffzelle kann größer sein als der einer Wärmekraftmaschine

efficient adj: **be ... efficient** einen Wirkungsgrad ... haben

- the system is 60 percent efficient • das System hat einen Wirkungsgrad von 60 %

EFW energy from waste

EFW plant (see **energy from waste plant**)

electrical efficiency elektrischer Wirkungsgrad

- this fuel cell can achieve 40% electrical efficiency — diese Brennstoffzelle kann einen elektrischen Wirkungsgrad von 40 % erreichen
- to offer the ultimate in electrical efficiency — einen unübertroffen hohen Wirkungsgrad besitzen
- the electrical efficiency can exceed 40 percent — der elektrische Wirkungsgrad kann 40 % übersteigen
- the benefits of fuel cells include high electrical efficiency and reliability — zu den Vorteilen von Brennstoffzellen gehören ein hoher elektrischer Wirkungsgrad und Zuverlässigkeit

electrical energy elektrische Energie

- fuel cells convert about 60% of the fuel they consume into electrical energy — Brennstoffzellen wandeln ca 60 % des verbrauchten Brennstoffes in elektrische Energie um
- to store electrical energy — elektrische Energie speichern
- to produce electrical energy — elektrische Energie erzeugen
- to supply electrical energy — elektrische Energie liefern
- this is an electrochemical device in which electrical energy is generated by chemical reaction — dies ist ein elektrochemisches Gerät, in dem elektrische Energie durch eine chemische Reaktion erzeugt wird
- the mechanical energy is turned into electrical energy ready for distribution and use — die mechanische Energie wird in elektrische Energie umgewandelt, die anschließend verteilt und genutzt werden kann
- about 23% of the total electrical energy produced in the world is derived from water — der Anteil der weltweit mit Wasserkraft erzeugten elektrischen Energie beträgt ungefähr 23 %
- generation, transmission and distribution of electrical energy — Erzeugung, Übertragung und Verteilung elektrischer Energie
- large-scale storage of electrical energy — die Speicherung von elektrischer Energie im großen Maßstab
- the conversion of electrical energy to heat — die Umwandlung von elektrischer Energie in Wärme

electrical grid Stromnetz n (see also **electric grid**)

- to connect to the electrical grid — ans Stromnetz anschließen
- wind energy integrates well into the electrical grid — die Windenergie lässt sich gut in das Stromnetz integrieren

electrical needs Strombedarf m

- this does not mean that all electrical needs there are filled by hydroelectric power — das bedeutet nicht, dass dort der gesamte Strombedarf durch Wasserkraft gedeckt wird

electrical output elektrische Leistung

- the electrical output drops — die elektrische Leistung sinkt
- the electrical output remains absolutely constant over 700 hours — die elektrische Leistung bleibt über einen Zeitraum von 700 Stunden absolut konstant
- to increase the electrical output of a cogeneration system by 70% — die elektrische Leistung einer Kraft Wärme-Kopplungsanlage um 70 % steigern

electrical power industry Elektrizitätswirtschaft f; Stromwirtschaft f (see **electric power industry**)

electrical requirements pl Strombedarf m

- wind energy will not ever supply all of the country's electrical requirements — die Windenergie wird nie den gesamten Strombedarf des Landes abdecken

electrical-to-thermal output ratio Strom/Wärme-Verhältnis n

- these processes require higher electrical-to-thermal output ratios than are yielded by standard steam turbines
- high electrical-to-thermal ratio diesel cogeneration system
- slow-speed diesel engines have a higher electrical-to-thermal output ratio than steam turbines

- diese Prozesse erfordern höhere Strom/Wärme-Verhältnisse, als bei herkömmlichen Dampfturbinen möglich sind
- Blockheizkraftwerk mit einem hohen Strom/Wärme-Verhältnis
- langsamlaufende Dieselmotoren haben ein höheres Strom/Wärme-Verhältnis als Dampfturbinen

electrical work elektrische Arbeit

- the heat of combustion of the fuel is turned into electrical work

- die Verbrennungswärme des Brennstoffes wird in elektrische Arbeit umgewandelt

electric bill Stromrechnung f

electric drive Elektroantrieb m

- ABC will be developing advanced electric drive systems for battery-powered and hybrid electric vehicles

- ABC wird moderne Elektroantriebe für batteriebetriebene und hybridelektrische Fahrzeuge entwickeln

electric field elektrisches Feld

- to create an electric field
- without an electric field, the cell would not work

- ein elektrisches Feld aufbauen
- ohne elektrisches Feld würde die Zelle nicht funktionieren

electric generating plant Stromerzeugungsanlage f

- the average fossil-fuel electric generating plant in the US converts fuel to electricity energy at 33% efficiency

- eine durchschnittliche fossil befeuerte Stromerzeugungsanlage in den Vereinigten Staaten erreicht bei der Umwandlung von Brennstoff in elektrische Energie einen Wirkungsgrad von 33 %

electric grid Stromnetz n; Stromversorgungsnetz n

- the hydroelectric plant is often capable of producing more power than is needed in the electric grid at a given time

- Wasserkraftwerke können oft mehr Strom erzeugen, als zu einem bestimmten Zeitpunkt im Stromnetz benötigt wird

electricity n elektrische Energie; Elektrizität f; Strom m

- fuel cells transform hydrogen and oxygen into electricity
- to deliver environmentally friendly electricity
- to generate, transmit and distribute electricity
- to directly convert sunlight into electricity
- the generation of electricity
- electricity is the most versatile form of energy
- to sell electricity at rock-bottom prices

- Brennstoffzellen wandeln Wasserstoff und Sauerstoff in Elektrizität um
- umweltfreundlichen Strom liefern
- elektrische Energie erzeugen, übertragen und verteilen
- Sonnenlicht direkt in Elektrizität umwandeln
- die Erzeugung von Elektrizität
- Elektrizität ist die vielseitigste Energieform
- elektrische Energie zu Niedrigstpreisen verkaufen

electricity company Energieversorgungsunternehmen n; Energieversorger m; Stromversorger m

electricity consumer Stromverbraucher m

electricity consumption Stromverbrauch m

- annual electricity consumption • jährlicher Stromverbrauch
- electricity consumption continues to rise around the world • der Stromverbrauch steigt weiterhin weltweit

electricity from biomass Biomassestrom m

- electricity from biomass is much cheaper than electricity from PV systems • Biomassestrom ist viel billiger als Solarstrom

electricity-generating wind turbine Windenergieanlage f

electricity generation Elektrizitätserzeugung f; Stromerzeugung f

- fuel cells provide quiet, reliable electricity generation • Brennstoffzellen bieten eine geräuscharme und zuverlässige Elektrizitätserzeugung
- the most benign form of electricity generation • die umweltfreundlichste Art der Stromerzeugung

electricity industry Elektrizitätswirtschaft f; Stromwirtschaft f

- the restructuring of the U.S. electricity industry • die Umstrukturierung der amerikanischen Stromwirtschaft
- this requires the active involvement of the electricity industry • dazu ist die aktive Beteiligung der Stromwirtschaft erforderlich
- from its earliest days, the electricity industry has been involved in CHP schemes • seit den frühesten Anfängen hat sich die Stromwirtschaft an KWK-Projekten beteiligt

electricity market Strommarkt m

- the increasing liberalisation in the electricity market • die zunehmende Liberalisierung des Strommarktes
- proposals to liberalise the electricity market • Vorschläge zur Öffnung des Strommarktes
- to end distortions in the electricity market • den Verzerrungen auf dem Strommarkt ein Ende bereiten
- to liberalise the electricity market in three steps • den Strommarkt in drei Schritten liberalisieren

electricity price Strompreis m

- electricity prices are falling • die Strompreise sinken

electricity producer Stromerzeuger m

electricity production Stromerzeugung f

- cogeneration probably accounts for little more than 7% of the country's electricity production • der Anteil der Kraftwärmekopplung an der Stromerzeugung des Landes beträgt wahrscheinlich nur wenig mehr als 7 %

electricity supplier Stromversorger m; Stromversorgungsunternehmen n; Stromlieferant m

- domestic customers will be able to choose their electricity supplier • Privatkunden werden sich ihren Stromversorger selbst aussuchen können

electricity supply Stromversorgung f; Elektrizitätsversorgung f

- electricity supply from the grid • Stromversorgung aus dem Netz
- renewables will become a major part of electricity supply • die Erneuerbaren werden eine große Rolle in der Elektrizitätsversorgung spielen

electricity supply grid Elektrizitätsversorgungsnetz n

- nearly all of the 20 million or so homes in Britain are connected to the electricity supply grid
- fast alle der 20 Millionen Haushalte in Großbritannien sind an das Elektrizitätsversorgungsnetz angeschlossen

electricity supply industry Stromwirtschaft f; Elektrizitätswirtschaft f

electricity supply network Elektrizitätsversorgungsnetz n

electricity supply system Elektrizitätsversorgungsnetz n

- to encourage research into how wind power could be used in the country's electricity supply system
- die Erforschung der Möglichkeiten beim Einsatz der Windenergie in der Elektrizitätsversorgung des Landes fördern

electricity transmission grid Übertragungsnetz n

- to expand the electricity transmission grid
- das Übertragungsnetz ausbauen

electricity user *(person/organisation)* Stromverbraucher m; Verbraucher von Strom

- electricity users rely more and more on sensitive electronic equipment
- power supply failures cost the average large electricity user $9,000 an incident
- die Stromverbraucher verwenden zunehmend empfindliche elektronische Geräte
- Stromausfälle kosten den durchschnittlichen Großverbraucher elektrischer Energie 9.000 Dollar pro Vorfall

electric load elektrischer Verbraucher (see also **load**)

- critical electric loads are currently being supplied by high-cost uninterruptible power supplies
- these electric loads require a continuous, uninterrupted electric energy source
- die Stromversorgung kritischer Verbraucher erfolgt zur Zeit mit Hilfe teurer USV
- diese elektrischen Verbraucher erfordern eine ständige und ununterbrochene Stromversorgung

electric-power demand Strombedarf m

- electric-power demand varies sharply at different times of the day
- der Strombedarf schwankt stark im Verlauf des Tages

electric power generation Elektrizitätserzeugung f; Stromerzeugung f

electric power industry Elektrizitätswirtschaft f; Stromwirtschaft f

- the electric power industry provides the nation with the most prevalent energy form – electricity
- the electric power industry plays a critical role in our society
- the character and functioning of the electrical power industry
- die Stromwirtschaft versorgt das Land mit der am weitesten verbreiteten Energieform – Elektrizität
- die Stromwirtschaft spielt in unserer Gesellschaft eine entscheidende Rolle
- das Wesen und die Funktionsweise der Elektrizitätswirtschaft

electric utility Stromversorger m; Stromversorgungsunternehmen n

- many electric utilities perceive micropower systems as an economic threat
- ABC is the nation's 10th-largest electric utility
- electric utilities have historically met the base-load requirements with nuclear and high-efficiency fossil-fuel steam plants
- viele Elektrizitätsversorgungsunternehmen sehen in Minikraftwerken eine wirtschaftliche Bedrohung
- ABC ist das zehntgrößte Elektrizitätsversorgungsunternehmen des Landes
- in der Vergangenheit haben die Stromversorgungsunternehmen den Grundlastbedarf mit Hilfe von Kernkraftwerken und fossil befeuerten Hochleistungsdampfkraftwerken abgedeckt

- under state law, electric utilities have an obligation to ensure they can provide adequate electricity to customers
- die Stromversorgungsunternehmen sind gesetzlich dazu verpflichtet, eine ausreichende Versorgung der Kunden mit elektrischer Energie sicherzustellen

electric utility industry Stromwirtschaft f; Elektrizitätswirtschaft f

- the electric utility industry was deregulated to promote competition among suppliers of energy
- die Elektrizitätswirtschaft wurde dereguliert, um den Wettbewerb zwischen den Anbietern von Energie zu fördern

electrochemically adv elektrochemisch; auf elektrochemischem Wege

- fuel cells generate power electrochemically
- Brennstoffzellen erzeugen Strom auf elektrochemischem Wege

electrochemically active elektrochemisch aktiv

- electrochemically active catalyst layer
- elektrochemisch aktive Katalysatorschicht

electrochemical process; electro-chemical process elektrochemischer Prozess

- energy is converted directly into electricity by an electrochemical process which produces heat
- Energie wird mittels eines elektrochemischen Prozesses, bei dem Wärme entsteht, direkt in Strom umgewandelt
- to use the waste heat from the electrochemical process
- die bei dem elektrochemischen Prozess entstehende Abwärme nutzen
- fuel cells produce a DC current by means of an electrochemical process
- Brennstoffzellen erzeugen einen Gleichstrom mit Hilfe eines elektrochemischen Prozesses
- fuel cells generate electricity through an electro-chemical process
- Brennstoffzellen erzeugen Strom auf elektrochemischem Wege

electrochemical reaction elektrochemische Reaktion

- to create an electrochemical reaction
- eine elektrochemische Reaktion erzeugen
- fuel cells convert the chemical energy of a fuel directly into electricity by electrochemical reactions
- Brennstoffzellen wandeln die chemische Energie eines Brennstoffes mit Hilfe elektrochemischer Reaktionen direkt in Elektrizität um

electrochemistry n Elektrochemie f

- like batteries, fuel cells are based on the principles of electrochemistry
- wie Batterien beruhen Brennstoffzellen auf den Grundgesetzen der Elektrochemie

electrode n *(FC)* Elektrode f

- a fuel cell consists of two electrodes sandwiched around an electrolyte
- eine Brennstoffzelle besteht aus zwei Elektroden, zwischen denen sich ein Elektrolyt befindet
- a gas or liquid fuel is supplied continuously to one electrode and oxygen or air to the other
- an der einen Elektrode wird kontinuierlich Gas oder ein flüssiger Brennstoff und an der anderen Elektrode Luft oder Sauerstoff zugeführt
- the electrodes are usually three millimeters or more in thickness
- die Dicke der Elektroden beträgt normalerweise drei oder mehr Millimeter
- electrodes for this type of fuel cell are usually porous
- bei diesem Brennstoffzellentyp werden normalerweise poröse Elektroden verwendet

electrode area Elektrodenfläche f

electrode plate *(FC)* Elektroden-Platte f

electrode reaction *(FC)* Elektrodenreaktion f

electrode surface *(FC)* Elektrodenoberfläche f

electrolyser n *(FC)* Elektrolyseur m

• the further development of electrolysers	• die Weiterentwicklung von Elektrolyseuren

electrolysis n Elektrolyse f

• fuel cells operate in reverse of electrolysis	• bei Brennstoffzellen findet eine umgekehrte Elektrolyse statt
• to reverse electrolysis	• den Prozess der Elektrolyse umkehren

electrolysis of water Wasserelektrolyse f

• the production of heat from the electrolysis of water	• die Erzeugung von Wärme durch Wasserelektrolyse
• the electrolysis of water can be reversed	• die Wasserelektrolyse kann umgekehrt werden

electrolyte n Elektrolyt m

• alkaline electrolyte	• alkalischer Elektrolyt
• solid electrolyte	• fester Elektrolyt
• liquid electrolyte	• flüssiger Elektrolyt
• gas-impervious electrolyte	• gasdichter Elektrolyt
• phosphoric acid electrolyte	• phosphorsaurer Elektrolyt
• fuel cells are normally named after/for their electrolyte	• Brennstoffzellen werden normalerweise nach ihrem Elektrolyten benannt
• anode and cathode are separated by an electrolyte	• Anode und Kathode sind durch einen Elektrolyten voneinander getrennt
• the electrolyte may be a liquid or a solid	• der Elektrolyt kann eine Flüssigkeit oder ein Feststoff sein

electrolyte material Elektrolytmaterial n

• this fuel cell comprises a layer of electrolyte material with a layer of electrode material on each side	• diese Brennstoffzelle besteht aus einer Schicht Elektrolytmaterial, das auf jeder Seite mit Elektrodenmaterial beschichtet ist
• the relatively high cost of the electrolyte material	• die relativ hohen Kosten des Elektrolytmaterials
• at this temperature, the electrolyte material becomes sufficiently conductive to oxide ions	• bei dieser Temperatur weist das Elektrolytmaterial eine ausreichende Leitfähigkeit für die Sauerstoffionen auf

electrolytically adv elektrolytisch

• this hydrogen is made by electrolytically splitting water	• dieser Wasserstoff wird durch die elektrolytische Spaltung von Wasser hergestellt

electromagnetic radiation *(solar)* elektromagnetische Strahlung

• light is sometimes used as a synonym for all electromagnetic radiation	• Licht wird manchmal synonym für alle Arten elektromagnetischer Strahlung verwendet
• solar radiation is the electromagnetic radiation emitted by the sun	• Sonnenstrahlung ist die von der Sonne emittierte elektromagnetische Strahlung
• electromagnetic radiation is made up of a range of different wavelengths	• elektromagnetische Strahlung setzt sich aus einer Reihe unterschiedlicher Wellenlängen zusammen

electron n Elektron n

• to release electrons	• Elektronen abgeben
• hydrogen gives up electrons to the anode	• der Wasserstoff gibt Elektronen an die Anode ab
• to absorb electrons	• Elektronen aufnehmen
• the oxygen moves through the porous cathode and "adopts" two electrons	• der Sauerstoff wandert durch die poröse Katode und nimmt zwei Elektronen auf

- to free as many electrons as possible — möglichst viele Elektronen freisetzen
- negatively charged electrons — negativ geladene Elektronen

electron-hole pair Elektron/Loch-Paar n

- some photons do not have enough energy to form an electron-hole pair — einige Photonen besitzen nicht ausreichend Energie, um Elektron/Loch-Paare zu generieren

electrostatic precipitator Elektrofilter n

- the plant employs an electrostatic precipitator for particulate removal — die Anlage besitzt einen Elektrofilter zur Entfernung fester Teilchen

elevation n Niveau n

- to pump water to a higher elevation during times of low electrical demand — Wasser während Zeiten geringen Strombedarfs auf ein höheres Niveau pumpen

embankment dam *(hydro)* Erddamm m

- dams are grouped in embankment dams (rockfill and earthfill) and concrete dams — Dämme werden in Erddämme (aus rolligem und bindigem Erdmaterial) und Betonmauern unterteilt

emergency shutdown *(wind)* Notabschaltung f

emission n Emission f

- with ultra-low emissions — mit extrem geringen Emissionen
- such a vehicle would produce negligible emissions — ein solches Fahrzeug würde so gut wie keine Emissionen verursachen
- noxious/harmful emissions — schädliche Emissionen
- to remove virtually all harmful emissions — praktisch alle schädlichen Emissionen beseitigen
- to minimize emissions — die Emissionen auf ein Mindestmaß begrenzen
- these electric powered cars produce zero emissions — diese elektrisch angetriebenen Autos erzeugen keine Emissionen
- to cut emissions by ...% — die Emissionen um ... % senken
- local emissions — lokale Emissionen

emission-free adj schadstofffrei

- emission-free autos — schadstofffreie Autos
- emission-free operation — schadstofffreier Betrieb

emission level Emissionswert m

- near-zero emission levels — gegen Null gehende Emissionswerte

emission limit Emissionsgrenzwert m; Emissionslimit n

- to violate existing emission limits — die bestehenden Emissionsgrenzwerte überschreiten

emission of carbon dioxide Kohlendioxidausstoß m; Kohlendioxidemission f

- the burning of fossil fuels results in the emission of carbon dioxide — das Verbrennen fossiler Brennstoffe verursacht Kohlendioxidemissionen
- to curb the emission of carbon dioxide — den Kohlendioxidausstoß vermindern/begrenzen
- average emission of carbon dioxide — durchschnittlicher Kohlendioxidausstoß
- the emission of carbon dioxide was reduced by 70 % — der Kohlendioxidausstoß wurde um 70 % vermindert
- wood has environmental advantages in terms of emissions of carbon dioxide — Holz bietet Umweltvorteile in Bezug auf die Kohlendioxidemissionen
- to cut emissions of carbon dioxide — die Kohlendioxidemissionen reduzieren

emission of greenhouse gases Emission von Treibhausgasen; Treibhausgasemission f

- to curb emissions of greenhouse gases • die Treibhausgasemissionen reduzieren

emission of pollutants Schadstoffemission f

- emissions of pollutants to the environment can be reduced • Schadstoffemissionen in die Umwelt können reduziert werden
- emissions of pollutants from fuel cells • Schadstoffemissionen von Brennstoffzellen
- the emission of pollutants affects air quality • Schadstoffemissionen beeinträchtigen die Luftqualität
- to avoid the emission of pollutants associated with combustion processes • die mit Verbrennungsvorgängen verbundenen Schadstoffemissionen vermeiden

emit v emittieren

- to emit pollutants • Schadstoffe emittieren

end user Endverbraucher m; Letztverbraucher m

- electricity typically reaches the end user through a three-step process • die elektrische Energie erreicht den Endverbraucher normalerweise im Rahmen eines drei Schritte umfassenden Prozesses
- transmission of electricity to the end-user • Übertragung der elektrischen Energie zum Letztverbraucher

energy n Energie f

- to help homeowners save on energy • den Hausbesitzern beim Energiesparen helfen
- the conversion of energy from one form to another • die Umwandlung von Energie von einer Form in eine andere
- energy is the ability to do work • Energie ist die Fähigkeit, Arbeit zu verrichten

energy balance Energiebilanz f

- the comparison of energy used in manufacture with the energy produced by a power station is known as the energy balance • die Gegenüberstellung des Energieaufwandes für die Errichtung eines Kraftwerkes und der von dem Kraftwerk erzeugten Energie wird als Energiebilanz bezeichnet
- early solar cells had a negative energy balance • die ersten Solarzellen hatten eine negative Energiebilanz

energy capture Energieausbeute f

- to increase energy capture • die Energieausbeute erhöhen
- the new blades improve the wind turbine's energy capture from 20% to 70% • die neuen Blätter verbessern die Energieausbeute der Windturbine von 20 % auf 70 %

energy chain Energiekette f

- when the total energy chain is considered • wenn man die gesamte Energiekette betrachtet

energy consumption Energieverbrauch m

- to assist the reader in estimating energy consumption associated with a fuel cell system • dem Leser bei der Abschätzung des Energieverbrauchs einer Brennstoffzellenanlage Hilfestellung geben
- to estimate energy consumption • den Energieverbrauch abschätzen
- transportation accounts for one-fourth of all U.S. energy consumption • auf den Verkehr entfällt ein Viertel des gesamten Energieverbrauchs der Vereinigten Staaten
- to cut energy consumption • den Energieverbrauch senken

- a large portion of the industrial sector's total energy consumption is for process heating applications
- ein Großteil des Gesamt-Energieverbrauchs der Industrie ist für Prozesswärmeanwendungen
- they could expand their level of economic activity without increasing energy consumption
- sie könnten die Wirtschaftstätigkeit ohne Erhöhung des Energieverbrauchs ausweiten

energy content Energieinhalt m

- if the wind blows at twice the speed, its energy content will increase eight fold
- wenn der Wind mit doppelter Geschwindigkeit bläst, dann erhöht sich sein Energieinhalt um das Achtfache

energy conversion Energieumwandlung f

- these fuel cells are particularly suitable for stationary energy conversion
- diese Brennstoffzellen eignen sich insbesondere für die stationäre Energieumwandlung
- direct energy conversion in a solar cell
- direkte Energieumwandlung in einer Solarzelle
- energy conversion takes place directly
- die Energieumwandlung erfolgt direkt
- to ensure more efficient energy conversion
- eine effizientere Energieumwandlung gewährleisten

energy conversion efficiency Energieumwandlungswirkungsgrad m

- fuel cells offer energy conversion efficiencies several times better than that of internal combustion engines
- Brennstoffzellen weisen Energieumwandlungswirkungsgrade auf, die die Wirkungsgrade von Verbrennungsmotoren um ein Mehrfaches übersteigen

energy conversion system Energiewandler m

- fuel cells are electrochemical energy converson systems
- Brennstoffzellen sind elektrochemische Energiewandler

energy conversion technology Energieumwandlungstechnologie f

energy converter Energiewandler m

- fuel cells are much more efficient than most other energy converters
- Brennstoffzellen haben einen höheren Wirkungsgrad als die meisten anderen Energiewandler

energy crops Energiepflanzen fpl

- you have to grow energy crops to have enough biomass feedstock available
- man muss Energiepflanzen anbauen, um genügend Ausgangsmaterialien für Biomasse zu erhalten
- scientists are also developing dedicated energy crops
- Wissenschaftler entwickeln spezielle Energiepflanzen
- these energy crops are grown specifically for use in biomass power plants
- diese Energiepflanzen werden speziell für den Einsatz in Biomassekraftwerken angebaut
- to grow poplar trees as energy crops
- Pappeln als Energiepflanzen anbauen
- the feasibility studies analyzed using different energy crops to make electricity
- in den Durchführbarkeitsstudien wurde der Einsatz unterschiedlicher Energiepflanzen zur Stromerzeugung untersucht
- to generate electricity from energy crops
- Strom aus Energiepflanzen herstellen

energy demand Energiebedarf m

- global energy demand in 2010
- der globale Energiebedarf im Jahre 2010
- coal is used to satisfy about 30% of the country's total energy demand
- ca. 30 % des Gesamtenergiebedarfs des Landes wird mit Kohle abgedeckt

energy density Energiedichte f

- solid oxide cells offer the promise of clean power at high efficiencies and energy densities
- Festoxidzellen versprechen sauberen Strom bei hohen Wirkungsgraden und Energiedichten
- methanol was selected as the fuel because of its high energy density
- Methanol wurde aufgrund seiner hohen Energiedichte als Brennstoff gewählt
- the fuel cells have an energy density 10 times that of conventional batteries for mobiles
- die Energiedichte der Brennstoffzellen ist zehnmal größer als die von herkömmlichen Batterien für Handys
- geothermal energy has the highest energy density
- geothermische Energie besitzt die größte Energiedichte

energy efficiency Energieeffizienz f; Energienutzungsgrad m; Energieausnutzung f; Energiewirkungsgrad m

- to offer substantial energy efficiency gains
- eine beträchtliche Erhöhung der Energieeffizienz bieten
- both vehicles would achieve excellent energy efficiency
- beide Fahrzeuge würden eine ausgezeichnete Energieeffizienz erreichen
- to promote energy efficiency through the wider use of cogeneration
- die Energieeffizienz durch den verstärkten Einsatz von Kraft-Wärme-Kopplung fördern
- the use of industrial cogeneration can save both energy and operating costs because of its high energy efficiency
- durch den Einsatz industrieller Kraft-Wärme-Kopplung können auf Grund des hohen Energienutzungsgrades Energie- und Betriebskosten eingespart werden

energy efficiency gain Erhöhung der Energieeffizienz f

energy-efficient adj energiesparend; energieeffizient

- environmentally cleaner, more energy-efficient vehicles
- umweltfreundlichere und energieeffizientere Fahrzeuge

energy expert Energieexperte m; Energiefachfrau f; Energiefachmann m

- wind energy receives high praise from energy and environmental experts
- die Windenergie wird von Energie- und Umweltexperten hoch gelobt

energy from waste facility Müllkraftwerk n

- the objective of this study is to investigate the economic viability of an energy from waste facility
- Ziel dieser Studie ist es, die Wirtschaftlichkeit eines Müllkraftwerks zu untersuchen

energy from waste plant Müllkraftwerk n

- the new waste from energy plant will produce enough electricity for the plant's in-house needs of around 2.2MW and a surplus of around 8.3MW
- das neue Müllkraftwerk wird ausreichend Strom für den Eigenbedarf in Höhe von ca. 2,2 MW und Überschussstrom in Höhe von ca. 8,3 MW erzeugen

energy generation Energieerzeugung f; Energiegewinnung f

- to usher in a new era in energy generation
- ein neues Zeitalter der Energieerzeugung einleiten

energy generation system Energieerzeugungsanlage f

- this energy generation system with a Molten Carbonate Fuel Cell started up this summer in Santa Clara, California
- diese Energieerzeugungsanlage mit einer MCFC wurde diesen Sommer in Santa Clara, Kalifornien in Betrieb genommen

energy input zugeführte Energie

- a further 3% of energy input is lost during transmission and distribution to the end-user
- weitere 3 % der zugeführten Energie gehen bei der Übertragung und Verteilung an den Endverbraucher verloren

energy management Energiemanagment n

energy market Energiemarkt m

- the liberalisation of energy markets
- die Liberalisierung der Energiemärkte

energy mix Energiemix m

- this municipal utility has the dirtiest energy mix in California
- diese Stadtwerke verfügen über den schmutzigsten Energiemix in ganz Kalifornien
- nineteen percent of this utility's total energy mix is made up of renewables
- die erneuerbaren Energien machen 19 % des Gesamt-Energiemixes dieses EVU aus
- wind energy will play a proportionally large role in the energy mix of this country
- die Windenergie wird anteilmäßig eine große Rolle im Energiemix dieses Landes spielen

energy needs Energiebedarf m

- biomass currently supplies more than 3% of total U.S. energy needs
- Biomasse deckt zurzeit mehr als 3 % des gesamten Energiebedarfs der USA ab
- this industry satisfies close to 75% of its energy needs through direct wood combustion
- dieser Industriezweig deckt naheziu 75 % seines Energiebedarfs durch die direkte Verbrennung von Holz ab
- this is enough power to meet the energy needs of several million homes
- diese Strommenge reicht aus, um den Energiebedarf mehrerer Millionen Wohnhäuser abzudecken

energy potential Energiepotential n; Energiepotenzial n

- unused energy potential
- ungenutztes Energiepotential
- the total energy potential of the geothermal field is unknown
- das Gesamt-Energiepotential des Geothermalfeldes ist unbekannt

energy production Energieerzeugung f; Energiegewinnung f

- biomass today accounts for about 3.2% of total U.S. energy production
- in den USA beträgt der Anteil der Biomasse an der Gesamt-Energieerzeugung heute ca. 3,2 %
- energy production based on biomass
- Energiegewinnung aus Biomasse
- last year, energy production from biomass dwindled to about 590 MW
- letztes Jahr ist die Energiegewinnung aus Biomasse auf ca. 590 MW gesunken/geschrumpft

energy production system Energieerzeugungssystem n

- to search for an alternative industrial energy production system
- ein alternatives industrielles Energieerzeugungssystem suchen

energy resource Energieressource f

- the need for conservation of energy resources
- die Notwendigkeit der Schonung der Energieressourcen
- indigenous and renewable energy resources
- einheimische und erneuerbare Energieressourcen

energy revenues Erlöse aus dem Energieverkauf

- energy revenues alone will not cover the full costs of construction and operation of the plant
- die Erlöse aus dem Energieverkauf allein werden nicht ausreichen, um die Kosten für Bau und Betrieb der Anlage voll abzudecken

energy-saving adj energiesparend; Energiespar...

• energy-saving aspects	• Energiesparaspekte
• energy-saving drive	• energiesparender Antrieb
• energy-saving manufacturing	• energiesparende Fertigung
• energy-saving measures	• Energiesparmaßnahmen
• energy-saving potential	• Energiesparpotential
• energy-saving technologies	• energiesparende Technologien
• energy-efficient vehicles	• energiesparende Fahrzeuge

energy saving Energieeinsparung f

• this results in energy savings of between 20 and 40%	• dies führt zu Energieeinsparungen von 20 bis 40 %
• cogeneration offers energy savings ranging between 15-40%	• die Kraft-Wärme-Kopplung ermöglicht Energieeinsparungen von 15 bis 40 %
• our steam generators offer substantial energy savings over conventional boilers	• unsere Dampferzeuger bieten beträchtliche Energieeinsparungen im Vergleich zu herkömmlichen Kesseln

energy sector Energiebranche f; Energiesektor m

energy source Energieträger m; Energiequelle f

• to promote the use of alternative energy sources	• den Einsatz alternativer Energieträger fördern
• renewable energy source	• erneuerbarer Energieträger
• the availability of lower-cost energy sources	• die Verfügbarkeit kostengünstigerer Energiequellen
• a clean energy source	• eine saubere/umweltfreundliche Energiequelle
• traditional energy sources are non-renewable and create pollution	• die herkömmlichen Energiequellen sind nicht erneuerbar und verursachen Umweltverschmutzung
• the Sun is an extremely powerful energy source	• die Sonne ist eine äußerst starke Energiequelle

energy storage Energiespeicher m; Energiespeicherung f

• utilities are taking a closer look at energy storage	• die EVU beschäftigen sich näher mit der Energiespeicherung
• solar energy systems must include some provision for energy storage	• Solaranlagen müssen eine Möglichkeit zur Energiespeicherung bieten/vorsehen

energy supply Energieversorgung f

• CHP could make a major contribution to the security of the country's energy supply	• die KWK könnte einen bedeutenden Beitrag zu einer sicheren Energieversorgung des Landes leisten

energy technology Energietechnologie f; Energietechnik f

• the development of environmentally clean energy technologies	• die Entwicklung umweltfreundlicher Energietechnologien
• wind energy is one of the most popular energy technologies	• die Windenergie ist eine der populärsten Energietechnologien
• wind energy is one of the safest energy technologies	• die Windenergie ist eine der sichersten Energietechnologien

energy user Energieverbraucher m

• the Government and industries are big energy users	• Regierung und Industrie sind große Energieverbraucher

engine-based cogeneration system Blockheizkraftwerk n (auf motorischer Basis)

- the company concentrates on small scale, decentralised engine-based cogeneration systems
- das Unternehmen konzentriert sich auf kleine dezentrale Blockheizkraftwerke

engine cogeneration system Blockheizkraftwerk n (auf motorischer Basis)

engine-driven cogenerator Blockheizkraftwerk n (auf motorischer Basis); Motor-BHKW n

engine-powered CHP plant Motor-BHKW n; Blockheizkraftwerk n (auf motorischer Basis)

environment n Umwelt f

- the materials used are harmful to the environment
- die verwendeten Werkstoffe sind schädlich für die Umwelt
- the fuel cell has significantly less impact on the environment
- die Brennstoffzelle beeinträchtigt die Umwelt in einem weit geringeren Maße
- there will be minimal impact on the environment
- die Beeinträchtigung der Umwelt wird nur minimal sein

environmental awareness Umweltbewusstsein n

- growing/increasing environmental awareness
- wachsendes Umweltbewusstsein
- increased environmental awareness
- größeres Umweltbewusstsein
- global environmental awareness
- weltweites Umweltbewusstsein
- significant environmental awareness
- beträchtliches/starkes Umweltbewusstsein

environmental benefit Umweltvorteil m

- fuel cells are well known for their environmental benefits
- Brennstoffzellen sind für ihre Umweltvorteile bekannt
- there are environmental benefits associated with installing this technology
- der Einsatz dieser Technologie bringt Umweltvorteile mit sich
- the environmental benefits of cogeneration
- die Umweltvorteile der Kraft-Wärme-Kopplung
- significant environmental benefits could accrue from the development of such a biomass energy resource
- die Entwicklung einer solchen Biomasse-Ressource könnte beachtliche Umweltvorteile mit sich bringen
- the green lobby has managed to put across some of biomass's environmental benefits
- der Grünen-Lobby ist es gelungen, einige Umweltvorteile der Biomasse deutlich zu machen

environmental cleanliness Umweltfreundlichkeit f

- this fuel cell demonstrates the environmental cleanliness of fuel cell technology
- diese Brennstoffzelle verdeutlicht die Umweltfreundlichkeit der Brennstoffzellentechnologie

environmental compatibility Umweltverträglichkeit f

- environmental compatibility makes these plants easier to site
- die Umweltverträglichkeit dieser Anlagen erleichtert die Standortsuche

environmental damage Umweltschaden m; Umweltschäden mpl

- to minimise environmental damage
- die Umweltschäden auf ein Mindestmaß begrenzen
- to lead to environmental damage
- Umweltschäden zur Folge haben
- to cause negligible environmental damage
- minimale/praktisch keine Umweltschäden verursachen
- hydro-electric generation may cause significant environmental damage
- Wasserkraftwerke können beträchtliche Umweltschäden verursachen

environmental impact Umweltauswirkungen fpl; Umweltbelastung f

environmentalist n Umweltschützer m; Umweltfreund m

- the demand for PV is not limited to environmentalists
- die Nachfrage nach Photovoltaik ist nicht nur auf Umweltfreunde beschränkt/kommt nicht nur aus Kreisen der Umweltschützer

environmentally benign umweltfreundlich (see also **environmentally friendly**)

- environmentally benign power source
- umweltfreundliche Energiequelle
- an environmentally benign and cost-effective method of power generation
- eine umweltfreundliche und kostengünstige Methode zur Stromerzeugung

environmentally friendly; environmentally-friendly umweltfreundlich (see also **environmentally benign**)

- the fuel cell is environmentally friendly
- die Brennstoffzelle ist umweltfreundlich
- new investments in environmentally friendly technology
- neue Investitionen in eine umweltfreundliche Technologie
- the utility company generates its electricity in an environmentally friendly fashion
- das Energieunternehmen stellt seine Energie auf umweltfreundliche Weise her

environmentally neutral umweltneutral

- carbon dioxide emissions from wood burning are deemed environmentally neutral
- die Kohlendioxidemissionen bei der Verbrennung von Holz gelten als umweltneutral

environmentally progressive umweltfreundlich

environmentally safe umweltfreundlich; umweltsicher

- environmentally safe miniature fuel cells
- umwelfreundliche Mini-Brennstoffzellen
- environmentally safe renewable energy
- umweltsichere erneuerbare Energie
- environmentally safe and economical solutions
- umweltsichere und wirtschaftliche Lösungen

environmental protection Umweltschutz m

- to call for stricter state environmental protection
- strengeren staatlichen Umweltschutz fordern
- about one third of the station's total cost is devoted to environmental protection
- ungefähr ein Drittel der Gesamtkosten des Kraftwerkes ist für den Umweltschutz bestimmt
- to enact legislation on environmental protection
- Gesetze zum Umweltschutz erlassen
- spending on environmental protection has increased
- die Investitionen in den Umweltschutz sind gestiegen
- only 3.3% of these funds are allocated for environmental protection
- nur 3,3 % dieser Mittel sind für den Umweltschutz vorgesehen

environmental worries Umweltbedenken pl

- environmental worries can preclude the installation of new generating plant
- Umweltbedenken können den Bau neuer Kraftwerke verhindern

equivalent to ... metric tons/tonnes of coal Steinkohleeinheit f

- the UK produces wastes with an energy content equivalent to about 30 million tonnes of coal each year
- Großbritannien produziert jährlich Müll mit einem Energieinhalt von ca. 30 Millionen Tonnen SKE

erection n Errichtung f; Montage f

- the contract is for the design, supply and erection of a 390-MW unit
- der Vertrag erstreckt sich auf die Konstruktion, Lieferung und Errichtung eines 390-MW-Blocks
- design, manufacture, and erection of steam generators
- Konstruktion, Herstellung und Errichtung von Dampferzeugern
- supervision of erection and commissioning
- Überwachung der Montage und Inbetriebnahme
- erection of the turbine was postponed
- die Montage der Turbine wurde verschoben
- erection of further overhead power lines
- die Errichtung weiterer Überlandleitungen

ESI (see **electricity supply industry**)

ethanol n Ethanol n

- the fuel cell can also run on ethanol
- die Brennstoffzelle kann auch mit Ethanol betrieben werden
- about 5% of the corn crop is currently converted into ethanol
- ungefähr 5 % der Maisernte werden zur Zeit zu Ethanol verarbeitet
- ethanol is used as an additive to make gasoline cleaner burning
- Ethanol wird als Zusatzstoff verwendet, um eine sauberere Verbrennung von Benzin zu erreichen

ethylene vinyl acetate (EVA) Ethylenvinylacetat n

EVA (see **ethylene vinyl acetate**)

evacuated tube collector *(solar)* Vakuumröhrenkollektor m; Vakuum-Röhrenkollektor m

- evacuated tube collectors are most commonly used for residential hot water heating
- Vakuumröhrenkollektoren werden hauptsächlich zur Warmwassererzeugung in Wohnhäusern verwendet

EWF plant (see **energy from waste plant**)

excess capacity Überkapazität f

- temporary excess capacity
- vorübergehende/zeitweilige Überkapazität

excess electricity Überschussstrom m; überschüssiger Strom

- the excess electricity is sold into the grid
- der überschüssige Strom wird an das öffentliche Netz verkauft

excess electron überzähliges Elektron

- silicon has excess electrons
- Silizium besitzt überzählige Elektronen

excess energy überschüssige Energie

- excess energy is stored in batteries
- überschüssige Energie wird in Batterien gespeichert

exhaust-free adj abgasfrei

- exhaust-free automobiles
- abgasfreie Autos
- nearly exhaust-free automobiles
- nahezu abgasfreie Autos

exhaust gas Abgas n; Verbrennungsgas n

- the temperature of exhaust gases from the cells is 500°C to 850°C
- die Abgase der Zellen haben Temperaturen von 500 °C bis 850 °C
- the hot exhaust gases from a gas turbine are used to heat water to provide steam
- die heißen Abgase der Gasturbine werden zur Erwärmung von Wasser zur Dampferzeugung verwendet

exhaust reduction Abgasemissionsreduktion f; Reduzierung der Abgase
- local environmental laws require an exhaust reduction
- die örtlichen Umweltgesetze verlangen eine Reduzierung der Abgase

exothermic adj exotherm
- fuel cells are exothermic
- Brennstoffzellen sind exotherm

exothermically adv exotherm
- heat generated exothermically is dissipated to the atmosphere
- exotherm erzeugte Wärme wird in die Atmosphäre abgegeben

expand v entspannen
- the air coming from the reservoir is mixed with fuel, burned and expanded through the turbine
- die Luft vom Speicher wird mit dem Brennstoff vermischt, verbrannt und in der Turbine entspannt

experimental plant Versuchsanlage f

expert n Experte m; Fachmann m; Spezialist m
- a California-based expert on wind power
- ein Windkraftspezialist aus Kalifornien

exploit v (1) *(Bodenschätze, Ressourcen)* ausbeuten; abbauen
- to exploit geothermal resources
- geothermische Ressourcen/Lagerstätten/Vorkommen ausbeuten

exploit v (2) nutzbar machen; nutzen
- these materials exploit the PV effect in slightly different ways
- bei diesen Stoffen wird der photovoltaische Effekt auf eine etwas andere Art und Weise genutzt

exploitation n Nutzung f; Ausbeutung f; Abbau m
- the exploitation of geothermal energy
- die Nutzung der geothermischen Energie

exploration n Exploration f
- to establish databases for future exploration and exploitation of geothermal reservoirs
- Datenbanken für die künftige Exploration und Nutzung von Erdwärmevorkommen erstellen
- geothermal exploration has not kept pace with development
- die geothermische Exploration hat mit dem Ausbau nicht Schritt gehalten

exploratory well *(geo)* Probebohrung f

export v einspeisen; exportieren
- excess power will be exported to the local electricity grid
- überschüssige Energie wird in das örtliche Stromnetz eingespeist

external circuit äußerer Stromkreis
- to produce a current in an external circuit
- in einem äußeren Stromkreis einen Strom erzeugen
- the electrons travel from anode to cathode through an external circuit
- die Elektronen wandern über einen äußeren Stromkreis von der Anode zur Kathode
- the electrons move through an external circuit to a load and then to the oxygen electrode
- die Elektronen fließen über einen externen Stromkreis zu einem Verbraucher und dann zur Sauerstoffelektrode

external reformer *(FC)* externer Reformer
- a costly external reformer is needed
- man benötigt einen teuren externen Reformer
- this fuel cell system has no need for an expensive external reformer
- bei dieser Brennstoffzellenanlage wird kein teurer externer Reformer benötigt

extraction-condensing turbine; **extraction condensing turbine** Entnahme-Kondensationsturbine f

- ABC has won a contract to design and manufacture an extraction condensing turbine
- ABC hat den Zuschlag für Konstruktion und Bau einer Entnahme-Kondensationsturbine erhalten

extraction steam Anzapfdampf m

- for many years American industries used extraction steam for their process equipment
- über viele Jahre nutzten amerikanische Unternehmen Anzapfdampf für ihre verfahrenstechnischen Anlagen
- extraction steam from the turbine is used as process steam and for the heating of buildings
- Anzapfdampf aus der Turbine wird als Prozessdampf und zur Heizung von Gebäuden verwendet

extraction steam turbine Entnahmedampfturbine f

- this boiler sends steam to an extraction steam turbine where up to ... MW of electrical power and at least ... t/h of process steam are produced
- dieser Kessel versorgt eine Entnahmedampfturbine, die bis zu ... MW elektrische und mindestens ... t/h Wärmeleistung erzeugt, mit Dampf

extraction turbine Entnahmeturbine f

- in the waste heat boiler, high-pressure superheated steam is generated for operation of the extraction turbine
- im Abhitzekessel wird hochgespannter und überhitzter Dampf für den Betrieb der Entnahmeturbine erzeugt

F

falling water *(hydro)* fallendes Wasser

- the falling water rotates turbines
- falling water is one of the three principal sources of energy used to generate electric power
- the amount of energy in falling water depends on its head

- das fallende Wasser treibt Turbinen an
- fallendes Wasser ist eine der drei Hauptenergiequellen zur Erzeugung von Strom
- die in fallendem Wasser enthaltene Energiemenge hängt von der Fallhöhe ab

fantail n *(wind)* Seitenrad n

fast growing plant *(bio)* schnell wachsende Pflanze

- these fast growing plants are grown specifically for use in biomass power plants

- diese schnell wachsenden Pflanzen werden speziell für den Einsatz in Biomasse-Kraftwerken angebaut

fast-growing tree *(bio)* schnell wachsender Baum

- fast-growing trees and grasses could become a major renewable energy resource for electricity generation

- schnell wachsende Bäume und Gräser könnten sich zu einer wichtigen erneuerbaren Energiequelle für die Stromerzeugung entwickeln

FC (fuel cell) Brennstoffzelle f (see also **fuel cell**)

- to use FCs instead of rechargeable batteries
- transport offers an even larger market for FCs than stationary applications

- anstelle von Akkus Brennstoffzellen verwenden
- der Verkehrssektor bietet noch größere Absatzmöglichkeiten für Brennstoffzellen als stationäre Anwendungen

FC-based CHP system Kraft-Wärme-Kopplungsanlage mit Brennstoffzelle

FCEV (see **fuel cell electric vehicle**)

FC installation Brennstoffzellenanlage f (see also **fuel cell plant**)

- North America is the largest market for 30MW-plus FC installations

- Nordamerika ist der größte Markt für Brennstoffzellenanlagen mit einer Leistung von mehr als 30 MW

FC plant (see **fuel cell plant**)

FC-powered vehicle (see **fuel cell-powered vehicle**; **fuel cell vehicle**)

FC power plant (see **fuel cell power plant**)

FC system (see **fuel cell system**)

FC technology (see **fuel cell technology**)

FCV (see **fuel cell vehicle**)

FCEV (see **fuel cell electric vehicle**)

feasibility n Machbarkeit f; Durchführbarkeit f; Realsierbarkeit f

- ABC is about to test the feasibility of using a carbonate fuel cell to generate electricity from landfill gas
- this bus has demonstrated the technical feasibility of fuel cell buses

- ABC erprobt die Machbarkeit des Einsatzes einer Karbonatbrennstoffzelle zur Erzeugung von Strom aus Deponiegas
- dieser Bus hat die technische Machbarkeit von Brennstoffzellenbussen bewiesen

- after studying the fuel cell's technical and economic feasibility, ABC hopes to install similar units at other locations
- nach der Untersuchung der technischen und wirtschaftlichen Machbarkeit von Brennstoffzellen will ABC ähnliche Einheiten an anderen Standorten aufstellen
- studies proved the feasibility of this use
- Studien haben die Durchführbarkeit dieser Anwendung bewiesen
- an engineering study must first prove the feasibility of the powerplant
- zuerst muss im Rahmen einer technischen Untersuchung die Realisierbarkeit des Kraftwerks nachgewiesen werden

feasibility study Machbarkeitsstudie f; Durchführbarkeitsstudie f

- a $325,000 feasibility study started last month
- letzten Monat wurde mit einer 325.000 $ kostenden Machbarkeitsstudie begonnen
- a feasibility study of the geothermal potential of ... is underway
- es wird zur Zeit eine Durchführbarkeitsstudie angefertigt, die das geothermische Potential von ... untersucht
- to undertake a feasibility study
- eine Machbarkeitstudie durchführen/anfertigen

ferment v *(bio)* vergären

- ethanol is is made by fermenting biomass
- Ethanol wird durch Vergären von Biomasse hergestellt

fermenter n *(bio)* Fermenter m

- the sugar is then kept warm in large tanks called fermenters
- der Zucker wird anschließend in großen Tanks, die als Fermenter bezeichnet werden, warm gehalten

FGD flue gas desulfurization *(US)*; **flue gas desulphurisation** *(GB)*

fiber glass Glasfaser f

- the blades of these wind turbines are made from fiber glass
- die Blätter dieser Windturbinen bestehen aus Glasfaser

fiberglass-reinforced adj *(wind)* glasfaserverstärkt

- conventional fiberglass-reinforced plastic blades
- herkömmliche glasfaserverstärkte Kunststoffblätter

fibrous adj faserhaltig

- this fibrous material is suitable for firing boilers
- dieser faserhaltige Stoff eignet sich zur Befeuerung von Kesseln

field test Feldtest m; Feldversuch m; Praxisversuch m

- the fuel cell is now undergoing field tests
- zur Zeit werden Feldtests mit der Brennstoffzelle durchgeführt
- field tests of the technology have been performed at ABC in Germany
- in ABC in Deutschland wurden Feldversuche mit dieser Technologie durchgeführt

field-test v; **field test** v praktisch erproben; Feldversuche durchführen

- ABC is hoping to field-test 25 fuel cells this year
- ABC hofft noch dieses Jahr Feldversuche mit 25 Brennstoffzellen durchzuführen
- the two companies will field test 3 kW fuel-cell systems for residential and commercial markets
- die beiden Unternehmen werden 3-kW-Brennstoffzellenanlagen für den privaten und kommerziellen Markt erproben

field testing Feldversuch m; Felderprobung f

- field testing of the next generation of these units is scheduled for startup in 2...
- Feldversuche mit der nächsten Generation dieser Brennstoffzellen sollen im Jahre 2... beginnen

field trial Feldversuch m; Feldtest m

- ABC plans to start field trials late next year
- ABC will Ende nächsten Jahres mit Feldversuchen beginnen

fill n *(hydro)* Schüttmaterial n

- the dam is 122 metres high and contains more than 2.6 million cubic metres of fill
- der Staudamm ist 122 Meter hoch und enthält mehr als 2,6 Millionen Kubikmeter Schüttmaterial

fill factor *(solar)* Füllfaktor m

- the improvement in fill factor is considerable
- die Verbesserung des Füllfaktors ist beträchtlich
- fill factor is the ratio of the maximum power to the product of the open-circuit voltage and the short-circuit current
- unter Füllfaktor versteht man das Verhältnis der maximalen Leistung zu dem Produkt aus Leerlaufspannung und Kurzschlussstrom

filling station Tankstelle f

- this vehicle could be refuelled at existing filling stations
- dieses Fahrzeug könnte an bestehenden Tankstellen aufgetankt werden

firing system Feuerung f

fish farming Fischzucht f

fish ladder *(hydro)* Fischtreppe f

- to first install fish-passage facilities, such as fish ladders
- zuerst Fischpassagen, wie z. B. Fischtreppen, einbauen

fissure n *(geo)* Kluft f; Riss m

- to create fissures in the rock strata
- in den Felsschichten Risse erzeugen

flame Flamme f

- the electricity is produced without a flame
- die elektrische Energie wird ohne offene Flamme erzeugt

flat plate collector; **flat-plate collector** *(solar)* Flachkollektor m

- flat-plate collectors have several advantages in comparison to concentrator collectors
- Flachkollektoren bieten gegenüber konzentrierenden Kollektoren mehrere Vorteile
- flat-plate collectors can use all the sunlight that strikes them
- Flachkollektoren können das gesamte auftreffende Sonnenlicht nutzen
- flat-plate collectors typically use large numbers of cells that are mounted on a rigid, flat surface
- Flachkollektoren bestehen gewöhnlich aus einer Vielzahl von Zellen, die auf einer festen, flachen Oberfläche angebracht sind
- flat plate collectors are simpler to design than concentrator systems
- die Konstruktion von Flachkollektoren ist einfacher als die von konzentrierenden Systemen

flat-plate design *(FC)* Flachzellenkonzept n

- to favour the flat-plate design
- das Flachzellenkonzept bevorzugen

flat-plate solid oxide fuel cell Festoxidbrennstoffzelle in Flachbauweise

flat roof Flachdach n

- these solar modules can be easily installed on flat roofs
- diese Solarmodule lassen sich leicht auf Flachdächern montieren

fleet of vehicles Fahrzeugflotte

- the world's largest and longest-running fleet of fuel-cell vehicles
- die größte und betriebsälteste Brennstoffzellen-Fahrzeugflotte der Welt
- to create a fleet of pollution-free vehicles powered by fuel cells
- eine emissionsfreie Brennstoffzellen-Fahrzeugflotte aufbauen

fleet vehicle Flottenfahrzeug n

- fleet vehicles are well suited to/for fuel cell propulsion
- Flottenfahrzeuge eignen sich gut für Brennstoffzellenantrieb

flood control *(hydro)* Hochwasserschutz m

flooding n *(hydro)* Hochwasser n

- dams of this kind may also be used to control flooding
- Dämme dieser Art können auch zum Schutz gegen Hochwasser eingesetzt werden

flowing water *(hydro)* Fließgewässer n; strömendes Wasser; fließendes Wasser

- to extract emissions-free energy from flowing water
- aus dem fließenden Wasser emissionsfreie Energie gewinnen
- the production of electricity from flowing water dates back to 1882
- die Gewinnung von Strom aus Fließgewässern geht auf das Jahr 1882 zurück
- hydropower uses the energy of flowing water to turn a turbine
- bei der Stromgewinnung aus Wasserkraft wird die Energie von Fließgewässern zum Antrieb von Turbinen genutzt

flow rate Durchflussmenge f

- turbines for small flow rates and high heads
- Turbinen für kleine Durchflussmengen und große Fallhöhen

flue gas Rauchgas n

- the chemical reaction removes the SO_2 from the flue gas
- durch die chemische Reaktion wird das SO_2 aus dem Rauchgas entfernt
- biomass-combustion flue gases have high moisture content
- die bei der Verbrennung von Biomasse entstehenden Rauchgase haben einen hohen Feuchtigkeitsgehalt
- the flue gas is cooled to a temperature below the dew point
- das Rauchgas wird auf eine Temperatur unterhalb des Taupunktes abgekühlt

flue-gas cleaning Rauchgasreinigung f

- the net efficiency of such a plant with flue-gas cleaning is 50%
- der Nettowirkungsgrad einer solchen Anlage mit Rauchgasreinigung beträgt 50 %

flue gas cleaning system Rauchgasreinigungsanlage f; Rauchgasreinigung f

flue-gas cleanup system Rauchgasreinigungsanlage f

flue gas desulfurization *(US)*; **flue gas desulphurisation** *(GB)* Rauchgasentschwefelung f

flue-gas-desulfurization equipment *(US)*; **flue gas desulphurisation equipment** *(GB)* Rauchgasentschwefelungsanlage f

flue-gas desulfurization method *(US)*; **flue gas desulphurisation method** *(GB)* Rauchgasreinigunsverfahren n

- several flue-gas desulfurization (FGD) methods have been tested in China
- in China hat man mehrere Rauchgasreinigungsverfahren ausprobiert

flue gas desulfurization plant Rauchgasentschwefelungsanlage f

- this flue gas desulphurisation (FGD) plant is the first of its kind in Britain
- diese Rauchgasentschwefelungsanlage ist die erste ihrer Art in Großbritannien

flue gas desulfurization system *(US)*; **flue gas desulphurisation system** *(GB)* Rauchgasentschwefelungsanlage f

fluidised *(GB)*/**fluidized** *(US)* **bed boiler** Kessel mit Wirbelschichtfeuerung

- in a fluidised bed boiler the fuel burns in a bed of sand or other mineral that is violently agitated by the combustion air
- bei Kesseln mit Wirbelschichtfeuerung verbrennt der Brennstoff in einer aus Sand oder einem anderen Mineral bestehenden Schicht, die durch die Verbrennungsluft aufgewirbelt wird

fluidised-bed *(GB)*/**fluidized-bed** *(US)* **combustion** Wirbelschichtverbrennung f

- fluidised-bed combustion is a fairly recent innovation
- die Wirbelschichtverbrennung ist eine relativ junge und neuartige Technik

fluidised-bed *(GB)*/**fluidized-bed** *(US)* **combustion technology** Wirbelschichtverbrennung f

- the development of fluidized-bed-combustion technology has significantly increased the use of biomass and waste products in power and heat generation
- over the past 10 years, fluidized-bed combustion (FBC) technology has been applied successfully in the biomass industry
- durch die Entwicklung der Wirbelschicht verbrennung hat sich der Anteil von Biomasse- und Abfallstoffen an der Strom- und Wärmeerzeugung beträchtlich erhöht
- in den letzten zehn Jahren wurde die Wirbelschichtverbrennung erfolgreich in der Biomasseindustrie angewendet

flywheel n Schwungrad n

focus v fokussieren

- to focus solar radiation onto a relatively small area
- to focus solar rays in a line
- die Sonnenstrahlen auf eine relativ kleine Fläche fokussieren
- die Sonnenstrahlen auf eine Linie fokussieren

forest industry waste forstwirtschaftlicher Abfall

- the combustion of forest industry wastes
- das Verbrennen forstwirtschaftlicher Abfälle

forest product Forstprodukt n

forestry residues forstwirtschaftliche Rückstände

forestry waste forstwirtschaftlicher Abfall

forklift truck Gabelstapler m

- fuel cells also have been used to power forklift trucks
- Brennstoffzellen sind auch zum Antrieb von Gabelstaplern eingesetzt worden

form of energy Energieform f; Form der Energie

- to invest in a renewable form of energy
- electricity is the most versatile form of energy
- in eine erneuerbare Energieform/Form der Energie investieren
- Elektrizität ist die vielseitigste Energieform/Form der Energie

fossil-burning station fossil befeuertes Kraftwerk

- to minimise the use of fossil-burning stations
- den Einsatz fossil befeuerter Kraftwerke auf ein Mindestmaß beschränken

fossil-fired plant fossil befeuertes Kraftwerk

fossil fuel fossiler Brennstoff

- these units run on natural gas and other fossil fuels — diese Zellen werden mit Erdgas und anderen fossilen Brennstoffen betrieben
- approximately 70% of the electricity in the U.S. is generated by fossil fuels — in den Vereinigten Staaten werden ca. 70 % des elektrischen Stromes mit fossilen Brennstoffen erzeugt
- the hydrogen is usually obtained by steam-reforming fossil fuel — der Wasserstoff wird gewöhnlich durch Dampfreformierung fossiler Brennstoffe gewonnen
- coal is the world's most abundant fossil fuel — Kohle ist der weltweit am häufigsten vorkommende fossile Brennstoff
- to reduce the consumption of fossil fuels — den Verbrauch fossiler Brennstoffe reduzieren

fossil-fuel-based generation Stromerzeugung aus fossilen Brennstoffen

fossil-fuel(l)ed station fossil befeuertes Kraftwerk

fossil fuel power plant; **fossil-fuel powerplant** fossil befeuertes Kraftwerk

fossil generating plant fossil befeuertes Kraftwerk

fossil power plant/powerplant fossil befeuertes Kraftwerk; fossil gefeuertes Kraftwerk; fossiles Kraftwerk

- to monitor key components in fossil powerplants — wichtige Bauteile in fossil befeuerten Kraftwerken überwachen
- to use biomass as a supplemental fuel in existing fossil power plants — Biomasse als Zusatzbrennstoff in vorhandenen fossil befeuerten Kraftwerken einsetzen

fracture n *(geo)* Bruch m; Bruchstelle f

- a fracture in the Earth's crust — ein Bruch in der Erdkruste

fracture v *(geo)* aufbrechen

- the rock is rendered permeable by fracturing it — das Gestein wird durchlässig gemacht, indem man es aufbricht

frame n *(solar)* Rahmen m

- the module usually uses an aluminum or plastic frame to facilitate mounting — zur Erleichterung der Montage ist das Modul gewöhnlich mit einem Rahmen aus Aluminium oder Kunststoff versehen
- modules are a group of cells electrically connected and packaged in one frame — unter einem Modul versteht man eine Gruppe von miteinander verschalteten Zellen, die in einem Rahmen zusammengefasst sind

frameless module *(solar)* rahmenloses Modul

Francis turbine Francis-Turbine f; Francisturbine f

- the Francis turbine is the oldest member of the turbine family currently in use — die Francis-Turbine ist die älteste der heute verwendeten Turbinen
- the Francis turbine dates back to 1849 — die Francis-Turbine geht auf das Jahr 1849 zurück/wurde im Jahre 1849 erfunden
- the Francis turbine has proven to be the most adaptable of all turbine types — die Francisturbine hat sich als der vielseitigste aller Turbinen-Typen herausgestellt

free electron freies Elektron

- oxygen combines with free electrons to produce oxide ions
- the cathode of the cell has a positive charge, which pulls free electrons to it

- Sauerstoff verbindet sich mit freien Elektronen zu Oxidionen
- die Kathode besitzt eine positive Ladung, die die freien Elektronen anzieht

freestream wind speed freie Windgeschwindigkeit

frequency regulation Haltung der Netzfrequenz

- this power station can be used for frequency regulation

- dieses Kraftwerk kann zur Haltung der Netzfrequenz eingesetzt werden

front n Vorderseite f

- front of a silicon cell

- Vorderseite einer Siliziumzelle

front facade Fassade f

- one-third of the building's energy comes from a photovoltaic array built into its 1,200m² sloping front facade

- ein Drittel der von dem Gebäude benötigten Energie kommt von einem PV-Feld, das in die 1.200 m² große geneigte Fassade integriert ist

fuel n Brennstoff m; Kraftstoff m; Treibstoff m

- potential fuels for these applications include hydrogen, natural gas, propane or liquid fuels such as gasoline
- how much fuel does a fuel cell consume
- what kind of fuel does a fuel cell use
- fuel cells operate continuously as long as they are supplied with fuel
- to convert gasoline and other liquid fuels to hydrogen
- clean fuel
- fossil fuel
- gaseous fuel
- low-cost fuel

- zu den möglichen Brennstoffen für diese Anwendungen gehören Wasserstoff, Erdgas, Propan oder flüssige Brennstoffe wie Benzin
- wie viel Brennstoff verbraucht eine Brennstoffzelle
- welche Art von Brennstoff benötigt eine Brennstoffzelle
- Brennstoffzellen arbeiten ununterbrochen, solange Brennstoff zugeführt wird
- Benzin und andere flüssige Kraftstoffe in Wasserstoff umwandeln
- sauberer Kraftstoff/Brennstoff
- fossiler Brennstoff
- gasförmiger Brennstoff
- preisgünstiger Brennstoff

fuel cell Brennstoffzelle f

- this fuel cell operates at 120°C
- fuel cells are not a new technology
- there are various types of fuel cell
- this cell is still under development
- fuel cells generate power directly
- fuel cells convert hydrogen directly to electricity
- in principle, a fuel cell operates like a battery
- the search for low-cost fuel cells
- to run a fuel cell
- fuel cells are a technology that could change our future

- diese Brennstoffzelle arbeitet bei 120 °C
- Brennstoffzellen sind keine neue Technologie
- es gibt verschiedene Arten von Brennstoffzellen
- diese Brennstoffzelle befindet sich noch in der Entwicklungsphase
- Brennstoffzellen erzeugen Strom auf direktem Weg
- Brennstoffzellen wandeln Wasserstoff direkt in Strom um
- im Prinzip arbeitet eine Brennstoffzelle wie eine Batterie
- die Suche nach kostengünstigen Brennstoffzellen
- eine Brennstoffzelle betreiben
- bei den Brennstoffzellen handelt es sich um eine Technologie, die unsere Zukunft verändern könnte

- there is still room for improvement in these fuel cells
- bei diesen Brennstoffzellen gibt es noch Verbesserungsmöglichkeiten
- the five major types of fuel cells are shown below in Figure 5
- die fünf wichtigsten Brennstoffzellen-typen zeigt Abbildung 5 unten
- the fuel cells are connected in series
- die Brennstoffzellen sind in Reihe geschaltet
- uniform gas distribution to each fuel cell
- gleichmäßige Gasversorgung der einzelnen Brennstoffzellen
- the greater the area of the fuel cell the more current can be produced at a given voltage
- je größer die Fläche der Brennstoffzelle ist, umso größer ist die Strommenge, die bei einer gegebenen Spannung erzeugt werden kann
- 250 of these fuel cells are assembled into a compact module
- 250 dieser Brennstoffzellen werden zu einem Modul zusammengebaut

fuel cell application Brennstoffzellenanwendung f; Brennstoffzellen-Applikation f

- we are behind our international competitors in this fuel cell application
- die internationale Konkurrenz ist uns bei dieser Brennstoffzellenanwendung voraus
- mobile and stationary fuel cell applications
- mobile und stationäre Brennstoffzellen-anwendungen

fuel-cell/fuel cell automobile BZ-Automobil n; Brennstoffzellenauto n

- fuel cell automobiles are at an earlier stage of development than battery-powered cars
- BZ-Automobile befinden sich noch in einer früheren Entwicklungsphase als batteriebetriebene Autos
- the two companies unveiled fuel-cell automobiles last year
- die beiden Unternehmen stellten vergangenes Jahr Brennstoffzellenauto-mobile vor

fuel cell based generating station Brennstoffzellenkraftwerk n

fuel cell battery Brennstoffzellen-Batterie f; BZ-Batterie f

- scientists are developing ways to make fuel cell batteries thinner and cheaper
- Wissenschaftler arbeiten an der Entwicklung von Methoden zur Herstellung dünnerer und billigerer Brennstoff-zellen-Batterien

fuel cell bus Brennstoffzellenbus m; BZ-Bus m

- Canada's fuel cell bus is driven by a UK motor
- Kanadas Brennstoffzellenbus wird von einem britischen Motor angetrieben
- the company unveiled a fuel cell bus May 21
- das Unternehmen stellte am 21. Mai einen Brennstoffzellenbus vor
- to demonstrate the technical feasibility of fuel cell buses
- die technische Realisierbarkeit von Brennstoffzellenbussen beweisen

fuel cell car Brennstoffzellenauto n

- fuel cell cars will be be three times as energy efficient as today's cars
- Brennstoffzellenautos werden dreimal so energieeffizient sein wie heutige Autos
- ABC is building a methanol fuel cell car to be completed by 2...
- ABC baut zur Zeit ein mit Methanol betriebenes Brennstoffzellenauto, das bis zum Jahr 2... fertiggestellt werden soll

fuel cell cogeneration power plant Kraft-Wärme-Kopplungsanlage mit Brennstoffzelle

fuel cell commercialization Kommerzialisierung der Brennstoffzelle; Markteinführung der Brennstoffzelle

- the objective of the program is to accelerate fuel cell commercialization
- das Programm hat die Beschleunigung der Kommerzialisierung der Brennstoffzelle zum Ziel

fuel cell developer Brennstoffzellenentwickler m

- DOE establishes contracts with the fuel cell developers
- das amerikanische Energieministerium schließt Verträge mit den Brennstoffzellenentwicklern
- a joint venture between a US utility and fuel-cell developer ABC
- Joint Venture eines amerikanischen EVU und des Brennstoffzellenentwicklers ABC

fuel cell development Brennstoffzellenentwicklung f

- researchers believe they have come across a significant technological breakthrough in fuel cell development
- die Forscher glauben einen bedeutenden Durchbruch auf dem Gebiet der Brennstoffzellenentwicklung erreicht zu haben
- ABC has been actively involved in fuel cell development for more than 25 years
- ABC ist schon seit mehr als 25 Jahren aktiv an der Brennstoffzellenentwicklung beteiligt
- fuel cell development for transportation applications includes component and subsystem development
- zur Brennstoffzellenentwicklung für Verkehrsanwendungen gehört auch die Entwicklung von Komponenten und Teilsystemen

fuel cell driven car Brennstoffzellenauto n; brennstoffzellenangetriebenes Auto

- car makers are collaborating on plans for a fuel cell-driven car
- die Autohersteller arbeiten zusammen an Plänen zur Herstellung eines Brennstoffzellenautos

fuel cell-driven CHP Kraft-Wärmekopplungsanlage mit Brennstoffzellen

fuel-cell electric car Brennstoffzellen-Elektroauto n

- this would enable a fuel-cell electric car to use the existing network of gasoline stations
- auf diese Weise könnte ein Brennstoffzellen-Elektrofahrzeug das bestehende Tankstellen-Netz nutzen

fuel cell electric drivetrain brennstoffzellenelektrischer Antriebsstrang

- the move to a fuel cell electric drive train will facilitate innovative changes in design and materials
- der Übergang zum brennstoffzellenelektrischen Antriebsstrang wird innovative Änderungen bei Konstruktion und Werkstoffen erleichtern

fuel cell electric vehicle; fuel-cell electric vehicle Brennstoffzellen-Elektrofahrzeug n

- we plan to produce a production-ready fuel cell electric vehicle by 2004
- wir wollen bis zum Jahre 2004 ein produktionsreifes Brennstoffzellen-Elektrofahrzeug herstellen
- fuel cell electric vehicles (FCEV) are not considered zero-emission vehicles
- Brennstoffzellen-Elektrofahrzeuge zählen nicht zu den Nullemissionsfahrzeugen
- this would enable a fuel-cell electric car to use the existing network of gasoline stations
- auf diese Weise könnte ein Brennstoffzellen-Elektrofahrzeug das bestehende Tankstellen-Netz nutzen

fuel cell energy system Brennstoffzellen-Energieanlage f

fuel cell expert Brennstoffzellenexperte m

- the study was prepared by four independent fuel cell experts
- die Studie wurde von vier unabhängigen Brennstoffzellenexperten angefertigt

fuel cell hybrid engine Brennstoffzellen-Hybridantrieb m
- at the show, ABC unveiled a fuel cell hybrid engine
- auf der Ausstellung stellte ABC einen Brennstoffzellen-Hybridantrieb vor

fuel cell industry Brennstoffzellenindustrie f
- the fuel cell industry is just starting out of the gate
- die Brennstoffzellenindustrie verlässt gerade die Startblöcke

fuel cell installation Brennstoffzellenanlage f
- a typical fuel cell installation is shown in Figure 1
- Abbildung 1 zeigt eine typische Brennstoffzellenanlage

fuel cell market Brennstoffzellenmarkt m
- the new organizational structure will allow ABC to better focus on the transportation fuel cell market
- auf Grund der neuen Organisationsstruktur wird sich ABC besser auf den Brennstoffzellenmarkt für Verkehrsanwendungen konzentrieren können

fuel cell membrane Brennstoffzellen-Membrane f
- the fuel cell membranes contain small holes
- die Brennstoffzellen-Membranen enthalten kleine Löcher

fuel cell module Brennstoffzellenmodul n
- fuel cell modules are linked together for larger power plant applications
- Brennstoffzellenmodule werden zu größeren Kraftwerken zusammengeschaltet

fuel cell passenger vehicle Brennstoffzellen-Pkw m
- the U.S. industry is working harder than ever on fuel cell passenger vehicles
- die amerikanische Industrie arbeitet härter als je zuvor an der Entwicklung von Brennstoffzellen-Pkw

fuel cell plant Brennstoffzellenanlage f
- fuel cell plants consist of multiple cells electrically interconnected in series
- Brennstoffzellenanlagen bestehen aus mehreren Zellen, die in Reihe geschaltet sind

fuel cell power Brennstoffzellenleistung f
- to double the amount of fuel cell power installed worldwide
- die weltweit installierte Brennstoffzellenleistung verdoppeln
- a 40 percent increase in fuel cell power
- eine Erhöhung der Brennstoffzellenleistung um 40 Prozent

fuel cell-powered bus; fuel cell powered bus; fuel-cell powered bus Brennstoffzellenbus m; brennstoffzellenangetriebener Bus; BZ-Bus m
- ABC has signed contracts to provide fuel cell-powered buses to the cities of Chicago and Vancouver
- ABC hat Verträge unterzeichnet zur Lieferung von Brennstoffzellenbussen für die Städte Chicago und Vancouver
- the world's first fuel-cell powered bus has taken to the streets of Canada
- der erste Brennstoffzellenbus der Welt fährt auf Kanadas Straßen
- running directly on hydrogen gas, this fuel cell powered bus has no emissions
- dieser Brennstoffzellenbus wird direkt mit Wasserstoffgas betrieben und ist emissionsfrei
- the company completed the first fuel cell powered bus in 1990
- das Unternehmen stellte im Jahre 1990 den ersten Brennstoffzellenbus fertig
- the company successfully built and tested three fuel cell powered buses
- das Unternehmen baute und erprobte mit Erfolg drei brennstoffzellenangetriebene Busse

fuel cell powered car; **fuel cell-powered car** Brennstoffzellenauto n; brennstoffzellenangetriebenes Auto

- ABC will unveil a new fuel cell powered car in Vancouver May 14
- ABC stellt am 14. Mai in Vancouver ein neues Brennstoffzellenauto vor

fuel cell-powered computer mit Brennstoffzelle betriebener Computer

fuel cell-powered locomotive Lokomotive mit Brennstoffzellenantrieb

fuel cell-powered passenger car Brennstoffzellen-Pkw m

- spokesmen for both companies expect fuel cell-powered passenger cars to be a reality in ten years or less
- nach Meinung von Sprechern beider Unternehmen sollen Brennstoffzellen-Pkw in zehn Jahren oder schon früher Wirklichkeit werden

fuel cell-powered train Brennstoffzellenzug m

- the entire fuel cell power train fits under the hood and floor of the car
- der gesamte Brennstoffzellenantriebsstrang passt unter Fahrzeughaube und -boden

fuel cell-powered vehicle brennstoffzellenangetriebenes Fahrzeug; Brennstoffzellenfahrzeug n

- the first practical fuel cell-powered vehicle
- das erste praktisch einsetzbare brennstoffzellenangetriebene Fahrzeug
- in Europe, several schemes involving fuel cell-powered vehicles are under way
- in Europa laufen mehrere Projekte mit Brennstoffzellenfahrzeugen

fuel cell power plant Brennstoffzellenkraftwerk n

- since the fuel cell power plant began operations in March, it has produced just over 360,000 kWh of electricity
- seit das Brennstoffzellenkraftwerk im März seinen Betrieb aufnahm, hat es etwas mehr als 360.000 kWh Strom erzeugt
- stationary fuel cell power plants will be developed by ABC in a joint effort with BCD
- ABC und BCD werden gemeinsam stationäre Brennstoffzellenkraftwerke entwickeln
- fuel cell power plants are an attractive source of distributed power generation
- Brennstoffzellenkraftwerke sind eine attraktive Möglichkeit zur dezentralen Stromerzeugung

fuel cell power system Brennstoffzellenantrieb m

- to promote the development of low or zero emission fuel cell power systems as a viable alternative to the ICE
- die Entwicklung von Brennstoffzellenantrieben mit geringen oder gar keinen Emissionen als Alternative zum Verbrennungsmotor fördern
- to integrate a fuel cell power system into a vehicle
- einen Brennstoffzellenantrieb in ein Fahrzeug integrieren

fuel cell powertrain Brennstoffzellenantriebsstrang m

fuel cell production Brennstoffzellenherstellung f

- ABC is the world leader in commercial fuel cell production
- ABC ist weltweit führend in der Herstellung kommerzieller Brennstoffzellen
- some optimists are forecasting that fuel cell production will top 1,000MW a year by the turn of the century
- einige Optimisten sagen voraus, dass die Brennstoffzellenherstellung bis zur Jahrhundertwende 1000 MW pro Jahr übersteigen werde

fuel cell program Brennstoffzellen-Programm n

- ABC was one of the first U.S. companies to launch a fuel cell program
- ABC war eines der ersten amerikanischen Unternehmen, die ein Brennstoffzellen-Programm starteten

fuel cell propulsion system Brennstoffzellenantrieb m

- to commercialize the fuel cell propulsion system
- den Brennstoffzellenantrieb kommerzialisieren
- this fuel cell propulsion system meets customer expectations in terms of cost and performance
- dieser Brennstoffzellenantrieb erfüllt die Erwartungen der Kunden in Bezug auf Kosten und Leistung

fuel cell R&D Brennstoffzellenforschung und -entwicklung f

- government-sponsored fuel cell R&D within the domestic auto industry
- staatlich geförderte Brennstoffzellenforschung und -entwicklung in der heimischen Automobilindustrie

fuel cell reaction Brennstoffzellen-Reaktion f

- the fuel cell reaction usually involves the combination of hydrogen with oxygen
- bei der Brennstoffzellen-Reaktion verbindet sich gewöhnlich Wasserstoff mit Sauerstoff

fuel cell research Brennstoffzellenforschung f

- a number of companies have been involved in fuel cell research
- eine Reihe von Unternehmen betreiben Brennstoffzellenforschung
- significant fuel cell research was done in Germany during the 1920's
- in den zwanziger Jahren wurde in Deutschland intensiv Brennstoffzellenforschung betrieben

fuel cell researcher Brennstoffzellenforscher m

- many fuel cell researchers see fuel cells as the most likely successor to the internal-combustion engine
- viele Brennstoffzellenforscher betrachten die Brennstoffzelle als den aussichtreichsten Nachfolger des Verbrennungsmotors

fuel cell stack Brennstoffzellenstack m; Brennstoffzellen-Stack m; Brennstoffzellen-Stapel m; Brennstoffzellenstapel m

- the company has set a new endurance benchmark by running its fuel cell stack for 1,100 hours
- das Unternehmen hat mit einem Dauerbetrieb von 1.100 Stunden seines Brennstoffzellen-Stapels einen neuen Rekord aufgestellt
- quick and easy replacement of damaged cells without disassembly of the entire fuel cell stack
- schneller und leichter Austausch von beschädigten Zellen ohne Demontage des gesamten Brennstoffzellen-Stapels
- the 10kW fuel cell stack pictured here was delivered to ABC in March
- der hier abgebildete10-kW-Brennstoffzellen-Stapel wurde im März an ABC geliefert
- reforming can occur inside the fuel cell stacks
- die Reformierung kann innerhalb der Brennstoffzellen-Stapel stattfinden
- a fuel cell stack has no moving parts to wear out
- ein Brennstoffzellen-Stapel besitzt keine beweglichen Teile, die dem Verschleiß unterliegen

fuel cell system Brennstoffzellensystem n; Brennstoffzellenanlage f

- small portable fuel cell systems
- kleine tragbare Brennstoffzellensysteme
- fuel cell systems are categorized by the type of electrolyte
- die Einteilung der Brennstoffzellensysteme erfolgt nach der Art des Elektrolyts
- today there are over ... fuel cell systems in operation
- heute befinden sich mehr als ... Brennstoffzellenanlagen in Betrieb
- the race to develop a fuel cell system to power future electric vehicles is hotting up
- der Wettlauf zur Entwicklung von Brennstoffzellensystemen für künftige Elektrofahrzeuge wird erbitterter
- the fuel cell system converts the fuel into electricity
- das Brennstoffzellensystem wandelt den Brennstoff in Elektrizität um
- the fuel cell system powers an electric drive motor
- das Brennstoffzellensystem versorgt einen elektrischen Antriebsmotor mit Strom

fuel cell technology Brennstoffzellentechnik f; Brennstoffzellentechnologie f

- fuel cell technology is continually improving • die Brennstoffzellentechnik wird immer besser
- projects like these demonstrate the enormous potential of fuel cell technology • derartige Projekte verdeutlichen das gewaltige Potential der Brennstoffzellentechnologie
- companies around the world are working to commercialize fuel cell technology • überall auf der Welt arbeiten Unternehmen an der Kommerzialisierung der Brennstoffzellentechnologie
- ABC is the world leader in fuel cell technology • ABC ist weltweit führend auf dem Gebiet der Brennstoffzellentechnik
- phosphoric-acid fuel cells are the most mature fuel cell technology • die Phosphorsäure-Brennstoffzellen sind die ausgereifteste Brennstoffzellentechnologie
- the future for fuel cell technology looks very promising • die Aussichten für die Brennstoffzellentechnologie sind vielversprechend

fuel cell test facility Brennstoffzellen-Teststand m

fuel cell train Brennstoffzellenzug m

fuel-cell unit Brennstoffzelleneinheit f; Brennstoffzellen-Einheit f; Brennstoffzellenanlage f

- the compact fuel-cell unit is located at the rear of the sedan • die kompakte Brennstoffzelleneinheit ist im Heck der Limousine untergebracht
- the waste heat from the fuel cell unit is used to heat space • die Abwärme von der Brennstoffzelleneinheit wird zur Raumheizung eingesetzt

fuel cell utility vehicle Brennstoffzellen-Nutzfahrzeug n

fuel cell vehicle Brennstoffzellenfahrzeug n

- the prospects for fuel cell vehicles look promising • die Aussichten für Brennstoffzellenfahrzeuge sind vielversprechend
- the ability of fuel cell vehicles to meet the energy and air quality needs of our society • die Fähigkeit der Brennstoffzellenfahrzeuge, den Energie- und Luftqualitäts-Bedürfnissen unserer Gesellschaft gerecht zu werden
- the company unveiled a new version of its fuel cell vehicle • das Unternehmen stellte eine neue Version seines Brennstoffzellenfahrzeugs vor
- fuel cell vehicles abound at Frankfurt Auto Show • Brennstoffzellenfahrzeuge sind auf der IAA stark vertreten
- the automakers will also assure that safety, performance, and reliability of fuel cell vehicles meet the expectations of the driving public • die Autohersteller werden auch sicherstellen, dass Sicherheit, Leistung und Zuverlässigkeit der Brennstoffzellenfahrzeuge den Erwartungen der Autofahrer entsprechen
- several smaller fuel cell vehicles are under construction as well • es werden zur Zeit auch mehrere kleinere Brennstoffzellenfahrzeuge gebaut
- fuel cell vehicles must offer performance comparable to current i.c. engine vehicles • Brennstoffzellenfahrzeuge müssen in der Leistung den heutigen verbrennungsmotorisch angetriebenen Fahrzeugen vergleichbar sein

fuel cell vehicle development Brennstoffzellenfahrzeug-Entwicklung f

- the U.S. pioneered fuel cell vehicle development • die Vereinigten Staaten beschäftigten sich als Erste mit der Entwicklung von Brennstoffzellenfahrzeugen

fuel consumption Brennstoffverbrauch m; Kraftstoffverbrauch m

- he believes it will be possible to cut fuel consumption by a further 20-30%
- er meint, es sei möglich, den Brennstoffverbrauch um weitere 20-30 % zu senken
- the high conversion efficiency of a fuel cell reduces total fuel consumption
- durch den hohen Umwandlungswirkungsgrad einer Brennstoffzelle wird der gesamte Brennstoffverbrauch reduziert
- to reduce fuel consumption via the inherently high efficiency of fuel cells
- den Brennstoffverbrauch durch den prinzipbedingt hohen Wirkungsgrad der Brennstoffzellen reduzieren

fuel costs Brennstoffkosten pl; Kraftstoffkosten pl; Treibstoffkosten pl

- rising fuel costs
- steigende Brennstoffkosten
- annual fuel costs
- jährliche Brennstoffkosten
- improvements in efficiency will further reduce fuel costs
- Verbesserungen des Wirkungsgrades werden zu einer weiteren Reduzierung der Brennstoffkosten führen

fuel cost savings Kosteneinsparungen beim Brennstoff; Brennstoffkosten-Einsparungen fpl

- the higher efficiency results in a substantial fuel cost savings
- der höhere Wirkungsgrad führt zu beträchtlichen Kosteneinsparungen beim Brennstoff

fuel economy Brennstoffersparnis f; Kraftstoffersparnis f

- the federal government and the auto industry have jointly set a goal of tripling the fuel economy of full-size passenger cars
- die Bundesregierung und die Autoindustrie haben sich gemeinsam das Ziel gesetzt, die Kraftstoffersparnis bei normalen Pkw zu verdreifachen

fuel efficiency Brennstoffausnutzung f; Brennstoff-Ausnutzungsgrad m

- fuel efficiencies can increase to over 80%
- die Brennstoffausnutzung kann sich auf über 80 % erhöhen
- the plant has a fuel efficiency of 80%
- die Anlage hat einen Brennstoffausnutzungsgrad von 80 %

fuel electrode *(FC)* Brennstoffelektrode f

- the electrolyte does not allow nitrogen to pass from the air electrode to the fuel electrode
- der Elektrolyt verhindert, dass Stickstoff von der Luftelektrode zur Brennstoffelektrode gelangt

fuel-flexible fuel processor *(FC)* Multi-Fuel-Reformer m

- an advanced fuel-flexible fuel processor reforms common transportation fuels
- ein fortschrittlicher Multi-Fuel-Reformer dient der Aufbereitung üblicher Treibstoffe

fuel gas Brenngas n

fuel infrastructure Treibstoffinfrastruktur f; Brennstoff-Infrastruktur f

- the lack of a fuel infrastructure
- das Fehlen einer Treibstoffinfrastruktur
- to utilize the existing conventional fuel infrastructure
- die schon vorhandene herkömmliche Brennstoff-Infrastruktur nutzen

fuel(l)ing infrastructure Betankungsinfrastruktur f

- the need to develop a new fueling infrastructure
- die Notwendigkeit, eine Betankungsinfrastruktur zu entwickeln
- to use the existing fueling infrastructure
- die bestehende Betankungsinfrastruktur nutzen

fuel processing *(FC)* Brennstoffaufbereitung f

- on-board fuel processing can reform conventional fuels and alternative fuels to produce the required hydrogen
- durch Brennstoffaufbereitung an Bord können herkömmliche und alternative Brennstoffe zur Herstellung von Wasserstoff reformiert werden
- significant advances in fuel processing are necessary
- es sind große Fortschritte auf dem Gebiet der Brennstoffaufbereitung erforderlich
- the waste heat can be used in fuel processing
- die Abwärme kann bei der Brennstoffaufbereitung verwendet werden

fuel processing system *(FC)* Brennstoffaufbereitung f; Brennstoffaufbereitungsanlage f

- when the bus's fuel processing system converts methanol to hydrogen, it also produces carbon dioxide
- wenn die Brennstoffaufbereitungsanlage des Busses Methanol in Wasserstoff umwandelt, erzeugt sie auch Kohlendioxid

fuel processor *(FC)* Brennstoffaufbereitung f; Brennstoffaufbereitungsanlage f; Gasaufbereitungsanlage f; Brenngasaufbereitung f

- molten-carbonate fuel cells are a type of direct fuel cell that eliminates external fuel processors
- Schmelzkarbonat-Brennstoffzellen gehören zu den Direkt-Brennstoffzellen, für die keine externe Gasaufbereitungsanlage erforderlich ist
- within a fuel processor a catalytic reaction converts a fuel to hydrogen gas and carbon dioxide
- in der Brennstoffaufbereitungsanlage wird Brennstoff katalytisch in Wasserstoffgas und Kohlendioxid umgewandelt

fuel saving Brennstoffeinsparung f

- this process yields significant fuel savings relative to separate production facilities for heat and power
- dieses Verfahren bringt beträchtliche Brennstoffeinsparungen im Vergleich zu getrennten Anlagen zur Erzeugung von Wärme und Strom
- estimating fuel savings can be difficult
- eine Abschätzung der Brennstoffeinsparungen kann schwierig sein

fuel source Energieträger m

- either natural gas or clean, coal-derived gas can be the fuel source
- Erdgas oder sauberes Kohlegas können als Energieträger verwendet werden

fuel storage Kraftstoffspeicherung f

fuel supply Brennstoffversorgung f

- as long as the fuel supply is maintained
- solange die Brennstoffversorgung aufrechterhalten wird

fuel treatment Brennstoffaufbereitung f

fuel utilisation *(GB)*/**utilization** *(US)* Brennstoffausnutzung f

- this design allows improved fuel utilization
- durch diese Konstruktion wird eine bessere Brennstoffausnutzung ermöglicht

fuel utilisation *(GB)*/**utilization** *(US)* **efficiency** Brennstoffausnutzungsgrad m; Brennstoffausnutzung f

- increased fuel utilisation efficiency can help to reduce emissions of sulphur dioxide
- durch einen besseren Brennstoffausnutzungsgrad können die Schwefeldioxidemissionen reduziert werden

full-load; **full load** maximale Auslastung; Volllast f

- the fuel cell is operated continuously at full-load
- die Brennstoffzelle läuft ständig unter maximaler Auslastung/wird unter Volllast betrieben
- energy costs could be reduced by 10% at full load
- bei Volllast könnten die Energiekosten um 10 % gesenkt werden

full-load efficiency Wirkungsgrad bei Volllast f

- full-load efficiency is 50%
- bei Volllast beträgt der Wirkungsgrad 50 %

full-load operation Volllastbetrieb m

- maximum efficiency is only achieved during full-load operation
- ein maximaler Wirkungsgrad wird nur bei Volllastbetrieb erreicht

fumarole n *(geo)* Fumarole f; Dampfquelle f

- a fumarole is a hole in the Earth's surface from which steam, gaseous vapors, or hot gases issue
- eine Fumarole ist eine Öffnung in der Erdoberfläche, durch die Wasserdampf, gasförmige Dämpfe oder heiße Gase austreten

functional adj funktionsfähig

- ABC unveiled today a fully functional car powered by a fuel cell
- ABC hat heute ein voll funktionsfähiges Auto mit Brennstoffzellenantrieb vorgestellt

G

gallium arsenide Gallium-Arsenid n
- silicon and gallium arsenide are uniquely suited to photovoltaic applications
- Silizium und Gallium-Arsenid eignen sich vorzüglich für photovoltiasche Anwendungen

gas n Gas n
- every gas can be dangerous if mishandled
- jedes Gas kann gefährlich sein, wenn nicht richtig damit umgegangen wird
- hydrogen is a light gas
- Wasserstoff ist ein leichtes Gas

gas cleanup system Gasreinigungssystem n; Gasreinigungsanlage f; Gasreinigungseinrichtung f
- a new gas cleanup system removes sulfur compounds and other contaminants from the gas
- ein neues Gasreinigungssystem beseitigt Schwefelverbindungen und andere Verunreinigungen aus dem Gas

gas combustion Gasverbrennung f
- wood combustion with subsequent gas combustion
- Holzverbrennung mit anschließender Gasverbrennung

gas diffusion electrode *(FC)* Gasdiffusionselektrode f
- research resulted in the invention of gas-diffusion electrodes
- die Forschungsarbeiten führten zur Erfindung der Gasdiffusionselektrode
- thus we had to develop porous gas diffusion electrodes that met all of these requirements
- deshalb mussten wir poröse Gasdiffusionselektroden entwickeln, die alle diese Bedingungen erfüllten

gas diffusion layer *(FC)* Gasdiffusionsschicht f
- these layers function as gas diffusion layers
- diese Schichten dienen als Gasdiffusionsschichten

gas engine CHP Blockheizkraftwerk mit Gasmotor

gaseous hydrogen gasförmiger Wasserstoff
- this car runs on gaseous hydrogen
- dieses Auto wird mit gasförmigem Wasserstoff betrieben

gas-fired CHP plant gasbefeuerte KWK-Anlage f
- ABC chose to build a gas-fired CHP plant, which was commissioned in February 20..
- ABC entschied sich für den Bau einer gasbefeuerten KWK-Anlage, die am 20. Februar 20.. in Betrieb genommen wurde

gas fired cogeneration installation gasbefeuerte KWK-Anlage
- in 20.., about 55 new gas fired cogeneration installations were ordered
- im Jahre 20.. wurde ca. 50 neue gasbefeuerte KWK-Anlagen bestellt

gas-fired combined-cycle power plant gasbefeuertes Kombikraftwerk
- ABC has been awarded a contract for the modernization of a gas-fired combined-cycle power plant
- ABC hat den Zuschlag für die Modernisierung eines gasbefeuerten Kombikraftwerks erhalten

gas-fired electricity plant Gaskraftwerk n

gas-fired generation plant Gaskraftwerk n

gas-fired power plant Gaskraftwerk n
- ABC received an order to upgrade a gas-fired power plant • ABC erhielt einen Auftrag zur Modernisierung eines Gaskraftwerks
- gas-fired power plants ban • Verbot von Gaskraftwerken

gas-fired power station Gaskraftwerk n

gasification of biomass Biomassevergasung f
- the gasification of biomass is a promising technology • die Biomassevergasung ist eine vielversprechende Technologie

gasification technology *(bio)* Vergasungstechnik f; Vergasungstechnologie f
- ABC is developing advanced gasification technologies for biomass • ABC arbeitet an der Entwicklung fortschrittlicher Vergasungstechniken für Biomasse

gasifier n *(bio)* Vergaser m
- the gasifier converts biomass into a gaseous fuel • der Vergaser wandelt Biomasse in einen gasförmigen Brennstoff um
- the fuel-borne impurities must be removed from the gasifier • die vom Brennstoff mitgeführten Verunreinigungen müssen aus dem Vergaser entfernt werden

gasifying agent *(bio)* Vergasungsmittel n

gas-impervious adj gasundurchlässig; gasdicht
- the gas-impervious electrolyte does not allow nitrogen to pass from the air electrode to the fuel electrode • der gasundurchlässige Elektrolyt verhindert, dass Stickstoff von der Luftelektrode zur Brennstoffelektrode gelangt

gasoline n *(US)* Benzin n
- the fuel cell separates hydrogen from gasoline • die Brennstoffzelle spaltet aus Benzin Wasserstoff ab
- to enable conversion of commercially available gasoline into hydrogen • die Umwandlung von handelsüblichem Benzin in Wasserstoff ermöglichen
- the development of an efficient fuel cell that utilizes gasoline • die Entwicklung einer effizienten Brennstoffzelle, die mit Benzin betrieben wird
- to turn gasoline into hydrogen and then to electricity and finally to motion • Benzin in Wasserstoff und dann in Elektrizität und schließlich in Bewegung umwandeln
- this fuel cell operates on gasoline • diese Brennstoffzelle wird mit Benzin betrieben
- ABC becomes first company to use gasoline in fuel cell • ABC verwendet als erstes Unternehmen Benzin in Brennstoffzellen

gasoline car *(US)* Benzinauto n
- cleaner and quieter than gasoline cars • sauberer und leiser als Benzinautos

gasoline fuel cell *(US)* Benzin-Brennstoffzelle f
- these projects look at onboard gasoline fuel cells • diese Projekte beschäftigen sich mit Benzin-Brennstoffzellen, die an Bord des Fahrzeugs mitgeführt werden

gasoline-powered fuel cell *(US)* benzinbetriebene Brennstoffzelle

gasoline powered internal combustion engine Benzinmotor m

gasoline reforming *(US)* *(FC)* Benzinreformierung f
- on-board gasoline reforming • bordseitige Benzinreformierung

gasoline station *(US)* Tankstelle f

- these cars could use the existing network of gasoline stations
- diese Autos könnten das vorhandene Tankstellennetz nutzen

gas-powered fuel cell gasbetriebene Brennstoffzelle

- the most promising technology to date has been the gas-powered fuel cell
- bis jetzt ist die gasbetriebene Brennstoffzelle die vielversprechendste Technologie
- the gas-powered fuel cell converts the chemical energy of natural gas directly into electrical energy
- die gasbetriebene Brennstoffzelle wandelt die chemische Energie des Erdgases direkt in elektrische Energie um

gas stream Gasstrom m

- the hydrogen from this gas stream provides the energy input to the fuel cell stack
- der Wasserstoff aus diesem Gasstrom dient als Eingangsenergie für den Brennstoffzellenstapel

gas turbine Gasturbine f

- these fuel cell systems can be integrated with gas turbines to generate overall energy efficiencies of more than 60%
- diese Brennstoffzellenanlagen können mit Gasturbinen gekoppelt werden und so Gesamtwirkungsgrade von über 60 % erreichen
- to operate the gas turbines separately from the steam turbine
- die Gasturbinen getrennt von der Dampfturbine betreiben
- to test and demonstrate the next generation of advanced gas turbines
- die nächste Generation moderner Gasturbinen erproben und vorführen

gas turbine driven cogeneration KWK mit Gasturbine

gas turbine output Gasturbinenleistung f

- the steam-turbine output is less than the gas-turbine output
- die Dampfturbinenleistung ist niedriger/geringer als die Gasturbinenleistung
- the total gas-turbine output of 198 MW is available within 30 min
- die gesamte Gasturbinenleistung von 198 MW steht innerhalb von 30 Minuten zur Verfügung

gas turbine power station Gasturbinenkraftwerk n

- investigations are proceeding into the suitability of four sites for possible gas turbine power stations
- zurzeit werden vier Standort auf ihre Eignung für mögliche Gasturbinenkraftwerke untersucht

gearbox n Getriebe n

- to eliminate the need for a gearbox
- ein Getriebe überflüssig machen
- couplings between the gearbox and the generator
- Kupplungen zwischen Getriebe und Generator

generating equipment Stromerzeugungsausrüstung f

- the unforeseen failure of generating equipment
- der unvorhergesehene Ausfall der Stromerzeugungsausrüstung

generating facility Stromerzeugungsanlage f

generating plant Stromerzeugungsanlage f

generation cost/costs Stromgestehungskosten pl; Stromerzeugungskosten pl

- the generation cost is ... cents/kWh
- die Stromgestehungskosten betragen ... Pf/kWh
- generation costs have fallen to less than ... cents/kWh
- die Stromerzeugungskosten sind auf weniger als ... Pf/kWh gefallen

generation system Kraftwerkspark m

- the reliability of the generation system and of the transmission and distribution system
- die Zuverlässigkeit des Kraftwerksparks und des Übertragungs- und Verteilungsnetzes

generator n (1) *(machine)* Generator m

- the turbines drive generators, which convert the turbines' mechanical energy into electricity
- die Turbinen treiben Generatoren an, die die mechanische Energie der Turbinen in Elektrizität umwandeln
- the generator converts the mechanical energy of the rotating shaft into electrical energy
- der Generator wandelt die mechanische Energie der umlaufenden Welle in elektrische Energie um
- the diesel engine is coupled to an electrical generator
- der Dieselmotor ist mit einem elektrischen Generator gekoppelt
- generators consist of a stationary part called a stator and a rotating part called a rotor
- Generatoren bestehen aus einem feststehenden Teil, dem Ständer, und einem drehenden Teil, dem Läufer

generator n (2) *(organization; company)* Stromerzeuger m; Energieversorger m; Energieversorgungsunternehmen (EVU)

- the hydro units are the lowest-cost generators in the region
- in der Region sind die Wasserkraftwerke die kostengünstigsten Stromerzeuger

geofluid n geothermales Fluidum; geothermales Fluid (see **geothermal fluid**)

geothermal anomaly geothermische Anomalie

geothermal electric generating plant Erdwärmekraftwerk n

geothermal electric-generation plant geothermisches Kraftwerk; Erdwärmekraftwerk n; Geo-Kraftwerk n

- in 1960, the country's first large-scale geothermal electric-generation plant began operation
- im Jahre 1960 nahm das erste große geothermische Kraftwerk seinen Betrieb auf

geothermal electric plant Erdwärmekraftwerk n

- geothermal electric plants with a total generating capacity of slightly more than 2000 MW
- Erdwärmekraftwerke mit einer Gesamtleistung von etwas mehr als 2000 MW

geothermal electric power generation geothermische Stromerzeugung

- current geothermal electric power generation totals approximately ... MW
- die geothermische Stromerzeugung beträgt zur Zeit insgesamt ... MW

geothermal electric power plant Erdwärmekraftwerk n (see also **geothermal electric plant**)

geothermal energy geothermische Energie

- no major developments of the country's geothermal energy have taken place in the last five years
- in den letzten fünf Jahren wurden keine größeren Projekte zum Ausbau der geothermischen Energie des Landes durchgeführt
- the application of geothermal energy for non-electric use
- der Einsatz geothermischer Energie für nichtelektrische Anwendungen
- geothermal energy is heat derived from the earth
- unter geothermischer Energie versteht man Wärme aus dem Erdinneren
- geothermal energy is classified as renewable
- die geothermische Energie zählt zu den erneuerbaren Energien
- geothermal energy is heat transported from the interior of the earth
- geothermische Energie ist Wärme, die aus dem Erdinnern kommt

geothermal energy potential Erdwärmepotential n; Erdwärmepotenzial n

- the geothermal energy potential is concentrated in the eastern part of the country
- das Erdwärmepotential ist im östlichen Teil des Landes konzentriert

geothermal field Geothermalfeld n; geothermisches Feld

- in the United States, geothermal fields were first discovered in 1847
- in den USA wurden die ersten geothermischen Felder im Jahre 1847 entdeckt
- the geothermal field is located in an unpopulated desert area
- das Geothermalfeld befindet sich in einer unbewohnten Wüstengegend

geothermal fluid geothermales Fluidum; geothermales Fluid

- geothermal fluids are used to heat greenhouses
- geothermische Fluida werden zur Beheizung von Gewächshäusern verwendet
- an overview of the utilization of geothermal fluids in the country
- ein Überblick über die Nutzung der geothermischen Fluida des Landes
- the pools are heated by geothermal fluids
- die Schwimmbäder werden mit geothermalen Fluiden beheizt

geothermal gradient geothermischer Temperaturgradient; geothermischer Gradient

geothermal heat Erdwärme f

- the direct utilization of geothermal heat
- die direkte Nutzung der Erdwärme
- the use of geothermal heat without first converting it to electricity
- die Verwendung der Erdwärme ohne vorherige Umwandlung in Elektrizität
- the wide use of geothermal heat in Iceland
- die umfassende/weit verbreitete Erdwärmenutzung/Nutzung der Erdwärme in Island
- how does geothermal heat get up to the earth's surface
- wie gelangt die Erdwärme an die Erdoberfläche

geothermal heat pump erdwärmebetriebene Wärmepumpe

- the heat of the ground just below the surface can be used by geothermal heat pumps to both heat and cool buildings
- die Wärme des flachen Untergrundes kann mit Hilfe erdwärmebetriebener Wärmepumpen zum Beheizen und Kühlen von Gebäuden verwendet werden

geothermally generated electrical power Geo-Strom m; Geostrom m; Strom aus geothermischer Energie

geothermal plant geothermale Anlage

geothermal potential Wärmepotential der Erde; Erdwärmepotential n; Erdwärmepotenzial n

- to assess the geothermal potential
- das Erdwärmepotential untersuchen
- ABC is a big city with a large geothermal potential
- ABC ist eine große Stadt mit großem Erdwärmepotential
- the geothermal potential in these regions is sufficient to heat 9,000 greenhouses
- das geothermische Potential dieser Regionen reicht aus, um 9000 Treibhäuser zu beheizen

geothermal power facility geothermisches Kraftwerk; geothermische Kraftanlage

- to combine the smaller developments into one 55-MW geothermal power facility
- die kleineren Anlagen zu einem geothermischen Kraftwerk mit einer Leistung von 55 MW zusammenfassen

geothermal power generation geothermische Stromerzeugung

- geothermal power generation requires high-temperature resources
- für die geothermische Stromerzeugung sind Vorkommen mit hohen Temperaturen erforderlich

geothermal power plant geothermisches Kraftwerk

- geothermal power plants also produce solid materials that require disposal
- geothermische Kraftwerke produzieren auch feste Stoffe, die entsorgt werden müssen
- the geothermal power plant produces enough electricity to light the buildings and streets at the resort
- das geothermische Kraftwerk erzeugt ausreichend elektrische Energie für die Beleuchtung der Gebäude und Straßen des Ferienortes
- in 1921, the first geothermal power plant of the United States went into operation
- im Jahre 1921 ging das erste amerikanische geothermische Kraftwerk in Betrieb

geothermal project Geothermievorhaben n; Geothermieprojekt n

geothermal research Forschung auf dem Gebiet der Geothermie

geothermal resource geothermische Ressource; geothermisches Vorkommen

- investigation of the country's geothermal resources began in ...
- mit der Untersuchung der geothermischen Ressourcen des Landes wurde im Jahre ... begonnen
- shallow geothermal resources
- nahe an der Erdoberfläche gelegene geothermische Vorkommen
- the study recommends further use of the country's geothermal resources
- die Studie empfiehlt die weitere Nutzung der geothermischen Ressourcen des Landes
- to tap a geothermal resource
- ein geothermisches Vorkommen anzapfen
- the country lacks the infrastructure to rapidly develop its large geothermal resources
- dem Land fehlt die Infrastruktur, um seine bedeutenden geothermischen Vorkommen schnell ausbauen zu können
- to generate electricity from geothermal resources
- Strom aus geothermischen Ressourcen herstellen
- geothermal resources can be used for power generation or for heating
- geothermische Ressourcen können zur Stromerzeugung oder zum Heizen eingesetzt werden

geothermal spring geothermische Quelle

geothermal water heißes Tiefenwasser; warmes Tiefenwasser

- the geothermal water is not released to the environment
- das heiße Tiefenwasser gelangt nicht in die Umwelt
- some greenhouses are reported to be using 60°C geothermal water for heating
- es wird berichtet, dass zur Beheizung einiger Treibhäuser warmes Tiefenwasser mit einer Temperatur von 60 °C verwendet wird

GHP (see **geothermal heat pump**)

glass-fibre reinforced glasfaserverstärkt

- the blades are made of glass-fibre reinforced polyester
- die Blätter bestehen aus glasfaserverstärktem Polyester

global climate Erdklima n

global climate change globaler Klimawandel

global radiation *(solar)* Globalstrahlung f

- global radiation is said to be the sum of direct and diffuse radiation
- Globalstrahlung ist die Summe aus direkter Sonneneinstrahlung und diffuser Strahlung

global warming globale Erwärmung

- to reduce the threat of global warming
- die Gefahr einer globalen Erwärmung verringern
- these pollutants contribute to global warming
- diese Schadstoffe tragen zur globalen Erwärmung bei
- these waste gases are contributors to global warming
- diese Abgase tragen zur globalen Erwärmung bei
- the project aims to fight pollution and global warming
- Ziel des Projektes ist die Bekämpfung von Umweltverschmutzung und globaler Erwärmung

graphite nanofiber *(US)*/**nanofibre** *(GB)* Nanographitfaser f; Graphitnanofaser f

grate firing system Rostfeuerung f

gravity n Schwerkraft f

- under the action of gravity
- unter Einwirkung der Schwerkraft

gravitiy dam Gewichts-Staumauer f; Gewichtsstaumauer f

- if the site has a sound rock foundation, a concrete gravity dam can be chosen
- wenn am Standort ein solider felsiger Untergrund vorhanden ist, dann kann man sich für eine Gewichts-Staumauer aus Beton entscheiden

greater-than-proportional adj überproportional

- this technology may yield a greater-than-proportional reduction in emissions of nitrogen oxides
- diese Technologie kann zu einer überproportionalen Reduzierung der Stickoxide führen

greenhouse n Gewächshaus n; Treibhaus n

- to provide heat to greenhouses
- Gewächshäuser mit Wärme versorgen
- geothermally heated greenhouse
- mit Erdwärme beheiztes Gewächshaus

greenhouse emission Treibhausgasemission f

- the objective of the program is to reduce greenhouse emissions
- das Programm hat die Verminderung der Treibhausgasemissionen zum Ziel

greenhouse gas Treibhausgas n

- carbon dioxide is a greenhouse gas
- Kohlendioxid ist ein Treibhausgas
- to cut emissions of greenhouse gases in half
- den Ausstoß von Treibhausgasen halbieren
- this power plant puts out 50 percent more greenhouse gas than does a fuel cell
- dieses Kraftwerk setzt 50 % mehr Treibhausgas frei als eine Brennstoffzelle
- increased efficiency can decrease the emission of greenhouse gases
- durch einen höheren Wirkungsgrad kann der Ausstoß von Treibhausgasen reduziert werden

greenhouse gas emission Treibhausgasemission f

- to cut greenhouse gas emissions in half
- die Treibhausgasemissionen halbieren
- to cut greenhouse gas emissions by at least half
- die Treibhausgasemissionen um mindestens die Hälfte reduzieren
- to reduce greenhouse gas emissions
- Treibhausgasemissionen reduzieren

- fuel cells produce fewer greenhouse gas emissions than conventional power plants
  - Brennstoffzellen erzeugen weniger Treibhausgasemissionen als herkömmliche Kraftwerke
- these energy technologies are capable of virtually eliminating greenhouse gas emissions
  - mit Hilfe dieser Energietechnologien können die Treibhausgasemissionen praktisch beseitigt werden

green power Ökostrom m; grüner Strom

- once built, this power project will supply about 335 million kilowatt hours per year of zero-emission green power to the power grid
  - nach der Fertigstellung wird dieses Kraftwerk jährlich ca. 335 Millionen kW/h umweltfreundlichen Ökostrom ins Netz einspeisen

grid n Netz n; öffentliches Netz; Stromnetz n

- the fuel cell was designed to deliver up to 2MW into the municipal grid
  - die Brennstoffzelle sollte bis zu 2 MW in das kommunale Stromnetz einspeisen
- the power is exported to the local grid
  - der Strom wird in das lokale/örtliche Netz eingespeist
- to supply power to the national grid
  - Strom ins öffentliche Netz liefern

grid compatibility Netzverträglichkeit f

grid-connected adj netzgekoppelt

- to construct a 101 MW grid-connected wind farm
  - eine netzgekoppelte 101-MW-Windfarm bauen
- winds exceeding 5 m/s are required for cost-effective application of small grid-connected wind turbines
  - Winde mit einer Geschwindigkeit von mehr als 5 m/s werden für eine wirtschaftliche Anwendung kleiner Windturbinen benötigt
- grid-connected application
  - netzgekoppelte Anwendung
- grid-connected PV system
  - netzgekoppelte PV-Anlage

grid connection Netzanschluss m

- grid connection of wind farms
  - Netzanschluss von Windfarmen

grid-independent adj netzunabhängig

grid-supplied power Netzstrom m

- in many areas, fuel cells provide an attractive alternative to grid-supplied power
  - in vielen Gegenden bieten Brennstoffzellen eine attraktive Alternative zum Netzstrom

gross head *(hydro)* Bruttofallhöhe f

- gross head is the difference of elevations between the water surfaces of the forebay and tailrace
  - die Bruttofallhöhe ist der Höhenunterschied zwischen Oberwasser- und Unterwasserstand

ground n *(wind)* Boden m

- wind speed generally increases with height above ground
  - die Windgeschwindigkeit nimmt im Allgemeinen mit zunehmender Höhe über dem Boden zu
- the blades spin in a plane that is parallel to the ground
  - die Blätter drehen sich in einer Ebene, die parallel zum Boden ist

ground-source heat pump erdgekoppelte Wärmepumpe

- ground-source heat pumps use the earth or groundwater as a heat source in winter and a heat sink in summer
  - erdgekoppelte Wärmepumpen nutzen die Erde oder das Grundwasser im Winter als Wärmequelle und im Sommer als Wärmesenke

ground transportation bodengebundenes Verkehrsmittel

- to power automobiles, buses and other ground transportation
- Autos, Busse und andere bodengebundene Verkehrsmittel antreiben

groundwater level; **ground water level** Grundwasserstand m

GT (see **gas turbine**)

guide vane *(hydro)* Leitschaufel f

- stationary guide vanes
- guide vanes direct the water on to the runner
- feste Leitschaufeln
- das Wasser wird durch Leitschaufeln auf das Laufrad gelenkt

gust n Bö f

- mechanical stresses caused by gusts
- a gust is a sudden and brief increase of the wind speed
- durch Böen verursachte mechanische Beanspruchungen
- eine Bö ist ein plötzlicher und kurzzeitiger Anstieg der Windgeschwindigkeit

guy cable *(wind)* Abspannseil n

- guy cables are used to keep the turbine erect
- die Turbinen werden mit Hilfe von Abspannseilen in ihrer Position gehalten

H

hard coal Steinkohle f
- hard coal burns very hot, with little flame
- Steinkohle verbrennt sehr heiß mit kleiner Flamme

harmonic n Oberschwingung f
- unwanted harmonics
- unerwünschte Oberschwingungen

harness v nutzbar machen; nutzen
- to harness solar heat
- to harness the sun's energy for heating buildings
- die Sonnenwärme nutzbar machen
- die Sonnenenergie zur Beheizung von Gebäuden nutzbar machen

HAT *(wind)* (see **horizontal axis turbine**)

HAWT *(wind)* (see **horizontal axis wind turbine**)

HDR *(geo)* (see **hot dry rock**)

HDR facility *(geo)* HDR-Anlage f

HDR system *(geo)* HDR-Anlage f
- HDR systems offer more flexibility in operation and design than other geothermal systems
- HDR-Anlagen zeichnen sich durch größere Flexibilität im Betrieb und in der Konstruktion aus als andere geothermische Anlagen

HDR technology *(geo)* HDR-Technik f; HDR-Technologie f

head n *(hydro)* Fallhöhe f
- the greater the height (or head) of the water the greater its pressure
- the higher water levels provide extra head
- je größer die Fallhöhe des Wassers ist, umso größer ist sein Druck
- die höheren Wasserpegel sorgen für zusätzliche Fallhöhe

head of water *(hydro)* Fallhöhe f (see also **head**)
- the pressure caused by the head of water may be enormous
- the head of water depends on the height of the dam
- der durch die Fallhöhe erzeugte Druck kann sehr groß sein
- die Fallhöhe hängt von der Höhe des Dammes ab

heat n Wärme f
- to coproduce heat and electricity
- gleichzeitig Wärme und elektrische Energie erzeugen

heat content Wärmeinhalt m
- geologic formations of abnormally high heat content
- geologische Formationen mit extrem hohem Wärmeinhalt

heat distribution Wärmeverteilung f

heat distribution scheme Wärmeverteilungsnetz n
- he argues that heat distribution schemes covering a wide geographical area can be run profitably
- er ist der Meinung, dass sich geographisch ausgedehnte Wärmeverteilungsnetze durchaus wirtschaftlich betreiben lassen/lohnen können

heat energy Wärmeenergie f

- this device apparently generates considerably more heat energy than the electrical power it consumes
- die Wärmeenergie, die dieses Gerät erzeugt, übersteigt scheinbar bei weitem die elektrische Energie, die es verbraucht
- fuel cells convert hydrogen directly to electrical and heat energy
- Brennstoffzellen wandeln Wasserstoff direkt in elektrische und Wärmeenergie um

heat engine Wärmekraftmaschine f

heat exchanger Wärmetauscher m

heat flow *(geo)* Wärmefluss m; Wärmestrom m

- heat flows are of the order of ...
- die Wärmeströme haben eine Größenordnung von ...
- heat flow is the movement of heat from within the Earth to the surface
- unter Wärmefluss versteht man die Bewegung von Wärme aus dem Erdinnern zur Erdoberfläche

heat-flow anomaly *(geo)* Wärmeanomalie f

- measurements are made to detect heat-flow anomalies
- es werden Messungen durchgeführt, um Wärmeanomalien zu entdecken

heat generation Wärmeerzeugung f; Wärmegewinnung f

- this increases the heat generation from a cogeneration plant by more than 30 percent
- dadurch wird die Wärmeerzeugung einer KWK-Anlage um mehr als 30 Prozent erhöht

heat grid Wärmenetz n

- CHP community heating schemes require an expensive heat grid
- Heizkraftwerke erfordern ein kostspieliges Wärmenetz

heating n Heizung f; Beheizung f; Wärme f

- heating of buildings
- Beheizung von Gebäuden

heating distribution system Wärmeverteilungsnetz n

heating needs Wärmebedarf m

- to meet the hospital's electrical and heating needs
- den Wärme- und Strombedarf des Krankenhauses decken
- users with large electricity and heating needs
- Verbraucher mit großem Strom- und Wärmebedarf

heating plant Heizwerk n

- in heating plants, only steam or hot water is produced
- in Heizwerken wird nur Dampf oder Heißwasser erzeugt

heating purpose Heizzweck m

- 30% of the biomass energy is used for heating purposes on a farm
- 30 % der Biomasse-Energie werden für Heizzwecke auf einer Farm verwendet

heating requirements Heizbedarf m

- the heating requirements during these months are significant
- der Heizbedarf ist während dieser Monate beträchtlich

heat of combustion Verbrennungswärme f

- the heat of combustion of the fuel is turned into electrical work
- die Verbrennungswärme des Brennstoffs wird in elektrische Arbeit umgewandelt
- the heat of combustion turns water to steam
- mit Hilfe der Verbrennungswärme wird Wasser in Dampf umgewandelt

heat-only district heating system Fernwärmeversorgungsanlage f; Fernwärme-Heizzentrale f

- the conversion of heat-only district heating systems
- der Umbau/die Umrüstung von Fernwärmeversorgungsanlagen

heat only system Heizwerk n

heat production Wärmeerzeugung f; Wärmegewinnung f

- CHP is more efficient than conventional power or heat production
- die Kraft-Wärme-Kopplung ist wirtschaftlicher als die konventionelle Strom- und Wärmeerzeugung

heat pump Wärmepumpe f

- the heat pump transfers heat from the soil to the house in winter
- die Wärmepumpe transportiert im Winter die Wärme aus dem Erdreich ins Haus

heat recovery boiler Wärmerückgewinnungs-Dampfkessel m

heat recovery steam generator (HRSG) Wärmerückgewinnungs-Dampferzeuger m

- the most common use of turbine exhaust energy is for steam production in heat recovery steam generators (HRSG)
- die Energie der Turbinenabgase wird meistens zur Dampferzeugung in Wärmerückgewinnungs-Dampferzeugern verwendet
- the heat recovery steam generator is a key system component
- der Wärmerückgewinnungs-Dampferzeuger ist eine der wichtigsten Anlagenkomponenten

heat removal Wärmeabfuhr f

heat reservoir Wärmelagerstätte f

- improved technology for heat reservoir discovery
- verbesserte Technologie für die Entdeckung von Wärmelagerstätten

heat resource Wärmelagerstätte f; Wärmeressource f

heat source Wärmequelle f

- these heat pumps use the earth as a heat source
- diese Wärmepumpen nutzen die Erde als Wärmequelle
- deep subsurface heat sources
- tief unter der Erdoberfläche liegende Wärmequellen

heat supply Wärmeversorgung f

heat transfer Wärmeübertragung f; Wärmetransport m

- this type of heat transfer is called radiation
- diese Art der Wärmeübertragung wird als Strahlung bezeichnet

heat transfer medium Wärmeträger m

- to use oil as a heat transfer medium
- Öl als Wärmeträger verwenden

heat transfer surface *(geo)* Wärmeaustauschfläche f

- a large heat transfer surface is particularly necessary because of the low thermal conductivity of the rock
- insbesondere wegen der geringen Wärmeleitfähigkeit des Gesteins ist eine große Wärmeaustauschfläche erforderlich

heavy-duty gas turbine Hochleistungsgasturbine f

heavy oil Schweröl n

- cheaper lower-grade fuels such as heavy oil or coal, can also be used
- billigere Brennstoffe minderer Qualität, wie Schweröl und Kohle, können ebenfalls verwendet werden

heliostat n *(solar)* Heliostat m

- computer-controlled motors move the heliostats to focus the light on the top of the tower
- each heliostat has its own tracking mechanism
- a heliostat is a large flat mirror
- rechnergesteuerte Motoren bewegen die Heliostaten, sodass das Licht auf die Turmspitze konzentriert wird
- jeder Heliostat ist mit einer speziellen Nachführeinrichtung ausgerüstet
- ein Heliostat ist ein großer, flacher Spiegel

HHV higher heating value

high efficiency cogeneration installation Hochleistungs-KWK-Anlage f

- new regulations on emissions of pollutants from power plant should not discriminate against high efficiency cogeneration installations
- neue Schadstoffemissionsrichtlinien für Kraftwerke sollten Hochleistungs-KWK-Anlagen nicht benachteiligen

high efficiency cogeneration system Hochleistungs-KWK-Anlage f

- to benefit from the development of high efficiency cogeneration systems
- aus der Errichtung von Hochleistungs-KWK-Anlagen Nutzen ziehen

high efficiency fuel cell Hochleistungs-Brennstoffzelle f

high-efficiency solar cell Hochleistungs(solar)zelle f

- the structure of a high-efficiency solar cell is shown in Figure 1
- Abbildung 1 zeigt den Aufbau einer Hochleistungssolarzelle

high-enthalpy reservoir *(geo)* Hochenthalpievorkommen n; Vorkommen mit hohem Temperaturangebot

higher heating value (HHV) Brennwert m; oberer Heizwert

highest temperature resources *(geo)* Vorkommen mit sehr hohem Temperaturangebot

- the highest temperature resources are generally used only for electric power generation
- die Vorkommen mit sehr hohem Temperaturangebot werden gewöhnlich ausschließlich zur Stromerzeugung genutzt

high-head installation *(hydro)* Hochdruckkraftwerk n

high-head plant *(hydro)* Hochdruckkraftwerk n

- high-head plants have a head of more than 200 m
- Hochdruckkraftwerke haben eine Fallhöhe von mehr als 200 m

high-level reservoir *(hydro)* Oberbecken n

- hydro-electric generation takes place, allowing the lower reservoir to be filled from the high-level reservoir
- zur Stromerzeugung aus Wasserkraft füllt man das Unterbecken mit dem Wasser des Oberbeckens

highly pure silicon hochreines Silizium

- the cell requires highly pure silicon
- für die Zelle wird hochreines Silizium benötigt

highly purified hochrein

- the source silicon is highly purified
- das als Ausgangsmaterial verwendete Silizium ist hochrein

high-performance fuel cell Hochleistungsbrennstoffzelle f

high-performance solar module Hochleistungs-Solarmodul n

- the company provided ABC with 420 high-performance solar modules
- das Unternehmen belieferte ABC mit 420 Hochleistungs-Solarmodulen
- the high-performance solar modules will supply an estimated 39,000 kilowatt-hours of solar-generated electricity annually
- die Hochleistungs-Solarmodule werden jährlich schätzungsweise 39.000 kWh Solarstrom liefern

high-pressure combustion chamber Hochdruckbrennkammer f

- fuel burning in a high-pressure combustion chamber produces hot gases that pass directly through the turbine
- der in einer Hochdruckbrennkammer verbrennende Brennstoff erzeugt Heißgase, die unmittelbar durch die Turbine strömen

high-tech windmill High-Tech-Windmühle f; High-Tech-Mühle f

- hundreds of new high-tech windmills dot the landscape
- die Landschaft ist mit hunderten neuer High-Tech-Windmühlen übersät

high-temperature collector *(solar)* Hochtemperatur-Kollektor m

high-temperature fuel cell; high temperature fuel cell Hochtemperaturbrennstoffzelle f; Hochtemperatur-Brennstoffzelle f

- high-temperature fuel cells are particularly well suited to small CHP plants
- Hochtemperatur-Brennstoffzellen sind besonders für kleine Kraft-Wärme-Kopplungsanlagen geeignet
- ABC has been developing high-temperature fuel cells for the past five years
- ABC arbeitet schon seit fünf Jahren an der Entwicklung von Hochtemperatur-Brennstoffzellen

high-voltage dc transmission Hochspannungs-Gleichstrom-Übertragung f (HGÜ)

hole n (1) Loch n

- the fuel cell membranes contain small holes
- die Brennstoffzellen-Membranen enthalten kleine Löcher
- the holes do not allow the whole hydrogen atom to pass through them
- die Löcher lassen nicht das ganze Wasserstoffatom passieren

hole n (2) *(semiconductor)* Loch n

- by leaving its position, the electron causes a hole to form
- dadurch dass das Elektron seine Position verlässt, hinterlässt es ein Loch

home n Haushalt m; Wohnhaus n

- that is enough electricity for nearly half a million homes
- dieser Strom reicht für fast eine halbe Million Haushalte
- the unit will produce enough electricity to power approximately 200 homes
- die Anlage wird genug Strom erzeugen, um ungefähr 200 Haushalte damit zu versorgen

home energy system Hausenergieversorgung f

homeowner n Hausbesitzer m

- a typical homeowner consumes approximately 6,000 kilowatt-hours annually
- der typische Hausbesitzer verbraucht pro Jahr ca. 6.000 kWh

home power system Hausenergieversorgung f

home use Anwendung im Hausbereich

- fuel cell for home use
- Brennstoffzelle für Anwendungen im Hausbereich

hood n Motorhaube f

- to fit under the hood — unter die Motorhaube passen
- the space under the hood is taken up by batteries — der Platz unter der Motorhaube wird für die Batterien benötigt

horizontal axis *(wind)* Horizontalachse f; horizontale Achse

- horizontal-axis wind turbine — Windenergieanlage mit Horizontalachse
- the blades revolve on a horizontal axis — die Blätter drehen sich um eine horizontale Achse

horizontal-axis rotor *(wind)* Horizontalachsenrotor m

horizontal-axis three-blade rotor *(wind)* Horizontalachsrotor mit drei Rotorblättern

horizontal axis turbine *(wind)* Horizontalachser m; Windenergieanlage mit Horizontalachse (see **horizontal-axis wind turbine**)

horizontal-axis wind turbine; **horizontal axis wind turbine** Horizontalachsen-Windturbine f; Horizontalachs-Windturbine f; Windenergieanlage mit Horizontalachse; Horizontalachsenkonverter m; Horizontalachsen-Konverter m; Horizontalachsenwindenergiekonverter m

- horizontal-axis wind turbines have blades that spin in a vertical plane like airplane propellers — bei Horizontalachs-Windturbinen drehen sich die Blätter wie ein Flugzeugpropeller in einer vertikalen Ebene
- the figure illustrates the basic aerodynamic operating principles of a horizontal axis wind turbine — die Abbildung veranschaulicht das aerodynamische Grundprinzip einer Horizontalachsen-Windturbine
- horizontal axis wind turbines require a mechanism to swing them into line with the wind — Horizontalachsen-Windturbinen benötigen eine Windrichtungsnachführung

hot dry rock (HDR) *(geo)* heißes Tiefengestein ohne Wasservorkommen

- much of the HDR occurs at moderate depths — ein Großteil des heißen Tiefengesteins befindet sich in mittlerer Tiefe
- geothermal energy from hot dry rock could be available anywhere — geothermische Energie aus heißem Tiefengestein könnte überall verfügbar sein

hot dry rock geothermal facility *(geo)* HDR-Anlage f; HDR-Kaftwerk n

Hot Dry Rock method *(geo)* Hot-Dry-Rock-Verfahren n

hot dry rock resource; **Hot Dry Rock resource** *(geo)* Hot-Dry-Rock-Lagerstätte f; heißes Tiefengestein

- hot dry rock resources occur at depths of 8 to 16 kilometers — Hot-Dry-Rock-Lagerstätten findet man in einer Tiefe von 8 bis 16 Kilometern

hot dry rock technology *(geo)* Hot-Dry-Rock-Technik f; Hot-Dry-Rock-Technologie f

- the hot dry rock (HDR) technology will be used early next year to drill two km into the earth — anfang nächsten Jahres wird man die Hot-Dry-Rock-Technik einsetzen und ein Bohrloch zwei Kilometer in die Erde niederbringen
- the potential for HDR technology for generating clean electricity is enormous — das Potential für den Einsatz der HDR-Technik zur Erzeugung von sauberem Strom ist riesig

hot gas Heißgas n

- the hot gases are expanded through a gas turbine
- hot gases from the combustion chamber spin the gas turbine and the generator
- the hot gases expand through up to eight stages

- die Heißgase werden in einer Gasturbine entspannt
- Heißgase aus der Brennkammer treiben Gasturbine und Generator an
- die Heißgase werden in bis zu acht Stufen entspannt

hot spring *(geo)* heiße Quelle

hot water Warmwasser n; Heißwasser n

- power generation from hot water
- this system provides hot water for bathing, cooking, and laundry
- the system provides sufficient hot water
- for power generation from hot water, there are two conversion technologies

- Stromerzeugung aus Heißwasser
- diese Anlage liefert Warmwasser zum Baden, Kochen und Waschen
- die Anlage liefert ausreichend Warmwasser
- für die Stromerzeugung aus Heißwasser gibt es zwei Umwandlungstechnologien

hot water demand Warmwasserbedarf m

- the fuel cell will also heat enough water to meet the hot water demands of an average American family

- die Brennstoffzelle erwärmt auch ausreichend Wasser, um den Warmwasserbedarf einer amerikanischen Durchschnittsfamilie abzudecken

hot-water heating Warmwasserproduktion f

- these collectors are commonly used for hot-water heating

- diese Kollektoren werden gewöhnlich für die Warmwasserproduktion eingesetzt

hot water requirement Warmwasserbedarf m

- the hot water requirement varies throughout the day

- der Warmwasserbedarf schwankt im Tagesverlauf

hot water resource Heißwasservorkommen n

- hot water resources exist in abundance around the world

- Heißwasservorkommen gibt es in großer Zahl auf der ganzen Welt

hour of operation Betriebsstunde f

- ten of the fuel cells passed 20,000 hours of operation in September
- by March 1995, 4 of these fuel cells had achieved 20,000 hours of operation

- zehn der Brennstoffzellen haben im September die Zahl von 20.000 Betriebsstunden überschritten
- bis März 1995 hatten vier dieser Brennstoffzellen 20.000 Betriebsstunden erreicht

household n Haushalt m

- to create a fuel cell system capable of providing electricity for an entire household
- more than 1,000,000 Colorado households now have the option to buy wind in lieu of coal
- the amount of energy supplied would meet the needs of about 400 to 450 households

- eine Brennstoffzellenanlage entwickeln, die einen ganzen Haushalt mit Strom versorgen kann
- mehr als 1.000.000 Haushalte in Colorado können sich nun für Wind anstelle von Kohle entscheiden
- die gelieferte Energiemenge würde zur Versorgung von ungefähr 400 bis 450 Haushalten ausreichen

household refuse Haushaltsabfall m; Hausmüll m

HRB (see **heat recovery boiler**)

HRSG (see **heat recovery steam generator**)

hub n *(wind)* Nabe f

- the blades are connected to the hub • die Blätter sind mit der Nabe verbunden
- the blades are attached to the hub • die Rotorblätter sind an der Nabe befestigt
- the rotor blades rotate about the hub • die Rotorblätter drehen sich um die Nabe
- rigid hub • starre Nabe

hub height *(wind)* Nabenhöhe f

- wind speed at hub height • Windgeschwindigkeit in Nabenhöhe

HVDC transmission Hochspannungs-Gleichstrom-Übertragung f (HGÜ)

hybrid battery/fuel cell power system Hybridsystem aus Brennstoffzelle und Batterie

hybrid drive train Hybridantrieb m

hybrid power station Hybrid-Kraftwerk n

hybrid system Hybridanlage f; Hybridsystem n; Hybridkraftwerk n

- Figure 2 shows a typical hybrid system, featuring a 10 kW wind turbine • Abbildung 2 zeigt eine typische Hybridanlage mit einer 10-kW-Windturbine
- in some cases, small wind turbines are being combined with other sources of generation in order to form highly reliable hybrid systems • manchmal werden kleine Windturbinen und andere Stromerzeuger zu äußerst zuverlässigen Hybridanlagen kombiniert

hydraulic system *(wind)* Hydraulikanlage f

hydraulics *(wind)* Hydraulikanlage f

hydraulic turbine Wasserturbine f

- to power hydraulic turbines • Wasserturbinen antreiben

hydride n *(FC)* Hydrid n

- ABC's demonstration car solved the problem by storing the hydrogen in hydrides • bei dem Demonstrationsfahrzeug von ABC wird das Problem durch die Speicherung des Wasserstoffes in Hydriden gelöst

hydride storage tank *(FC)* Hydridspeicher m

- to equip the boat with a 10kW PEM fuel cell and two metal hydride storage tanks • das Boot mit einer 10-kW-PEM-Brennstoffzelle und zwei Metall-Hydrid-Speichern ausrüsten

hydrocarbon Kohlenwasserstoff m

- these fuel cells transform hydrocarbons into electricity without combustion • diese Brennstoffzellen wandeln Kohlenwasserstoffe ohne Verbrennung/durch kalte Verbrennung in Elektrizität um
- fuel cells represent a much better way of liberating the energy contained in hydrocarbons • Brennstoffzellen bieten eine viel bessere Möglichkeit zur Freisetzung der in Kohlenwasserstoffen enthaltenen Energie
- liquid hydrocarbons • flüssige Kohlenwasserstoffe
- to reform methanol, ethanol, natural gas, and other hydrocarbons • Methanol, Ethanol, Erdgas und andere Kohlenwasserstoffe reformieren

hydrocarbon fuel kohlenwasserstoffhaltiger Kraftstoff/Brennstoff

- the units will run on natural gas or other hydrocarbon fuels
- die Brennstoffzellen werden mit Erdgas oder anderen kohlenwasserstoffhaltigen Brennstoffen betrieben
- electrical power from hydrocarbon fuels has been a dream of electrochemists for a long time
- die Herstellung von Strom aus kohlenwasserstoffhaltigen Brennstoffen war schon immer ein Traum der Elektrochemiker

hydroelectric dam Speicherkraftwerk n

- we get almost as much total energy from biomass as we do from hydroelectric dams
- die Biomasse versorgt uns insgesamt mit beinahe genauso viel Energie wie die Speicherkraftwerke

hydro-electric development Wasserkraftanlage f

- to minimise environmental impacts associated with hydro-electric developments
- die Umweltauswirkungen von Wasserkraftanlagen so klein wie möglich halten

hydroelectric facility Wasserkraftwerk n; Wasserkraftanlage f

- many small hydroelectric facilities have been closed down
- viele kleine Wasserkraftwerke wurden geschlossen/stillgelegt

hydroelectric generation Stromerzeugung aus Wasserkraft (see **hydroelectric power generation**)

hydroelectric installation Wasserkraftanlage f

- two types of generators are used in hydroelectric installations: synchronous and induction
- in Wasserkraftanlagen werden zwei Arten von Generatoren eingesetzt: Synchron- und Asynchrongeneratoren

hydro-electricity n; hydroelectricity n Strom aus Wasserkraft

- hydro-electricity is clean, renewable energy
- Strom aus Wasserkraft ist umweltfreundliche erneuerbare Energie

hydroelectric plant Wasserkraftwerk n

- construction of the 12.75 megawatt hydroelectric plant is proceeding on schedule
- der Bau des 12,75-MW-Wasserkraftwerks verläuft nach Plan

hydroelectric potential Wasserkraftpotential n; Wasserkraftpotenzial n

- only about 15 percent of the world's exploitable hydroelectric potential was used in 1990
- nur ca. 15 % des nutzbaren Wasserkraftpotentials waren im Jahre 1990 ausgebaut

hydroelectric power; hydro-electric power Strom aus Wasserkraft

- hydroelectric power meets about 13 percent of the country's total demand for electrical energy
- der Strombedarf des Landes wird ungefähr zu 13 Prozent mit Strom aus Wasserkraft abgedeckt

hydroelectric power generation Stromerzeugung aus Wasserkraft

- hydroelectric power generation is basically quite simple
- die Stromerzeugung aus Wasserkraft ist im Grunde ganz einfach

hydroelectric power generation project Wasserkraftwerk n

- the power ministry plans to build a 21,000-megawatt hydroelectric power generation project
- das Energieministerium plant den Bau eines 21.000-MW-Wasserkraftwerkes

hydro-electric power plant Wasserkraftwerk n

- this hydro-electric power plant will eventually produce 10,000 megawatts
- dieses Wasserkraftwerk wird einmal 10.000 MW Strom erzeugen

hydro-electric power scheme Wasserkraftwerk n (see also **hydro-electric power station**; **hydroelectric power generation project**; **hydroelectric plant**; **hydroelectric facility**; **hydro-electric development**)

- in a hydro-electric power scheme the water drives turbines
- in Wasserkraftwerken treibt das Wasser Turbinen an

hydro-electric power station; **hydroelectric power station** Wasserkraftwerk n

- the amount of energy available from a hydro-electric power station depends on two major factors
- wieviel Energie ein Wasserkraftwerk liefern kann, hängt im Wesentlichen von zwei Faktoren ab
- a hydro-electric power station costs at least three times as much as a coal-burning one of the same power
- ein Wasserkraftwerk kostet mindestens dreimal so viel wie ein Kohlekraftwerk gleicher Leistung

hydroelectric reservoir Speicherkraftwerk n

hydro-electric scheme Wasserkraftwerk n; Wasserkraftanlage f

- the building of hydro-electric schemes involves significant changes to the environment
- der Bau von Wasserkraftanlagen bringt beträchtliche Eingriffe in die Umwelt mit sich

hydro energy potential Wasserkraftpotential n; Wasserkraftpotenzial n

- ABC conducts an annual survey of worldwide hydro energy potential
- ABC führt jedes Jahr eine Bestandsaufnahme des weltweit vorhandenen Wasserkraftpotentials durch
- worldwide, the hydro energy potential is almost 12 million GWh
- weltweit beträgt das Wasserkraftpotential fast 12 Millionen GWh
- the table shows that considerable hydro energy potential remains to be developed in these countries
- aus der Tabelle geht hervor, dass es in diesen Ländern noch immer beträchtliches Wasserkraftpotential zu erschließen gibt

hydrogen n Wasserstoff m

- the company unveiled a fuel cell bus that will run on stored hydrogen
- das Unternehmen stellte einen Brennstoffzellenbus vor, der mit gespeichertem Wasserstoff betrieben wird
- electric current and heat result from the reaction of hydrogen with oxygen
- Strom und Wärme entstehen durch die Reaktion von Wasserstoff mit Sauerstoff
- fuel cells operate best on pure hydrogen
- Brennstoffzellen arbeiten am besten mit reinem Wasserstoff
- the fuel cell operates on pure hydrogen
- die Brennstoffzelle wird mit reinem Wasserstoff betrieben
- the bus is fuelled by hydrogen
- der Bus wird mit Wasserstoff betrieben
- these fuel cells use catalysts and electrolytes that work only with very pure hydrogen
- bei diesen Brennstoffzellen werden Katalysatoren und Elektrolyte verwendet, die nur mit sehr reinem Wasserstoff arbeiten
- pure hydrogen is expensive to make and is hard to store and transport
- reiner Wasserstoff ist teuer in der Herstellung, und Lagerung und Transport sind schwierig
- hydrogen from gasoline
- Wasserstoff aus Benzin

hydrogen atom Wasserstoffatom n; Wasserstoff-Atom n

- hydrogen atoms are split by a catalyst into hydrogen ions and electrons
- Wasserstoffatome werden mit Hilfe eines Katalysators in Wasserstoffionen und Elektronen aufgespalten
- a single metal atom absorbs one hydrogen atom
- ein einzelnes Metallatom nimmt ein Wasserstoffatom auf
- the membrane will only allow part of the hydrogen atom, the proton, to pass through
- die Membran lässt nur einen Teil des Wasserstoffatoms, das Proton, durch

hydrogen consumption Wasserstoffverbrauch m

- this relationship of electrical current v.s. hydrogen consumption can be calculated using simple fundamental physical constants
- diese Beziehung zwischen elektrischem Strom und Wasserstoffverbrauch lässt sich mit Hilfe einfacher physikalischer Konstanten berechnen

hydrogen content Wasserstoffgehalt m; Wasserstoffanteil m

- to convert a fuel into a mixture with a high hydrogen content
- einen Brennstoff in ein Gemisch mit einem hohen Wasserstoffanteil umwandeln

hydrogen cylinder Wasserstoff-Flasche f

- recharging the computer is simply a matter of replacing the hydrogen cylinder
- der Rechner wird durch bloßes Austauschen der Wasserstoffflasche wieder aufgeladen
- customers could be sold refilled hydrogen cylinders or a small electrolyser to fill empty ones
- an die Kunden könnten nachgefüllte Wasserstoff-Flaschen oder kleine Elektrolyseure zum Füllen der leeren Flaschen verkauft werden

hydrogen distribution infrastructure Wasserstoffverteilungsinfrastruktur f; Wasserstoffinfrastruktur f

- the need to set up a hydrogen distribution infrastructure
- die Notwendigkeit, eine Wasserstoffverteilungsinfrastruktur aufzubauen
- thus there is no need to set up a hydrogen distribution infrastructure
- somit muss keine Wasserstoffinfrastruktur geschaffen werden

hydrogen economy Wasserstoffwirtschaft f

- this project is looking at the feasibility of a "hydrogen economy"
- bei diesem Projekt wird die Machbarkeit einer Wasserstoffwirtschaft untersucht

hydro generating plant Wasserkraftwerk n

hydrogen fuel cell Wasserstoff-Brennstoffzelle f

hydrogen fuel cell technology Wasserstoff-Brennstoffzellentechnik f

- ABC fostered hydrogen fuel cell technology for this specific purpose
- ABC förderte die Wasserstoff-Brennstoffzellentechnik für diese spezielle Anwendung
- hydrogen fuel cell technology is the most likely means to achieve a 'zero emission' vehicle
- mit der Wasserstoff-Brennstoffzellentechnik lassen sich am ehesten Nullemissionsfahrzeuge verwirklichen

hydrogen-fuel(l)ed bus wasserstoffbetriebener Bus; Wasserstoff-Bus m

- as part of this project, two hydrogen-fuelled buses are being developed
- im Rahmen dieses Projektes werden zwei wasserstoffbetriebene Busse entwickelt

hydrogen gas Wasserstoffgas n

- the bus runs directly on hydrogen gas
- der Bus wird direkt mit Wasserstoffgas betrieben
- hydrogen gas stored on-board
- an Bord mitgeführtes Wasserstoffgas
- to use hydrogen gas as fuel
- Wasserstoffgas als Brennstoff verwenden
- hydrogen gas is ionised
- Wasserstoffgas wird ionisiert

hydrogen generation Wasserstofferzeugung f; Wasserstoffproduktion f

hydrogen infrastructure Wasserstoff-Infrastruktur f

- to develop the hydrogen infrastructure necessary for hydrogen fuel cell vehicles
- die für Wasserstoff-Brennstoffzellen-Fahrzeuge erforderliche Wasserstoff-Infrastruktur entwickeln

hydrogen ion Wasserstoffion n
- positive hydrogen ion • positiv geladenes Wasserstoffion
- the hydrogen ions then travel through the electrolyte to the cathode • die Wasserstoffionen wandern dann durch den Elektrolyt zur Kathode

hydrogen molecule Wasserstoffmolekül n
- the search for a practical way to obtain hydrogen molecules was more difficult • die Suche nach einem praktikablen Verfahren zur Gewinnung von Wasserstoffmolekülen war schwierig
- each hydrogen molecule contains exactly two electrons • jedes Wasserstoffmolekül weist genau zwei Elektronen auf
- to convert the hydrogen molecules into hydrogen ions and electrons • die Wasserstoffmoleküle in Wasserstoffionen und Elektronen umwandeln

hydrogen nucleus Wasserstoffkern m

hydrogen partial pressure Wasserstoffpartialdruck m

hydrogen particle Wasserstoffteilchen n
- the transport of charged hydrogen particles through the electrolyte • der Transport von aufgeladenen Wasserstoffteilchen durch den Elektrolyten

hydrogen-powered fuel cell wasserstoffbetriebene Brennstoffzelle

hydrogen-powered vehicle wasserstoffgetriebenes Fahrzeug

hydrogen production Wasserstoffproduktion f; Wasserstofferzeugung f; Wasserstoffgewinnung f
- hydrogen production from electrolysis • Wasserstoffproduktion durch Elektrolyse

hydrogen-rich adj wasserstoffreich
- to reform the fuel into a hydrogen-rich mixture • den Brennstoff zu einem wasserstoffreichen Gemisch reformieren
- any hydrogen-rich material can theoretically serve as a source of hydrogen for fuel cells • theoretisch kann jede wasserstoffreiche Substanz als Wasserstoffquelle für Brennstoffzellen dienen
- fuel cells can utilize a wide variety of hydrogen-rich fuels • Brennstoffzellen können mit einer Vielzahl von wasserstoffreichen Brennstoffen betrieben werden
- to convert methane to hydrogen-rich gas • Methan in wasserstoffreiches Gas umwandeln

hydrogen side *(FC)* Wasserstoffseite f
- oxygen passes to the hydrogen side of the cell • Sauerstoff wandert zur Wasserstoffseite der Zelle
- on the hydrogen side of the fuel cell • auf der Wasserstoffseite der Brennstoffzelle

hydrogen storage Wasserstoffspeicherung f; Wasserstoff-Lagerung f
- hydrogen storage on vehicles • Wasserstoffspeicherung an Bord von Fahrzeugen
- on-board hydrogen storage • Wasserstoffspeicherung an Bord
- hydorgen storage remains a problem • die Wasserstoff-Lagerung stellt weiterhin ein Problem dar
- advances in hydrogen storage • Fortschritte auf dem Gebiet der Wasserstoffspeicherung

hydrogen storage system Wasserstoffspeichersystem n
- hydrogen storage systems can be engineered to be as safe as the fuel systems in current automobiles • Wasserstoffspeichersysteme können genauso sicher konstruiert werden wie die Kraftstoffsysteme der heutigen Automobile

hydrogen storage tank Wasserstoff-Speichertank m

hydrogen storage technology Wasserstoffspeicherverfahren n; Wasserstoffspeichertechnologie f

hydrogen tank Wasserstoffspeicher m; Wasserstofftank m

- previous fuel cell vehicles had to carry bulky hydrogen tanks
- die früheren Brennstoffzellen-Fahrzeuge mussten sperrige Wasserstofftanks mitführen

hydrologic adj hydrologisch

- familiarity with the hydrologic characteristics of the region
- Vertrautheit mit den hydrologischen Gegebenheiten/Kennwerten der Region
- to collect hydrologic data
- hydrologische Daten sammeln/erfassen

hydrological adj hydrologisch

- hydrological studies
- hydrologische Untersuchungen

hydrologic cycle Wasserkreislauf m

- simplified view of the hydrologic cycle
- vereinfachte Darstellung des Wasserkreislaufs

hydro plant Wasserkraftwerk n; Wasserkraftanlage f

hydro potential Wasserkraftpotential n; Wasserkraftpotenzial n

hydropower n Strom aus Wasserkraft; Wasserkraft f

- inexpensive hydropower
- kostengünstiger Strom aus Wasserkraft
- hydropower is a renewable source of energy
- die Wasserkraft ist eine erneuerbare Energiequelle

hydropower development Wasserkraftnutzung f; Ausbau der Wasserkraft

- hydropower development involves technical, resource and commercial risks
- die Wasserkraftnutzung birgt technische, Umwelt- und kommerzielle Risiken

hydropower facility Wasserkraftanlage f; Wasserkraftwerk n

hydropower generation Stromerzeugung aus Wasserkraft

hydropower plant Wasserkraftwerk n

hydropower project Wasserkraftprojekt n; Wasserkraftwerk n

- hydropower projects tend to have higher availability
- Wasserkraftwerke haben im Allgemeinen eine größere Verfügbarkeit

hydrothermal resource *(geo)* hydrothermales Vorkommen; hydrothermale Energiequelle

- power generation from lower-temperature hydrothermal resources
- Stromerzeugung aus hydrothermalen Vorkommen mit niedrigen Temperaturen

hydrothermal system *(geo)* hydrothermales Vorkommen; hydrothermales System; hydrothermale Lagerstätte

- hydrothermal systems are those in which water is heated by contact with the hot rock
- hydrothermale Vorkommen sind Lagerstätten, in denen Wasser durch die Berührung mit heißem Gestein erwärmt wird
- vapor-dominated hydrothermal systems
- hydrothermale Systeme mit Heißdampfvorkommen
- liquid-dominated hydrothermal systems
- hydrothermale Systeme mit Heißwasservorkommen

I

idling n *(wind)* Leerlauf m

- the rotor normally runs in idling mode at low wind speeds
- bei geringer Windgeschwindigkeit läuft der Rotor normalerweise im Leerlauf

impermeable adj undurchlässig

- the rock is largely impermeable
- das Gestein ist weitgehend undurchlässig

impulse turbine Aktionsturbine f; Gleichdruckturbine f

- these impulse turbines are known as Pelton wheels
- diese Aktionsturbinen werden als Pelton-Turbinen bezeichnet
- water turbines may be divided into two types – impulse turbines and reaction turbines
- Wasserturbinen lassen sich in zwei Gruppen einteilen – Gleichdruck- und Überdruckturbinen

impurity n Verunreinigung f

- this fuel cell is sensitive to impurities such as CO and CO_2
- diese Brennstoffzelle ist empfindlich gegen Verunreinigungen wie CO und CO_2
- the phosphoric acid fuel cell tolerates impurities better than the AFC
- die phosphorsaure Brennstoffzelle ist weniger empfindlich gegen Verunreinigungen als die AFC
- sulfur and other impurities are removed from the natural gas
- das Erdgas wird von Schwefel und anderen Verunreinigungen befreit
- the presence of impurities in landfill gas
- das Vorhandensein von Verunreinigungen im Deponiegas

incident light *(solar)* einfallendes Licht

- to measure the brightness of the incident light
- die Helligkeit des einfallenden Lichtes messen

incident radiation *(solar)* einfallende Strahlung

- incident radiation is radiation that strikes a surface
- unter einfallender Strahlung versteht man Strahlung, die auf eine Oberfläche auftrifft

incident solar radiation Sonneneinstrahlung f

- to focus incident solar radiation onto the receiver
- die Sonneneinstrahlung auf den Receiver konzentrieren

independent generator unabhängiger Stromerzeuger

independent power producer (IPP) unabhängiger Stromerzeuger

- ABC was granted independent power producer (IPP) status
- ABC erhielt den Status eines unabhängigen Stromerzeugers

individual cell *(FC)* Einzelzelle f

- individual cells are electrically connected, forming a fuel cell stack
- Einzelzellen sind zu Brennstoffzellen-Stacks zusammengeschaltet
- an individual (fuel) cell produces less than one volt
- eine Einzelzelle liefert eine Spannung von weniger als 1 Volt
- individual (fuel) cells generate a relatively small voltage, on the order of 0.7-1.0 volt each
- die Einzelzellen erzeugen eine relativ geringe Spannung in der Größenordnung von jeweils 0,7 bis 1,0 V
- a collection of individual cells is called a (fuel cell) stack
- eine Gruppe von Einzelzellen wird als (Brennstoffzellen-)Stapel bezeichnet

induction generator Asynchrongenerator m

- an induction generator produces three phase alternating current electricity
- ein Asynchrongenerator erzeugt Drehstrom
- grid-connected induction generator
- netzgekoppelter Asynchrongenerator

industrial CHP plant industrielle KWK-Anlage

- the fuel efficiency of industrial CHP plant can be around 80% or more
- bei einer industriellen KWK-Anlage kann der Brennstoffausnutzungsgrad 80 % oder mehr betragen

industrial cogeneration industrielle KWK

- the use of industrial cogeneration can save both energy and operating costs
- durch den Einsatz industrieller KWK können sowohl Energie- als auch Betriebskosten gespart werden

industrial cogeneration plant industrielle KWK-Anlage

- to upgrade industrial cogeneration plants
- industrielle KWK-Anlagen modernisieren

industrial cogenerator industrielle KWK-Anlage; Betreiber einer industriellen KWK-Anlage

- industrial cogenerators can meet their own energy needs
- industrielle KWK-Anlagen können den Energieeigenbedarf decken

industrial customer Industriekunde m

industrial powerplant/power plant Industriekraftwerk n

- most industrial powerplants use commercially available fuels
- die meisten Industriekraftwerke werden mit handelsüblichen Brennstoffen betrieben
- basic elements of an industrial powerplant
- Hauptbestandteile eines Industriekraftwerks
- growth in industrial power plants slowed considerably
- das Wachstum der Industriekraftwerke verlangsamte sich deutlich

industrial site Industriekraftwerk n

- until the early 1980s, industrial sites produced only enough power for their own local consumption
- bis in die frühen 80er Jahre produzierten die Industriekraftwerke Strom nur für den Eigenbedarf

inexhaustible adj unerschöpflich

- geothermal energy is almost as inexhaustible as solar or wind energy
- die geothermische Energie ist fast so unerschöpflich wie die Solar- oder Windenergie

inflow n Zufluss m

- natural inflow
- natürlicher Zufluss
- large inflows of water into a small storage
- große Wasserzuflüsse in einen kleinen Speicher
- the power plant has a small reservoir to regulate the natural inflow
- das Kraftwerk besitzt einen kleinen Stauraum zur Regulierung des natürlichen Wasserzuflusses

infrastructure n Infrastruktur f

- the construction of infrastructures necessary for the transport of heat is very costly
- der Aufbau der für den Wärmetransport erforderlichen Infrastruktur ist sehr kostspielig

ingot n Block m; Stab m

- the source silicon is highly purified and sliced into wafers from single-crystal ingots
- der als Ausgangsmaterial verwendete hochreine monokristalline Silizium-Block wird in Scheiben geschnitten

inherently adv prinzipbedingt; naturgemäß

- a fuel cell is inherently a high-efficiency device
- eine Brenstoffzelle ist prinzipbedingt ein Hochleistungsgerät

initial costs Anschaffungskosten pl

- competitive disadvantages due to high initial costs
- Wettbewerbsnachteile aufgrund hoher Anschaffungskosten

inject v *(geo)* einpressen; verpressen

- to inject water into HDR at very high pressure
- Wasser mit hohem Druck in das heiße und trockene Gestein einpressen
- scientists inject water deep into the fractured hot rock
- Wissenschaftler injizieren Wasser tief in das zerklüftete heiße Gestein

injection n *(geo)* Einpressen n; Einpressung f; Verpressen n

- the need for increased water injection to maintain reservoir pressure
- die Notwendigkeit des Einpressens von zusätzlichem Wasser zur Aufrechterhaltung des Druckes in der Lagerstätte
- one deep well is used for the injection of water
- eine Tiefenbohrung wird zum Einpressen von Wasser genutzt
- injection is the process of returning spent geothermal fluids to the subsurface
- Verpressen ist die Zurückführung verbrauchter geothermaler Fluida in den Untergrund

injection well *(geo)* Injektionsbohrung f

- the used geothermal water is then returned down an injection well into the reservoir
- das geothermale Wasser wird nach seiner Verwendung über eine Injektionsbohrung in den Untergrund zurückgeleitet

inland site *(wind)* Binnenland-Standort m

- many inland sites are unsuitable
- viele Binnenland-Standorte sind ungeeignet

insolation n Sonneneinstrahlung f

- insolation is the solar radiation incident on an area over time
- unter Sonneneinstrahlung versteht man die Sonnenstrahlung, die in einer bestimmten Zeit auf eine bestimmte Fläche fällt

installed capacity installierte Leistung

- the total installed capacity is still probably less than 1MW
- die gesamte installierte Leistung beträgt wahrscheinlich immer noch weniger als 1 MW
- this brings total installed capacity to one megawatt
- dies bringt die gesamte installierte Leistung auf ein Megawatt
- Germany now has the greatest installed capacity
- Deutschland besitzt zurzeit die größte installierte Leistung
- an average windfarm with an installed capacity of say 5 MW
- eine durchschnittliche Windfarm mit einer installierten Leistung von ungefähr 5 MW

installed cogeneration capacity installierte KWK-Leistung

installed thermal power installierte Wärmeleistung

- the installed thermal power is estimated at ... MWt
- die installierte Wärmeleistung wird auf ... MWt geschätzt

intake structure *(hydro)* Einlaufbauwerk n

- intake structures may vary widely
- Einlaufbauwerke können ganz unterschiedlich beschaffen sein

interaction n Wechselwirkung f

- the interaction of high energy photons with matter
- die Wechselwirkung zwischen energiereichen Photonen und Materie

interconnected grid Verbundnetz n

- to build an interconnected grid
- ein Verbundnetz aufbauen

interconnect plate *(FC)* Interkonnektorplatte f

interlinked power system Verbundnetz n

- the creation of an interlinked Scandinavian power system
- die Schaffung eines skandinavischen Verbundnetzes

internal combustion engine Verbrennungsmotor m; Verbrennungskraftmaschine f

- the fuel cell could replace the internal combustion engine in cars, trucks, buses, and even ships and locomotives
- die Brennstoffzelle könnte den Verbrennungsmotor in Autos, Lastwagen, Bussen und sogar in Schiffen und Lokomotiven ablösen
- fuel cells are inherently cleaner than internal combustion engines
- Brennstoffzellen sind naturgemäß sauberer als Verbrennungsmotoren
- in this case, a stationary internal combustion engine could be a more practical prime mover
- in diesem Fall könnte ein stationärer Verbrennungsmotor die geeignetere Kraftmaschine sein
- small cogeneration systems usually use an internal combustion engine burning gas or gas oil
- in kleinen KWK-Anlagen wird gewöhnlich ein Verbrennungsmotor eingesetzt, der mit Gas oder Gasöl betrieben wird

internalisation n Internalisierung f

- the internalisation of environmental costs in energy prices should be supported
- die Internalisierung der Umweltkosten in die Energiepreise sollte gefördert werden

internal reformation *(FC)* interne Reformierung

- natural gas or other fuels are converted to hydrogen and carbon monoxide by internal reformation
- Erdgas oder andere Brennstoffe werden durch interne Reformierung in Wasserstoff und Kohlenmonoxid umgewandelt

internal reforming *(FC)* interne Reformierung

- three significant advantages result from internal reforming
- die interne Reformierung bietet drei wichtige Vorteile

inverter n Wechselrichter m

- other advances include a new type of inverter that reduces size and weight of the system
- zu den weiteren Verbesserungen gehört auch ein neuartiger Wechselrichter, durch den Größe und Gewicht der Anlage reduziert werden
- inverters turn the DC output into AC
- Wechselrichter wandeln den Gleichstrom in Wechselstrom um
- an inverter converts the direct current produced by the fuel cell to alternating current
- ein Wechselrichter wandelt den von der Brennstoffzelle erzeugten Gleichstrom in Wechselstrom um

- the inverter also controls and monitors the overall photovoltaic system
- the inverter converts the direct current power to alternating current power
- an inverter is used to convert the DC power produced by the solar system to AC power needed to run household appliances

- der Wechselrichter steuert und überwacht auch die gesamte PV-Anlage
- der Wechselrichter wandelt den Gleichstrom in Wechselstrom um
- ein Wechselrichter dient dazu, den von der Solaranlage produzierten Gleichstrom in Wechselstrom umzuwandeln, der zum Betrieb von Haushaltsgeräten erforderlich ist

investment costs Investitionskosten pl

ion n Ion n

- the electrolyte conducts ions between electrodes
- der Elektrolyt sorgt für den Ionentransport zwischen den Elektroden

ion-conducting adj *(FC)* ionenleitend; ionenleitfähig

- ion-conducting electrolyte
- ion-conducting membrane
- ion-conducting oxide

- ionenleitender Elektrolyt
- ionenleitende Membran
- ionenleitendes Oxid

ionically conductive *(FC)* ionenleitfähig

- liquid electrolytes are usually more ionically conductive
- flüssige Elektrolyte leiten im Allgemeinen Ionen besser

ionic conduction *(FC)* Ionenleitung f

- to maintain ionic conduction
- die Ionenleitung aufrechterhalten

ionic conductivity *(FC)* Ionenleitfähigkeit f

- the operating temperature is determined by the ionic conductivity of the electrolyte
- die Betriebstemperatur wird durch die Ionenleitfähigkeit des Elektrolyts bestimmt

IPP (see **Independent Power Producer**)

irradiance n *(solar)* Einstrahlung f

island mode Inselbetrieb m

- the plant can also isolate itself from the grid and operate in island mode
- die Anlage kann auch vom Netz abgekoppelt werden und im Inselbetrieb arbeiten

isolated adj abgelegen

- PV is used for much more than powering isolated homes
- PV wird zu weit mehr als nur der Stromversorgung abgelegener Wohnhäuser eingesetzt

isolated operation Inselbetrieb m

- isolated operation is a mode of operation in which the fuel cell power plant is separated from all other sources of electrical energy
- Inselbetrieb ist eine Betriebsart, bei der das Brennstoffzellen-Kraftwerk getrennt von allen anderen Stromversorgungseinrichtungen betrieben wird

K

Kaplan turbine Kaplan-Turbine f; Kaplanturbine f

- Kaplan turbines have a runner shaped like a ship's propeller
- der Läufer der Kaplan-Turbine hat die Form eines Schiffspropellers
- a detailed comparison of axial turbines and Kaplan turbines can be helpful in determining turbine selection
- ein genauer Vergleich von Axialturbine und Kaplanturbine kann bei der Wahl der Turbine hilfreich sein
- movable blade Kaplan turbines are used for very low heads
- Kaplan-Turbinen mit verstellbaren Flügeln werden für sehr geringe Fallhöhen eingesetzt

key component Schlüsselkomponente f; Hauptkomponente f; Hauptbestandteil m

- the ABC fuel cell vehicle consists of seven key components
- das Brennstoffzellenfahrzeug von ABC besteht aus sieben Schlüsselkomponenten

KGRA known geothermal resource area

kilowatt-hour n Kilowattstunde f

- during 1984 the total output of all U.S. wind farms exceeded 150 million kilowatt-hours
- im Jahre 1984 überstieg die Gesamtleistung aller amerikanischen Windfarmen 150 Millionen Kilowatt
- a typical homeowner consumes approximately 6,000 kilowatt-hours annually
- ein Hausbesitzer verbraucht im Jahr normalerweise ca. 6.000 Kilowattstunden

kinetic energy kinetische Energie; Bewegungsenergie f

- the potential energy in the water is turned into kinetic energy
- die potentielle Energie des Wassers wird in kinetische Energie umgewandelt
- the kinetic energy of the moving water is turned into mechanical energy
- die kinetische Energie des fließenden Wassers wird in mechanische Energie umgewandelt
- as the flowrate is reduced the kinetic energy of the gas is also reduced
- eine Reduzierung der Durchflussrate führt auch zu einer Reduzierung der kinetischen Energie des Gases
- moving bodies possess kinetic energy
- Körper in Bewegung besitzen kinetische Energie

L

laboratory stage Laborstadium n

- at present these fuel cells are still at the laboratory stage
- zur Zeit befinden sich diese Brennstoffzellen noch im Laborstadium
- he emphasized the research is in the laboratory stage
- er betonte, dass sich die Forschung im Laborstadium befinde

laboratory trial Laborversuch m

land-based adj landgestützt

- land-based application
- landgestützte Anwendung
- the most mature land-based technology
- die ausgereifteste landgestützte Technologie
- land-based use
- landgestützte Anwendung/Verwendung

landfill n Deponie f; Mülldeponie f

- three-quarters of this waste goes to landfills
- drei Viertel dieser Abfälle landen auf Deponien
- landfills are nearing capacity
- die Deponien nähern sich ihrer Kapazitätsgrenze
- to truck the waste to a municipal landfill
- den Müll per Lkw zu einer kommunalen Deponie transportieren

landfill gas Deponiegas n

- ABC is about to test the feasibility of using a carbonate fuel cell to generate electricity from landfill gas
- ABC will untersuchen, ob es möglich ist, eine Karbonat-Brennstoffzelle zur Erzeugung von Strom aus Deponiegas einzusetzen
- fuel cell converts landfill gases to clean energy
- Brennstoffzelle wandelt Deponiegas in saubere Energie um
- this 200 KW fuel cell system will clean up the landfill gas, convert its methane to electricity, and feed it into a nearby power grid
- diese 200-kW-Brennstoffzellenanlage reinigt das Deponiegas und wandelt das darin enthaltene Methan in Strom um
- landfill gas is cheap
- Deponiegas ist billig
- these biomass-based energy systems utilize landfill gas as fuels
- bei diesen Biomasse-Energieanlagen wird Deponiegas als Brennstoff eingesetzt

landfill methane *(bio)* Methan aus einer Deponie

large-area photodiode *(solar)* großflächig Photodiode

- the solar cell is a large-area photodiode
- die Solarzelle ist eine großflächige Photodiode

large-area solar cell großflächige Solarzelle

- it is harder to produce large-area cells than it is to produce smaller-area cells
- großflächige Solarzellen sind schwieriger in der Herstellung als solche mit kleineren Flächen

large power station Großkraftwerk n

- large power stations are replaced by small plant
- Großkraftwerke werden durch kleine Anlagen ersetzt
- large power stations are often sited near the fuel supply
- der Standort von Großkraftwerken befindet sich oft in der Nähe der Brennstoffbezugsquelle
- large power stations are often sited away from urban areas
- Großkraftwerke werden oft entfernt von den städtischen Ballungsgebieten errichtet

large-scale application großtechnischer Einsatz

large-scale energy storage Energiespeicherung im großen Maßstab

large-scale power plant Großkraftwerk n

- to integrate biomass conversion with existing large-scale power plants
- die Biomasseverstromung in vorhandene Großkraftwerke integrieren

large-scale power station Großkraftwerk n

- these small-scale generators have numerous advantages over large-scale power plants
- diese kleinen Stromerzeugungsanlagen habe viele Vorteile gegenüber Großkraftwerken

large-scale production Großproduktion f

large-scale wind turbine Großwindkraftanlage f (GWKA)

- Iowa is home to 327 large-scale wind turbines, with a total generating capacity of 242 MW
- to be cost-effective, large-scale wind turbines require an annual average wind speed of 13 mi/h at 32.8-ft
- in Iowa gibt es 327 Großwindkraftanlagen mit einer Gesamtleistung von 242 MW
- für einen wirtschaftlichen Betrieb benötigen Großwindkraftanlagen eine mittlere Jahreswindgeschwindigkeit von 5,8 m/s in einer Höhe von 10 m

large-scale wind turbine generator Großwindkraftanlage f (GWKA)

large-volume production Großproduktion f

latitude n Breitengrad m

- at higher latitudes
- at this latitude, solar radiation may vary from 92% to 38% of theoretical maximum insolation
- in höheren Breitengraden
- auf diesem Breitengrad kann die Sonneneinstrahlung zwischen 92 % und 38 % des theoretischen Maximums schwanken

lattice tower *(wind)* Gittermast m

- rotor and generator are mounted on a 40-meter lattice tower
- Rotor und Getriebe sitzen auf einem 40 m hohen Gittermast

layer of rock *(geo)* Gesteinsschicht f

- the crust is the Earth's outer layer of rock
- die Kruste ist die äußerste Gesteinsschicht der Erde

lens n Linse f

- to gather sunlight with lenses
- sunlight is concentrated onto the cell surface by means of lenses
- Sonnenlicht mit Linsen einfangen
- das Sonnenlicht wird mit Hilfe von Linsen auf die Zellenoberfläche konzentriert

letter of intent Absichtserklärung f

level of water Wasserpegel m

- to raise the level of water
- den Wasserpegel anheben

liberate v freisetzen

- to liberate electrons
- we want to know how much heat is liberated via combustion
- Elektronen freisetzen
- wir wollen wissen, wie viel Wärme bei der Verbrennung freigesetzt wird

life n Lebensdauer f

- most of these cells so far have had low power ratings and relatively short lives
- bis jetzt hatten die meisten dieser Zellen eine niedrige Nennleistung und eine relativ kurze Lebensdauer

lifetime n Lebensdauer f; Nutzungsdauer f

- this high temperature decreases the lifetime of the cell
- diese hohe Temperatur verkürzt die Lebensdauer der Zelle
- lifetime would double to about 5,000 hours
- die Lebensdauer würde sich auf ca. 5000 Stunden verdoppeln
- fuel cells with acceptable lifetimes
- Brennstoffzellen mit einer hinreichenden Lebensdauer
- variations in energy demand over the lifetime of the plant
- Schwankungen im Energiebedarf während der Nutzungsdauer der Anlage

lifting rotor *(wind)* Auftriebsläufer m

light adj leicht

- fuel cells are becoming both lighter and smaller
- die Brennstoffzellen werden leichter und kleiner
- hydrogen is a a light and flammable gas
- Wasserstoff ist ein leichtes und brennbares Gas
- the fuel cell will be significantly lighter and cheaper than conventional batteries
- die Brennstoffzelle wird beträchtlich leichter und billiger als herkömmliche Batterien sein

light n Licht n

- it would also be possible to focus the light more tightly on the cells
- es wäre auch möglich, das Licht dichter auf die Zellen zu konzentrieren
- a solar cell directly converts the energy in light into electrical energy
- eine Solarzelle wandelt die im Licht enthaltene Energie direkt in elektrische Energie um
- he observed that voltage developed when light fell upon the electrode
- er entdeckte, dass eine Spannung erzeugt wird, wenn Licht auf die Elektrode fällt
- some materials produce electricity when they are exposed to light
- einige Stoffe erzeugen elektrische Energie, wenn sie mit Licht bestrahlt werden
- an electric current can be produced by shining a light onto certain chemical substances
- man kann Elektrizität erzeugen, indem man bestimmte chemische Stoffe mit Licht bestrahlt

light absorption Lichtabsorption f

- to increase light absorption
- die Lichtabsorption erhöhen

light energy Lichtenergie f

- PV systems convert light energy into electricity
- PV-Anlagen wandeln Lichtenergie in elektrische Energie um
- less than 1 percent of the absorbed light energy was transformed into electrical energy
- weniger als ein Prozent der absorbierten Lichtenergie wurde in elektrische Energie umgewandelt

light intensity Lichtintensität f

- the elevated light intensity can lead to premature module failure
- die erhöhte Lichtintensität kann zum vorzeitigen Ausfall des Moduls führen

lightning n Blitz m

- three wind turbines were struck by lightning
- drei Windturbinen wurden vom Blitz getroffen
- each wind turbine has been hit by lightning over the year
- im Verlauf des Jahres ist jede Windturbine vom Blitz getroffen worden

lightning protection *(wind)* Blitzschutz m

lightning protection system *(wind)* Blitzschutz m; Blitzschutzanlage f

lightweight adj leicht

- ABC has for several years been developing a lightweight fuel cell
- lightweight composite materials
- hydrogen is a lightweight gas

- ABC arbeitet schon mehrere Jahre an der Entwicklung einer leichten Brennstoffzelle
- leichte Verbundwerkstoffe
- Wasserstoff ist ein leichtes Gas

lightweight car Leichtbau-Pkw m

lightweight vehicle Leichtbaufahrzeug n

lignite n Braunkohle f

lignite-burning powerplant braunkohlegefeuertes Kraftwerk; Braunkohlekraftwerk n

- the storage of wastes from lignite-burning powerplants
- die Lagerung von Abfällen aus braunkohlegefeuerten Kraftwerken

lignite coal n Braunkohle f

- electricity from lignite coal
- Strom aus Braunkohle

lignite coal industry Braunkohleindustrie f

- the project has also received support from the lignite coal industry
- das Projekt wird auch von der Braunkohleindustrie unterstützt

lignite-fired plant braunkohlegefeuertes Kraftwerk; Braunkohlekraftwerk n

- ABC is a three-unit lignite-fired plant
- ABC ist ein aus drei Blöcken bestehendes braunkohlegefeuertes Kraftwerk

limitation n Beschränkung f

- the advantages and limitations of each application are enumerated
- es werden die Vorteile und Beschränkungen jeder Anwendung aufgezählt

line-commutated inverter netzgeführter Wechselrichter

liquid collector *(solar)* Flüssigkeitskollektor m

liquid-dominated system *(geo)* Nassdampfsystem n

- liquid-dominated systems, are much more plentiful than vapor-dominated systems
- Nassdampfsysteme kommen häufiger vor als Trockendampfsysteme

liquid fuel Flüssigbrennstoff m; flüssiger Brennstoff; flüssiger Kraftstoff; flüssiger Treibstoff

- these problems have motivated our research on fuel cells that run on renewable, liquid fuels
- diese Probleme haben uns zur Erforschung von Brennstoffzellen, die mit erneuerbaren Flüssigbrennstoffen betrieben werden können, veranlasst

liquid hydrogen Flüssigwasserstoff m; flüssiger Wasserstoff

- the PEM system runs on stored liquid hydrogen
- this fuel cell car uses liquid hydrogen for fuel

- die PEM-Anlage wird mit gespeichertem Flüssigwasserstoff betrieben
- bei diesem Brennstoffzellenauto wird Flüssigwasserstoff als Brennstoff verwendet

liquid methanol Flüssigmethanol n

- to convert liquid methanol into hydrogen
- Flüssigmethanol in Wasserstoff umwandeln
- the fuel cells are powered by liquid methanol
- die Brennstoffzellen werden mit Flüssigmethanol betrieben

lithium n Lithium n

lithium carbonate Lithiumkarbonat n

lithium-ion battery; lithium ion battery Lithium-Ionen-Akku m

- fuel cells could be cheaper than lithium-ion batteries
- Brennstoffzellen könnten kostengünstiger als Lithium-Ionen-Akkus sein
- the fuel cell runs on methanol and is aided by a lithium ion battery for extra power
- die Brennstoffzelle wird mit Methanol betrieben und wird zusätzlich von einem Lithium-Ionen-Akku unterstützt

live steam Frischdampf m

- steam supplied direct from a boiler is called live steam
- der unmittelbar vom Dampferzeuger kommende Dampf wird als Frischdampf bezeichnet

load n Verbraucher m; Last f

- the electrons move through an external circuit to a load
- die Elektronen fließen durch einen externen Stromkreis zu einem Verbraucher
- the fuel cell provides energy to critical loads
- die Brennstoffzelle versorgt kritische Verbraucher mit Energie
- to connect a load to a fuel cell
- einen Verbraucher an eine Brennstoffzelle anschließen
- these fuel cells have been installed as the primary source of supply for dedicated loads
- diese Brennstoffzellen wurden zur Energieversorgung ausgewählter/spezieller Verbraucher installiert
- the stored energy is then available to supply the loads during low wind periods
- mit der gespeicherten Energie können dann die Verbraucher während windschwacher Zeiten versorgt werden
- when the power from the wind turbine is not sufficient to operate the load, the alternate power source comes on-line
- wenn die Leistung der Windturbine zur Versorgung des Verbrauchers nicht ausreicht, dann wird die alternative Energiequelle zugeschaltet
- to provide extra sources of power near key loads
- für zusätzliche Stromquellen in der Nähe wichtiger Verbraucher sorgen
- sensitive loads such as computer installations and automated factories
- empfindliche Verbraucher wie Rechneranlagen und automatisierte Fabriken
- to furnish a current to an external load
- einen externen Verbraucher mit Strom versorgen
- to provide the voltage needed to drive the current through an external load
- die Spannung liefern, die erforderlich ist, damit in dem externen Verbraucher ein Strom fließen kann

load center *(US)*/**centre** *(GB)* (1) Verbraucherschwerpunkt m; Lastzentrum n; Lastschwerpunkt m; Verbrauchszentrum n

- smaller plants are placed close to load centres
- kleinere Anlagen werden in der Nähe der Verbrauchszentren/Verbraucher errichtet
- these power plants may be located adjacent to load centres
- diese Kraftwerke können in der Nähe der Lastzentren errichtet werden
- fuel cells offer distributed power generation located at or near the load center
- Brennstoffzellen bieten dezentrale Stromerzeugung am oder in der Nähe des Verbraucherschwerpunktes
- fuel cells are installed at or near the load center
- Brennstoffzellen werden am oder in der Nähe des Lastschwerpunktes errichtet

load center *(US)*/**centre** *(GB)* (2): **close to the load center** *(US)*/**centre** *(GB)*; **near the load center** *(US)*/**centre** *(GB)* verbrauchernah

- small distributed generation systems are placed close to the load centres/near the load centers
- kleine dezentrale Energieerzeugungsanlagen werden verbrauchernah errichtet/aufgestellt

load change Laständerung f

- these systems require more time to respond to load changes
- diese Systeme benötigen mehr Zeit, um auf Laständerungen zu reagieren

load curve Ganglinie f; Lastkurve f

- load curves help to determine the appropriate size of boilers, turbines, and auxiliary equipment
- Lastkurven sind hilfreich bei der Auslegung von Kesseln, Turbinen und Hilfseinrichtungen
- load curves should be determined for both power and steam requirements
- sowohl für den Strom- als auch für den Wärmebedarf sollten Lastkurven erstellt werden
- the shape of the load curve
- der Verlauf/das Profil der Ganglinie

load levelling Ausgleichen von Lastschwankungen

- to be suitable for load levelling
- sich zum Ausgleichen von Lastschwankungen eignen

load peak Belastungsspitze f; Spitzenlast f

- to increase the output during short periods at load peaks
- die Leistung kurzzeitig erhöhen, wenn Belastungsspitzen auftreten

local authority-based CHP scheme kommunale KWK-Anlage

location n Standort m

- locations of other large wind turbine installations can be seen in figure 5
- Abbildung 5 zeigt die Standorte weiterer Groß-Windkraftanlagen
- to site wind turbines in windy locations
- Windturbinen an windreichen Standorten aufstellen

longevity n Langlebigkeit f; (lange) Lebensdauer f

- increased longevity
- längere Lebensdauer
- the longevity of a hydrocarbon-based PEM is dependent on ...
- die Lebensdauer einer mit Kohlenwasserstoffen betriebenen PEM-Brennstoffzelle hängt ab von ...
- to enhance longevity
- die Lebensdauer verbessern
- the secret of machine longevity is proper maintenance
- das Geheimnis der Langlebigkeit einer Maschine ist sachgemäße Wartung

losses from distribution Verteilungsverluste mpl

- losses from distribution are minimal
- die Verteilungsverluste sind minimal

losses from transmission Übertragungsverluste mpl

- as the CHP plant is situated on-site, the losses from transmission are minimal
- da sich die KWK-Anlage am Ort des Verbrauchs befindet, treten nur minimale Übertragungsverluste auf

loss in performance Leistungseinbuße f

- this should allow the fuel cell to operate at 800 degrees Centigrade without any loss in performance
- auf diese Weise sollte die Brenstoffzelle bei 800 °C ohne Leistungseinbuße arbeiten können

loss of power output Leistungsverlust m

- this will incur some loss of power output
- dies hat einen gewissen Leistungsverlust zur Folge

low-boiling-point fluid niedrigsiedende Flüssigkeit; niedrigsiedendes Medium/Arbeitsmittel

- the heat of the geothermal fluid is transferred to a low-boiling-point fluid
- die Wärme des geothermischen Fluids wird auf eine niedrigsiedende Flüssigkeit übertragen

low-emission adj emissionsarm

- fuel cells are so low-emission that ... • Brennstoffzellen sind so emissionsarm, dass ...
- low-emission energy generation • emissionsarme Energieerzeugung

low-enthalpy field *(geo)* geothermisches Feld mit niedrigem Temperaturangebot; geothermisches Feld mit niedriger Enthalpie

low-enthalpy resource *(geo)* Vorkommen mit niedrigem Temperaturangebot; Vorkommen mit niedriger Enthalpie

- low-enthalpy resources are abundant • Vorkommen mit niedriger Enthalpie sind reichlich vorhanden
- to use low-enthalpy resources for urban heating • Vorkommen mit niedriger Enthalpie für die städtische Fernheizung verwenden

lower reservoir *(hydro)* Unterbecken n

- during peak-load periods, the water is allowed to return from the upper reservoir to the lower reservoir • während der Spitzenlastzeiten lässt man das Wasser vom Oberbecken ins Unterbecken zurückströmen

low-head hydro Niederdruckkraftwerk n

- as a result of the energy crisis, low-head hydro has been rediscovered in the United States • die Energiekrise hat in den USA zu einer Wiederentdeckung der Niederdruckkraftwerke geführt

low-head hydroelectric power generation Stromerzeugung mit Niederdruckkraftwerken

low-head hydro installation Niederdruckkraftwerk n

low-head hydro project Niederdruckkraftwerk n

- to fund the development of a new type of generator for use on low-head hydro projects • die Entwicklung eines neuartigen Generators für den Einsatz in Niederdruckkraftwerken finanziell fördern

low-head installation *(hydro)* Niederdruckkraftwerk n

- a high-head installation requires a smaller volume of water than a low-head installation • ein Hochdruckkraftwerk benötigt eine geringere Wassermenge als ein Niederdruckkraftwerk

low-head plant *(hydro)* Niederdruckkraftwerk n

- low-head plants have a head between 5 and 20 m • Niederdruckkraftwerke haben eine Fallhöhe von 5 bis 20 m

low-level reservoir *(hydro)* Unterbecken n

low-polluting adj umweltfreundlich; schadstoffarm

- fuel cells are more efficient and low-polluting than conventional energy systems • Brennstoffzellen sind wirtschaftlicher und umweltfreundlicher als herkömmliche Energieerzeugungsanlagen

low-power application Anwendung im unteren Leistungsbereich

low pressure fuel cell Niederdruck-Brennstoffzelle f

low-temperature collector *(solar)* Niedertemperatur-Kollektor m; (NT-Kollektor m)

low-temperature fuel cell Niedertemperatur-Brennstoffzelle f

- examples of the low-temperature fuel cell are the alkaline fuel cell (AFC) and the proton exchange membrane fuel cell (PEMFC)
- Beispiele für Niedertemperatur-Brennstoffzellen sind die alkalische Brennstoffzelle (AFC) und die Protonenaustauschmembran-Brennstoffzelle (PEMFC)
- we are working on a low-temperature fuel cell
- wir arbeiten zur Zeit an einer Niedertemperatur-Brennstoffzelle

low-temperature geothermal energy Niedrigtemperatur-Erdwärme f

- the low-temperature geothermal energy is used for feedwater heating
- die Niedrigtemperatur-Erdwärme wird zur Erwärmung des Speisewassers verwendet

low-temperature geothermal resource Niedrigtemperatur-Wärmelagerstätte f

- the primary uses of low-temperature geothermal resources are in district and space heating
- Niedrigtemperatur-Wärmelagerstätten werden hauptsächlich zur Fern- und Raumheizung verwendet

low-temperature resource; low temperature resource Vorkommen mit niedrigem Temperaturangebot; Niedrigtemperatur-Wärmelagerstätte f

- uses for low and moderate temperature resources can be divided into two categories
- die Anwendungsmöglichkeiten für Vorkommen mit niedrigem und mittlerem Temperaturangebot lassen sich in zwei Gruppen unterteilen

low- to moderate-temperature geothermal resource geothermisches Vorkommen mit niedrigem bis mittlerem Temperaturangebot

low-voltage output kleine/niedrige Ausgangsspannung

low wind period windschwache Zeit

- during low wind periods
- während windschwacher Zeiten

luggage space Laderaum n

- the tank for the hydrogen merely takes up some luggage space
- der Wasserstofftank beansprucht nur einen Bruchteil des Laderaums

lumber industry Holzindustrie f

lumber mill Sägewerk n

- wood waste created by numerous lumber mills
- die in zahlreichen Sägewerken anfallenden Holzabfälle

M

magma n *(geo)* Magma n

- the molten mass, called magma, is still in the process of cooling
- the hot magma near the surface causes active volcanoes and hot springs

- die flüssige Masse, das Magma, kühlt sich noch immer ab
- das heiße Magma nahe der Erdoberfläche ist die Ursache für aktive Vulkane und heiße Quellen

magma chamber *(geo)* Magmakammer f

maintenance n Wartung f; Wartungsaufwand m

- the unit also has high reliability and low maintenance
- the use of these electrolytes complicates design and maintenance
- the fuel cell requires little or no maintenance

- das Gerät zeichnet sich auch durch hohe Zuverlässigkeit und Wartungsfreundlichkeit/geringen Wartungsaufwand aus
- die Verwendung dieser Elektrolyte kompliziert Konstruktion und Wartung
- die Brennstoffzelle erfordert wenig oder gar keine Wartung

manufacturing process Herstellungsverfahren n

- the cost of this fuel cell component may be greatly reduced thanks to a new manufacturing process

- dank eines neuen Herstellungsverfahrens wird es vielleicht möglich sein, die Kosten dieser Brennstoffzellenkomponente deutlich zu senken

market entry Markteintritt m

market introduction Markteinführung f

- ABC will likely build a plant next year to promote the market introduction of fuel cells

- nächstes Jahr baut ABC wahrscheinlich ein Werk, um die Markteinführung von Brennstoffzellen zu fördern

market potential Marktpotential n; Marktpotenzial n

- to assess the FC's market potential
- the estimated market potential for solid oxide fuel cells in the commercial sector

- das Marktpotential der Brennstoffzelle beurteilen
- das geschätzte Marktpotential für Festoxid-Brennstoffzellen im kommerziellen Bereich

masonry dam *(hydro)* Staumauer f

mass-produced fuel cell serienmäßig hergestellte Brennstoffzelle; in Serie hergestellte Brennstoffzelle

mass production Massenproduktion f

- these costs will be reduced once mass production is begun
- the lack of industry standards for mass production
- there is no mass production of components for fuel cells

- diese Kosten werden sinken, sobald mit der Massenproduktion begonnen wird
- der Mangel an Industrienormen für die Massenproduktion
- es gibt keine Massenproduktion von Brennstoffzellenkomponenten

matrix n Matrix f

- the carbonate electrolyte is contained in a porous ceramic matrix

- der Karbonatelektrolyt befindet sich in einer porösen keramischen Matrix

mature adj ausgereift

- the SOFC is the least mature of the three fuel cell types
- die SOFC ist die am wenigsten ausgereifte der drei Brennstoffzellenarten

maximum power point; **Maximum Power Point** (MPP) *(solar)* Arbeitspunkt maximaler Leistungsabgabe; Maximum Power Point m (MPP); Punkt der maximalen Leistung

- the Maximum-Power-Point is the point on a current-voltage curve where a PV cell produces maximum power
- der Maximum Power Point ist der Punkt auf der Strom-Spannungkennlinie, in dem die PV-Zelle die höchste Leistung abgibt

MCFC (see **molten carbonate fuel cell**)

MCFC plant MCFC-Kraftwerk n

- MCFC plants could achieve efficiencies of more than 55 %
- mit MCFC-Kraftwerken lassen sich Wirkungsgrade von mehr als 55 % erreichen

MCFC power plant MCFC-Kraftwerk n

- MCFC power plants can achieve high electrical efficiencies
- MCFC-Kraftwerke können hohe elektrische Wirkungsgrade erreichen

MEA *(FC)* (see **membrane electrode assembly**)

mechanical brake *(wind)* mechanische Bremse

- the wind turbine has a mechanical brake that activates upon overspeed
- die Windturbine ist mit einer mechanischen Bremse ausgerüstet, die bei Überdrehzahl ausgelöst wird

mechanical load mechanische Belastung

- procedures for measuring mechanical loads on wind turbines
- Verfahren zur Messung der mechanischen Belastung von Windturbinen

medium sized wind turbine mittlere Windkraftanlage (MWKA)

medium-temperature collector *(solar)* Mitteltemperatur-Kollektor m

medium-temperature fuel cell Mitteltemperatur-Brennstoffzelle f

- this medium-temperature fuel cell operates at 200°C
- diese Mitteltemperatur-Brennstoffzelle arbeitet bei einer Temperatur von 200° C

megawatt machine *(wind)* Megawatt-Anlage f

megawatt-sized wind turbine Windturbine der Megawattklasse

- this will be the first offshore project to use large-scale, megawatt-sized wind turbines
- dies wird die erste Offshore-Anlage sein, bei der große Windturbinen der Megawattklasse eingesetzt werden

megawatt-size wind turbine Windturbine der Megawattklasse

- the research centre will focus on the feasibility of megawatt-size wind turbines
- das Forschungszentrum wird sich auf die Machbarkeit von Windturbinen der Megawattklasse konzentrieren

melting point Schmelzpunkt m

- the operating temperature of MCFCs is determined by the melting point of the electrolyte
- die Arbeitstemperatur von MCFC hängt vom Schmelzpunkt des Elektrolyts ab

membrane n *(FC)* Membran f

- to pass/diffuse through the membrane
- the electrons cannot pass through the membrane
- the fuel cell membranes contain small holes

- die Membran durchdringen
- die Elektronen können die Membran nicht durchdringen
- die Membrane der Brennstoffzellen haben kleine Löcher

membrane-electrode assembly (MEA) *(FC)* Membran-Elektroden-Einheit f; Membran-Elektrodeneinheit f (MEA)

- the electrodes of the MEA have several functions

- die Elektroden der MEA haben mehrere Funktionen

membrane electrolyte *(FC)* Elektrolytmembran f

- the protons migrate through the membrane electrolyte to the cathode

- die Protonen wandern durch die Elektrolytmembran zur Kathode

membrane technology *(FC)* Membrantechnik f

merchant power producer (MPP) handelsrorientierter Stromlieferant

metal contact Metallkontakt m

- this is an alternative method for applying the cell's metal contacts
- to place metal contacts on the top and bottom of the PV cell

- dies ist ein alternatives Verfahren zur Anbringung der Metallkontakte der Zelle
- Metallkontakte an der Ober- und Unterseite der PV-Zelle anbringen

metal frame Metallrahmen m

metal hydride Metallhydrid n

- as an alternative, the hydrogen can be absorbed into a metal hydride

- alternativ kann der Wasserstoff auch an ein Metallhydrid angelagert werden

metal hydride storage tank *(FC)* Metallhydridspeicher m

- the boat will be equipped with a 10kW PEM fuel cell and two metal hydride storage tanks

- das Boot wird mit einer 10-kW-PEM-Brennstoffzelle und zwei Metallhydridspeichern ausgerüstet

methane n Methan n

- these fuel cells use methane as a fuel
- to derive hydrogen from methane
- only a small amount of electricity is generated from the methane in U.S. landfills
- methane is the main ingredient of natural gas
- methane is a flammable gas
- this plant burns landfill-generated methane

- diese Brennstoffzellen werden mit Methan betrieben
- Wasserstoff aus Methan gewinnen
- in den USA wird Methan aus Mülldeponien nur in geringem Umfang zur Stromerzeugung eingesetzt
- Methan ist der Hauptbestandteil von Erdgas
- Methan ist ein brennbares Gas
- diese Anlage wird mit Methan aus Mülldeponien befeuert

methane content Methangehalt m

methane gas Methangas n

- landfills produce a substantial quantity of methane gas
- methane gas is a contributor to global warming

- Deponien produzieren beträchtliche Mengen an Methangas
- Methangas trägt zur globalen Erwärmung bei

methanol n Methanol n

- a methanol-fuelled vehicle • ein mit Methanol betriebenes Fahrzeug
- a fuel cell bus running on methanol • ein mit Methanol betriebener Brennstoffzellen-Bus
- the fuel cell stack runs on hydrogen from methanol • der Brennstoffzellen-Stapel wird mit aus Methanol gewonnenem Wasserstoff betrieben
- methanol and water produce carbon dioxide and hydrogen • Methanol und Wasser erzeugen Kohlendioxid und Wasserstoff
- the fuel cell operates on methanol • die Brennstoffzelle wird mit Methanol betrieben
- the methanol is broken into its chemical components to generate hydrogen to run the fuel cell • das Methanol wird in seine Bestandteile aufgespalten, um Wasserstoff zu erzeugen, der der Brennstoffzelle als Brennstoff dient

methanol cartridge Methanolpatrone f

methanol fuel cell Methanol-Brennstoffzelle f

- up to now, a platinum-ruthenium alloy has been the best known catalyst for methanol fuel cells • bis jetzt ist eine Legierung aus Platin und Ruthenium der bekannteste Katalysator für Methanol-Brennstoffzellen

methanol-fuel(l)ed fuel cell Methanol-Brennstoffzelle f

methanol-fuel(l)ed fuel cell vehicle Methanol-Brennstoffzellenfahrzeug n; methanolbetriebenes Brennstoffzellenfahrzeug

- both companies exhibited methanol-fueled fuel cell vehicles • beide Firmen stellten Methanol-Brennstoffzellenfahrzeuge aus
- two methanol-fueled fuel cell vehicles debuted at this year's Frankfurt Auto Show • zwei Methanol-Brennstoffzellenfahrzeuge wurden auf der diesjährigen Internationalen Automobilausstellung in Frankfurt vorgestellt

methanol-fuel(l)ed PEMFC mit Methanol betriebene PEMFC; methanolbetriebene PEMFC

- the van is powered by a methanol-fuelled PEMFC • der Van hat als Antrieb eine mit Methanol betriebene PEM-Brennstoffzelle

methanol-fuel(l)ed phosphoric acid fuel cell methanolbetriebene phosphorsaure Brennstoffzelle

methanol-fuel(l)ed proton-exchange fuel cell mit Methanol betriebene Polymer-Elektrolyt-Membran-Brennstoffzelle

methanol reformer Methanol-Reformer m; Methanolreformer m

- the new vehicle is equipped with a methanol reformer • das neue Fahrzeug ist mit einem Methanolreformer ausgerüstet

methanol reforming Methanolreformierung f

- methanol reforming takes place at only about 250°C • die Methanolreformierung erfolgt bei nur ca. 250 °C

methyl alcohol Methylalkohol m

- the new research involves fuel cells that use methyl alcohol • Gegenstand der jüngsten Forschungsbemühungen sind Brennstoffzellen, die mit Methylalkohol betrieben werden
- methyl alcohol can be made cheaply from biomass • Methylakohol kann billig aus Biomasse hergestellt werden

micro fuel cell; micro-fuel cell Mikro-Brennstoffzelle f; Mini-Brennstoffzelle f

- he estimated the micro fuel cells could be on the market by late 20.. • nach seiner Einschätzung könnten Mikro-Brennstoffzellen bis Ende 20.. auf dem Markt erhältlich sein
- the micro fuel cells should last at least 20 years • die Mikro-Brennstoffzellen sollten mindestens 20 Jahre halten
- German trade fair shows micro fuel cells and related products • auf einer deutschen Messe sind Mikro-Brennstoffzellen und zugehörige Ausrüstungen zu sehen

micro hydro power system Kleinstwasserkraftwerk n

microscopic fuel cell Mikro-Brennstoffzelle f; Mini-Brennstoffzelle f

mid-size car Mittelklassewagen m

- ABC is developing a fuel cell system for a mid-size car • ABC entwickelt zur Zeit eine Brennstoffzellen-Anlage für einen Mittelklassewagen

mineral n Mineralstoff m

- geothermal water is sometimes heavily laden with dissolved minerals • geothermale Wässer sind manchmal stark mit Mineralstoffen angereichert

miniature fuel cell Mini-Brennstoffzelle f; Miniaturbrennstoffzelle f

- ABC unveiled a miniature fuel cell • ABC stellte eine Mini-Brennstoffzelle vor
- ABC has created a miniature fuel cell which runs on methanol to provide power for portable electronics • ABC hat eine Mini-Brennstoffzelle entwickelt, die mit Methanol betrieben wird und zur Versorgung tragbarer elektrischer Geräte dient
- to develop a miniature fuel cell that is environmentally safe • eine umweltfreundliche Miniaturbrennstoffzelle entwickeln
- researchers are developing a miniature fuel cell designed to replace the batteries used in cellular phones • Forscher arbeiten an der Entwicklung einer Miniaturbrennstoffzelle, die die Batterien in Handys ersetzen soll

miniaturised adj *(GB)*; **miniaturized** *(US)* miniaturisiert

- miniaturized power source • miniaturisierte Energiequelle

miniaturisation n *(GB)*; **miniaturization** *(US)* Miniaturisierung f

mini-power plant Mini-Kraftwerk n

- a fuel cell is a mini-power plant that produces power without combustion • eine Brennstoffzelle ist ein Mini-Kraftwerk, das ohne Verbrennung/durch kalte Verbrennung Strom erzeugt

mirror n *(solar)* Spiegel m

- an array of 1,926 computer-controlled mirrors • ein Feld aus 1.926 Spiegeln, die durch Computer gesteuert werden
- each mirror can be individually adjusted • jeder Spiegel kann individuell eingestellt werden

mobile application mobile Anwendung

- this type is considered by many the most suitable fuel cell for mobile applications • dieser Typ wird von vielen als die geeignetste Brennstoffzelle für mobile Anwendungen betrachtet

mobile phone Handy n

- the researchers believe a fuel cell could power a mobile phone for more than a month • nach Meinung der Forscher könnte eine Brennstoffzelle ein Handy länger als einen Monat mit Energie versorgen

mobile phone power Strom für Handys

mobile power generation mobile Elektrizitätserzeugung

mobile use mobile Anwendung; mobiler Einsatz

- some fuel cells are better suited to stationary power generation and others to mobile use
- einige Brennstoffzellen eignen sich besser für die stationäre Stromerzeugung und andere für mobile Anwendungen
- fuel cell for mobile use
- Brennstoffzelle für den mobilen Einsatz

mobility n Mobilität f

- fuel cells offer mobility without pollution
- Brennstoffzellen bieten Mobilität ohne Umweltverschmutzung

modular design modulare Bauweise; modularer Aufbau

module n Modul n

- PV cells are combined into modules
- PV-Zellen werden zu Modulen zusammengeschaltet
- several cells are connected together to form larger units called modules
- mehrer Zellen werden zu größeren Einheiten – so genannten Modulen – zusammengeschaltet

module efficiency Modulwirkungsgrad m

- module efficiencies are constantly rising
- die Modulwirkungsgrade steigen ständig

module power Modulleistung f

molecule n Molekül n

- the molecules are broken down into hydrogen gas and carbon monoxide
- die Moleküle werden in Wasserstoffgas und Kohlenmonoxid gespalten

molten alkali carbonate *(FC)* Alkalikarbonatschmelze f

- this fuel cell uses molten alkali carbonate as the electrolyte
- bei dieser Brennstoffzelle wird eine Alkalikarbonatschmelze als Elektrolyt verwendet

molten alkali carbonate electrolyte *(FC)* Alkalikarbonat-Schmelzelektrolyt m

- this fuel cell type, using molten alkali carbonate electrolyte and hydrocarbon fuel, has been extensively studied
- dieser Brennstoffzellentyp mit Alkalikarbonat-Schmelzelektrolyt und kohlenwasserstoffhaltigem Brennstoff ist gründlich erforscht

molten carbonate *(FC)* Karbonatschmelze f

- these fuel cells use molten carbonate as the electrolyte at temperatures of about 650°C
- bei diesen Brennstoffzellen wird eine Karbonatschmelze mit einer Temperatur von ca. 650 °C als Elektrolyt verwendet

molten carbonate fuel cell (MCFC) Schmelzkarbonat-Brennstoffzelle f

- the molten carbonate fuel cell (MCFC) operates at an even higher temperature than the PAFC
- die Schmelzkarbonat-Brennstoffzelle arbeitet mit einer noch höheren Temperatur als die PAFC
- molten carbonate fuel cells will be the dominant technology in this sector
- die Schmelzkarbonat-Brennstoffzellen werden auf diesem Gebiet die führende Technologie sein
- MCFCs are simpler and cheaper to build than PAFCs
- MCFC lassen sich einfacher und kostengünstiger herstellen als PAFC
- MCFCs accept a variety of fuels
- MCFC können mit einer Vielzahl von Brennstoffen betrieben werden
- the MCFC operates at higher temperatures
- die MCFC arbeitet mit höheren Temperaturen

molten salt *(FC)* Salzschmelze f

- molten salts as well as aqueous solutions were tried as electrolytes
- these molten salts complicate design and maintenance
- these cells use as electrolytes highly corrosive molten salts

- Salzschmelzen und auch wässrige Lösungen wurden als Elektrolyt ausprobiert
- diese Salzschmelzen komplizieren den Aufbau und die Wartung
- bei diesen Zellen werden äußerst aggressive Salzschmelzen als Elektrolyt eingesetzt

mono-crystalline silicon monokristallines Silizium

- this technology requires mono-crystalline silicon

- diese Technologie erfordert monokristallines Silizium

moving part bewegliches Teil; bewegtes Teil

- fuel cells are electrochemical devices with no moving parts
- fuel cells produce electricity without noise or moving parts
- the absence of moving parts allows fuel cells to operate quietly

- Brennstoffzellen sind elektrochemische Geräte ohne bewegliche Teile
- Brennstoffzellen erzeugen Strom geräuschlos und ohne bewegliche Teile
- die Abwesenheit von beweglichen Teilen ermöglicht einen geräuscharmen Betrieb der Brennstoffzellen

MPP (see **maximum power point**)

MPP (see **Merchant Power Producer**)

multibladed rotor *(wind)* vielflügeliger Rotor

multibladed windmill *(wind)* Vielflügler m

multi-blade windmill *(wind)* Vielflügler m

multicrystalline/multi-crystalline silicon multikristallines Silizium

multi-fuel processor *(FC)* Multi-Fuel-Reformer m; Vielstoff-Prozessor m

multi-fuel reformer system *(FC)* Multi-Fuel-Reformer m

multiple-bladed rotor *(wind)* vielflügeliger Rotor

multi-shaft arrangement Mehrwellenanordnung f

- multi-shaft arrangements provide more operating flexibility

- Mehrwellenanordnungen bieten mehr Flexibilität im Betrieb

municipal utility kommunaler Energieversorger; Stadtwerke npl

municipal waste kommunaler Abfall; kommunale Abfälle; kommunaler Müll

- municipal waste generates more than 2000 MW of electricity and provides steam for industrial uses
- more than 526,060 metric tons of municipal waste are generated in the United States each day

- kommunale Abfälle erzeugen mehr als 2000 MW Strom und liefern Dampf für die Industrie
- die Vereinigten Staaten produzieren täglich mehr als 526.060 Tonnen kommunalen Müll

N

nacelle n *(wind)* Gondel f; Maschinenhaus n

- much of the energy used to manufacture the turbine is contained in the rotor and nacelle
- ein Großteil der Energie, die zur Herstellung der Turbine erforderlich ist, ist im Rotor und in der Gondel enthalten
- the tower supports a nacelle with 3-bladed rotor
- der Turm trägt eine Gondel mit einem dreiblättrigen Rotor
- the nacelle contains all the rotating parts
- in der Gondel befinden sich alle drehenden Teile
- the nacelle contains the generator and gearbox
- in der Gondel sind Generator und Getriebe untergebracht

natural gas Erdgas n

- all fuel cells can run on natural gas
- alle Brennstoffzellen können mit Erdgas betrieben werden
- natural gas or other fuels can be used if the fuel cell has a reformer to convert the fuel to hydrogen
- Erdgas oder andere Brennstoffe können verwendet werden, wenn die Brennstoffzelle mit einem Reformer zur Umwandlung des Brennstoffes in Wasserstoff ausgerüstet ist
- natural gas is the most commonly used fuel
- Erdgas ist der am häufigsten eingesetzte Brennstoff
- the use of natural gas is growing across Europe
- die Nutzung von Erdgas nimmt in ganz Europa zu
- natural gas is cheap, accessible, flexible and clean
- Erdgas ist billig, verfügbar, vielseitig und umweltfreundlich

natural gas engine Erdgasmotor m

- the generator is driven by a natural gas engine
- der Generator wird von einem Erdgasmotor angetrieben

natural gas-fired combined cycle power station erdgasbefeuerte GuD-Anlage

natural gas fuel cell mit Erdgas betriebene Brennstoffzelle; erdgasbetriebene Brennstoffzelle

- the natural gas fuel cell is an environmentally friendly energy generator with cleaner emissions than the ambient air in some cities
- die mit Erdgas betriebene Brennstoffzelle ist ein umweltfreundlicher Energieerzeuger, dessen Emissionen sauberer sind als die Luft in manchen Großstädten
- the future of natural gas fuel cells in this sector looks good
- die Aussichten für erdgasbetriebene Brennstoffzellen sind in diesem Bereich gut
- the emissions from the NGFC are much cleaner
- die Emissionen der erdgasbetriebenen Brennstoffzelle sind viel sauberer
- to install and operate an NGFC
- eine erdgasbetriebene Brennstoffzelle installieren und betreiben

natural gas fuel cell energy system mit Erdgas betriebene Brennstoffzellenanlage; erdgasbetriebene Brennstoffzellenanlage

- the natural gas fuel cell energy system is a simple, reliable way to improve natural gas utilization and efficiency
- die erdgasbetriebene Brennstoffzellenanlage bietet eine einfache und zuverlässige Methode zur besseren Nutzung des Erdgases und zur Erhöhung des Wirkungsgrades

natural gas-fuel(l)ed cell *(FC)* erdgasbetriebene Zelle

natural gas fuel(l)ed facility Erdgaskraftwerk n

- the new 300-megawatt natural gas fueled facility is owned by a joint venture
- das neue 300-MW-Erdgaskraftwerk gehört einem Gemeinschaftsunternehmen

natural gas-fuel(l)ed plant erdgasbetriebene Anlage

- last week, the natural gas-fuelled plant was dedicated before an audience of more than 200 invited guests
- letzte Woche wurde die erdgasbetriebene Anlage vor mehr als 200 geladenen Gästen eingeweiht

natural gas-fuel(l)ed power plant Erdgaskraftwerk n

natural gas generation plant Erdgaskraftwerk n

- ABC has under construction a 6 MW natural gas generation plant
- ABC errichtet zur Zeit ein 6-MW-Erdgaskraftwerk

natural gas-powered SOFC erdgasbetriebene SOFC

natural gas reformer *(FC)* Erdgasreformer m

natural gas reforming Erdgasreformierung f

- natural gas reforming for use in stationary power applications
- Erdgasreformierung für den Einsatz in der stationären Stromerzeugung

natural gas reserve Erdgasvorkommen n; Erdgasreserve f

- Europe has access to 70% of world gas reserves through new pipelines
- dank neuer Pipelines hat Europa Zugriff auf 70 % der Erdgasreserven

natural gas steam reformer Erdgasdampfreformer m

- ABC also displayed a natural gas steam reformer for use with a 15-kilowatt PEM fuel cell
- ABC zeigte auch einen Erdgasdampfreformer für den Einsatz mit einer 15-kW-PEM-Brennstoffzelle

nearly exhaust-free automobile abgasarmes Auto

- fuel cells can be used as power source for nearly exhaust-free automobiles
- Brennstoffzellen können als Energiequelle für den Antrieb abgasarmer Autos eingesetzt werden

need n Bedarf m

- one 600kW wind turbine would produce enough electricity to meet the annual needs of 375 households
- eine 600-kW-Windturbine würde genug Strom erzeugen, um den Jahresbedarf von 375 Haushalten zu decken

net efficiency Netto-Wirkungsgrad m; Nettowirkungsgrad m

- if fuels must be altered in composition for a fuel cell, the net efficiency of the fuel-cell system is reduced
- wenn die Zusammensetzung von Brennstoffen für eine Brennstoffzelle verändert werden muss, dann verringert sich der Nettowirkungsgrad

net power Nettoleistung f

net power output Nettoausgangsleistung f

- net electric power output of a wind turbine generator system
- elektrische Nettoausgangsleistung einer Windenergieanlage

network compatibility Netzverträglichkeit f

NGFC (see **natural gas fuel cell**)

niche market Nischenmarkt m

- we are not aiming for a niche market
- unser Ziel sind nicht die Nischenmärkte

nickel-based adj auf Nickelbasis

- nickel-based electrodes — Elektroden auf Nickelbasis

nickel electrode Nickelelektrode f

- to use inexpensive nickel electrodes — kostengünstige Nickelelektroden einsetzen

nickel-metal hydride battery Nickel-Metallhydrid-Batterie f

- starting this fall ABC will offer nickel-metal-hydride batteries to users of its electric vehicles — kommenden Herbst wird ABC damit beginnen, den Besitzern seiner Elektrofahrzeuge Nickel-Metallhydrid-Batterien anzubieten

nickel oxide Nickeloxid n

- these electrodes consist mainly of porous nickel (anode) or porous nickel oxide (cathode) — diese Elektroden bestehen hauptsächlich aus porösem Nickel (Anode) oder porösem Nickeloxid (Kathode)

nitrogen compound Stickstoffverbindung f

- to emit nitrogen compounds — Stickstoffverbindungen emittieren

nitrogen content Stickstoffgehalt m

- biomass fuels often have a low nitrogen content compared to coal — Biomassebrennstoffe haben oft einen niedrigen Stickstoffgehalt im Vergleich zu Kohle

nitrogen oxide Stickoxid n; Stickstoffoxid n

- these pollutants include nitrogen oxides — zu diesen Schadstoffen gehören Stickoxide
- this system produces negligible amounts of nitrogen oxides — diese Anlage erzeugt nur ganz geringe Mengen an Stickoxid
- the discharges of smog-causing nitrogen oxides rose 136% from 1996 to 1998 — der Ausstoß von Smog verursachenden Stickoxiden erhöhte sich im Zeitraum von 1996 bis 1998 um 136 %

nitrogen oxide reduction system Anlage zur Reduzierung von Stickoxiden

n layer n-Schicht f

noble-metal catalyst Edelmetallkatalysator m

- acid cells require noble-metal catalysts — saure Zellen erfordern Edelmetallkatalysatoren

noise n Geräusch n

- fuel cells produce virtually no noise during operation — Brennstoffzellen erzeugen während des Betriebes praktisch keine Geräusche
- the fuel cell makes no noise — die Brennstoffzelle macht keine Geräusche
- the fuel cell does not make any noise — die Brennstoffzelle erzeugt keinerlei Geräusche
- fuel cells produce electricity without noise or moving parts — Brennstoffzellen erzeugen Strom geräuschlos und ohne bewegliche Teile
- the noise of wind turbines is a function of rotor speed — die von Windturbinen verursachten Geräusche sind eine Funktion der Rotordrehzahl

noise assessment Geräuschmessung f

noise emission Geräuschemission f

noise-free adj geräuschlos

- fuel cells operate virtually pollution- and noise-free
- the fuel cell is absolutely noise-free

- Brennstoffzellen arbeiten praktisch schadstofffrei und geräuschlos
- die Brennstoffzelle arbeitet völlig geräuschlos

noiseless adj geräuschlos

- a noiseless power source

- eine geräuschlose Energiequelle

noise level Geräuschpegel m

- the noise level affecting neighbouring houses is an important factor in wind farm siting and design

- der Geräuschpegel, dem umliegende Häuser ausgesetzt sind, ist ein wichtiger Faktor bei der Wahl des Standortes und der Konstruktion von Windfarmen

noise measurement Geräuschmessung f

noncombustibles pl unverbrennbare Stoffe

noncrystalline silicon nichtkristallines Silizium

- amorphous silicon is non-crystalline silicon

- amorphes Silizium ist nichtkristallines Silizium

nonpolluting adj umweltfreundlich; sauber

noxious emission Schadstoffemission f

n-type semiconductor n-Halbleiter m

nuclear fuel nuklearer Brennstoff

nuclear-generated electricity Atomstrom m; Kernenergiestrom m

nuclear power station Kernkraftwerk n

- a nuclear power station employs just as many steps in the production of electricity as a coal-fired station

- der Stromerzeugungsprozess eines Kernkraftwerks umfasst genauso viele Schritte wie der eines Kohlekraftwerks

nut shell Nussschale f

- this plant can be run on nut shells

- diese Anlage kann mit Nussschalen betrieben werden

O

occupy v (Platz) einnehmen; (Platz) beanspruchen

- the 50kW prototype system occupies less than 0.25m³
- der Raumbedarf der 50-kW-Prototypanlage beträgt weniger als 0,25 m³

off-grid netzfern; netzabgelegen

- off-grid customers
- netzferne Kunden/Kunden ohne Netzanschluss/Kunden ohne Verbindung zum Stromnetz
- this fuel cell serves off-grid loads
- diese Brennstoffzelle versorgt netzferne Verbraucher
- off-grid PV system
- netzferne PV-Anlage

off-peak hours Schwachlastzeit f

- during off-peak hours
- während der Schwachlastzeit

off-peak period Schwachlastzeit f; Zeit geringen Stromverbrauchs

- storage of excess energy produced during off-peak periods for use during peak periods
- Speicherung von überschüssiger Energie, die während der Schwachlastzeiten produziert wurde, für die Nutzung während der Spitzenzeiten

offshore adj vor der Küste

- winds offshore are stronger and more consistent than those onshore
- die Winde vor der Küste sind stärker und beständiger als die an Land
- windfarms can be located 20-30 kilometres offshore
- Windfarmen können 20 bis 30 Kilometer vor der Küste errichtet werden

offshore turbine Offshore-(Wind)Turbine f; maritimes Windrad

offshore wind energy Off-shore-Windenergie f; Offshore-Windenergie f

- the price of offshore wind energy is coming down
- der Preis für Off-shore-Windenergie ist im Sinken begriffen

offshore wind farm Offshore-Park m; maritime Windfarm; Off-shore-Windfarm f; Off-shore-Farm f

- the costs of setting up and running an offshore wind farm
- die Kosten für Errichtung und Betrieb einer Off-shore-Windfarm
- they built the world's first offshore wind farm in 1991
- sie bauten 1991 die erste Off-shore-Windfarm der Welt
- off-shore wind farms are more expensive
- Off-shore-Windfarmen sind teurer

offshore wind park Offshore-Windpark m; Offshore-Park m

O&M operations and maintenance

on board an Bord

- to store gaseous hydrogen on board under pressure
- gasförmigen Wasserstoff an Bord unter Druck speichern
- to carry hydrogen tanks on board the vehicle
- Wasserstofftanks an Bord des Fahrzeuges mitführen

on-board adj bordeigen; bordseitig

- on-board fuel processing
- bordeigene Brennstoffverarbeitung
- on-board reformation
- bordeigene Reformierung

on-board reformer *(FC)* an Bord mitgeführter Reformer; bordeigener Reformer
- the methanol will be processed by an on-board reformer
- das Methanol wird von einem an Bord mitgeführten Reformer verarbeitet

online; **on-line** am Netz: **be online** am Netz sein; **come on-line** ans Netz gehen
- the 1,400MW project is well under way and should be online by the mid-year
- das 1.400-MW-Kraftwerk macht gute Fortschritte und sollte bis Mitte des Jahres ans Netz gehen/am Netz sein
- the power station came on-line late last year
- das Kraftwerk ging gegen Ende des vergangenen Jahres ans Netz

on-site cogeneration Erzeugung von Strom und Wärme am Verbrauchsort
- fuel cells can be used for on-site cogeneration
- Brennstoffzellen können zur Erzeugung von Strom und Wärme am Verbrauchsort eingesetzt werden

on-site hydrogen generation Erzeugung von Wasserstoff am Verbrauchsort/vor Ort; dezentrale Wasserstofferzeugung

on-site power generation Erzeugung von Strom am Verbrauchsort/dezentrale Stromerzeugung

on-site residential power generation dezentrale Stromerzeugung für Ein- und Mehrfamilienhäuser

on-stream; **on stream**: **come on-stream/on stream** ans Netz gehen
- this combined-cycle plant is scheduled to come on-stream in May
- diese Kombianlage soll im Mai ans Netz gehen
- in the following years several new coal-fired plants came on stream
- in den folgenden Jahren gingen mehrere neue Kohlekraftwerke ans Netz

open-circuit voltage Leerlaufspannung f
- the open-circuit voltage between the anode and cathode is about 1.2V
- die Leerlaufspannung zwischen Anode und Kathode beträgt ca. 1,2 V
- fuel cells have open circuit voltages of about 1.0 to 1.2 volts
- Brennstoffzellen haben Leerlaufspannungen von ca. 1,0 bis 1,2 Volt

operating costs Betriebskosten pl
- fuel cell operating costs will be lower than the cost of electricity delivered through a utility's distribution system
- die Betriebskosten von Brennstoffzellen werden niedriger sein als die Kosten für den Bezug von Strom aus dem Verteilungsnetz eines EVU
- the benefits of fuel cells include low operating and maintenance costs
- zu den Vorteilen von Brennstoffzellen gehören niedrige Betriebs- und Wartungskosten
- this novel technology is also designed to reduce power plant operating costs by at least 10% compared to today's technology
- diese neuartige Technologie soll gegenüber der gegenwärtig benutzten Technologie für um mindestens 10 % niedrigere Betriebskosten sorgen

operating experience Betriebserfahrung f
- the Navy has more than a year of operating experience with three 200-kilowatt fuel cells
- die Marine verfügt schon über mehr als ein Jahr Betriebserfahrung mit drei 200-kW-Brennstoffzellen
- to acquire operating experience
- Betriebserfahrungen sammeln
- initial operating experience with wind power plants
- erste Betriebserfahrungen mit Windkraftanlagen

operating life Lebensdauer f

- the two major obstacles to widespread use of fuel cells have been their high manufacturing cost and their relatively short operating life
- bisher waren die beiden Haupthindernisse für einen groß angelegten Einsatz von Brennstoffzellen die hohen Fertigungskosten und die verhältnismäßig kurze Lebensdauer
- the main drawbacks of the fuel cell are high cost and limited operating life
- die beiden Hauptnachteile der Brennstoffzelle sind hohe Kosten und begrenzte Lebensdauer

operating principle Funktionsprinzip n; Arbeitsweise f

operating temperature Arbeitstemperatur f; Betriebstemperatur f

- the operating temperature is about 950°C
- die Arbeitstemperatur beträgt ungefähr 950 °C
- fuel cells are classified by their operating temperature
- Brennstoffzellen werden nach ihrer Arbeitstemperatur klassifiziert
- the operating temperature is determined by the melting point of the electrolyte
- die Betriebstemperatur hängt vom Schmelzpunkt des Elektrolyts ab
- higher operating temperatures increase power-generating efficiencies
- höhere Betriebstemperaturen führen zu höheren Wirkungsgraden bei der Stromerzeugung
- the operating temperature is much the same
- die Arbeitstemperatur ist ungefähr gleich

operating voltage Betriebsspannung f

operation n Betriebsweise f

- clean operation
- umweltfreundliche Betriebsweise

operation n: **be in operation** in Betrieb sein

- the ABC is the largest wind turbine in operation
- die ABC ist die größte Windturbine, die sich zur Zeit in Betrieb befindet
- the test facility has been in operation since 1990
- die Prüfeinrichtung ist seit 1990 in Betrieb

operational adj in Betrieb

- there are around 30,000 operational wind turbines
- es befinden sich etwa 30.000 Windturbinen in Betrieb

operational data Betriebsdaten pl

- this system allows for the collection of operational data
- dieses System ermöglicht die Erfassung von Betriebsdaten
- this trial plant will provide important test and operational data to us
- diese Versuchsanlage wird uns mit wichtigen Prüf- und Betriebsdaten versorgen

operator n Betreiber m; Bediener m; Bedienungsmann m

- wind plant operator
- Betreiber eines Windkraftwerks
- to include planners and operators of wind turbines in the process of development of standards
- Planer und Betreiber von Windturbinen an der Ausarbeitung von Normen beteiligen

organic matter *(bio)* organischer Stoff

- biomass energy is the energy contained in plants and organic matter
- Biomasse-Energie ist die Energie, die in Pflanzen und organischen Stoffen enthalten ist

organic waste organischer Abfall

- to produce considerable organic waste
- beträchtliche organische Abfälle produzieren

outage n Nichtverfügbarkeit f; Stillsetzung f

- to cope with planned and unplanned outages of equipment
- mit geplanter und ungeplanter Nichtverfügbarkeit von Ausrüstungen fertig werden

output n Leistung f

- the desired output is obtained by combining a number of modules at the site
- man erhält die gewünschte Leistung durch Kombination einer Anzahl von Modulen vor Ort

output voltage Ausgangsspannung f

- a fuel cell's output voltage will decrease as its output current increases
- bei steigendem Ausgangsstrom sinkt die Ausgangsspannung einer Brennstoffzelle

overall capacity Gesamtleistung f

- overall capacity grew rapidly in 20..
- die Gesamtleistung wuchs im Jahre 20.. sehr schnell

overall efficiency Gesamtwirkungsgrad m (see also **total efficiency**)

- overall efficiencies range from 30 to 80 percent
- der Gesamtwirkungsgrad liegt zwischen 30 % und 80 %
- the overall efficiency can exceed 80%
- der Gesamtwirkungsgrad kann 80 % übersteigen
- both fuel cell vehicle types will have roughly the same overall efficiencies
- der Gesamtwirkungsgrad wird bei beiden Brennstoffzellenfahrzeugen ungefähr gleich sein
- when the high-quality waste heat from the electrochemical process is used, overall efficiencies could reach 85%
- wenn die hochwertige Abwärme des chemischen Prozesses genutzt wird, können unter Umständen Gesamtwirkungsgrade von 85 % erreicht werden
- overall efficiency is claimed to be better than 90%
- der Gesamtwirkungsgrad soll besser als 90 % sein

overall plant Gesamtanlage f

- the higher the steam temperature and pressure used the greater is the efficiency of the overall plant
- je höher Dampftemperatur und -druck sind, umso höher ist der Wirkungsgrad der Gesamtanlage

overhaul n Überholung f

- the fuel cell stack requires complete overhaul every 5 to 10 years
- der Brennstoffzellen-Stapel muss alle fünf bis zehn Jahre gründlich überholt werden

overhead power line Freileitung f

- the erection of further overhead power lines
- die Errichtung weiterer Freileitungen

overspeed control *(wind)* Drehzahlbegrenzung f

- these devices are used for overspeed control
- diese Vorrichtungen dienen der Drehzahlbegrenzung

oxidant n Oxidant m; Oxidationsmittel n

- liquid oxidants have occasionally been used in specialized applications
- flüssige Oxidationsmittel sind gelegentlich für spezielle Anwendungen eingesetzt worden
- as long as the fuel cell is fed an oxidant and fuel, electrical power generation continues
- solange die Versorgung der Brennstoffzelle mit einem Oxidanten und Brennstoff anhält, wird Strom erzeugt
- this fuel cell employs ambient air as the oxidant and coolant
- bei dieser Brennstoffzelle wird Umgebungsluft als Oxidant und Kühlmittel verwendet

oxidation n Oxidation f

- the energy released in the oxidation of a conventional fuel
- die bei der Oxidation eines herkömmlichen Brennstoffes frei werdende Energie
- direct electrochemical oxidation of a conventional fuel
- unmittelbare elektrochemische Oxidation eines herkömmlichen Brennstoffes
- this fuel cell uses a chemical reaction – the oxidation of hydrogen – to produce a current
- bei dieser Brennstoffzelle wird mit Hilfe einer chemischen Reaktion – der Oxidation von Wasserstoff – Strom erzeugt

oxidation process Oxidationsprozess m

- fuel cells convert chemical energy directly into electricity via an oxidation process
- Brennstoffzellen wandeln über einen Oxidationsprozess chemische Energie direkt in Elektrizität um

oxidise *(GB)*; **oxidize** *(US) (FC)* oxidieren v

- methanol is oxidized directly at the anode
- Methanol wird unmittelbar an der Anode oxidiert
- when hydrogen fuel is oxidized, it releases energy
- wenn der Wasserstoff oxidiert wird, kommt es zur Freisetzung von Energie
- fuel cells oxidize fuel without combustion
- Brennstoffzellen oxidieren den Brennstoff ohne Verbrennung

oxidiser n *(GB)*; **oxidizer** n *(US)* Oxidationsmittel n

- hydrogen from a fuel, such as methanol, flows through the electrolyte to mix with an oxidizer
- Wasserstoff aus einem Brennstoff, zum Beispiel Methanol, strömt durch den Elektrolyt und vermischt sich mit einem Oxidationsmittel
- an oxidizer, such as oxygen, is supplied to the cathode
- der Kathode wird ein Oxidationsmittel, z. B. Sauerstoff, zugeführt
- the fuel is almost always hydrogen gas, with oxygen or oxygen in air as the oxidizer
- als Brennstoff wird meistens Wasserstoffgas mit Sauerstoff oder Luftsauerstoff als Oxidationsmittel verwendet

oxygen n Sauerstoff m

- hydrogen and oxygen react to produce electricity, heat and water
- Wasserstoff und Sauerstoff reagieren miteinander; dabei entstehen Strom, Wärme und Wasser
- these fuel cells are run on hydrogen and oxygen alone
- diese Brennstoffzellen werden nur mit Wasserstoff und Sauerstoff betrieben
- the oxygen is usually derived from the air
- der Sauerstoff wird gewöhnlich der Luft entnommen
- oxygen is fed in from one side, hydrogen from the other
- von einer Seite wird Sauerstoff zugeführt, von der anderen Wasserstoff

oxygen atom Sauerstoffatom n

- fuel cells make electricity by combining hydrogen ions with oxygen atoms
- Brennstoffzellen erzeugen durch die Vereinigung von Wasserstoffionen mit Sauerstoffatomen Elektrizität
- these ions then pass through an electrolyte, such as phosphoric acid or molten carbonate, and react with oxygen atoms
- diese Ionen fließen dann durch einen Elektrolyten und reagieren mit Sauerstoffatomen

oxygen electrode Sauerstoffelektrode f

- the electrons move to a load and then to the oxygen electrode
- die Elektronen fließen zu einem Verbraucher und dann zur Sauerstoffelektrode

oxygen gas Sauerstoffgas n

- electric energy is used to split water into hydrogen and oxygen gas
- mit Hilfe elektrischer Energie wird Wasser in Wasserstoff und Sauerstoffgas zerlegt

oxygen ion Sauerstoff-Ion n

- to conduct oxygen ions
- a material that is conductive to oxygen ions
- to form negative(ly charged) oxygen ions
- oxygen ions produced from an air stream react with the hydrogen and carbon monoxide to create electrical power

- Sauerstoff-Ionen leiten
- ein Werkstoff, der Sauerstoff-Ionen leitet
- negativ geladene Sauerstoffionen bilden
- Sauerstoffionen aus einem Luftstrom reagieren mit dem Wasserstoff und Kohlenmonoxid und erzeugen elektrischen Strom

oxygen-ion conductive sauerstoffionenleitend

P

PAFC (see **phosphoric acid fuel cell**)

PAFC-powered CHP plant PAFC-Brennstoffzellen-Blockheizkraftwerk n

paper mill Papierfabrik f

- these power plants use waste from paper mills and sawmills
- paper mills generate substantial amounts of waste suitable for use as fuel

- diese Kraftwerke werden mit Abfällen aus Papierfabriken und Sägewerken betrieben
- Papierfabriken erzeugen beträchtliche Mengen an Abfällen, die als Brennstoff verwendet werden können

paper plant Papierfabrik f

- the steam thus produced is sold to a paper plant

- der so erzeugte Dampf wird an eine Papierfabrik verkauft

parabolic dish *(solar)* Paraboloidspiegel m

- a parabolic dish tracks the sun and focuses its heat on a Stirling engine

- ein Paraboloidspiegel wird der Sonne nachgeführt und fokussiert seine Wärme auf einen Heißgasmotor/Stirlingmotor

parabolic reflector *(solar)* parabolförmiger Reflektor

parabolic trough *(solar)* Parabolrinne f

- a parabolic trough focuses solar rays in a line

- Parabolrinnen fokussieren die Sonnenstrahlen auf eine Linie

parabolic trough collector *(solar)* Parabolrinnenkollektor m

- ABC uses parabolic trough collectors to drive steam-powered turbines

- ABC verwendet Parabolrinnenkollektoren für den Antrieb von Dampfturbinen

parabolic trough generating system *(solar)* Parabolrinnen-Kraftwerk n

- ABC is very successful with its parabolic trough generating systems

- ABC ist sehr erfolgreich mit seinen Parabolrinnen-Kraftwerken

parking *(wind)* Parkstellung f

partial load Teillast f

- to operate at partial load

- im Teillastbetrieb arbeiten

partial oxidation partielle Oxidation; Teiloxidation f

- steam reforming, partial oxidation, and combinations of these processes were investigated

- Dampfreformierung, partielle Oxidation sowie Kombinationen dieser Verfahren wurden untersucht

partial oxidation reformer partieller Oxidator

- the two primary types of reformers being developed for transportation are steam reformers and partial oxidation reformers

- die beiden wichtigsten Arten von Reformern, die für Verkehrsanwendungen entwickelt werden, sind Dampfreformer und Partialoxidatoren

particulate matter Partikel n

- this bus emits much less hydrocarbons and particulate matter than diesels
- near zero emissions of particulate matter and other pollutants

- dieser Bus emittiert viel weniger Kohlenwasserstoffe und Partikel als Diesel
- fast kein Ausstoß von Partikeln oder anderen Schadstoffen

part load Teillast m

- guide vanes assure proper flow directions even at part load
- Leitschaufeln sorgen auch bei Teillast für die richtige Strömungsrichtung

part-load efficiency Wirkungsgrad im Teillastbetrieb

part load operation Teillastbetrieb m

- this innovative design enables the gas turbine to achieve high efficiencies at both full and part load operation
- durch diese neuartige Konstruktion kann die Gasturbine sowohl im Volllast- als auch im Teillastbetrieb hohe Wirkungsgrade erreichen

passenger car Personenkraftwagen m (Pkw)

- ABC has demonstrated that a pollution-free passenger car can be built without compromise to performance, comfort, range or safety
- ABC hat bewiesen, dass es möglich ist einen umweltfreundlichen Pkw zu bauen, ohne Abstriche bei Leistung, Komfort, Reichweite oder Sicherheit zu machen

passenger compartment Fahrgastzelle f; Fahrgastinnenraum m; Fahrgastraum m

- the hydrogen is fed to a fuel cell system under the passenger compartment
- der Wasserstoff wird einem Brennstoffzellen-System, das sich unter der Fahrgastzelle befindet, zugeführt

passivation n Passivierung f

- passivation improves performance
- durch die Passivierung wird die Leistung verbessert
- many manufacturers delete passivation to save money and increase output
- viele Hersteller verzichten auf die Passivierung, um Geld zu sparen und den Ausstoß zu erhöhen

passive solar passive Solarenergienutzung; passive Solarnutzung

- passive solar is a technology for using sunlight to light and heat buildings directly
- bei der passiven Solarenergienutzung handelt es sich um eine Technologie, bei der Sonnenlicht direkt zur Beleuchtung und Beheizung von Gebäuden genutzt wird

pay back v sich amortisieren

- the average wind farm will pay back the energy used in its manufacture within three to five months
- bei einer durchschnittlichen Windfarm amortisiert sich der Energieaufwand für ihre Herstellung innerhalb von drei bis fünf Monaten

payback period Amortisationszeit f

- a two-year packback period
- the payback period for the hydro system is therefore about 2.7 years
- eine Amortisationszeit von zwei Jahren
- die Amortisationszeit für die Wasserkraftanlage beträgt daher ca. 2,7 Jahre

payback time Amortisationszeit f

- gas turbines have a short payback time
- Gasturbinen zeichnen sich durch kurze Amortisationszeiten aus
- payback times for small systems are now typically 3-5 years
- die Amortisationszeiten für kleine Anlagen betragen jetzt normalerweise 3 bis 5 Jahre

peak capacity Spitzenleistung f

- to provide a peak capacity of 44 kW
- the roof is covered with 80 photovoltaic modules with a combined peak output of 4.4kW
- eine Spitzenleistung von 44 kW liefern
- auf dem Dach sind 80 Photovoltaik-Module installiert, die eine Spitzenleistung von kumuliert 4,4 kW abgeben

peak demand Spitzenbedarf m
- to meet peak demand
- flywheels are used, for example, to meet peak demand
- utilities have enough capacity to handle peak demand

- den Spitzenbedarf abdecken
- Schwungräder werden zum Beispiel zur Deckung des Spitzenbedarfs eingesetzt
- die EVU verfügen über ausreichend Kapazität, um den Spitzenbedarf abdecken zu können

peak energy Spitzenenergie f

peak hours Spitzenlastzeit f
- during peak hours

- während der Spitzenlastzeiten

peaking facility Spitzenkraftwerk n; Spitzenlastkraftwerk n
- natural gas-fired peaking facility

- mit Erdgas befeuertes Spitzenkraftwerk

peaking generating unit Spitzenkraftwerk n; Spitzenlastkraftwerk n
- peaking generating units usually use natural gas or oil as a fuel, and cost more to operate

- Spitzenkraftwerke werden gewöhnlich mit Erdgas oder Öl betrieben und sind teurer im Betrieb

peaking plant Spitzenkraftwerk n; Spitzenlastkraftwerk n
- such a plant is usually called a peaking plant
- a true peaking plant operates for only a few hours a day

- eine derartige Anlage wird im Allgemeinen als Spitzenkraftwerk bezeichnet
- ein echtes Spitzenkraftwerk ist jeden Tag nur ein paar Stunden in Betrieb

peaking power Spitzenstrom m
- this hydro plant is used for peaking power
- pumped-storage hydro produces competitive peaking power
- the demand for more economical peaking power

- dieses Wasserkraftwerk wird zur Erzeugung von Spitzenstrom eingesetzt
- Pumpspeicher-Kraftwerke erzeugen konkurrenzfähigen Spitzenstrom
- die Nachfrage nach/der Bedarf an wirtschaftlicherem Spitzenstrom

peak load Spitzenlast f
- peak load is the maximum load in a stated period
- these power plants constitute the most economical way to meet peak loads

- Spitzenlast ist die maximale Last innerhalb eines festgesetzten Zeitraums
- mit diesen Kraftwerken lässt sich die Spitzenlast am wirtschaftlichsten abdecken

peak-load demand Spitzenlastbedarf m
- to meet peak-load demand

- den Spitzenlastbedarf abdecken

peak-load period Spitzenlastzeit f
- during peak-load periods

- während der Spitzenlastzeiten

peak-load plant Spitzenlastkraftwerk n; Spitzenkraftwerk n
- a peak-load plant is normally operated to provide power during maximum-load periods

- Spitzenlastkraftwerke werden normalerweise zu Deckung des Strombedarfs während der Spitzenlastzeiten eingesetzt

peak lopping Spitzenstromerzeugung f
- due to increased running costs gas turbines are now less attractive for peak lopping generation

- auf Grund der höheren Betriebskosten eignen sich Gasturbinen heute weniger gut für die Spitzenstromerzeugung

peak period Spitzenlastzeit f
- during peak periods

- während Spitzenlastzeiten

peak-power needs Spitzenlastanforderung f

PEFC (see **polymer electrolyte fuel cell**)

Pelton turbine Pelton-Turbine f

- the modern Pelton turbine is generally used for heads in the range of 450-1200 m
- die heutigen Pelton-Turbinen werden im Allgemeinen bei Fallhöhen im Bereich von 450 bis 1200 m eingesetzt

Pelton wheel Pelton-Turbine f; Peltonturbine f; Peltonrad n

- Pelton wheels are used for very high heads
- Pelton-Turbinen werden bei sehr großen Fallhöhen eingesetzt
- in the Pelton wheel, high speed water jets are directed at buckets fixed round the rim of the wheel
- bei Peltonturbinen werden Wasserstrahlen mit hoher Geschwindigkeit auf Becher gerichtet, die am Radumfang befestigt sind

PEM cell PEM-Zelle f (see also **polymer electrolyte membrane fuel cell**; **proton exchange membrane fuel cell**)

- these characteristics make the PEM cell more adaptable to automobile use than the PAFC
- auf Grund dieser Eigenschaften lässt sich die PEM-Zelle leichter für den Einsatz in Automobilen anpassen als die PAFC

PEM cell-powered automobile Auto mit PEM-Brennstoffzellenantrieb

PEMFC (see **polymer electrolyte membrane fuel cell**; **proton exchange membrane fuel cell**)

PEMFC-driven boat Boot mit PEM-Brennstoffzellenantrieb

- as part of this project, a PEMFC-driven boat is being developed
- im Rahmen dieses Projektes wird ein Boot mit PEM-Brennstoffzellenantrieb entwickelt

PEMFC power plant PEMFC-Kraftwerk n

- ABC is developing a PEMFC power plant
- ABC arbeitet an der Entwicklung eines PEMFC-Kraftwerks

PEM fuel cell PEM-Brennstoffzelle f; PEM-Zelle f (see also **polymer electrolyte membrane fuel cell**; **proton exchange membrane fuel cell**)

- the car operates on a 25kW PEM fuel cell
- das Auto wird mit einer 25-kW-PEM-Brennstoffzelle betrieben
- ABC is fitting this passenger vehicle with a 10kW PEM fuel cell
- ABC rüstet diesen Pkw mit einer 10-kW-PEM-Brennstoffzelle aus
- ABC will develop and market PEM fuel cells below one kilowatt
- ABC wird PEM-Brennstoffzellen mit einer Leistung von weniger als einem Kilowatt entwickeln und vertreiben
- ABC plans to integrate PEM fuel cells with 60-65kW output into autos
- ABC will PEM-Brennstoffzellen mit einer Leistung von 60 bis 65 kW in Autos einbauen
- the materials from which PEM fuel cells are fabricated are more widely available and much less expensive than those used in other fuel cells
- die Werkstoffe, aus denen PEM-Brennstoffzellen hergestellt weren, sind in größeren Mengen verfügbar und viel kostengünstiger als die der anderen Brennstoffzellen

PEM fuel cell power plant PEM-Brennstoffzellenkraftwerk n

PEM fuel cell stack PEM-Brennstoffzellenstack m

- the vehicle is powered by a 50kW PEM fuel cell stack which runs on hydrogen from methanol
- das Fahrzeug wird von einem 50-kW-PEM-Brennstoffzellenstack angetrieben, der mit aus Methanol gewonnenem Wasserstoff betrieben wird

PEM fuel cell system PEM-Brennstoffzellenanlage f; PEM-Brennstoffzellensystem n

- ABC has successfully demonstrated a 50kW PEM fuel cell system running on hydrogen and ambient air
- ABC hat mit Erfolg eine 50-kW-PEM-Brennstoffzellenanlage, die mit Wasserstoff und Umgebungsluft betrieben wird, vorgestellt

PEM fuel cell technology PEM-Brennstoffzellentechnologie f

- advances in PEM fuel cell technology will be directly incorporated into the power system development activities
- Fortschritte auf dem Gebiet der PEM-Brennstoffzellentechnologie werden unmittelbar in die Aktivitäten zur Entwicklung von Antriebssystemen einfließen

PEM-powered PEM-betrieben; mit PEM-Antrieb

- ABC unveiled a PEM-powered car which could go on sale within a decade
- ABC stellte ein PEM-betriebenes Auto vor, das innerhalb von zehn Jahren auf dem Markt erhältlich sein könnte
- PEM-powered electric car
- Elektroauto mit PEM-Antrieb

PEM stack PEM-Stack m

- ABC University is developing a small-scale PEM stack
- die Universität ABC arbeitet an der Entwicklung eines kleinen PEM-Stacks

PEM technology PEM-Technologie f

- ABC asserts that its PEM technology has advantages over rival systems
- ABC behauptet, seine PEM-Technologie habe Vorteile gegenüber Konkurrenzsystemen
- PEM technology for transportation
- PEM-Technologie für Verkehrsanwendungen

penstock n *(hydro)* Druckleitung f; Druckrohr n

- the pipes through which the water flows down to the turbines are called penstocks
- die Rohre, durch die das Wasser zu den Turbinen strömt, werden als Druckleitung bezeichnet
- special precautions have to be taken to prevent the penstock from bursting
- besondere Vorsichtsmaßnahmen sind erforderlich, um ein Bersten der Druckleitung zu verhindern

penstock pipe *(hydro)* Druckrohr n

percent by weight Gewichts-Prozent n

- wet bark may contain as much as 65 percent moisture by weight
- nasse Rinde kann bis zu 65 Gewichts-Prozent Feuchtigkeit enthalten

performance degradation Leistungseinbuße f; Leistungsbeeinträchtigung f; Herabsetzung der Leistungsfähigkeit

- wet bark may contain as much as 65 percent moisture by weight
- nasse Rinde kann bis zu 65 Gewichts-Prozent Feuchtigkeit enthalten
- fuel cells aboard ships must operate without performance degradation
- auf Schiffen eingesetzte Brennstoffzellen dürfen während des Betriebs keinerlei Leistungsbeeinträchtigungen zeigen

period of low demand Schwachlastzeit f

- during periods of low demand • während der Schwachlastzeit

period of peak demand Spitzenzeit f; Spitzenbelastungszeit f; Spitzenlastzeit f

period of peak-load demand Spitzenlastzeit f; Spitzenzeit f; Spitzenbelastungszeit f

- to store energy for use during the periods of peak-load demand • Energie zur Verwendung während Spitzenlastzeiten speichern

period of peak power demand Spitzenlastzeit f

permeability n *(geo)* Durchlässigkeit f; Permeabilität f

- the rock has very low permeability and needs to be fractured • das Gestein weist eine geringe Durchlässigkeit auf und muss aufgebrochen werden
- the degree of permeability depends on the size and shape of the fractures in the rock • der Grad der Permeabilität hängt von der Größe und Form der Risse im Fels ab

permeability study *(geo)* Permeabilitätsmessung f

personal vehicle Personenkraftwagen m (Pkw)

- to apply fuel cells to personal vehicles • Brennstoffzellen in Personenkraftwagen einsetzen

petrol *(GB)* Benzin n

- this fuel cell uses petrol as a fuel instead of hydrogen • bei dieser Brennstoffzelle wird Benzin anstelle von Wasserstoff als Brennstoff verwandt
- as well as using petrol, the technology can also use other fuels • außer Benzin können bei dieser Technologie auch andere Brennstoffe eingesetzt werden

petrol-driven fuel cell *(GB)* benzinbetriebene Brennstoffzelle

petroleum n Erdöl n

- crude oil is petroleum direct from the ground • Rohöl ist Erdöl, so wie es aus der Erde gefördert wird

petroleum-based fuel Brennstoff aus Erdöl; Brennstoff auf Erdölbasis; erdölbasierter Brennstoff;

- fuel cells avoid dependence on petroleum-based fuels • durch den Einsatz von Brennstoffzellen ist man nicht mehr von Brennstoffen auf Erdölbasis abhängig

petroleum distillate Erdöldestillat n

petroleum fuel Brennstoff auf Erdölbasis

- the plant is capable of burning low-grade petroleum fuels • die Anlage kann auch mit erdölbasierten Brennstoffen minderer Qualität betrieben werden

petrol fuel cell benzinbetriebene Brennstoffzelle

phosphoric acid Phosphorsäure f

- phosphoric acid is used as electrolyte • Phosphorsäure wird als Elektrolyt verwendet
- the most advanced terrestrial fuel cell technology is based on phosphoric acid • die am weitesten fortgeschrittene terrestrische Brennstoffzellentechnik basiert auf Phosphorsäure

- the cells, which use phosphoric acid as an electrolyte, are designed to last 20 years
- die Zellen, bei denen Phosphorsäure als Elektrolyt verwendet wird, sind für einen 20-jährigen Betrieb ausgelegt

phosphoric acid-based cell Zelle auf Phosphorsäure-Basis

- phosphoric acid-based cells tend to be heavy, which makes them less than ideal for use in vehicles
- Zellen auf Phosphorsäure-Basis sind naturgemäß schwer und daher für den Einsatz in Fahrzeugen weniger geeignet

phosphoric acid cell phosphorsaure Zelle; phosphorsaure Brennstoffzelle (see also **phosphoric acid fuel cell**)

- these cells run at far higher temperatures than PEM or phosphoric acid cells
- diese Zellen werden mit weit höheren Temperaturen betrieben als PEM- oder phosphorsaure Zellen

phosphoric acid electrolyte Phosphorsäure-Elektrolyt m

phosphoric acid fuel cell; **Phosphoric Acid Fuel Cell**; **phosphoric-acid fuel cell** (PAFC) phosphorsaure Brennstoffzelle (PAFC)

- the phosphoric acid fuel cell (PAFC) tolerates impurities better than the AFC
- die phosphorsaure Brennstoffzelle ist unempfindlicher gegen Verunreinigungen als die AFC
- the most mature land-based technology is the phosphoric acid fuel cell
- die ausgereifteste terrestrische Technologie ist die phosphorsaure Brennstoffzelle
- the phosphoric acid fuel cell (PAFC) operates at about 200°C
- die phosphorsaure Brennstoffzelle wird bei Temperaturen von ca. 200 °C betrieben
- phosphoric acid fuel cells generate electricity at more than 40% efficiency
- phosphorsaure Brennstoffzellen erzeugen Strom mit einem Wirkungsgrad von mehr als 40 %
- phosphoric-acid fuel cells use liquid phosphoric-acid as an electrolyte
- bei den phosphorsauren Brennstoffzellen wird als Elektrolyt flüssige Phosphorsäure verwendet
- PAFC with integrated natural gas reformer
- PAFC mit integriertem Erdgasreformer

phosphorus n Phosphor m

- phosphorus has 5 electrons in its outer shell
- Phosphor hat fünf Elektronen in der äußeren Schale

phosphorus atom Phosphor-Atom n

photon n Photon n; Foton n

- light consists of particles called photons
- Licht besteht aus Teilchen, die als Photonen bezeichnet werden
- solar cells convert photons from the sun into positive and negative electrons
- Solarzellen wandeln Photonen von der Sonne in positive und negative Elektronen um
- the reaction starts when a semiconducting material absorbs a photon
- die Reaktion beginnt, wenn Halbleitermaterial ein Photon absorbiert
- these photons contain various amounts of energy
- diese Photonen enthalten unterschiedliche Energiemengen
- when photons strike a PV cell, they may be reflected or absorbed
- wenn Photonen auf eine PV-Zelle auftreffen, können sie reflektiert oder absorbiert werden
- only the absorbed photons generate electricity
- nur die absorbierten Photonen erzeugen Elektrizität

photon energy Photonenenergie f; Fotonenenergie f

photovoltaic array Solarzellenfeld n; Photovoltaik-Anlage f; Photovoltaik-Feld n

photovoltaic cell Photovoltaikzelle f; PV-Zelle f; Solarzelle f (see also **solar cell**)

- photovoltaic cells directly convert energy from sunlight to electricity
- a photovoltaic cell typically produces only a small amount of power

- Photovoltaik-Zellen wandeln Sonnenlicht unmittelbar in Elektrizität um
- eine PV-Zelle erzeugt nur sehr wenig Strom

photovoltaic effect photovoltaischer Effekt

- French physicist Edmond Becquerel first described the photovoltaic (PV) effect in 1839
- the photovoltaic effect was discovered in 1839
- the photovoltaic effect is the basic physical process through which a PV cell converts sunlight into electricity

- der französische Physiker Edmond Becquerel beschrieb als erster den photovoltaischen Effekt im Jahre 1839
- der photovoltaische Effekt wurde 1939 entdeckt
- der photovoltaische Effekt ist der grundlegende physikalische Prozess, mit dessen Hilfe eine PV-Zelle Sonnenlicht in Elektrizität umwandelt

photovoltaic energy conversion photovoltaische Energieumwandlung

- ABC is a semiconductor company specializing in photovoltaic energy conversion

- ABC ist ein Halbleiterunternehmen, das sich auf die photovoltaische Energieumwandlung spezialisiert hat

photovoltaic-generated energy photovoltaisch hergestellte Energie

- photovoltaic-generated energy remains about four times more expensive than energy produced from fossil fuels

- photovoltaisch erzeugte Energie ist noch immer etwa viermal so teuer wie aus fossilen Brennstoffen hergestellte Energie

photovoltaic installation Photovoltaikanlage f; Photovoltaik-Anlage f; PV-Anlage f

- the photovoltaic installations are planned to begin commercial operation no later than June 1, 20..

- die Photovoltaikanlagen sollen spätestens am 1. Juni 20.. den kommerziellen Betrieb aufnehmen

photovoltaic module Photovoltaikmodul n

- the roof is made up of 2,856 photovoltaic modules
- ABC guarantees its photovoltaic modules will retain at least 80% of their capacity over a 25 year period

- das Dach besteht aus 2.856 Photovoltaikmodulen
- ABC garantiert, dass seine Photovoltaikmodule mindestens 80 % ihrer Leistung über einen Zeitraum von 25 Jahren beibehalten werden

photovoltaic panel (see **PV panel**)

photovoltaic power generation photovoltaische Stromerzeugung

photovoltaic process photovoltaischer Prozess

- the heat generated in the photovoltaic process

- die beim photovoltaischen Prozess erzeugte Wärme

photovoltaics n (PV) Photovoltaik f

- the proponents of photovoltaics say that ...
- increasing use of photovoltaics for the benefit of the utilities
- photovoltaics has been around for decades
- PV causes neither acid rain nor carbon dioxide emissions

- die Befürworter der Photovoltaik behaupten, dass ...
- der zunehmende Einsatz der Photovoltaik zum Nutzen der EVU
- die Photovoltaik gibt es schon seit Jahrzehnten
- die Photovoltaik verursacht weder sauren Regen noch Kohlendioxid-Emissionen

photovoltaics industry Photovoltaik-Industrie f

- the announcement of the Million Solar Roofs program has stirred up a lot of excitement in the photovoltaics (PV) industry
- die Ankündigung des 1.000.000-Dächer-Programms hat für viel Aufregung in der Photovoltaik-Industrie gesorgt

photovoltaics market Photovoltaikmarkt m

- ABC represents 20 per cent of the world photovoltaics market
- der Anteil von ABC am globalen PV-Markt beträgt 20 %

photovoltaic system PV-Anlage f; photovoltaische Anlage; photovoltaisches System

- the 342-kilowatt photovoltaic system converts sunlight into electricity
- die 342-Kilowatt-PV-Anlage wandelt Sonnenlicht in Elektrizität um
- students have the opportunity to learn how photovoltaic systems convert sunlight into electricity
- die Studenten haben Gelegenheit zu lernen, wie photovoltaische Anlagen Sonnenlicht in Strom umwandeln
- simple photovoltaic systems power calculators and wrist watches
- einfache photovoltaische Systeme werden zur Versorgung von Armbanduhren und Taschenrechnern eingesetzt

photovoltaic technology Photovoltaik-Technologie f; PV-Technologie f; PV-Technik f

- to learn more about photovoltaic technology
- mehr über die Photovoltaik-Technologie erfahren
- ABC works with other organisations on developing photovoltaic technology
- ABC arbeitet mit anderen Organisationen an der Entwicklung der Photovoltaik-Technologie

pilot fleet Versuchsflotte f

- pilot fleets of fuel cell buses will be deployed by ABC in Chicago
- in Chicago wird ABC aus Brennstoffzellenbussen bestehende Versuchsflotten einsetzen
- by mid-1999 ABC is planning to launch pilot fleets of a fuel cell-powered passenger bus in Vancouver
- bis Mitte 1999 will ABC in Vancouver Versuchsflotten mit brennstoffzellenbetriebenen Autobussen auf die Straße bringen

pilot manufacturing Pilotfertigung f

pilot plant Pilotanlage f

- the two companies intend to begin manufacturing fuel cell cars at a pilot plant
- die beiden Unternehmen wollen mit der Produktion von Brennstoffzellenautos in einer Pilotanlage beginnen

pilot production Pilotfertigung f

- the technology has reached pilot production
- die Technologie hat das Stadium der Pilotfertigung erreicht

pilot project Pilotprojekt n

- other pilot projects are under negotiation
- weitere Pilotprojekte befinden sich im Verhandlungsstadium
- to undertake a one-year pilot project
- ein einjähriges Pilotprojekt durchführen

pitch n *(hydro)* Steigung f

- the pitch of the turbine runner blades can be altered
- die Steigung der Laufradschaufeln kann verändert werden

pitch angle *(wind)* Rotorblatteinstellwinkel m; Blatteinstellwinkel m

- some turbines automatically vary the pitch angle
- einige Turbinen verändern den Blatteinstellwinkel automatisch

pitch control *(wind)* Pitch-Regelung f; Pitchregelung f

- pitch controls twist the blades to improve performance at different wind speeds
- durch Pitch-Regelung werden die Blätter verstellt, um so die Leistung bei unterschiedlichen Windgeschwindigkeiten zu verbessern
- pitch control is accomplished by changing the pitch angle of the blade relative to the wind
- Pitch-Regelung wird erreicht durch Veränderung des Blatteinstellwinkels in Abhängigkeit vom Wind

planar adj *(FC)* planar

- the cells themselves may be either flat plates or tubular
- die Zellen selbst sind entweder planar oder tubular

planar configuration *(FC)* planarer Aufbau

planar construction *(FC)* planarer Aufbau

planar design *(FC)* planarer Aufbau; planares Design

- planar designs suffer from sealing problems
- beim planaren Aufbau gibt es Probleme mit der Abdichtung

planar layout *(FC)* planarer Aufbau

planar SOFC planare Festoxid-Brennstoffzelle

- planar SOFCs are easier to fabricate
- planare Festoxid-Brennstoffzellen lassen sich einfacher herstellen
- ABC has decided to give up its plans for a planar SOFC
- ABC hat beschlossen, die Pläne zur Entwicklung einer planaren Festoxid-Brennstoffzelle aufzugeben

planar SOFC system planares SOFC-System

- to make natural gas-powered planar SOFC systems a commercial reality
- mit Erdgas betriebene planare SOFC-Systeme für den kommerziellen Einsatz verwirklichen

planar Solid Oxide Fuel Cell planare Festoxid-Brennstoffzelle

- planar Solid Oxide Fuel Cell for power generation
- planare Festoxid-Brennstoffzelle zur Stromerzeugung

plane mirror *(solar)* Planspiegel m

plant operator Anlagenbetreiber m

plastic membrane *(FC)* Kunststoffmembran f

- the protons migrate through the plastic membrane to the cathode
- die Protonen wandern durch die Kunststoffmembran zur Kathode

plate n Platte f

- fuel cells are made up of two plates with a membrane in the middle
- Brennstoffzellen bestehen aus zwei Platten mit einer dazwischenliegenden Folie

plate tectonics *(geo)* Plattentektonik f

platinum n Platin n

- platinum is required as a catalyst for the electrodes
- für die Elektroden wird Platin als Katalysator benötigt
- he claims that his company will find a way to replace the platinum on the fuel cell electrodes with cobalt
- er behauptet, sein Unternehmen werde eine Möglichkeit finden, das Platin auf den Brennstoffzellen-Elektroden durch Kobalt zu ersetzen

platinum catalyst *(FC)* Platinkatalysator m

- these fuel cells rely on expensive platinum catalysts
- platinum catalysts work well in hydrogen fuel cells
- the electrodes are coated with a platinum catalyst on one side

- für diese Brennstoffzellen werden teure Platinkatalysatoren benötigt
- Platinkatalysatoren eignen sich gut für Wasserstoffbrennstoffzellen
- die Elektroden sind auf einer Seite mit einem Platinkatalysator beschichtet

platinum electrode *(FC)* Platinelektrode m

- this fuel cell produces electric current from hydrogen and oxygen reacting on platinum electrodes

- diese Brennstoffzelle erzeugt Strom aus Wasserstoff und Sauerstoff, die an Platinelektroden miteinander reagieren

platinum loading *(FC)* Platinbelegung f

- the platinum loading of both the anode and cathode was approximately 0.5 mg/cm^2

- die Platinbelegung der Anode und Katode betrug ca. 0,5 mg/cm^2

p layer p-Schicht f

- in a PV cell, photons are absorbed in the p layer

- in PV-Zellen werden Photonen von der p-Schicht absorbiert

p-n junction p-n-Übergang m

point of use Ort des Bedarfs

- these plants coproduce heat and electricity at, or close to, the point of use

- diese Anlagen erzeugen gleichzeitig Wärme und elektrische Energie am Ort des Bedarfs oder in dessen Nähe

pollutant n Schadstoff m

- these pollutants contribute to global warming
- environmental benefits will result from reductions in the emission of pollutants
- to emit fewer pollutants
- fuel cells release no pollutants into the atmosphere

- diese Schadstoffe tragen zur globalen Erwärmung bei
- aus der Verringerung des Schadstoffausstoßes ergeben sich Umweltvorteile
- weniger Schadstoffe ausstoßen
- Brennstoffzellen emittieren keine Schadstoffe in die Atmosphäre

pollutant emission Schadstoffemission f

- very low pollutant emissions
- to reduce pollutant emissions
- soaring pollutant emissions from coal-fired power plants

- sehr geringe Schadstoffemissionen
- die Schadstoffemissionen vermindern
- stark ansteigende Schadstoffemissionen aus Kohlekraftwerken

polluter n Luftverschmutzer m; Umweltsünder m

- Eastern Europe is much worse a polluter than Western Europe
- this country is Europe's heaviest polluter of the atmosphere

- Osteuropa ist ein größerer Luftverschmutzer als Westeuropa
- dieses Land ist Europas größter Luftverschmutzer

pollution output Schadstoffausstoß m

- the SOFC's greater efficiency and lower pollution output

- der höhere Wirkungsgrad und geringere Schadstoffausstoß der SOFC

polycristalline (solar) cell polykristalline (Solar)Zelle

polycrystalline silicon polykristallines Silizium

- polycrystalline silicon is also used in PV cells

- polykristallines Silizium wird ebenfalls für PV-Zellen verwendet

polymer electrolyte Polymerelektrolyt m

polymer electrolyte fuel cell (PEFC) Polymermembran-Brennstoffzelle f

polymer electrolyte membrane Polymer-Elektrolyt-Membran f

- Fig. 1 shows the structure of a polymer electrolyte membrane
- the center of the fuel cell is the polymer electrolyte membrane
- polymer electrolyte membranes have thicknesses comparable to that of 2 to 7 pieces of paper

- Abbildung 1 zeigt den Aufbau einer Polymer-Elektrolyt-Membran
- Kernstück der Brennstoffzelle ist die Polymer-Elektrolyt-Membran
- die Dicke einer Polymer-Elektrolyt-Membran entspricht der Dicke von zwei bis sieben Blatt Papier

polymer electrolyte membrane fuel cell (PEMFC) Polymer-Elektrolyt-Membran-Brennstoffzelle f (PEMFC); PEM-Brennstoffzelle f

- in the PEMF the electrolyte is incorporated into a polymer membrane
- ABC began developing polymer electrolyte membrane fuel cells (PEMFCs) for residential use in 1996
- these fuel cells were the precursors of the modern PEMFC (polymer electrolyte-membrane fuel cell)
- polymer electrolyte membrane fuel cells are also known as proton exchange membrane fuel cells

- bei der PEMF besteht der Elektrolyt aus einer Polymermembran
- ABC begann 1996 mit der Entwicklung von Polymerelektrolytmembran-Brennstoffzellen für die Hausversorgung
- diese Brennstoffzellen waren die Vorläufer der heutigen PEMF (Polymerelektrolytmembran-Brennstoffzelle)
- die Polymerelektrolytmembran-Brennstoffzellen sind auch unter der Bezeichnung Protonenaustauschmembran-Brennstoffzellen bekannt

polymer membrane *(FC)* Polymer-Membran f; Polymerfolie f

- PEM cells employ a thin polymer membrane as their electrolyte
- polymer membranes require higher ionic conductivity

- bei PEM-Zellen wird eine dünne Polymer-Membran als Elektrolyt verwendet
- Polymer-Membranen erfordern eine höhere Ionenleitfähigkeit

pool heating Schwimmbaderwärmung f

- Australia leads the way in solar pool heating

- Australien ist richtungsweisend auf dem Gebiet der solaren Schwimmbaderwärmung

poor quality power Strom schlechter Qualität

porosity n Porosität f

- porosity of the fuel cell electrode

- Porosität der Brennstoffzellen-Elektrode

porous adj porös

- the fuel cell stack comprises two porous electrodes
- the electrodes consist of porous metal

- der Brennstoffzellen-Stapel besteht aus zwei porösen Elektroden
- die Elektroden bestehen aus porösem Metall

portable application tragbare Anwendung; portable Anwendung

portable elctronic equipment tragbare elektronische Geräte

- this fuel cell would also be suitable for other types of portable electronic equipment

- diese Brennstoffzelle würde sich auch für andere tragbare elektronische Geräte eignen

portable electronics tragbare elektronische Geräte

- researchers develop fuel cells for portable electronics
- scientist creates tiny fuel cell for portable electronics

- Forscher entwickeln Brennstoffzellen für tragbare elektronische Geräte
- Wissenschaftler entwickelt winzige Brennstoffzelle für tragbare elektronische Geräte

- to provide power for portable electronics
- tragbare elektronische Geräte mit Strom versorgen

positive charge positive Ladung

- the cathode of the cell has a positive charge
- die Kathode der Zelle hat eine positive Ladung

positively charged positiv geladen

- the positively charged protons diffuse through the membrane
- die positiv geladenen Protonen wandern durch die Membran
- an ion which is missing electrons is positively charged
- ein Ion, dem Elektronen fehlen, ist positiv geladen

potassium hydroxide solution Kalilauge f

potential energy potentielle Energie; potenzielle Energie; Energie der Lage; Lageenergie f

- to convert the potential energy in falling or fast-flowing water to mechanical energy
- die potentielle Energie des fallenden oder schnell fließenden Wassers in mechanische Energie umwandeln
- the conversion of the potential energy of water to electric energy
- die Umwandlung der potentiellen Energie des Wassers in elektrische Energie
- the potential energy in the water is turned into kinetic energy
- die potentielle Energie des Wassers wird in kinetische Energie umgewandelt
- hydro-electricity uses the potential energy of water stored in lakes
- bei der Erzeugung von Strom aus Wasserkraft wird die Lageenergie von in Seen gespeichertem Wasser nutzbar gemacht
- to create electricity by harnessing the potential energy of the water
- durch Nutzung der Lageenergie des Wassers Strom erzeugen

power v mit Strom/Energie versorgen

- this fuel cell plant is suitable for powering commercial buildings
- diese Brennstoffzellenanlage eignet sich zur Stromversorgung von gewerblichen Gebäuden

power coefficient *(wind)* Leistungsbeiwert m

- for windmills built before 1900, the power coefficient was usually less than 5 per cent
- Windmühlen, die vor 1900 gebaut wurden, hatten gewöhnlich einen Leistungsbeiwert von weniger als 5 Prozent
- modern wind turbines can achieve power coefficients of about 35 per cent
- moderne Windturbinen können Leistungsbeiwerte von ca. 35 Prozent erreichen

power company Stromunternehmen n; Energieunternehmen n

- 100,000 people have switched power companies
- 100 000 Menschen haben das Stromunternehmen gewechselt

power conditioner Stromaufbereitung f; Gerät zur Stromaufbereitung

power conditioning Stromaufbereitung f

power conditioning equipment Stromaufbereitung f; Einrichtung zur Stromaufbereitung

power conditioning section Stromaufbereitung f

power conditioning subassembly Stromaufbereitung f

power conditioning system Stromaufbereitung f

power control system Leistungsregelung f

- advanced power control systems improve the control of the wind turbine in constantly varying wind conditions
- durch moderne Anlagen zur Leistungsregelung wird eine verbesserte Regelung der Windenergieanlage bei sich ständig ändernden Windbedingungen sichergestellt

power conversion device Energiewandler m

- fuel cells are efficient power conversion devices
- Brennstoffzellen sind leistungsfähige Energiewandler

power conversion process Energieumwandlungsprozess m

power curve Leistungskurve f

- Fig. 1 shows the power curve of a 500-kW turbine
- Abb. 1 zeigt die Leistungskurve einer 500-kW-Windturbine
- extrapolierte Leistungskurve
- extrapolated power curve

power demand Strombedarf m

- these cells can vary their output quickly to meet shifts in power demand
- diese Zellen können ihre Leistung schnell einem sich verändernden Strombedarf anpassen
- fuel cells do not respond quickly to increasing power demand
- Brennstoffzellen reagieren nicht schnell, wenn der Strombedarf steigt

power density Leistungsdichte f

- the power density of a PAFC is too low for use in an automobile
- die Leistungsdichte einer PAFC ist zu gering für den Einsatz in Autos
- these cells have high power density
- diese Zellen zeichnen sich durch eine hohe Leistungsdichte aus
- ABC claims to have achieved a power density of $0.6 W/m^2$
- ABC behauptet, eine Leistungsdichte von $0.6\ W/m^2$ erreicht zu haben

power electronics Leistungselektronik f

- to take advantage of the benefits of power electronics
- die Vorteile der Leistungselektronik nutzen
- advanced power electronics reduce component stresses
- moderne Leistungselektronik verringert die Beanspruchung der Komponenten
- the use of advanced power electronics in variable-speed wind turbines
- der Einsatz moderner Leistungselektronik in drehzahlveränderlichen Windturbinen

power generating efficiency Stromerzeugungswirkungsgrad m

- power generating efficiencies could reach 60%
- der Stromerzeugungswirkungsgrad könnte 60 % erreichen
- these cells can achieve power generating efficiencies of up to 70 percent
- diese Brennstoffzellen können Stromerzeugungswirkungsgrade von bis zu 70 % erreichen
- higher operating temperatures increase power-generating efficiencies
- höhere Betriebstemperaturen führen zu höheren Stromerzeugungswirkungsgraden

power generation Stromerzeugung f

- low-impact power generation
- umweltfreundliche Stromerzeugung

power generation cost/costs Stromerzeugungskosten pl

- Figure 3 shows how power generation cost varies with wind speed
- Abb. 3 zeigt die Abhängigkeit zwischen Stromerzeugungskosten und Windgeschwindigkeit

power generation industry Stromwirtschaft f

- to develop compact fuel cell systems for the power generation industry
- kompakte Brennstoffzellensysteme für die Stromwirtschaft entwickeln

power generator Stromerzeuger m

- a fuel cell is basically a power generator
- eine Brennstoffzelle ist im Grunde ein Stromerzeuger
- as a power generator, the SOFC can convert more than 55% of the energy in its fuel source to electricity
- als Stromerzeuger kann die SOFC mehr als 55 % ihres Energieträgers in Elektrizität umwandeln

power grid Stromnetz n

- to convert the methane to electricity and feed it into the nearby power grid
- das Methan in Strom umwandeln und in das lokale Stromnetz einspeisen

powerhouse n Krafthaus n

- the structure that houses the turbines and generators is called the powerhouse
- das Bauwerk, in dem die Turbinen und Generatoren untergebracht sind, heißt Krafthaus
- the power house may be built on the dam
- das Krafthaus kann auf dem Damm errichtet werden

power industry Energiewirtschaft f

- this is a result of the deregulation of the power industry
- dies ist eine Folge der Deregulierung der Energiewirtschaft
- write for more information about our heavy-duty pumps for the power industry
- fordern Sie weitere Informationen über unsere Hochleistungspumpen für die Energiewirtschaft an
- ABC is no stranger to the power industry
- ABC ist kein unbekannter Name in der Energiewirtschaft
- the liberalisation and decentralisation of the power industry
- die Liberalisierung und Dezentralisierung der Energiwirtschaft
- the candidate should have three years of power industry experience
- der Bewerber sollte über drei Jahre Erfahrung in der Energiewirtschaft verfügen

power interruption Unterbrechung der Stromversorgung; Stromunterbrechung f

- power interruptions cost the American industry $ ... a year
- Stromunterbrechungen kosten die amerikanische Industrie ... Dollar pro Jahr

power loss Leistungsverlust m

- to minimise power losses
- Leistungsverluste auf ein Minimum beschränken
- to keep the power losses at an acceptable value
- die Leistungsverluste auf einem vertretbaren Niveau halten

power-only plant reines Kraftwerk

- a coal-fired power-only station of equal size would take about seven years to design and build
- Planung und Bau eines reinen Kraftwerks gleicher Leistung auf Kohlebasis würde ca. sieben Jahre in Anspruch nehmen

power outage Stromausfall m

- to eliminate the cost and inconvenience associated with unexpected power outages
- die mit einem unerwarteten Stromausfall verbundenen Kosten und Unbequemlichkeiten vermeiden

power output Leistungsabgabe f; Leistung f

- wind turbines reach maximum power output at around 15 meters/second
- die Leistungsabgabe von Windturbinen ist bei einer Windgeschwindigkeit von ungefähr 15 Metern pro Sekunde am größten
- in summer, solar cells can easily reach 45 degrees C, reducing power output 8%
- im Sommer können die Solarzellen leicht Temperaturen von 45 °C erreichen, was zu einer Verringerung der Leistungsabgabe um 8 Prozent führt

powerplant n; **power plant** (1) Kraftwerk n

- in a powerplant, only electricity is produced • Kraftwerke produzieren nur Strom

power plant (2) Antrieb m

- a vehicle using this power plant could travel 34km per litre of fuel • ein mit diesem Antrieb ausgerüstetes Fahrzeug könnte 34 km pro Liter Brennstoff fahren

power plant application Kraftwerkseinsatz m

power plant operator Kraftwerksbetreiber m

power production Leistungserzeugung f

power quality (PQ) Stromqualität f

- the issue of power quality still is being neglected too often by the power generators • das Problem der Stromqualität wird noch immer allzu oft von den Stromproduzenten vernachlässigt
- utilities and their customers are placing an increasing emphasis on power quality • die EVU und ihre Kunden legen zunehmend mehr Wert auf Stromqualität
- ABC offers a variety of equipment for tackling PQ problems • ABC bietet eine Reihe von Geräten zur Bekämpfung von Stromqualitätsproblemen an
- wind turbines and wind farms may influence the power quality on the grid • Windturbinen und Windfarmen können Auswirkungen haben auf die Stromqualität des Netzes

power requirement Leistungsbedarf m; Strombedarf m

- with power requirements in the 1 - 50 kW range • mit einem Leistungsbedarf im Bereich von 1 bis 50 kW
- the average power requirement on most farms is quite small in comparison to the output of a large wind turbine • verglichen mit der Leistung einer großen Windturbine ist der Strombedarf der meisten Farmen relativ klein

power source Energiequelle f; Stromquelle f

- environmentally benign power source • umweltfreundliche Energiequelle
- nonpolluting power source • umweltfreundliche Energiequelle
- environmentally safe power source • umweltfreundliche Energiequelle
- portable power source • tragbare Energiequelle
- conventional power source • herkömmliche Energiequelle
- noiseless power source • geräuschlose Energiequelle
- the preferred power source for the 21st century • die bevorzugte Energiequelle für das 21. Jahrhundert
- nonpolluting power source that produces no noise and has no moving parts • eine umweltfreundliche Energiequelle, die keine Geräusche erzeugt und keine beweglichen Teile besitzt
- to exploit this environmentally friendly power source • diese umweltfreundliche Energiequelle nutzen

power station Kraftwerk n

- to organise the operation of power stations • den Betrieb von Kraftwerken organisieren
- the most important cost associated with running a power station is that of fuel • die größten Kosten beim Betrieb eines Kraftwerks sind die Brennstoffkosten

power supply Stromversorgung f

- to make a major contribution to heat and power supply • einen wichtigen Beitrag zur Wärme- und Stromversorgung liefern/leisten

power supply system Elektrizitätsversorgungsnetz n

- management of a power supply system • Führung eines Elektrizitätsversorgungsnetzes

power-to-weight ratio Leistungsgewicht n

- to improve the power-to-weight ratio of the fuel cell by a factor of three
- das Leistungsgewicht der BZ um den Faktor drei verbessern

power tower Solarturm-Kraftwerk n; Solar-Turm-Kraftwerk n

- power towers use a number of heliostats to focus sunlight onto a central receiver which is situated on a tower
- bei einem Solarturm-Kraftwerk wird das Sonnenlicht mit Hilfe von Heliostaten auf einen zentral angeordneten Receiver auf einem Turm konzentriert

power tower system Solar-Turm-Anlage f

powertrain n Antriebsstrang m

- this fuel cell car hides its powertrain under the floor
- bei diesem Brennstoffzellenauto ist der Antriebsstrang unter dem Fahrzeugboden versteckt

power utility Stromversorger m

POX (see **partial oxidation**)

PQ (see **power quality**)

practical application praktischer Einsatz

- fuel cell for practical applications
- Brennstoffzelle für den praktischen Einsatz

precious metal catalyst *(FC)* Edelmetallkatalysator m

preliminary analysis Voruntersuchung f

- preliminary analyses show that fuel cell power systems can be competitive
- Voruntersuchungen haben gezeigt, dass Brennstoffzellen-Antriebssysteme konkurrenzfähig sein können

preservationist n Naturschützer m

pressure differential *(wind)* Druckdifferenz f

- the pressure differential between top and bottom surfaces results in a force
- die Druckdifferenz zwischen Oberseite und Unterseite bewirkt eine Kraft

pressurised *(GB)*/**pressurized** *(US)* **hydrogen** Druckwasserstoff m

- in this first design, pressurised hydrogen is stored in three tanks in the trunk
- bei dieser ersten Konstruktion wird Druckwasserstoff in drei Tanks im Kofferraum gespeichert

pressurised *(GB)*/**pressurized** *(US)* **hydrogen tank** Wasserstoffdrucktank m; Druckgastank m; Druckgasbehälter m

- companies are worried about safety should a pressurized hydrogen tank be damaged in an accident
- die Firmen sind um die Sicherheit besorgt, falls ein Wasserstoffdrucktank bei einem Unfall beschädigt wird

primary energy Primärenergie m

- electrochemical conversion of the primary energy chemically bonded within the fuel cell into electrical energy
- elektrochemische Umwandlung der in der Brennstoffzelle chemisch gebundenen Primärenergie in elektrische Energie
- the document includes data describing the primary energy used to provide heating and cooling
- das Dokument enthält Angaben zur Primärenergie, die zum Heizen und Kühlen eingesetzt wird

primary energy consumption Primärenergieverbrauch m

- in 19.., hydro-electric power represented 2% of the world's primary energy consumption
- im Jahre 19.. betrug der Anteil der Wasserkraft an der Stromerzeugung weltweit 2 %
- reduction in primary energy consumption
- Verringerung des Primärenergieverbrauchs

primary energy resource Primärenergieträger m

primary energy saving Primärenergieeinsparung f

- this results in primary energy savings of up to one-third
- dies führt zu Primärenergieeinsparungen von bis zu einem Drittel

prime mover Kraftmaschine f

- windmills were among the original prime movers that replaced human beings as a source of power
- Windmühlen gehörten zu den ersten Kraftmaschinen, die den Menschen als Energiequelle ersetzten

principle of operation Funktionsprinzip n; Arbeitsweise f

- the principle of operation of a fuel cell is shown in Fig. 3
- das Funktionsprinzip einer Brennstoffzelle wird in Abb. 3 gezeigt

process heat Prozesswärme f

- without any combustion, the fuel cells will convert methane into electricity and process heat
- ohne Verbrennung wandeln die Brennstoffzellen Methan in Strom und Prozesswärme um
- these systems could provide more efficient production of electricity and process heat
- diese Systeme könnten eine effizientere/wirtschaftlichere Herstellung von Elektrizität und Prozesswärme ermöglichen
- the simultaneous production of electricity and process heat using low-cost coal
- die gleichzeitige Herstellung von Strom und Prozesswärme mit Hilfe von kostengünstiger Kohle

process heating Prozesswärme f

- the exhaust steam is hot enough to be used for process heating
- der Abdampf ist noch heiß genug, um als Prozesswärme verwendet werden zu können
- society demands a significant amount of space and process heating in addition to electric energy
- die Gesellschaft benötigt nicht nur elektrische Energie, sondern auch beträchtliche Mengen an Raum- und Prozesswärme

process heating needs Prozesswärmebedarf m

- to satisfy process heating needs
- den Prozesswärmebedarf decken

process heating requirements Prozesswärmebedarf m

- traditional markets are hospitals, leisure centres, hotels and industrial sites with process heating requirements
- traditionelle Abnehmer sind Freizeitzentren, Hotels und Industriebetriebe mit Prozesswärmebedarf

process steam Prozessdampf m

- industrial plants of this type require both process steam and electricity
- Industrieanlagen dieser Art benötigen sowohl Prozessdampf als auch Strom
- process steam is fed to an adjacent greenhouse complex for heating and cooling
- eine nahe gelegene Gewächshausanlage wird mit dem Prozessdampf versorgt, der dort zur Heizung und Kühlung verwendet wird

product gas Produktgas n

production well Förderbohrung f; Produktionsbohrung f; Extraktionsbohrung f

- the production wells supply two 100 kW turbo-generators
- die Förderbohrungen versorgen zwei 100-kW-Turbogeneratoren
- the water is brought up to the surface through a production well
- das Wasser wird über eine Förderbohrung an die Oberfläche gefördert

product of combustion Verbrennungsproduct n

- carbon dioxide is one of the products of combustion
- Kohlendioxid ist eines der Verbrennungsprodukte

propeller n *(wind)* Propeller m

- each wind turbine is equipped with a giant three-bladed propeller
- jede der Windturbinen ist mit einem riesigen dreiflügeligen Propeller ausgerüstet

propeller-like adj propellerartig

- propeller-like blade of a wind turbine
- propellerartiges Blatt einer Windturbine
- a propeller-like set of blades drives a generator
- ein propellerartiger Rotor treibt einen Generator an

propeller-tip speed *(wind)* Geschwindigkeit der Blattspitze

propeller-type wind turbine Windturbine des Propellertyps

propeller wind turbine Windturbine des Propellertyps

protection system *(wind)* Sicherheitssystem n

- case study of a wind turbine with a complicated protection system
- Fallstudie einer Windturbine mit aufwendigem Sicherheitssystem
- modern wind turbines are usually equipped with a protection system to prevent damage in excessively high winds
- die heutigen Windturbinen sind gewöhnlich mit einem Sicherheitssystem ausgerüstet
- the protection system serves to prevent damage in excessively high winds
- das Schutzsystem soll Schäden bei extrem starken Winden verhindern

proton n *(FC)* Proton n

- the protons migrate/travel to the cathode
- die Protonen wandern zur Kathode
- the oxygen ions and the protons join together to form water
- die Sauerstoffionen und die Protonen verbinden sich miteinander, und es entsteht Wasser
- the hydrogen gas divides into protons and electrons
- das Wasserstoffgas spaltet sich in Protonen und Elektronen auf

proton conductivity *(FC)* Protonenleitfähigkeit f

- high proton conductivity
- gute Protonenleitfähigkeit

proton-exchange membrane *(FC)* Protonenaustauschmembran f; Protonen-Austausch-Membran f

- fuel cell with proton exchange membrane
- Brennstoffzelle mit Protonenaustauschmembran

proton-exchange membrane fuel cell; **proton exchange membrane fuel cell** (PEMFC) Protonenaustauschmembran-Brennstoffzelle f; Polymermembran-Brennstoffzelle f; PEM-Brennstoffzelle f; Polymerelektrolytmembran-Brennstoffzelle f

- proton exchange membrane fuel cells operate at relatively low temperatures
- Polymermembran-Brennstoffzellen arbeiten bei relativ geringen Temperaturen
- proton-exchange membrane fuel cells for automotive applications
- Protonenaustauschmembran-Brennstoffzellen für den Einsatz in Autos

- the proton-exchange-membrane (PEM) fuel cell is capable of high power density
- die Protonenaustauschmembran-Brennstoffzelle ermöglicht eine hohe Leistungsdichte
- polymer electrolyte membrane fuel cells are also known as proton exchange membrane fuel cells
- die Polymerelektrolytmembran-Brennstoffzellen sind auch unter der Bezeichnung Protonenaustauschmembran-Brennstoffzellen bekannt

prototype n Prototyp m
- ABC plans to produce a driveable prototype
- ABC will einen fahrtüchtigen Prototyp bauen
- to deliver a working prototype
- einen funktionstüchtigen Prototypen liefern
- this prototype has covered thousands of kilometres since December
- dieser Prototyp hat seit Dezember viele tausende Kilometer zurückgelegt

prototype bus Prototypbus m
- a second prototype bus, powered by a 50kW PAFC, is due on the streets of Washington DC in December
- ein zweiter Prototypbus mit einem 50-kW-PAFC-Antrieb soll im Dezember auf den Straßen von Washington erscheinen

prototype vehicle Prototypfahrzeug n; Prototyp-Fahrzeug n
- a prototype vehicle could be available within five years
- ein Prototypfahrzeug könnte innerhalb von fünf Jahren verfügbar sein
- to build a prototype vehicle powered by hydrogen fuel cells
- ein von Wasserstoff-Brennstoffzellen angetriebenes Prototypfahrzeug bauen

p-type semiconductor p-Halbleiter m

pulp and paper industry Papier- und Zellstoffindustrie f
- most of the energy obtained from biomass today is used directly by the pulp and paper industry
- der Großteil der aus Biomasse gewonnenen Energie wird direkt in der Zellstoff- und Papierindustrie genutzt

pulse-width modulated frequency converter Umrichter mit Pulsbreitenmodulation

pulverised *(GB)*/**pulverized** *(US)* **coal** Kohlenstaub m; staubfein gemahlene Kohle

pulverised-coal *(GB)*/**pulverized-coal** *(US)* **boiler** Kessel mit Kohlenstaubfeuerung

pulverised *(GB)*/**pulverized** *(US)* **coal combustion** Kohlenstaubverbrennung f

pulverised *(GB)*/**pulverized** *(US)* **coal-fired boiler** Kessel mit Kohlenstaubfeuerung

pulverised *(GB)*/**pulverized** *(US)* **coal-fired power plant** Kraftwerk mit Kohlenstaubfeuerung

pulverised *(GB)* **pulverized** *(US)* **coal plant** Kraftwerk mit Kohlenstaubfeuerung

pumped storage Pumpspeicherung f
- pumped storage has become widespread in industrialized nations
- die Pumpspeicherung ist in den Industrieländern weit verbreitet

- the best prospects for hydro power at the present time are in the area of pumped storage
- die Aussichten für die Wasserkraft sind zurzeit auf dem Gebiet der Pumpspeicherung am besten
- for the foreseeable future, pumped storage provides a viable and acceptable solution
- auf absehbare Zeit bleibt die Pumpspeicherung eine lebensfähige und akzeptable Lösung

pumped storage facility Pumpspeicherkraftwerk n

pumped-storage facility with lower underground reservoir Kavernenkraftwerk n

pumped storage hydroelectricity Strom aus hydraulischen Pumpspeicherkraftwerken

pumped storage hydroelectric scheme Pumpspeicherwasserkraftwerk n

pumped-storage hydroelectric station Pumpspeicherwasserkraftwerk n

- if electric-power demand varies sharply at different times of the day, pumped-storage hydroelectric stations are used
- wenn der Strombedarf im Verlauf des Tages extrem schwankt, dann werden Pumpspeicherwasserkraftwerke eingesetzt

pumped-storage hydropower station Pumpspeicherwasserkraftwerk n

pumped storage plant Pumpspeicherkraftwerk n

- the first pumped storage plant with a capacity of 1,500 kilowatts was built near ...
- das erste Pumpspeicherkraftwerk mit einer Leistung von 1.500 kW wurde in der Nähe von ... errichtet
- pumped storage plants are widely used throughout the world
- Pumpspeicherkraftwerke werden weltweit in großer Zahl eingesetzt
- the modern pumped storage plant operates with two reservoirs in a closed cycle
- die heutigen Pumpspeicherkraftwerke arbeiten mit zwei Speicherbecken in einem geschlossenen Kreislauf
- there are now about 300 pumped storage plants around the world
- weltweit gibt es zurzeit ungefähr 300 Pumpspeicherkraftwerke

pumped storage power plant Pumpspeicherkraftwerk n

- pumped-storage power plants store the extra power produced at off-peak time periods for use during high demand periods
- Pumpspeicherkraftwerke speichern die während der Schwachlastzeiten erzeugte Überschussenergie für die spätere Verwendung in den Spitzenlastzeiten

pumped storage power station Pumpspeicherkraftwerk n

pumped storage project Pumpspeicherkraftwerk n

- in this country alone, there are now 34 pumped storage projects in operation or under construction and another 18 pending
- allein in diesem Land befinden sich derzeit 34 Pumpspeicherkraftwerke im Betrieb oder im Bau und weitere 18 sind geplant

pumped storage scheme Pumpspeicherkraftwerk n

- the country's largest pumped storage scheme incorporates six 300MW generators
- das größte Pumpspeicherkraftwerk des Landes ist mit sechs 300-MW-Generatoren ausgerüstet
- the economy of a pumped-storage scheme is substantially influenced by the difference in elevation available between the upper and lower reservoirs
- die Wirtschaftlichkeit eines Pumpspeicherkraftwerks wird wesentlich durch den Höhenunterschied zwischen Ober- und Unterbecken bestimmt

pump turbine Pumpturbine f; Pumpenturbine f

- pump turbines perform both turbine and pump functions
- Pumpturbinen arbeiten als Turbine und als Pumpe

purity level Reinheitsgrad m

- to supply the fuel cell stack with hydrogen at required purity levels
- den Brennstoffzellen-Stapel mit Wasserstoff mit dem geforderten Reinheitsgrad versorgen
- the recommended purity level is 99.99 percent nitrogen
- der empfohlene Reinheitsgrad beträgt 99,99 Prozent Stickstoff

PV (see **photovoltaics**)

PV application PV-Anwendung f

- the following PV applications have proven to be particularly reliable
- die folgenden PV-Anwendungen haben sich als besonders zuverlässig herausgestellt
- grid-independent PV applications
- netzunabhängige PV-Anwendungen

PV array Solarfeld n

- PV modules can be connected to form even larger units known as PV arrays
- PV-Module können zu noch größeren Einheiten zusammengeschaltet werden, die man als Solarfelder bezeichnet

PV capacity PV-Leistung f; Photovoltaik-Kapazität f

- about 300kW of PV capacity will be installed over 2 $^1/_2$ years
- ca. 300 kW PV-Leistung werden in einem Zeitraum von 2 $^1/_2$ Jahren installiert werden

PV cell Photovoltaik-Zelle f; photovoltische Zelle; Photovoltaikzelle f; Solarzelle f

- PV cells, also called solar cells, represent one of the most benign forms of electricity generation available
- Photovoltaik-Zellen, auch Solarzellen genannt, sind zur Zeit eine der umweltfreundlichsten Formen der Stromerzeugung
- PV cells are combined into large panels, or modules
- Photovoltaik-Zellen werden zu großen Flächen, oder Modulen, zusammengeschaltet
- photovoltaic cells convert light energy into electricity
- Photovoltaikzellen wandeln Lichtenergie in Strom um
- the cell operates like a conventional photovoltaic cell
- die Zelle arbeitet wie eine herkömmliche photovoltaische Zelle
- an individual PV cell typically produces between 1 and 2 watts
- eine einzelne PV-Zelle hat normalerweise eine Leistung von ein bis zwei Watt

PV effect photovoltaischer Effekt (see also **photovoltaic effect**)

- the PV effect allows various materials to produce electricity from sunlight
- aufgrund des photovoltaischen Effektes ist es einigen Stoffen möglich, unter Einwirkung von Sonnenlicht Elektrizität zu erzeugen

PV electricity PV-Strom m

- these systems utilize the PV electricity as it is produced
- diese Anlagen nutzen den PV-Strom sofort, wenn er hergestellt wird

PV-generated electricity PV-Strom m

- the cost of PV-generated electricity has dropped 15- to 20-fold
- die Kosten für PV-Strom sind um das 15- bis 20fache gefallen

PV industry PV-Industrie f

- ABC is a major player in the global PV industry
- ABC spielt eine wichtige Rolle in der globalen PV-Industrie

PV market PV-Markt m; Photovoltaik-Markt m

- the PV market is a global one
- reliable and cost-efficient mounting systems are needed to expand the PV market
- der PV-Markt ist ein globaler Markt
- Voraussetzung für eine Expansion des PV-Marktes sind zuverlässige und kostengünstige Befestigungssysteme/ Montagesysteme

PV module PV-Modul n

- worldwide sales of PV modules have doubled in the last 5 years
- the PV modules will be supplied by ABC
- der Absatz von PV-Modulen hat sich in den letzten fünf Jahren weltweit verdoppelt
- die PV-Module werden von ABC geliefert

PV panel PV-Panel n; PV-Modul n; PV-Paneel n; Solarbatterie f; Sonnenbatterie f

- to equip 900 homes with PV panels
- to build inverters into the PV panels
- a PV panel was installed on each of the 30 houses
- this PV panel was developed by ABC for a communications satellite in 1966
- 900 Wohnhäuser mit PV-Modulen ausrüsten
- Wechselrichter in die PV-Module einbauen
- auf jedem der 30 Häuser wurde ein PV-Panel angebracht
- diese Solarbatterie wurde im Jahre 1966 von ABC für einen Nachrichtensatelliten entwickelt

PV power PV-Strom m

- in a surprising number of cases, PV power is the cheapest form of electricity for performing these tasks
- in überraschend vielen Fällen ist PV-Strom die kostengünstigste Form der Elektrizität für die Durchführung dieser Aufgaben

PV power station photovoltaisches Kraftwerk; Photovoltaik-Kraftwerk n

PV system Photovoltaik-Anlage f; PV-Anlage f; PV-System n; PV-Kraftwerk n

- because of the high cost of PV systems
- about 1100 cost-effective PV systems had been installed by the company
- PV systems are often the most cost-effective solution
- the advantages of PV systems in certain applications
- each PV system has a rated output of 2 kW
- to supply selected customers with PV systems
- PV systems do not require fuel
- PV systems do not require constant maintenance
- our PV systems are modular and can be quickly expanded as demand increases
- modules or arrays, by themselves, do not constitute a PV system
- aufgrund der hohen Kosten von PV-Anlagen
- ca. 1100 kostengünstige PV-Anlagen waren von dem Unternehmen installiert worden
- PV-Anlagen sind oft die kostengünstigste Lösung
- die Vorteile von PV-Anlagen bei bestimmten Anwendungen
- jede PV-Anlage hat eine Nennleistung von 2 kW
- ausgewählte Kunden mit PV-Anlagen ausrüsten
- für PV-Systeme wird kein Brennstoff benötigt
- PV-Systeme müssen nicht ständig gewartet werden
- unsere PV-Systeme sind modular aufgebaut und können je nach Bedarf erweitert werden
- Module oder Felder allein bilden noch keine vollständige PV-Anlage

PV technology PV-Technologie f; PV-Technik f (see also **photovoltaic technology**)

- PV technology could change the energy infrastructure of the world
- die PV-Technologie könnte weltweit die Energieinfrastruktur verändern

pyrolysis n *(bio)* Pyrolyse f

pyrolysis oil *(bio)* Pyrolyseöl n

- to convert biomass into a pyrolysis oil
- pyrolysis oil is easier to store and transport than solid biomass material
- Biomasse in Pyrolyseöl umwandeln
- Pyrolyseöl lässt sich leichter lagern und transportieren als feste Biomasse

R

radiation energy *(solar)* Strahlungsenergie f
- to emit radiation energy
- Strahlungsenergie abgeben/emittieren

radical n Radikal n
- when two positively charged protons encounter a negatively charged oxygen radical they join together to form water
- wenn zwei positiv geladene Protonen auf ein negativ geladenes Sauerstoffradikal treffen, verbinden sie sich zu Wasser

radioactive decay radioaktiver Zerfall
- the ultimate source of geothermal energy is radioactive decay occurring deep within the earth
- die geothermische Energie stammt letztendlich aus dem radioaktiven Zerfall, der tief in der Erde stattfindet

rainfall n Niederschlagsmenge f
- in this area, the usual yearly rainfall is about 3,300 millimetres
- in diesem Gebiet beträgt die jährliche Niederschlagsmenge normalerweise 3.300 mm

range n Reichweite f
- the car has a range of 500km on a full tank
- mit einer Tankfüllung hat das Auto eine Reichweite von 500 km
- the 120kW PEM plant will give the bus a range of 150km
- die 120-kW-PEM-Anlage verleiht dem Bus eine Reichweite von 150 km
- long range
- große Reichweite

rated at mit einer (Nenn)Leistung von
- 25 turbines each rated at 1.5MW
- 25 Turbinen mit einer Leistung von je 1,5 MW
- combined heat and power stations rated at up to 10MW
- Kraft-Wärme-Kopplungsanlagen mit Nennleistungen bis zu 10 MW

rated load Nennlast f
- fuel consumption at rated load
- Brennstoffverbrauch bei Nennlast

rated output Nennleistung f
- the fuel cell has a rated output of 200 kW
- die Brennstoffzelle hat eine Nennleistung von 200 kW
- each PV system has a rated output of 2 kW and generates about 2200 kWh/yr
- jede PV-Anlage hat eine Nennleistung von 2 kW und erzeugt 2200 kWh pro Jahr

rated power Nennleistung f
- to achieve the rated power
- die Nennleistung erreichen
- wind turbines are most commonly classified by their rated power at a certain rated wind speed
- Windturbinen werden am häufigsten nach ihrer Nennleistung bei einer bestimmten Nenn-Windgeschwindigkeit klassifiziert
- the turbine would produce about 20% of its rated power at an average wind speed of 15 miles per hour
- die Turbine würde ca. 20 % ihrer Nennleistung bei einer durchschnittlichen Wind-geschwindigkeit von 24 km/h produzieren

rated wind speed Nennwindgeschwindigkeit f
- the rated wind speed is the wind speed at which the rated power is achieved
- die Nennwindgeschwindigkeit ist die Geschwindigkeit, bei der die Nennleistung erreicht wird

rating n Nennleistung f

- the fuel cell comes in ratings from watts to multi-megawatts
- Brennstoffzellen gibt es mit Nennleistungen von einigen Watt bis zu mehreren Megawatt

ratio of electricity to steam Strom/Wärme-Verhältnis n

- one of the major problems was sizing the equipment to give the best ratio of electricity to steam
- ein großes Problem war die Auslegung der Ausrüstung, so dass ein optimales Strom/Wärme-Verhältnis erreicht würde

raw silicon Rohsilizium n

- this process wastes around 90 percent of the expensive raw silicon
- bei diesem Verfahren werden ca. 90 Prozent des teuren Rohsiliziums verschwendet

R&D; **r&d** (see **research and development**)

R&D activity Forschungs- und Entwicklungstätigkeit f; Forschungs- und Entwicklungsaktivitäten fpl

- ABC will concentrate future R&D activities on evolving a new fuel cell technology
- ABC wird seine zukünftigen Forschungs- und Entwicklungstätigkeiten auf die Entwicklung einer neuen Brennstoffzellen-Technologie konzentrieren
- wide-ranging, joint R&D activities
- weit reichende gemeinsame FuE-Aktivitäten

RDF (see **refuse derived fuel**)

R&D program Forschungs- und Enwicklungsprogramm n; FuE-Programm n

- R&D programs at both the national and international levels
- FuE-Programme auf nationaler und internationaler Ebene

react v reagieren

- the hydrogen ions react with the oxygen to produce water
- die Wasserstoff-Ionen und der Sauerstoff reagieren zu Wasser

reactant n Reaktant m; Reaktionspartner m

- the current-producing process continues for as long as there is a supply of reactants/as long as reactants are supplied
- der Stromerzeugungsprozess dauert an, solange Reaktanten zugeführt werden
- fuel cells use reactants that are stored externally
- bei Brennstoffzellen kommen extern gespeicherte Reaktionspartner zum Einsatz

reaction n Reaktion f

- in fuel cells, silent reactions produce an electric current
- in Brennstoffzellen wird durch geräuschlos ablaufende Reaktionen elektrischer Strom erzeugt

reaction product Reaktionsprodukt n

- to remove the reaction products
- die Reaktionsprodukte abführen
- the removal of heat and reaction products
- die Abfuhr der Wärme und der Reaktionsprodukte
- the reaction product, water vapour, migrates back through the anode and is discharged from the cell with any remaining hydrogen
- das Reaktionsprodukt, Wasserdampf, wandert durch die Anode zurück und wird mit dem restlichen Wasserstoff aus der Zelle abgeführt

reaction turbine Überdruckturbine f

- reaction turbines work on a different principle
- Überdruckturbinen arbeiten nach einem anderen Prinzip
- reaction turbines are generally used at low or medium head
- Überdruckturbinen werden im Allgemeinen bei geringen oder mittleren Fallhöhen eingesetzt
- reaction turbines are used in most hydro plants
- Überdruckturbinen werden in den meisten Wasserkraftwerken eingesetzt

reactive power Blindleistung f

- grid-connected wind power systems absorb reactive power from the grid
- netzgekoppelte Windkraftanlagen nehmen Blindleistung aus dem Netz auf

REC (see **regional electricity company**)

recapture v zurückgewinnen

- to recapture some of the energy from braking
- einen Teil der Bremsenergie zurückgewinnen
- thermal energy produced in the generation process can be recaptured
- beim Stromerzeugungsprozess entstehende Wärme kann zurückgewonnen werden

receiver n *(solar)* Empfänger m; Receiver m

- the receiver absorbs and converts sunlight into heat
- der Empfänger absorbiert das Sonnenlicht und wandelt es in Wärme um
- these devices concentrate sunlight onto a small blackened receiver
- diese Geräte konzentrieren das Sonnenlicht auf einen kleinen, geschwärzten Receiver

recharging n Nachladen n

- a fuel cell does not require recharging
- Brennstoffzellen erfordern kein Nachladen

reciprocating engine Hubkolben-Motor m

- the plant utilizes the waste heat from a GT or reciprocating engine
- die Anlage nutzt die Abwärme einer Gasturbine oder eines Hubkolbenmotors
- the reciprocating engine has a higher overall efficiency than the gas turbine
- der Hubkolben-Motor hat einen höheren Gesamtwirkungsgrad als die Gasturbine

reciprocating engine-powered CHP plant Blockheizkraftwerk n

reciprocating piston engine Hubkolben-Motor m (see also **reciprocating engine**)

recover v zurückgewinnen

- to recover and treat water for reuse
- Wasser zur Wiederverwendung zurückgewinnen und aufbereiten
- to recover waste heat
- Abwärme zurückgewinnen
- to recover thermal energy
- Wärmeenergie zurückgewinnen

recovery n Rückgewinnung f

- recovery of thermal energy
- Rückgewinnung von Wärmeenergie

reflection losses *(solar)* Reflexionsverluste mpl

- an antireflective coating is applied to the top of the cell to reduce reflection losses
- die Oberseite der Zelle ist mit einer Antireflexschicht versehen, die die Reflexionsverluste vermindert

reflector n *(solar)* Reflektor m

- the reflector would require 72 mirrors
- für den Reflektor wären 72 Spiegel erforderlich
- the reflector concentrates solar radiation onto a boiler
- der Reflektor konzentriert das einfallende Sonnenlicht auf einen Kessel
- using complicated reflectors would be too costly
- der Einsatz aufwendiger Reflektoren wäre zu teuer
- stationary reflectors offered a better solution
- stationäre Reflektoren stellten eine bessere Lösung dar
- to try lighter materials for the reflector
- leichtere Werkstoffe für den Reflektor erproben
- the reflector spanned 33 feet in diameter
- der Reflektor hatte einen Durchmesser von 10 Metern

reform v *(FC)* reformieren

- natural gas is reformed internally to produce hydrogen
- Erdgas wird zur Herstellung von Wasserstoff intern reformiert
- some fuel cells require that the gas be reformed first
- bei einigen Brennstoffzellen muss das Gas zuerst reformiert werden
- the fuel is reformed into hydrogen
- der Brennstoff wird zu Wasserstoff reformiert
- the fuel is "reformed" to hydrogen-rich gas internally in the stack
- der Brennstoff wird intern im Stapel zu einem wasserstoffreichen Gas reformiert
- methanol was selected as the fuel because of its ability to be easily reformed
- Methanol wurde als Brennstoff gewählt, weil es sich leicht reformieren lässt

reformate n Reformat n

- the laboratory has successfully operated a fuel cell on reformate from gasoline
- das Labor hat eine Brennstoffzelle erfolgreich mit Reformat aus Benzin betrieben

reformation n *(FC)* Reformierung f; Reformation f (see **reforming**)

reformation reaction *(FC)* Reformierungsreaktion f

reformed natural gas reformiertes Erdgas

- the ability to produce electricity from reformed natural gas is a major breakthrough in the fuel conversion process
- die Fähigkeit, Strom aus reformiertem Erdgas herzustellen, stellt einen bedeutenden Durchbruch auf dem Gebiet der Brennstoffumwandlung dar
- hydrogen, reformed natural gas, and methanol are the primary fuels available for current fuel cells
- Wasserstoff, reformiertes Erdgas und Methanol gehören zu den wichtigsten Brennstoffen, die für die heutigen Brennstoffzellen verfügbar sind
- to produce electricity from reformed natural gas
- Strom aus reformiertem Erdgas herstellen

reformer n *(FC)* Reformer m

- no extra fuel is required in the reformer
- der Reformer benötigt keinen zusätzlichen Brennstoff
- the reformer converts gasoline or other fuels into hydrogen
- der Reformer wandelt Benzin oder einen anderen Brennstoff in Wasserstoff um
- the fuel cell has a reformer to convert the fuel to hydrogen
- die Brennstoffzelle besitzt einen Reformer zur Umwandlung des Brennstoffes in Wasserstoff
- external reformer
- externer Reformer
- the methanol will be produced by an on-board reformer
- das Methanol wird von einem an Bord mitgeführten Reformer erzeugt
- this reformer extracts hydrogen from gasoline
- dieser Reformer extrahiert Wasserstoff aus Benzin

- this car converts liquid methanol into hydrogen in a reformer in the rear of the vehicle
- bei diesem Auto wird in einem Reformer im Heck des Fahrzeuges flüssiges Methanol in Wasserstoff umgewandelt

reforming n *(FC)* Reformierung f; Reformation f (see also **reformation**)

- reforming can occur inside the fuel cell stacks
- die Reformierung kann im Inneren der Brennstoffzellenstapel erfolgen
- on-board reforming
- bordeigene Reformierung
- carbon monoxide must be removed after reforming
- Kohlenmonoxid muss nach der Reformierung entfernt werden
- external reforming
- externe Reformierung
- internal reforming
- interne Reformierung
- reforming of the natural gas to a hydrogen-rich gas occurs outside the fuel cell stacks
- die Reformierung des Erdgases zu einem wasserstoffreichen Gas erfolgt außerhalb des Zellenstapels

reforming process *(FC)* Reformierungsprozess m

reforming reaction *(FC)* Reformierreaktion f

refuel(l)ing n Betankung f; Wiederbetankung f

- refueling is said to take only about 10 minutes
- die (Wieder)Betankung soll nur ca. 10 Minuten dauern
- rapid refueling
- schnelle (Wieder)Betankung

refuel(l)ing infrastructure Betankungsinfrastruktur f

refuel(l)ing station Tankstelle f

- to build a refueling station for a fleet of 100 cabs
- eine Tankstelle für eine Flotte von 100 Taxis bauen

refuel(l)ing time Betankungszeit f

- fuel cell cars offer greater range and faster refueling time than battery-powered electric cars
- Brennstoffzellenautos bieten größere Reichweite und kürzere Betankungszeiten als batteriebetriebene Elektrofahrzeuge

refuse n Müll m

- several technologies are available for the combustion of refuse
- für die Müllverbrennung stehen mehrere Technologien zur Verfügung
- the refuse is combusted in the as-received state
- der Müll wird in dem Zustand verbrannt, wie er angeliefert wird

refuse derived fuel (RDF) Brennstoff aus Müll

regenerative braking Nutzbremsung f

regenerative energy regenerative Energie

regenerative fuel cell regenerative Brennstoffzelle

regional electricity company (REC) regionaler Stromversorger; Regionalversorger m; regionales Stromversorgungsunternehmen

- the 12 regional electricity companies will have to buy more of their electricity from renewable energy sources
- die 12 regionalen Stromversorger werden einen größeren Anteil ihres Stromes aus erneuerbaren Energiequellen beziehen müssen
- the RECs are under pressure from the regulator to reduce operating costs
- die Regulierungsbehörde übt Druck auf die regionalen Stromversorgungsunternehmen aus, damit diese ihre Betriebskosten senken
- the privatisation of the RECs
- die Privatisierung der Regionalversorger

- these are the criteria by which the performance of the RECs is measured
- dies sind die Kriterien, an denen das Leistungsvermögen der regionalen Stromversorgungsunternehmen gemessen wird

rehabilitation n Modernisierung f; gründliche Überholung; Sanierung f

- most existing plants are old and require heavy rehabilitation
- die meisten der bestehenden Anlagen sind alt und bedürfen einer gründlichen Überholung
- the increase in fossil-fuel costs has led to the rehabilitation of some abandoned hydroelectric plants
- aufgrund der steigenden Brennstoffpreise sind einige stillgelegte Wasserkraftwerke modernisiert worden
- current studies are considering the rehabilitation and/or expansion of existing hydroelectric plants
- in neueren Untersuchungen wird die Modernisierung und/oder der Ausbau bestehender Wasserkraftanlagen erwogen

reinject v *(geo)* reinjizieren

- to reinject as much of the water as possible to maintain the pressure in the wells
- möglichst viel von dem Wasser reinjizieren, um den Druck im Bohrloch zu stabilisieren

reinjection n *(geo)* Einpressen n; Einpressung f; Verpressen n; Reinjektion f (see also **injection**)

- reinjection minimizes surface pollution
- durch Reinjektion wird die Gefahr einer Umweltverschmutzung an der Oberfläche minimiert
- reinjection is carried out under atmospheric pressure
- die Reinjektion erfolgt unter Atmosphärendruck

reliability n Zuverlässigkeit f

- these fuel cells are developing a reputation for excellent reliability
- diese Brennstoffzellen werden immer bekannter für ihre Zuverlässigkeit
- extraordinary reliability and performance in harsh environments
- außergewöhnliche Zuverlässigkeit und Leistungsfähigkeit in rauen Umgebungen
- unmatched reliability
- einzigartige/unvergleichliche/unerreichte Zuverlässigkeit

remote adj abgelegen, weit entfernt; entlegen; netzfern; netzfern betrieben

- energy is supplied to consumers in remote locations
- weit entfernte Abnehmer werden mit Energie versorgt
- PV systems for remote applications
- PV-Anlagen für entlegene Gebiete/netzferne Anwendungen
- the most cost-effective option for meeting remote power needs
- die kostengünstigste Möglichkeit zur Deckung des Strombedarfs in entlegenen Gebieten
- to offer a viable alternative to diesel generators in remote areas/locations
- in abgelegenen Gegenden eine echte Alternative zu Dieselaggregaten bieten
- fuel cells for use in remote hotels
- Brennstoffzellen für den Einsatz in abgelegenen Hotels

remote area power generation Stromerzeugung in abgelegenen Gebieten

remote control Fernsteuerung f

remote diagnosis Ferndiagnose f

remote monitoring Fernüberwachung f

remote wind system abgelegene Windkraftanlage

- batteries are an important part of remote wind systems
- Batterien sind wichtige Bestandteile von abgelegenen Windkraftanlagen/ von Windkraftanlagen an abgelegenen Standorten

removal of heat Wärmeabfuhr f

renewable n erneuerbare Energie; Erneuerbaren pl; nachwachsender Energieträger; erneuerbarer Energieträger;

- wind energy is one of the cheapest renewables
- Windenergie ist einer der preiswertesten erneuerbaren Energieträger
- to promote greater use of renewables
- den verstärkten Einsatz erneuerbarer Energien fördern
- renewables provide about 2% of the electricity available
- die Erneuerbaren liefern etwa 2 % des verfügbaren Stromes
- utilities must invest more broadly in renewables in the future
- die EVU müssen in der Zukunft mehr in die Erneuerbaren investieren

renewable electricity Strom aus erneuerbarer Energie

- to supply renewable electricity to 375,000 homes
- 375.000 Wohnhäuser mit Strom aus erneuerbarer Energie versorgen

renewable energy erneuerbare Energie; erneuerbarer Energieträger; nachwachsender Energieträger; regenerative Energie

- the benefits of renewable energy are no pollution and never-ending supply
- die Vorteile erneuerbarer Energie sind keine Umweltverschmutzung und unbegrenztes Angebot
- to educate the public about renewable energy
- die Öffentlichkeit über regenerative Energien aufklären

renewable energy resource nachwachsender Energieträger; erneuerbarer Energieträger; regenerativer Energieträger

- fast-growing trees and grasses could become a major renewable energy resource for electricity generation
- schnell wachsende Bäume und Gräser könnten wichtige erneuerbare Energieträger für die Stromerzeugung werden
- renewable energy resources are seemingly inexhaustible
- die erneuerbaren Energieträger sind scheinbar unerschöpflich

renewable energy source erneuerbarer Energieträger; erneuerbare Energiequelle

- fuel cells can promote a transition to renewable energy sources
- Brennstoffzellen können den Übergang zu erneuerbaren Energieträgern begünstigen
- the potential use of methanol, ethanol, or hydrogen from renewable energy sources
- der mögliche Einsatz von aus erneuerbaren Energieträgern gewonnenem Methanol, Ethanol oder Wasserstoff

renewable fuel erneuerbarer Energieträger

renewable resource erneuerbarer Energieträger

- these energy projects utilize six different renewable resources
- bei diesen Energieprojekten werden sechs verschiedene erneuerbare Energieträger eingesetzt

renewable resource of energy erneuerbarer Energieträger

renewable source erneuerbarer Energieträger; erneuerbare Energiequelle

renewable source of energy erneuerbare Energiequelle; erneuerbarer Energieträger

- to encourage new and renewable sources of energy
- neue und erneuerbare Energiequellen fördern

repowering n Repowering n

- the repowering of an existing steam power plant
- this type of repowering also results in a more efficient combined-cycle plant
- das Repowering eines bestehenden Dampfkraftwerks
- durch diese Art des Repowering erhält man auch ein leistungsfähigeres Kombikraftwerk

research and development (R&D) Forschung und Entwicklung (FuE)

- ABC's investment in research and development increases every year
- last year, ABC spent a combined US $700 million for research and development
- ABC investiert jedes Jahr mehr in Forschung und Entwicklung
- vergangenes Jahr gab ABC insgesamt 700 Mio. Dollar für Forschung und Entwicklung aus

research project Forschungsvorhaben n; Forschungsprojekt n

- to fund research projects
- the two companies are deeply involved in their own fuel cell research projects
- Forschungsprojekte finanziell fördern
- die beiden Firmen sind intensiv mit ihren eigenen Forschungsprojekten beschäftigt

reserve n Vorkommen n

- these countries have indigenous coal reserves
- undeveloped reserves
- natural gas reserves
- diese Länder besitzen eigene Kohlevorkommen
- unerschlossene Vorkommen
- Erdgasvorkommen

reservoir n *(hydro)* Speicherbecken n; Stauraum m; Speicher m

- to use surplus power to pump water into the upper reservoir
- to pump water to a reservoir at a higher level
- to pump water from a lower reservoir to another reservoir at a higher elevation
- the extra power available is used to pump water into a special reservoir
- mit überschüssigem Strom Wasser in das höher gelegene Speicherbecken pumpen
- Wasser in ein höher gelegenes Speicherbecken pumpen
- Wasser von einem niedriger gelegenen Speicherbecken in ein höher gelegenes Speicherbecken pumpen
- die überschüssige Energie wird dazu verwendet, Wasser in ein speziell dafür vorgesehenes Speicherbecken zu pumpen

residential application Anwendung im Hausbereich

- fuel cell for residential applications
- Brennstoffzelle für Anwendungen im Hausbereich

residential building Wohngebäude n

residential combined heat and power scheme Blockheizkraftwerk zur Versorgung von Wohngebäuden

- the third of 50 residential combined heat and power schemes was opened last month
- das dritte von 50 Blockheizkraftwerken zur Versorgung von Wohngebäuden wurde letzten Monat in Betrieb genommen

residential customer Privatkunde m

residential electric power generation Hausenergieversorgung f

- to develop and manufacture fuel cells for residential electric power generation
- Brennstoffzellen für die Hausenergieversorgung entwickeln und herstellen

residential fuel cell Brennstoffzelle für Anwendungen im Hausbereich; Brennstoffzelle zur Hausversorgung; Brennstoffzelle zur Gebäudeversorgung

- this residential fuel cell generates all of a home's electricity
- diese Brennstoffzelle zur Hausversorgung deckt den gasamten Strombedarf eines Wohnhauses

residential fuel cell system Haus-Brennstoffzellen-System n

- third world countries have shown a special interest in residential fuel cell systems
- Länder der Dritten Welt haben sich besonders für Haus-Brennstoffzellen-Systeme interessiert
- this residential fuel cell system produces enough power to meet the energy requirements of an average-sized home
- dieses Haus-Brennstoffzellen-System erzeugt genug Energie, um den Energiebedarf eines durchschnittlichen Wohnhauses abzudecken

residential heating Beheizung von Wohngebäuden

residential use Verwendung im Hausbereich; zur Hausversorgung

- fuel cell for residential use
- Brennstoffzelle für Anwendungen im Hausbereich

residual n Reststoff m

residual heat Restwärme f

- recovery of combustion-gas residual heat
- Rückgewinnung der Restwärme aus den Verbrennungsgasen

retrofit n Nachrüstung f

- to proceed with the retrofit of the boilers
- mit der Nachrüstung der Kessel fortfahren
- ABC expects to complete the retrofit of its power station by the fall of this year
- ABC will die Nachrüstung seines Kraftwerks bis zum Herbst dieses Jahres abschließen
- the new system is suitable for both retrofit and new facility applications
- das neue System eignet sich zur Nachrüstung alter Anlagen und für neue Anlagen
- one of the turbine retrofits took place in the summer
- eine der Turbinen wurde im Sommer nachgerüstet
- generators may require retrofits or replacements to satisfy future environmental requirements
- um den künftigen Umweltauflagen gerecht zu werden, müssen die Generatoren unter Umständen nachgerüstet oder ersetzt werden

retrofit v nachträglich einbauen; nachrüsten

- the technology can be retrofitted in older power plants
- die Technologie kann nachträglich in ältere Anlagen eingebaut werden
- these components can be retrofitted into existing fuel cell power plants
- diese Bauteile können nachträglich in bestehende Brennstoffzellenanlagen eingebaut werden
- the taxis will be retrofitted with fuel cell engines
- die Taxis werden mit Brennstoffzellen-Antrieben nachgerüstet

rise and fall of tides Tidenhub m

- these hydroelectric power plants take advantage of the rise and fall of tides
- diese Wasserkraftwerke nutzen den Tidenhub

river flow Flusslauf m

river power scheme Flusskraftwerk n

river water-power scheme Flusskraftwerk n

road-going vehicle verkehrstaugliches Fahrzeug
- ABC has put the fuel cell technology into a road-going vehicle
- ABC hat die Brennstoffzellen-Technologie in ein verkehrstaugliches Fahrzeug eingebaut

road transportation Straßenverkehr m

road vehicle Straßenfahrzeug n
- car companies are investing millions in developing fuel cell technology for road vehicles
- die Autohersteller investieren Millionen in die Entwicklung von Brennstoffzellentechnologie für Straßenfahrzeuge

rock n *(geo)* Gestein n
- artificially fractured rock
- künstlich aufgebrochenes Gestein

rockfill n *(hydro)* Felsschüttung f

rockfill dam *(hydro)* Steindamm m
- cored rockfill dams
- Steindämme mit Kerndichtung/Innendichtung

roof n Dach n
- the hydrogen was stored in seven tanks on the roof of the vehicle
- der Wasserstoff wurde in sieben Tanks auf dem Fahrzeugdach gespeichert
- the 500,000 roof program proceeds as planned
- das 500.000-Dächer-Programm läuft wie geplant
- to mount a solar array on a sloped roof
- ein Solarfeld auf einem schrägen Dach installieren

roof-mounted photovoltaic scheme PV-Dachanlage f; Solarstrom-Dachanlage f

roof-mounted PV system PV-Dachanlage f; Solarstrom-Dachanlage f
- ABC received a contract to install five roof-mounted, utility-connected PV systems
- ABC erhielt den Auftrag, fünf netzgekoppelte Photovoltaik-Dachanlagen zu installieren

rooftop PV installation Photovoltaik-Dachanlage f

rooftop PV system Photovoltaik-Dachanlage f
- utility demonstrates feasibility of rooftop PV systems
- EVU beweist Durchführbarkeit von Photovoltaik-Dachanlagen
- rooftop PV systems could be interconnected with the utility grid without adverse effects
- Photovoltaik-Dachanlagen könnten ohne negative Folgen an das öffentliche Versorgungsnetz angeschlossen werden

room temperature Raumtemperatur f
- some fuel cells work at room temperature
- einige Brennstoffzellen arbeiten bei Raumtemperatur

rotational speed Drehzahl f
- rotational speed of a rotor about its axis
- Drehzahl eines Rotors um seine Achse

rotor n *(wind)* Rotor m
- the rotor usually consists of two or three blades mounted on a shaft
- der Rotor besteht gewöhnlich aus zwei oder drei Blättern, die auf einer Welle sitzen
- the rotor measures 11.6 metres in diameter
- der Rotor hat einen Durchmesser von 11,6 m

rotor axis *(wind)* Rotorachse f

- rotation of the rotor axis about a vertical axis
- Drehung der Rotorachse um eine vertikale Achse

rotor blade *(wind)* Rotorblatt n; Rotorflügel m

- the rotor blades must often be replaced after several hundred hours
- die Rotorblätter müssen oft nach mehreren hundert Stunden ersetzt werden
- the rotor blades are individually adjustable
- die Rotorblätter sind einzeln verstellbar
- hydraulisch verstellbare Rotorblätter
- hydraulically adjustable rotor blades

rotor brake *(wind)* Rotorbremse f

rotor diameter *(wind)* Rotordurchmesser m

- the rotor diameter is 7 m
- der Rotordurchmesser beträgt 7 m
- innovations include a larger rotor diameter
- zu den Neuerungen gehört ein größerer Rotordurchmesser
- modern wind turbines have rotor diameters ranging up to 65 metres
- der Rotordurchmesser moderner Windturbinen beträgt bis zu 65 m
- the power varies as the square of the rotor diameter
- die Leistung ändert sich mit dem Quadrat des Rotordurchmessers

rotor hub *(wind)* Rotornabe f

- rotor hubs have been redesigned
- die Konstruktion der Rotornaben ist überarbeitet worden

rotor shaft *(wind)* Rotorwelle f

- the generator is connected directly to the rotor shaft
- der Generator ist direkt mit der Rotorwelle verbunden
- to attach the blades to the rotor shaft
- die Blätter an der Rotorwelle befestigen

rotor speed *(wind)* Rotordrehzahl f

rotor-tip speed *(wind)* Geschwindigkeit der Blattspitze; Blattspitzengeschwindigkeit f

runner n *(turbine)* Laufrad n

- the rotating portion of a turbine is called runner
- das sich drehende Teil einer Turbine wird als Laufrad bezeichnet
- the Francis turbine has a runner with curved blades
- die Francisturbine besitzt ein Laufrad mit gekrümmten Schaufeln

runner blade Laufradschaufel f

- Kaplan turbines with adjustable runner blades
- Kaplan-Turbinen mit verstellbaren Laufradschaufeln

run-of-river hydroelectric plant Laufwasserkraftwerk n

- ABC has received approval to build a 25 MW run-or-river hydroelectric plant
- ABC hat die Genehmigung zum Bau eines 25-MW-Laufwasserkraftwerks erhalten

run-of-river hydro facility Laufwasserkraftwerk n

run-of-river hydro plant Laufwasserkraftwerk n

- ABC will commence construction this summer of a ... MW run-of-river hydroelectric plant
- ABC wird diesen Sommer mit dem Bau eines ...-MW-Laufwasserkraftwerks beginnen

run-of-river installation Laufwasserkraftwerk n

run-of-river plant Laufwasserkraftwerk n

- a run-of-river plant does not have a reservoir
- ein Laufwasserkraftwerk besitzt kein Speicherbecken

run-of-river power station Laufwasserkraftwerk n; Laufkraftwerk n

ruthenium n *(FC)* Ruthenium n

- the secret lies in the addition of 50% ruthenium to the normally platinum-only anode catalyst
- das Geheimnis liegt in den 50 % Ruthenium, die dem normalerweise nur aus Platin bestehenen Anodenkatalysator zugesetzt werden

S

safe adj sicher; gefahrlos

- handling hydrogen is safer than handling gasoline or propane
- Wasserstoff ist sicherer in der Handhabung als Benzin oder Propan
- safe operation in a variety of climates
- gefahrloser Betrieb unter ganz unterschiedlichen klimatischen Bedingungen

safety precaution Sicherheitsmaßnahme f

- using hydrogen requires taking some safety precautions
- die Verwendung von Wasserstoff erfordert bestimmte Sicherheitsmaßnahmen

safety regulations Sicherheitsbestimmungen

- the lack of safety regulations
- das Fehlen von Sicherheitsbestimmungen

salinity *(geo)* Salzgehalt m

- the water has a relatively high salinity of 4 to 10 percent
- das Wasser hat einen relativ hohen Salzgehalt von vier bis zehn Prozent
- the water comes with various degrees of salinity
- das Wasser weist einen unterschiedlichen Salzgehalt auf

salt n *(geo)* Salz n

- the water is sometimes heavily laden with salts
- die Belastung des Wassers mit Salz ist manchmal sehr hoch/das Wasser ist manchmal sehr salzhaltig

salt spray salzhaltige Atmosphäre

- to design the wind turbines to resist the corrosive effects of salt spray
- die Windturbinen für die korrosive Wirkung der salzhaltigen Atmosphäre auslegen

sandwiched adj: **be sandwiched ...** sich zwischen ... befinden

- the membrane is sandwiched in between two electrodes
- die Membran befindet sich zwischen zwei Elektroden

savonius rotor *(wind)* Savoniusrotor m

- the savonius rotor consists of semicircular blades
- der Savoniusrotor hat halbkreisförmige Schaufeln

sawmill n Sägewerk n; Sägerei f

- an adjacent sawmill serves as the procurement source for the wood fuel
- ein nahe gelegenes Sägewerk dient als Beschaffungsquelle für den Holzbrennstoff

schematic representation schematische Darstellung

- a schematic representation of a conventional energy supply system is presented in Figure 2
- Abbildung 2 zeigt eine schematische Darstellung eines herkömmlichen Energieversorgungssystems

school rooftop Schuldach n

- photovoltaic systems on school rooftops
- Photovoltaikanlagen auf Schuldächern

screen printing *(solar)* Siebdrucktechnik f

- screen printing is quicker but produces less efficient cells
- die Siebdrucktechnik ist schneller, führt jedoch zu Zellen mit geringerer Leistungsfähigkeit

sealing problem *(FC)* Dichtungsproblem n

- this approach minimizes sealing problems caused when materials expand as the temperature rises
- bei dieser Vorgehensweise sind die Dichtungsprobleme, die auftreten, wenn das Material sich bei Erwärmung ausdehnt, am kleinsten
- to eliminate sealing problems
- Dichtungsprobleme beseitigen
- planar designs suffer from sealing problems
- bei der Flachzellenbauweise treten Dichtungsprobleme auf
- it is difficult or impossible to check and correct sealing problems for cells buried inside a stack
- bei Zellen, die sich innerhalb eines Stapels befinden, ist es schwierig oder unmöglich, Dichtungsprobleme zu erkennen und zu beseitigen

seat n Sitzplatz m

- a five-seat compact fuel cell car
- ein kompaktes Brennstoffzellenauto mit fünf Sitzplätzen

seat v Sitzplätze bieten/haben

- a small fuel cell car that seats two people
- ein kleines Brennstoffzellenauto mit zwei Sitzplätzen

second-generation fuel cell Brennstoffzelle der zweiten Generation

SEGS (see **solar electric generating system**)

selenium n Selen n

- to coat the semiconductor selenium with an ultrathin layer of gold
- auf das Halbleitermaterial Selen eine ultradünne Goldschicht aufbringen

selenium cell *(solar)* Selenzelle f

- selenium cells were used as light-measuring devices in photography
- Selenzellen wurden zur Lichtmessung in der Photographie eingesetzt

semiconductor layer Halbleiterschicht f

- to create the different semiconductor layers, the silicon is doped
- zur Herstellung der verschiedenen Halbleiterschichten wird das Silizium dotiert
- the semiconductor layer is thinner than a human hair
- die Halbleiterschicht ist dünner als ein menschliches Haar

sensitive (to) adj empfindlich (gegen)

- the AFC is sensitive to impurities such as CO and CO_2
- AFC ist empfindlich gegen Verunreinigungen wie CO und CO_2

sensitivity n Empfindlichkeit f

- because of the sensitivity of the electrolyte to CO_2
- aufgrund der Empfindlichkeit des Elektrolyts gegen CO_2

separation n *(FC)* Spaltung f

- the separation of hydrogen into free electrons and protons
- die Spaltung von Wasserstoff in freie Elektronen und Protonen

series-connected adj seriell verschaltet

- series-connected solar cells
- seriell verschaltete Solarzellen

service life Lebensdauer f; Betriebsdauer f

- significant improvements in the service life of these components would contribute to the wider use of fuel cells
- eine Verlängerung der Lebensdauer dieser Komponenten könnte zu einer weiteren Verbreitung der Brennstoffzellen beitragen

- ABC developed a fuel cell with a longer service life
- to extend the service life
- increased service life

- ABC entwickelte eine Brennstoffzelle mit einer größeren Lebensdauer
- die Betriebsdauer verlängern
- längere Betriebsdauer

sewage gas Klärgas n

- the use of sewage gas for electricity production is increasing in Australia

- in Australien nimmt die Bedeutung der Verstromung von Klärgas zu

sewage sludge Klärschlamm m

- the sewage sludge that remains can then be incinerated

- der Klärschlamm, der übrig bleibt, kann anschließend verbrannt werden

sewage treatment works Kläranlage f

- sewage treatment works sometimes use CHP fuelled by biogas

- in Kläranlagen werden manchmal mit Biogas befeuerte KWK-Anlagen eingesetzt

SF (see **supplementary firing**)

shading n *(solar)* Abschattung f

- shading can substantially reduce performance
- the bypass diode provides an alternate current path in case of module shading

- Abschattung kann zu beträchtlichen Leistungseinbußen führen
- bei Abschattung des Solarmoduls bietet die Bypass-Diode einen alternativen Strompfad

shadowing losses *(solar)* Verluste/Leistungseinbußen durch Abschattung

shift reactor *(FC)* Shiftreaktor m; Shiftkonverter m

- a shift reactor then converts most of the carbon monoxide into carbon dioxide

- ein Shiftkonverter wandelt anschließend das Kohlenmonoxid weitgehend in Kohlendioxid um

shine v (**shone, shone**) scheinen

- the sun shines only about a third of the time

- die Sonne scheint nur ungefähr ein Drittel der Zeit

shore n Küste f

- none of the wind turbines would be closer to the shore than five kilometres

- bei keiner der Windturbinen würde der Abstand zur Küste weniger als fünf Kilometer betragen

short-wave radiation *(solar)* kurzwellige Strahlung

- meteorologists refer to this band as short-wave radiation

- die Meteorologen bezeichnen diesen Bereich als kurzwellige Strahlung

Si ingot *(solar)* Siliziumblock m

silent operation geräuschlose Arbeitsweise; geräuschloser Betrieb

- the fuel cell's silent, clean operation

- die geräuschlose und umweltfreundliche Arbeitsweise der Brennstoffzelle

silently adv geräuschlos

- to convert a fuel directly into electricity efficiently, silently and without nasty emissions

- einen Brennstoff mit hohem Wirkungsgrad geräuschlos und ohne schädliche Emissionen direkt in Strom umwandeln

silicon n *(solar)* Silizium n; Silicium n

- polycrystalline silicon – polykristallines Silizium
- single-crystal silicon – einkristallines Silizium
- crystalline silicon – kristallines Silizium
- higly pure silicon – hochreines Silizium
- amorphous silicon – amorphes Silizium

silicon atom *(solar)* Siliziumatom n

- a silicon atom will always look for ways to fill up its last shell – ein Siliziumatom ist immer bestrebt, seine äußerste Elektronenschale aufzufüllen

silicon-based adj auf Siliziumbasis

- standard silicon-based photovoltaic cell – normale PV-Zelle auf Siliziumbasis

silicon cell *(solar)* Siliziumzelle f

- they made a few attempts to use silicon cells in commercial products – sie versuchten mehrmals, Siliziumzellen in kommerziellen Produkten einzusetzen
- the silicon cell measures 10 centimetres square – die Siliziumzelle misst zehn Quadratzentimeter
- the cells are 100 times thinner than today's silicon cells – die Zellen sind hundertmal dünner als die derzeitigen Siliziumzellen

silicon crystal *(solar)* Siliziumkristall n

- traditional solar cells are made from either single silicon crystals or amorphous silicon – die herkömmlichen Solarzellen werden entweder aus einzelnen Siliziumkristallen oder amorphem Silizium hergestellt

silicon ingot v *(solar)* Siliziumblock m

silicon layer Siliziumschicht f; Siliziumlage f

silicon solar cell Silizium-Solarzelle f; Siliziumsolarzelle f

- these silicon solar cells are connected in series – diese Silizium-Solarzellen sind in Reihe geschaltet
- researchers have cut in half the time it takes to make a silicon solar cell – Forscher haben die Zeit, die zur Herstellung einer Silizium-Solarzelle benötigt wird, halbiert
- the first space satellites were electrically powered by silicon solar cells – die ersten Weltraumsatelliten wurden von Silizium-Solarzellen mit Strom versorgt
- when sunlight falls on the silicon solar cell, some of its energy is absorbed in a sandwich of different types of silicon – wenn Sonnenlicht auf eine Silizium-Solarzelle fällt, dann wird ein Teil der Energie von einem Sandwich aus unterschiedlichen Siliziumschichten absorbiert

silicon thin-film solar cell Silizium-Dünnschichtsolarzelle f

silicon wafer *(solar)* Siliziumscheibe f; Siliziumwafer m; Silizium-Wafer m

- the new process allowed the cheap production of silicon wafers – das neue Verfahren ermöglichte die kostengünstige Herstellung von Siliziumscheiben

single-casing turbine eingehäusige Turbine

- single-casing turbines are not suitable for all applications – eingehäusige Turbinen eignen sich nicht für alle Anwendungen

single-crystal silicon *(solar)* einkristallines Silizium

- single-crystal silicon must be more than 100 microns thick to achieve comparable results – einkristallines Silizium muss mehr als 100 Mikron dick sein, um ähnliche Ergebnisse zu erzielen

single crystal silicon cell *(solar)* monokristalline Siliziumzelle

- most widely used today is the single crystal silicon cell
- die monokristalline Siliziumzelle ist die heute am weitesten verbreitete Siliziumzelle
- polycrystalline cells are cheaper to produce than single crystal silicon cells
- polykristalline Zellen sind billiger in der Herstellung als monokristalline Zellen

single crystal solar cell monokristalline Solarzelle

- polycrystalline cells are inherently less efficient than single crystal solar cells
- polykristalline Solarzellen sind von Natur aus weniger effizient als monokristalline Solarzellen

single European energy market europäischer Energie-Binnenmarkt

single European market europäischer Binnenmarkt

- the goal of the directive is to increase price transparency across the single European market
- Ziel der Richtlinie ist eine verbesserte Preistransparenz auf dem europäischen Binnenmarkt

single family household Einfamilienhaushalt m

- to provide power to a single family
- einen Einfamilienhaushalt mit Strom versorgen

single-hole configuration *(geo)* Ein-Bohrloch-System n

single shaft arrangement Einwellenanordnung f

- in the single shaft arrangement the gas turbine, generator and steam turbine are situated in tandem on a single shaft
- bei der Einwellenanordnung bilden Gasturbine, Generator und Dampfturbine einen Wellenstrang

site n Standort m

- selection of a suitable site
- ABC selected this site because of its strong winds
- an ideal site with grid connections
- there are very few ideal sites in this area
- Wahl eines geeigneten Standortes
- ABC wählte diesen Standort wegen seiner starken Winde
- ein idealer Standort mit Netzanschlüssen
- in dieser Gegend gibt es sehr wenige ideale Standorte

site v Standort suchen/wählen/festlegen

- these fuel cells have been sited in a real world environment
- der Standort für diese Brennstoffzellen wurde unter wirklichkeitsgetreuen Einsatzbedingungen gewählt

site evaluation Standortbeurteilung f

site-specific adj standortspezifisch

site wind speed Windgeschwindigkeit am Aufstellungsort

- detailed analysis of site wind speeds must be carried out
- es müssen genaue Messungen der Windgeschwindigkeiten am Aufstellungsort vorgenommen werden

siting n Standortwahl f

- the members of this group share information on applications, siting, and installation
- die Mitglieder dieser Gruppe tauschen Informationen über Anwendungsmöglichkeiten, Standortwahl und Montage aus

six-passenger adj sechssitzig

- the vehicle is an electric version of ABC's new six-passenger van
- das Fahrzeug ist eine elektrische Version der neuen sechssitzigen Großraumlimousine von ABC

size v dimensionieren; auslegen

- fuel cells can be sized to fit passenger vehicles
- fuel cells can be sized to accommodate different capacity needs

- Brennstoffzellen können für den Einsatz in Pkw dimensioniert werden
- Brennstoffzellen können für unterschiedliche Leistungsbedürfnisse dimensioniert werden

sizing n Dimensionierung f; Auslegung f

- procedures are given for preliminary sizing of equipment
- es werden Verfahren für eine erste Dimensionierung der Ausrüstung aufgezeigt

slanted style roof Schrägdach n

slow-speed diesel engine langsamlaufender Dieselmotor

- the compact slow-speed diesel engine has excellent efficiency
- der kompakte langsamlaufende Dieselmotor hat einen ausgezeichneten Wirkungsgrad

small fuel cell Klein-Brennstoffzelle f; Kleinbrennstoffzelle f

- the development of small fuel cells for use in cellular phones
- die Entwicklung von Klein-Brennstoffzellen für den Einsatz in Handys

small hydro Klein-Wasserkraftwerk n; Kleinwasserkraftwerk n; Kleinwasserkraftanlage f

- as a result of the energy crisis, small hydro has been rediscovered in the United States
- als Folge der Energiekrise hat man in den Vereinigten Staaten die Kleinwasserkraftanlage neu entdeckt

small-scale adj klein; Klein...

- ABC is developing a small-scale PEM stack
- ABC ist dabei, einen kleinen PEM-Stack zu entwickeln

small-scale development Kleinkraftwerk n

small-scale hydropower scheme Kleinwasserkraftanlage f; Kleinwasserkraftwerk n

small-scale hydro power system Kleinwasserkraftanlage f; Kleinwasserkraftwerk n; Klein-Wasserkraftwerk n

- there is great potential for the use of small-scale hydro power systems to serve remote communities
- es besteht ein großes Potential für den Einsatz von Kleinwasserkraftanlagen zur Versorgung abgelegener Orte

small-scale hydro scheme Kleinwasserkraftanlage f; Kleinwasserkraftwerk n; Klein-Wasserkraftwerk n

- small-scale hydro schemes have an installed capacity of less than 10MW
- Kleinwasserkraftanlagen haben eine installierte Leistung von weniger als 10 MW

small scale packaged CHP Blockheizkraftwerk n

small-scale power plant Kleinkraftwerk n

small-scale power station Kleinkraftwerk n

- PEM fuel cells are better suited for small-scale power stations
- PEM-Brennstoffzellen eignen sich besser für Kleinkraftwerke

small-scale residential CHP Blockheizkraftwerk zur Versorgung von Wohngebäuden

- to promote small-scale residential CHP
- Blockheizkraftwerke zur Versorgung von Wohngebäuden fördern

small-scale scheme Kleinkraftwerk n

- small-scale schemes for hotels, hospitals, and greenhouses
- Kleinkraftwerke für Hotels, Krankenhäuser und Gewächshäuser
- the establishment of the first small scale schemes in the residential sector
- die Errichtung der ersten Kleinkraftwerke für die Versorgung von Wohnungen

soaked adj getränkt

- to be soaked with phosphoric acid
- mit Phosphorsäure getränkt sein

SOFC (see also **solid oxide fuel cell**) Festoxid-Brennstoffzelle f; oxidkeramische Brennstoffzelle

- SOFCs operate at high temperatures
- SOFC arbeiten bei hohen Temperaturen

SOFC stack SOFC-Stapel m

- in the first phase of the project, the researchers built a 100W SOFC stack
- während der ersten Phase des Projektes bauten die Forscher einen 100-W-SOFC-Stapel

SOFC technology SOFC-Technologie f

- ABC is the recognized world leader in SOFC technology
- ABC ist weltweit anerkannter Marktführer auf dem Gebiet der SOFC-Technologie

SOFC test rig Festoxid-Brennstoffzellen-Prüfstand m

solar advocate Anhänger/Befürworter der Solarenergie

solar array n Solarfeld n

- modules can be connected to form even larger units known as arrays
- Module können zu noch größeren Einheiten – so genannten Solarfeldern – zusammengeschaltet werden
- the solar array also might be oriented toward the southwest
- man könnte das Solarfeld auch nach Südwesten ausrichten

solar-based electricity Solarstrom m

- ABC produces more than 95 percent of the world's solar-based electricity
- ABC erzeugt mehr als 95 Prozent des weltweit hergestellten Solarstromes

solar cell Solarzelle f

- the electrical output of a solar cell
- die elektrische Leistung einer Solarzelle
- how solar cells work
- wie Solarzellen arbeiten
- the time it takes to make a silicon solar cell
- die Zeit, die für die Herstellung einer Silizium-Solarzelle benötigt wird
- they produced a solar cell with 19 percent efficiency
- sie stellten eine Solarzelle mit einem Wirkungsgrad von 90 % her
- this expensive process accounts for half the cost of the finished solar cell
- dieser teure Prozess macht die Hälfte der Kosten einer fertigen Solarzelle aus
- solar cells that make electricity have been around for decades
- Solarzellen zur Stromerzeugung gibt es schon seit Jahrzehnten
- solar cells can also move boats
- Solarzellen können auch für den Antrieb von Booten eingesetzt werden
- traditional solar cells are made from either single silicon crystals or amorphous silicon
- die klassische Solarzelle wird aus monokristallinem oder amorphem Silizium hergestellt
- today, solar cells power virtually all satellites
- heute werden praktisch alle Satelliten von Solarzellen mit Strom versorgt
- the new cheaper cells could be in production within three years
- die neuen und billigeren Zellen könnten schon innerhalb der nächsten drei Jahre in Produktion gehen

solar cell array Solarfeld n

- solar cell arrays on satellites are used to power the electrical systems
- die Solarzellenfelder von Satelliten dienen der Stromversorgung der elektrischen Einrichtungen

solar cell efficiency Solarzellenwirkungsgrad m

- they have raised solar-cell efficiency from ... percent to ... percent
- sie haben den Solarzellenwirkungsgrad von ... Prozent auf ... Prozent erhöht
- scientists hope to take solar-cell efficiency to greater than 40 percent
- Wissenschaftler wollen den Solarzellen-wirkungsgrad auf über 40 % erhöhen

solar cell manufacturing Solarzellenherstellung f

- these acids are used in solar cell manufacturing
- diese Säuren finden bei der Herstellung von Solarzellen Verwendung

solar cell production Solarzellenherstellung f

solar collector Solarkollektor m; Sonnenkollektor m

- he installed a solar collector on his roof
- er installierte einen Solarkollektor auf seinem Dach
- ABC is one of the largest producers of solar collectors in the United States
- ABC ist einer der größten Hersteller von Solarkollektoren in den Vereinigten Staaten

solar concentrating collector system konzentrierendes Kollektorsystem

solar-derived hydrogen solarer Wasserstoff; Solarwasserstoff m

- to power future fuel cell vehicles with solar-derived hydrogen
- zukünftige Brennstoffzellenfahrzeuge mit solarem Wasserstoff antreiben

solar electric generating system Solarkraftanlage f; Solarkraftwerk n

solar electric generation facility Solarkraftwerk n

solar electricity Solarstrom m

- this decision could revolutionize the market for solar electricity
- diese Entscheidung könnte den Markt für Solarstrom revolutionieren

solar electricity generation solare Elektrizitätserzeugung

solar electric power plant Solarkraftwerk n

- since 1984, ABC had been building successively better solar electric power plants
- seit 1984 hatte ABC immer bessere Solarkraftwerke gebaut

solar energy Solarenergie f; Sonnenenergie f

- to reduce the cost of solar energy
- die Kosten der Solarenergie senken
- big business is waking up to solar energy
- die Großindustrie wird auf die Solarenergie aufmerksam
- these climatic factors all affect the amount of solar energy that is available to PV systems
- alle diese klimatischen Faktoren haben Auswirkungen auf die Solarenergiemenge, die den PV-Anlagen zur Verfügung steht
- the solar energy collected during daylight can be stored for night-time use
- die bei Tageslicht gewonnene Solarenergie kann gespeichert und nachts verwendet werden

solar farm Solarfarm f

- inverters are distributed throughout the solar farm to convert the generated electricity from DC to AC
- über die gesamte Solarfarm sind Wechselrichter verteilt, die den erzeugten Gleichstrom in Wechselstrom umwandeln
- construction on the country's largest solar farm will begin next month
- mit dem Bau der größten Solarfarm des Landes wird nächsten Monat begonnen

solar generator Solargenerator m

- ABC is hoping to commission the solar generator by mid-November
- ABC hofft, den Solargenerator bis Mitte November in Betrieb zu nehmen

solar heat Sonnenwärme f; Solarwärme f

- to turn solar heat into electricity
- Europe continued to advance the practical application of solar heat
- this was the best method for directly utilizing solar heat
- Sonnenwärme in Strom umwandeln
- Europa arbeitete weiter an der praktischen Anwendung der Sonnenwärme
- dies war die beste Methode zur direkten Nutzung der Sonnenwärme

solar heating Solarheizung f

- solar heating is the use of sunlight to heat water or air in buildings
- unter Solarheizung versteht man die Nutzung des Sonnenlichts zur Erwärmung von Wasser oder Luft in Gebäuden

solar heating system Solarheizung f

- in addition to the solar heating system, all solar homes also have a conventional home heating system
- alle Solarhäuser sind nicht nur mit einer Solarheizung, sondern auch mit einer konventionellen Heizung ausgestattet

solar hydrogen solarer Wasserstoff; Solarwasserstoff m

- because solar hydrogen is created from water and photovoltaic electricity, it is a renewable energy resource
- da Solarwasserstoff aus Wasser und PV-Strom hergestellt wird, handelt es sich um einen erneuerbaren Energieträger

solar irradiance Strahlungsleistung der Sonne; Bestrahlungsstärke f; Sonneneinstrahlung f

- solar irradiance is the amount of solar energy that arrives at a specific area of a surface during a specific time interval
- solar irradiance attenuates as it passes through the atmosphere to the surface of the earth
- unter der Strahlungsleistung der Sonne versteht man die Menge Solarenergie, die innerhalb eines bestimmten Zeitintervalls auf eine bestimmte Fläche auftrifft
- auf dem Wege durch die Atmosphäre zur Erdoberfläche wird die Sonneneinstrahlung gedämpft

solar module Solarmodul n; Solarstrommodul n

- high-performance solar modules will supply an estimated 39,000 kilowatt-hours of solar-generated electricity annually
- the solar modules deliver electricity to residential customers
- each solar module consists of 36 polycrystalline solar cells
- Hochleistungs-Solarmodule werden pro Jahr schätzungsweise 39.000 Kilowattstunden Solarstrom liefern
- die Solarmodule versorgen Privatkunden mit Strom
- jedes Solarmodul besteht aus 36 polykristallinen Solarzellen

solar panel Solarpanel n; Solarpaneel n; Solarmodul n; Solarbatterie f; Sonnenbatterie f

- solar panels like these could become cheaper to make
- to buy enough solar panels to make 10 million watts of electricity
- die Herstellung derartiger Solarpanels könnte billiger werden
- Solarpanels kaufen, die für die Erzeugung von 10 Millionen Watt Strom ausreichen

solar pioneer Solarpionier m

solar plant Solaranlage f; Solarkraftwerk n

- this 10MW solar plant continues to generate after sunset
- other utilities also operate solar plants
- diese 10-MW-Solaranlage erzeugt auch nach Sonnenuntergang Strom
- andere EVU betreiben ebenfalls Solaranlagen

solar pond Solarteich m

- solar ponds are used to collect and store solar energy
- Solarteiche fangen die Sonnenenergie ein und speichern sie

solar power Solarstrom m; Solarenergie f

- solar power was first used to power space capsules and telecommunications satellites
- Solarstrom wurde zuerst zur Versorgung von Weltraumkapseln und Telekommunikationssatelliten eingesetzt

solar-powered adj solargetrieben

- solar-powered motor
- solargetriebener Motor

solar power generation Solarstromerzeugung f; solare Stromerzeugung

- in 1984, ABC built its first solar electric generating system plant and became the world leader in solar power generation
- im Jahre 1984 baute ABC sein erstes Solarkraftwerk und wurde weltweit führend auf dem Gebiet der Solarstromerzeugung

solar power plant Solarkraftwerk n

- to encourage construction of solar power plants in deregulated marketplaces
- construction of the solar power plant began in early September
- den Bau von Solarkraftwerken auf deregulierten Märkten fördern
- mit dem Bau des Solarkraftwerkes wurde im September begonnen

solar power station Solarkraftwerk n

solar power system Solarstromanlage f

- the solar power system consists of 24 solar panels
- a solar power system could run appliances such as an air conditioner
- die Solarstromanlage besteht aus 24 Solarpanels
- Betriebsmittel wie z. B. Klimaanlagen könnten mit Hilfe einer Solarstromanlage betrieben werden

solar power tower Solarturm-Kraftwerk n; Solarturm m

solar power tower plant Solarturm-Kraftwerk n; Solar-Turm-Anlage f

- previous solar power tower plants heated water directly to make steam
- bei früheren Solarturm-Kraftwerken wurde Wasser direkt zur Dampferzeugung erwärmt

solar pump Solarpumpe f

solar radiation Sonnenstrahlung f; Solarstrahlung f

- to convert solar radiation into heat
- innovative techniques for capturing solar radiation
- the direct conversion of solar radiation into mechanical power
- solar radiation may be converted directly into electricity
- Sonnenstrahlung in Wärme umwandeln
- neuartige Techniken zum Einfangen der Sonnenstrahlung
- die direkte Umwandlung von Sonnenstrahlung in mechanische Energie
- Solarstrahlung kann direkt in Elektrizität umgewandelt werden

solar resource Sonnenangebot n

- when the solar resource is at a minimum
- wenn das Sonnenangebot am kleinsten ist

solar roof Solardach n

- 600 houses were fitted with solar roofs
- to put solar roofs on one million buildings by ...
- auf 600 Häusern wurden Sonnendächer installiert
- bis zum Jahre ... eine Million Gebäude mit Solardächern ausrüsten

solar system Solaranlage f

- the initial cost of the new solar system
  - die Investitionskosten für die neue Solaranlage

solar technology Solartechnologie f; Solartechnik f

- there's money to be made in solar technology
  - mit der Solartechnolgie kann man Geld machen
- solar technology already boasts a century of R&D
  - die Solartechnologie blickt schon auf hundert Jahre Forschung und Entwicklung zurück
- solar technology is a perfect match for water pumping applications
  - die Solartechnologie ist ideal für den Antrieb von Wasserpumpen

solar thermal collector solarthermischer Kollektor

- the typical solar thermal collector still only converts about 45 percent of the solar energy into hot water
  - ein üblicher solarthermischer Kollektor nutzt zurzeit nur etwa 45 % der Solarenergie zur Warmwasserbereitung
- this device looks just like a conventional solar thermal collector
  - dieses Gerät sieht wie ein herkömmlicher solarthermischer Kollektor aus

solar thermal generating plant solarthermische Anlage; solarthermisches Kraftwerk; thermisches Solarkraftwerk

- they failed to recognize the economic and environmental benefits of solar thermal generating plants
  - sie haben die wirtschaftlichen und Umweltvorteile von solarthermischen Kraftwerken nicht erkannt
- advanced solar thermal generating plants
  - weiterentwickelte solarthermische Kraftwerke
- the economic and environmental benefits of solar thermal generating plants
  - Wirtschaftlichkeit und Umweltvorteile von thermischen Solarkraftwerken

solar thermal plant solarthermische Anlage; thermisches Solarkraftwerk

- this solar thermal plant meets peaking needs
  - dieses thermische Solarkraftwerk dient zur Deckung des Spitzenbedarfs

solar thermal power plant solarthermisches Kraftwerk; Solarwärme-Kraftwerk n

- to construct a 5MW solar thermal power plant
  - ein solarthermisches Kraftwerk mit einer Leistung von 5 MW bauen

solar thermal power station solarthermisches Kraftwerk; thermisches Solarkraftwerk

- in California, solar thermal power stations provide over 350MW of generating capacity
  - die Gesamtkapazität der thermischen Solarkraftwerke in Kalifornien beträgt über 350 MW

solar thermal system solarthermische Anlage; solarthermisches System

- hot water can usually be produced much more cheaply by a solar thermal system
  - Warmwasser kann gewöhnlich kostengünstiger mit einer solarthermischen Anlage hergestellt werden

solid biomass feste Biomasse

- to transform solid biomass into a gas that consists of ...
  - feste Biomasse in Gas umwandeln, das aus ... besteht

solid electrolyte *(FC)* Festelektrolyt m, fester Elektrolyt

- the solid electrolyte allows for the simplest of fuel cell plant designs
  - der Festelektrolyt ermöglicht einen äußerst einfachen Aufbau der Brennstoffzellenanlage

- the PEM fuel cell uses a solid electrolyte
- die PEM-Brennstoffzelle hat einen Festelektrolyt
- these cells have a solid electrolyte separating the two electrodes
- diese Zellen besitzen einen Festelektrolyten, der die beiden Elektroden voneinander trennt

solid fuel Festbrennstoff m

solid oxide electrolyte fuel cell (see **solid-oxide fuel cell**)

solid-oxide fuel cell; solid oxide fuel cell (SOFC) Festoxid-Brennstoffzelle f; Oxidkeramische Brennstoffzelle; oxidkeramische Brennstoffzelle

- SOFC approach 60 percent electrical efficiency
- der elektrische Wirkungsgrad der SOFC nähert sich 60 %
- cross-sectional view of a solid-oxide fuel cell
- Querschnittsansicht einer Festoxid-Brennstoffzelle
- solid oxide fuel cells are operated at high temperatures
- Festoxid-Brennstoffzellen werden bei hohen Temperaturen betrieben
- the world's largest solid oxide fuel cell (SOFC) is expected to go into service in about two years
- die größte Festoxid-Brennstoffzelle (SOFC) der Welt soll in zwei Jahren in Betrieb gehen
- the solid oxide fuel cell generates power electrochemically, avoiding air pollutants and efficiency losses associated with combustion processes
- die Festoxid-Brennstoffzelle erzeugt Strom elektrochemisch ohne die für Verbrennungsprozesse typischen Luftschadstoffe und Wirkungsgradverluste
- cross-sectional view of a solid-oxide fuel cell
- Querschnittsansicht einer Festoxid-Brennstoffzelle
- the 2-megawatt module will be made up of 10,000 solid oxide fuel cells
- das 2-Megawatt-Modul besteht aus 10.000 Festoxidbrennstoffzellen
- a solid oxide fuel cell can easily follow changing demands for electricity
- eine Festoxidbrennstoffzelle kann sich leicht dem schwankenden Strombedarf anpassen

solid polymer fuel cell (SPFC) Festpolymer-Brennstoffzelle f (see also **proton exchange membrane fuel cell**)

- low-cost SPFC for transport applications
- kostengünstige Festpolymer-Brennstoffzelle für Verkehrsanwendungen

solid waste fester Abfall

- solid waste can be burned to produce electricity or steam
- fester Abfall kann zur Stromerzeugung verfeuert werden

sound level Schallpegel m

- the sound level at 40 m from a typical modern wind turbine is ... dB(A)
- der Schallpegel einer typischen modernen Windturbine beträgt in einem Abstand von 40 m ... dB(A)
- exceptionally low sound level
- außergewöhnlich niedriger Schallpegel

sound power level Schallleistungspegel m

source of electricity Stromquelle f

- this technology is too expensive to compete with conventional sources of electricity
- diese Technologie ist zu teuer, um mit konventionellen Stromquellen konkurrieren zu können
- solar cells became a reliable source of electricity for satellites
- Solarzellen wurden zu einer zuverlässigen Stromquelle für Satelliten

source of energy Energiequelle f

- oceans and rivers remain a vast and still largely untapped source of energy
- Ozeane und Flüsse bilden weiterhin eine riesige und noch weitgehend unerschlossene Energiequelle

space n (1) Weltraum m

- fuel cells have so far only been used in space
- these fuel cells find major use in space
- Brennstoffzellen wurden bis jetzt nur im Weltraum/in der Raumfahrt eingesetzt
- diese Brennstoffzellen werden hauptsächlich im Weltraum/in der Raumfahrt eingesetzt

space n (2) Raum m; Platz m

- the space occupied by the engine of a mid-sized car
- commercial vehicles have the space to accommodate the FC system
- der vom Verbrennungsmotor eines Mittelklassewagens beanspruchte Raum
- Nutzfahrzeuge verfügen über ausreichend Raum zur Unterbringung des Brennstoffzellensystems

space application Weltraumanwendung f

- fuel cells were originally developed for space applications
- Brennstoffzellen wurden ursprünglich für Weltraumanwendungen entwickelt

spacecraft n Raumfahrzeug n

- to use fuel cells as a power source for spacecraft
- fuel cells were first used aboard American spacecraft in the 1960s
- Brennstoffzellen als Energiequelle für Raumfahrzeuge verwenden
- Brennstoffzellen wurden zum ersten Mal in den Sechzigerjahren an Bord von Raumfahrzeugen eingesetzt

space heating Raumheizung f; Raumwärmeversorgung f; Raumwärme f

- the principal use of geothermal energy in Iceland is for space heating
- space heating for residential and commercial buildings
- to supply four industries and a university with space heating
- die geothermische Energie wird in Island hauptsächlich für die Raumheizung eingesetzt
- Raumheizung für Wohn- und Nutzgebäude
- vier Industriebetriebe und eine Universität mit Raumwärme versorgen

space mission Raumfahrt f; Raumfahrtmission f; Raumflug m

- fuel cells have been used since the 1960s in space missions
- the hydrogen fuel cells that have flown on space missions are not practical for most applications on Earth
- Brennstoffzellen werden seit den sechziger Jahren in der Raumfahrt eingesetzt
- die Wasserstoff-Brennstoffzellen, die in der Raumfahrt eingesetzt werden, sind für die meisten Anwendungen auf der Erde ungeeignet

space requirement Platzbedarf m; Raumbedarf m

- the compact design of combined cycle power plants substantially reduces their space requirements
- cost and space requirements are comparable to conventional power generation technologies
- decreased space requirements
- the Francis turbine gains in the cost comparison due to its higher speed and smaller space requirement
- der Platzbedarf einer Kombianlage ist aufgrund ihrer kompakten Bauweise ausgesprochen gering
- Kosten und Platzbedarf sind vergleichbar mit herkömmlichen Stromerzeugungsanlagen
- geringerer Platzbedarf/Raumbedarf
- aufgrund der höheren Drehzahl und des geringeren Raumbedarfs schneidet die Francis-Turbine im Kostenvergleich besser ab

spectral distribution *(solar)* spektrale Zusammensetzung
- spectral distribution of the sunlight
- spektrale Zusammensetzung des Sonnenlichts

speed n Drehzahl f
- the wind turbines turn at a constant speed of 29 rpm
- the gas turbine operates at a speed of 3,600 rpm
- die Windturbinen laufen mit einer konstanten Drehzahl von 29 min^{-1}
- die Gasturbine läuft mit einer Drehzahl von 3.600 min^{-1}

speed control Drehzahlregelung f
- further improvements were made, especially in speed control
- besonders auf dem Gebiet der Drehzahlregelung kam es zu weiteren Verbesserungen

SPFC (see **solid polymer fuel cell**)

spillway n *(hydro)* Überlaufkanal m; Entlastungsanlage f
- the rest of the water passes downstream by spillways
- part of the dam itself is used as a spillway over which excess water is discharged in times of flood
- das restliche Wasser strömt durch Überlaufkanäle flussabwärts
- ein Teil des Dammes dient als Entlastungsanlage, über die bei Hochwasser das überschüssige Wasser abgeführt wird

spinning reserve mitlaufende Reserve; rotierende Reserve; Reservestellung f
- this power station can be used for spinning reserve
- dieses Kraftwerk kann zur Reservestellung genutzt werden

ST (see **steam turbine**)

stack n (1) *(FC)* Stapel m; Stack m; Zellstapel m
- fuel cells are combined into stacks
- the cells are linked to form stacks
- individual fuel cells are connected into groups called stacks
- fuel cells are combined into groups called stacks
- Brennstoffzellen werden zu Stapeln zusammengefasst
- die Zellen sind zu Stacks zusammengeschaltet
- einzelne Brennstoffzellen werden zu so genannten Stacks zusammengeschaltet
- Brennstoffzellen werden zu so genannten Stacks zusammengeschaltet

stack n (2) Schornstein m
- these gases exit via the stack
- the gases cool before leaving the stack
- a tall stack
- diese Gase entweichen durch den Schornstein
- vor Verlassen des Schornsteins kühlen die Gase ab
- ein hoher Schornstein

stack v *(FC)* stapeln; zu einem Stapel zusammenfassen
- a fuel cell stack can produce any required amount of current by stacking the proper numbers of cells
- fuel cells are usually "stacked" into modules to provide a larger output
- to develop higher voltages, cells are "stacked" and connected in series
- ein Brennstoffzellenstapel kann jede gewünschte Strommenge erzeugen, wenn man die entsprechende Anzahl von Zellen zu einem Stapel zusammenfasst
- Brennstoffzellen werden gewöhnlich zu Modulen gestapelt, um so höhere Leistungen zu erreichen
- zur Erreichung höherer Leistungen werden die Brennstoffzellen gestapelt und in Reihe geschaltet

stack efficiency *(FC)* Stackwirkungsgrad m

stack size *(FC)* Stack-Größe f

- stack size and weight are critical to commercial transportation applications
- Stack-Größe und -Gewicht sind entscheidende Faktoren bei kommerziellen Verkehrsanwendungen

stall control *(wind)* Stall-Regelung f

stall-controlled adj *(wind)* stallgeregelt

- stall-controlled rotor
- stallgeregelter Rotor

stall-regulated; **stall regulated** adj *(wind)* stallgeregelt

- stall-regulated wind turbine
- stallgeregelte Windturbine

stand-alone wind turbine einzelne Windkraftanlage

starting time *(FC)* Startzeit f

start time *(FC)* Startzeit f

- fast start time
- kurze Startzeit

start-up n Anfahren n

- start-up and shutdown also must occur without operator attention
- Anfahren und Abfahren der Anlage müssen unbeaufsichtigt erfolgen

start-up time *(FC)* Startzeit f

- start-up time for automotive applications must be less than a few seconds
- die Startzeit beim Einsatz in Autos darf nur wenige Sekunden betragen

state of the art Stand der Technik

- the current state of the art was reached via thousands of incremental steps
- to advance the state of the art
- he examined the state of the art in fuel cells
- der jetzige Stand der Technik ist das Ergebnis vieler tausende winziger Schritte
- den Stand der Technik vorantreiben
- er untersuchte den Stand der Brenstoffzellentechnik

state of the technology Stand der Technik

- the state of the technology has advanced significantly
- der Stand der Technik hat sich beträchtlich weiterentwickelt

stationary application stationäre/ortsfeste Anwendung

- the use of fuel cells for stationary applications
- to develop fuel cells for mobile and for stationary applications
- der Einsatz von Brennstoffzellen für stationäre Anwendungen
- Brennstoffzellen für mobile und stationäre Anwendungen entwickeln

stationary energy conversion stationäre Energieumwandlung

- to be particularly suitable for stationary energy conversion
- sich besonders gut für die stationäre Energieumwandlung eignen

stationary power generation stationäre elektrische Energieerzeugung

- three types of fuel cells are targeted for stationary power generation
- drei Brennstoffzellentypen will man zur stationären Elektrizitätserzeugung einsetzen

status of the technology Stand der Technik

- at this conference the status of the technology will be discussed
- an dieser Konferenz wird über den Stand der Technik diskutiert werden

steam n Dampf m

- the steam enters a turbine where it expands
- steam produced in the plant drives a 1200kW turbine generator
- to turn water into steam
- reliable provision of steam and electricity
- low-quality steam

- der Dampf gelangt in eine Turbine, wo er entspannt wird
- in der Anlage erzeugter Dampf treibt einen 1200-kW-Turbogenerator an
- Wasser in Dampf umwandeln
- zuverlässige Versorgung mit Dampf und Strom
- Dampf niedriger Qualität

steam boiler Dampfkessel m

- the plant is equipped with steam boilers
- fuel for firing steam boilers

- die Anlage ist mit Dampfkesseln ausgerüstet
- Brennstoff zur Befeuerung von Dampfkesseln

steam demand Dampfbedarf m

- steam demand varies seasonally between 5,000kW and 17,000kW
- large swings in steam demand may have significant impact on the economic viability of an installation
- to meet steam demand
- plant steam demand decreases

- der Dampfbedarf schwankt saisonal zwischen 5.000 kW und 17.000 kW
- große Schwankungen im Dampfbedarf können beträchtliche Auswirkungen auf die Wirtschaftlichkeit einer Anlage haben
- den Dampfbedarf decken
- der Dampfbedarf der Anlage sinkt

steam electric power plant Dampfkraftwerk n

- a conventional steam electric power plant converts fossil fuels into electric energy

- herkömmliche Dampfkraftwerke wandeln fossile Brennstoffe in Elektrizität um

steam field *(geo)* Dampffeld f

- a large geothermal steam field located north of ABC

- ein großes geothermisches Dampffeld nördlich von ABC

steam generator Dampferzeuger m

- gas-fired steam generator
- the temperature of the steam is increased in the steam generator before the steam is returned to the turbine
- the steam generator will be constructed and installed in 2...

- gasbefeuerter Dampferzeuger
- bevor der Dampf zur Turbine zurückkehrt, wird seine Temperatur im Dampferzeuger erhöht
- der Dampferzeuger wird im Jahre 2... gebaut und installiert

steam line Dampfleitung f

- the city operates a district heating system with approximately 4 miles of steam lines

- die Stadt betreibt ein Fernwärmenetz mit einer ca. 6 km langen Dampfleitung

steam powerplant/power plant Dampfkraftwerk n

- steam power plants produce most of the electricity generated in the United States

- Dampfkraftwerke leisten den größten Beitrag zur Stromerzeugung in den USA

steam power station Dampfkraftwerk n

- construction of a 700-MW steam power station
- these countries have little coal or oil to burn in steam power stations

- Bau eines 700-MW-Dampfkraftwerks
- diese Länder verfügen über wenig Kohle oder Öl zur Verfeuerung in Dampfkraftwerken

steam reformer *(FC)* Dampfreformer m

- the two companies are partners in a project to develop a steam reformer
- die beiden Unternehmen arbeiten gemeinsam an einem Projekt zur Entwicklung eines Dampfreformers
- steam reformers have higher efficiency
- Dampfreformer haben einen höheren Wirkungsgrad

steam reforming Dampfreformierung f; Steamreforming n

- to derive hydrogen from methane via steam reforming
- mittels Dampfreformierung Wasserstoff aus Methan gewinnen

steam reservoir *(geo)* Dampfvorkommen n; Dampflagerstätte f

- the Earth's heat collects in large underground reservoirs of steam or hot water
- die Erdwärme ist in großen Dampf- oder Heißwasservorkommen gespeichert
- the only underground steam reservoir in the United States that has been developed is The Geysers
- The Geysers ist das einzige unterirdische Dampfvorkommen der USA, das erschlossen wurde

steam resource *(geo)* Dampflagerstätte f; Dampfvorkommen n

- steam resources are the easiest to use
- die Nutzung der Dampflagerstätten ist am einfachsten

steam turbine Dampfturbine f

- high-speed steam turbine
- hochtourige Dampfturbine
- single-stage steam turbine
- einstufige Dampfturbine
- these steam turbines are geared to reduce turbine speed from ... rpm to ... rpm
- diese Dampfturbinen sind mit Getriebe versehen, um die Turbinendrehzahl von ... min^{-1} auf ... min^{-1} zu reduzieren
- geared steam turbine
- Dampfturbine mit Getriebe

steam well *(geo)* Dampfbohrung f

- some steam wells produce up to six megawatts of thermal power
- es gibt Dampfbohrungen mit einer thermischen Leistung von bis zu sechs Megawatt

steel tower *(wind)* Stahlturm m

- the wind turbines are supported by a 30 m steel tower
- die Windturbinen sitzen auf einem 30 Meter hohen Stahlturm

Stirling engine Stirling-Motor m; Heißgasmotor m

- advanced technologies such as fuel cells and Stirling engines could provide additional benefits to users
- moderne Technologien wie Brennstoffzellen und Stirling-Motoren könnten den Verbrauchern zusätzliche Vorteile bieten
- a Stirling engine converts heat energy to mechanical energy
- ein Stirling-Motor wandelt Wärmeenergie in mechanische Energie um

storage n (1) *(hydro)* Speicher m

- big storages fill up over a number of years
- große Speicher füllen sich über mehrere Jahre hinweg
- the level of water in the storage is dropping
- der Wasserpegel im Speicher sinkt zur Zeit

storage n (2) Speicherung f

- hydrogen storage remains a problem
- die Speicherung von Wasserstoff bleibt ein Problem
- hydrogen storage on vehicles
- die Speicherung von Wasserstoff an Bord von Fahrzeugen
- on-board hydrogen storage
- die Speicherung von Wasserstoff an Bord
- the storage of electrical energy
- die Speicherung elektrischer Energie

storage capacity Speicherfähigkeit f; Speicherkapazität f

- unlike the battery, the fuel cell has no finite storage capacity
- im Gegensatz zur Batterie ist die Speicherfähigkeit einer Brennstoffzelle nicht begrenzt
- their greater storage capacity makes fuel cells the number-one topic in energy storage these days
- dank ihrer größeren Speicherkapazität sind Brennstoffzellen zur Zeit das Thema Nummer eins, wenn es um Energiespeicherung geht

storage plant *(hydro)* Speicherkraftwerk n

storage reservoir *(hydro)* Speicherbecken n

- to pump water into the storage reservoirs during the off-peak periods
- während der Schwachlastzeiten Wasser in die Speicherbecken pumpen

storage tank Speichertank m

- the storage tank holds hydrogen or a hydrogen-carrying fuel
- der Speichertank enthält Wasserstoff oder einen wasserstoffhaltigen Brennstoff

storage technology Speichertechnologie f

- to develop and apply advanced storage technologies
- moderne Speichertechnologien entwickeln und einsetzen
- the 18-month project will review the various storage technologies
- im Rahmen dieses 18-monatigen Projektes werden die unterschiedlichen Speichertechnologien untersucht

store v speichern

- this technology should offer a flexible means of storing electricity in bulk
- diese Technologie sollte ein flexibles Werkzeug zur Speicherung elektrischer Energie in großen Mengen bieten

strain gauge Dehnungsmessstreifen m

- the report gives recommendations for applying strain gauges and sensors
- in dem Bericht werden Empfehlungen zur Anwendung von Dehnungsmess-streifen und Messfühlern gegeben

straw n *(bio)* Stroh n

- burning wood and straw produces less SO_x and NO_x emissions than burning fossil fuels
- beim Verbrennen von Holz und Stroh entstehen geringere SO_x- und NO_x-Emissionen als beim Verbrennen fossiler Brennstoffe

structure n Aufbau m

- the new solar cells have a much more complex structure
- die neuen Solarzellen haben einen viel komplexeren Aufbau

submersible pump Tauchpumpe f

subsea application *(FC)* Unterwasseranwendung f

subsea cable *(wind)* Seekabel n

- to bring the power ashore via subsea cables
- den Strom über Seekabel an Land bringen

subsea use *(FC)* Unterwasseranwendung f

subsystem n Subsystem n; Teilsystem n

- these subsystems are illustrated in Figure 3
- Abb. 3 zeigt diese Subsysteme
- an NGFC system is composed of three subsystems
- ein Erdgas-Brennstoffzellensystem besteht aus drei Teilsystemen

substrate n *(solar)* Unterlage f; Substrat n; Trägermaterial n

- these cells are manufactured by depositing layers of doped silicon on a substrate
- diese Zellen werden hergestellt, indem man Schichten dotierten Siliziums auf ein Trägermaterial abscheidet

sugarcane residue Zuckerrohrrückstände mpl

sulfur n *(US)*; **sulphur** *(GB)* Schwefel m

- because sulfur is removed from the fuel, no sulfur oxide is emitted
- da der Schwefel aus dem Brennstoff entfernt wird, wird kein Schwefeloxid emittiert

sulfur *(US)*/**sulphur** *(GB)* **compound** Schwefelverbindung f

- to remove sulfur compounds from the gas
- Schwefelverbindungen aus dem Gas entfernen

sulfur *(US)*/**sulphur** *(GB)* **dioxide** *(GB)* Schwefeldioxid n

- biomass, when burned, typically produces less sulfur dioxide (SO_2) than coal
- beim Verbrennen von Biomasse entsteht im Allgemeinen weniger Schwefeldioxid (SO_2) als bei Kohle

sulfuric *(US)*/**sulphuric** *(GB)* **acid** Schwefelsäure f

- the first fuel cell used sulfuric acid as the electrolyte
- bei der ersten Brennstoffzelle wurde Schwefelsäure als Elektrolyt verwendet

sulfuric *(US)*/**sulphuric** *(GB)* **oxide** Schwefeloxid n

- the system produces negligible amounts of sulfur and nitrogen oxides
- das System erzeugt geringfügige Mengen an Schwefel- und Stickoxiden

sun n Sonne f

- the sun is the best known renewable resource
- die Sonne ist die bekannteste erneuerbare Energiequelle

sunbelt n Sonnengürtel m

- these buildings are not all in the sunbelt
- diese Gebäude sind nicht alle im Sonnengürtel gelegen

sunlight n Sonnenlicht n

- to directly convert sunlight into electricity
- the direct conversion of sunlight into electricity
- the sunlight changes all the time
- to generate/produce electricity from sunlight
- to exploit the sunlight
- sunlight is composed of photons
- Sonnenlicht direkt in Strom umwandeln
- die direkte Umwandlung von Sonnenlicht in Strom
- das Sonnenlicht ändert sich ständig
- Strom aus Sonnenlicht herstellen
- das Sonnenlicht nutzen
- das Sonnenlicht besteht aus Photonen

sunny adj sonnenreich; sonnig

- concentrators would tend to be used in sunny latitudes for larger installations
- Konzentratoren würde man eher in sonnigen Breiten für größere Anlagen einsetzen

sunshine n Sonnenschein m

- in areas where there is plenty of sunshine
- in Gegenden mit viel Sonnenschein

sun's rays Sonnenstrahlen mpl

- to turn the sun's rays into mechanical power
- solar power stations generate electricity from the sun's rays
- die Sonnenstrahlen in mechanische Energie umwandeln
- Solarkraftwerke erzeugen aus Sonnenstrahlen Elektrizität

sun's spectrum Sonnenspektrum n

- the three cells are based on different materials to capture different portions of the sun's spectrum
- die drei Zellen bestehen aus unterschiedlichen Werkstoffen, um die verschiedenen Bereiche des Sonnenspektrums zu nutzen

superheated steam überhitzter Dampf

- these turbines use superheated steam
- diese Turbinen werden mit überhitztem Dampf betrieben
- the HRBs generate superheated steam for one steam turbine
- die Abhitzekessel erzeugen überhitzten Dampf für eine Dampfturbine

supplementary firing Zusatzfeuerung f

- supplementary firing uses only a portion of the available oxygen
- the fuel used in supplementary firing may be the same high-grade fuel used in the gas turbine
- in der Zusatzfeuerung wird nur ein Teil des verfügbaren Sauerstoffs verwendet
- in der Zusatzfeuerung kann der gleiche hochwertige Brennstoff wie in der Gasturbine verwendet werden

supplementary firing equipment Zusatzfeuerung f

- in large combined-cycle plants separate supplementary firing equipment (SF) is interposed between the gas turbine and the HRB
- in großen Kombianlagen wird eine Zusatzfeuerung zwischen Gasturbine und Abhitzekessel geschaltet

supplementary firing system Zusatzfeuerung f

supply contract Liefervertrag m

- long-term supply contract
- ABC is negotiating a supply contract with BCD
- seven-year supply contract
- langfristiger Liefervertrag
- ABC handelt einen Liefervertrag mit BCD aus
- Liefervertrag mit einer Laufzeit von sieben Jahren

support n Unterstützung f

- financial and technical support
- finanzielle und technische Unterstützung

surface water *(geo)* Oberflächenwasser n

- to prevent any contamination of surface waters
- jegliche Verschmutzung des Oberflächenwassers verhindern

surplus capacity Überkapazität f

- pumping takes place when there is surplus capacity in coal and nuclear plants
- Pumpbetrieb findet statt, wenn Überkapazitäten in Kohle- und Kernkraftwerken vorhanden sind

surplus electricity überschüssiger Strom; überschüssige elektrische Energie

- surplus electricity can normally be sold without the need for a supply licence
- überschüssiger Strom kann normalerweise ohne spezielle Genehmigung verkauft werden
- to export surplus electricity to the grid
- überschüssigen Strom ans Netz verkaufen

sustainability f Nachhaltigkeit f

- to re-orient energy policy towards sustainability
- die Energiepolitik auf Nachhaltigkeit umstellen

sustainable adj nachhaltig

- sustainable economic development
- a sustainable generation technology must produce more energy than is used to build and maintain the plant

- nachhaltige wirtschaftliche Entwicklung
- eine nachhaltige Energieerzeugungs-anlage muss mehr Energie erzeugen, als für ihren Bau und ihren Unterhalt erforderlich ist

swept area *(wind)* überstrichene Fläche

- the power available is directly proportional to the swept area of the blades

- die verfügbare Leis.ung ist direkt porportional der v..n den Blättern überstrichenen Fläche

synthetic gas Synthesegas n

- to convert biomass into synthetic gases which can then be converted into methanol

- Biomasse in Synthesegas umwandeln, das dann wiederum in Methanol umgewandelt werden kann

system design Systemaufbau m

system efficiency Systemwirkungsgrad m

- these fuel cells may attain over 50% system efficiency
- the principal drawback with this fuel cell type is its relative low system efficiency

- diese Brennstoffzellen können einen Systemwirkungsgrad von über 50 % erreichen
- der Hauptnachteil bei diesem Brenn-stoffzellentyp ist der relativ geringe Systemwirkungsgrad

systems analysis Systemanalyse f

- systems analysis and modeling will be used to help define R&D needs and priorities

- mit Hilfe von Systemanalyse und Modellbildung werden FuE-Bedarf und -Prioritäten festgelegt

T

tail vane *(wind)* Windfahne f

- the tail vane keeps the rotor facing into the wind
- die Windfahne sorgt dafür, dass der Rotor immer in Windrichtung steht

tank n Tank m

- the car has a range of 400km on a full tank
- mit einer Tankfüllung hat der Wagen eine Reichweite von 400 km

tankful n Tankfüllung f

- a tankful will provide a similar range to a conventional car
- eine Tankfüllung wird eine mit einem herkömmlichen Auto vergleichbare Reichweite ermöglichen

tap v *(geo)* anzapfen

- the thermal water is tapped at 1.5 to 4.0 km
- electricity is produced by tapping underground steam that is delivered directly to turbines
- this energy is tapped by drilling wells into the reservoirs
- das Thermalwasser wird in einer Tiefe von 1,5 bis 4,0 km angezapft
- Strom wird erzeugt, indem man eine unterirdische Dampflagerstätte anzapft und den Dampf unmittelbar Turbinen zuführt
- diese Energie wird angezapft, indem man die Lagerstätten anbohrt

technical feasibility technische Machbarkeit

- information on the technical feasibility of PEM fuel cells
- Informationen über die technische Machbarkeit von PEM-Brennstoffzellen

technically valid technisch ausgereift

technical viability technische Einsatzreife; technische Reife

- this plant demonstrates the technical viability and environmental cleanliness of fuel cell technology
- diese Anlage demonstriert die technische Einsatzreife und Umweltfreundlichkeit der Brennstoffzellen-Technologie

temperature n Temperatur f

- the material is capable of withstanding high temperatures
- as long as temperatures are kept above 1000°C
- these boilers operate at very high temperatures
- to keep the temperature at 800 - 900 °C
- der Werkstoff kann hohen Temperaturen standhalten
- solange die Temperaturen über 1000 °C gehalten werden
- diese Kessel arbeiten mit sehr hohen Temperaturen
- die Temperatur auf 800 - 900 °C halten

temperature gradient Temperaturgradient m

temperature range Temperaturbereich m

terrestrial adj terrestrisch; bodengebunden

- to develop fuel cells for terrestrial applications/purposes
- alkaline fuel cells are more difficult to use for terrestrial applications
- terrestrial fuel cell technology
- fuel cell technology for terrestrial use
- Brennstoffzellen für terrestrische Anwendungen/Zwecke entwickeln
- alkalische Brennstoffzellen eignen sich weniger gut für terrestrische Anwendungen
- terrestrische Brennstoffzellentechnologie
- Brennstoffzellen für terrestrische Anwendungen

terrestrial solar cell terrestrische/erdgebundene Solarzelle
- to double the power output of terrestrial solar cells
- die Leistung terrestrischer Solarzellen verdoppeln

testing purpose Testzweck m
- to be intended for testing purposes only
- nur für Testzwecke vorgesehen sein

test well *(geo)* Probebohrung f
- to drill a test well
- eine Probebohrung niederbringen

thermal anomaly *(geo)* Wärmeanomalie f
- the area is a well-known thermal anomaly which was discovered in 1847
- das Gebiet ist eine bekannte Wärmeanomalie, die im Jahre 1847 entdeckt worden war

thermal conductivity *(geo)* Wärmeleitfähigkeit f
- low thermal conductivity of the rock
- geringe Wärmeleitfähigkeit des Gesteins

thermal efficiency thermischer Wirkungsgrad
- the thermal efficiency of the alkaline fuel cell is low
- der thermische Wirkungsgrad der alkalischen Brennstoffzelle ist niedrig

thermal energy Wärmeenergie f
- the thermal energy can be recovered and utilized
- die Wärmeenergie kann zurückgewonnen und genutzt werden
- by-product thermal energy generated in the fuel cell is available for cogeneration of hot water or steam
- als Nebenprodukt in der Brennstoffzelle erzeugte thermische Energie kann zur gleichzeitigen Erzeugung von Heißwasser oder -dampf verwendet werden
- thermal energy produced in the generation process can be recaptured
- Wärmeenergie, die beim Stromerzeugungsprozess entsteht, kann zurückgewonnen werden
- the heat exchanger transfers thermal energy from one fluid to another
- der Wärmetauscher überträgt Wärmeenergie von einem Medium zu einem anderen

thermal gradient Wärmegradient m

thermal installed capacity installierte Wärmeleistung

thermal insulation Wärmeisolierung f

thermal power station Wärmekraftwerk n
- thermal power stations use heat to produce electricity
- Wärmekraftwerke erzeugen elektrische Energie aus Wärmenergie
- electric power generation today is based on thermal power stations
- die Erzeugung elektrischer Energie erfolgt heute hauptsächlich in Wärmekraftwerken

thermal requirements Wärmebedarf m
- to meet plant thermal requirements
- den Wärmebedarf der Anlage decken

thermal spring *(geo)* Thermalquelle f

thermal transfer medium *(solar)* Wärmeträger m
- the use of oil as a thermal transfer medium can create a potential hazard
- die Verwendung von Öl als Wärmeträger kann eine potentielle Gefahr darstellen

thermal water *(geo)* Thermalwasser n
- bathing and therapeutic uses of thermal water
- die Verwendung von Thermalwasser im Bade- und therapeutischen Bereich

thermodynamic equilibrium thermodynamisches Gleichgewicht
- at thermodynamic equilibrium • im thermodynamischen Gleichgewicht

thermodynamics n Thermodynamik f
- the fundamental laws of thermodynamics limit the maximum efficiency of turbines and internal combustion engines • die Hauptsätze der Thermodynamik begrenzen den höchstmöglichen Wirkungsgrad von Turbinen und Verbrennungskraftmaschinen

thin-film cell *(solar)* Dünnschichtzelle f
- thin-film cells are easier to manufacture • Dünnschichtzellen lassen sich leichter herstellen

thin film module *(solar)* Dünnschichtmodul n
- these thin film modules are suitable for a wide variety of applications • diese Dünnschichtmodule eignen sich für eine Vielzahl von Anwendungen
- large area thin film module • großflächiges Dünnschichtmodul

thin-film solar cell Dünnschichtsolarzelle f
- these thin-film solar cells are 100 times thinner than today's silicon cells • diese Dünnschichtsolarzellen sind hundertmal dünner als die heutigen Siliziumzellen
- thin-film solar cells require very little material and can be easily manufactured on a large scale • Dünnschichtsolarzellen erfordern sehr wenig Werkstoff und können leicht in großem Maßstab hergestellt werden

thin-film technology Dünnschichttechnik f; Dünnschichttechnologie f
- to make progress in the field of thin-film technology • Fortschritte auf dem Gebiet der Dünnschichttechnik machen
- this array demonstrates the excellent performance of our thin film technology • dieses Feld demonstriert das ausgezeichnete Leistungsvermögen unserer Dünnschichttechnik
- CIS offers advantages over other thin film technologies • CIS bietet bedeutende Vorteile gegenüber anderen Dünnschichttechnologien

three-blade *(wind)* dreiblättrig; dreiflügelig
- three-blade rotor • dreiblättriger Rotor

three-bladed; three bladed adj *(wind)* dreiblättrig; dreiflügelig
- three-bladed rotor • dreiblättriger Rotor
- three-bladed turbine • dreiblättrige Turbine
- the advantages of three bladed turbines are greater energy output, and greater aesthetic appeal • die Vorteile dreiblättriger Turbinen sind größere Leistungsabgabe und ästhetischerer Anblick

three-bladed machine *(wind)* Dreiflügler m
- a three-bladed 40kW machine • ein Dreiflügler mit einer Leistung von 40 kW

three-bladed turbine *(wind)* Dreiflügler m

tidal plant Gezeitenkraftwerk n
- ABC completed construction in ... of a tidal plant of about 1,000 kilowatts • ABC beendete im Jahre ... den Bau eines Gezeitenkraftwerks mit einer Leistung von ca. 1000 KW

tidal power Gezeitenenergie f
- tidal power is intermittent and varies with the seasons • Gezeitenenergie ist nicht ständig verfügbar und unterliegt jahreszeitlichen Schwankungen

tidal power plant Gezeitenkraftwerk n; Flutkraftwerk n

- to demonstrate the viability of a tidal power plant
- die Wirtschaftlichkeit eines Gezeitenkraftwerkes nachweisen

tidal power station Gezeitenkraftwerk n; Flutkraftwerk n

- a tidal power station uses the ebb and flow of the tide to turn a turbine
- bei einem Gezeitenkraftwerk wird die aus Ebbe und Flut resultierende Bewegung für den Antrieb einer Turbine genutzt

tidal scheme Gezeitenkraftwerk n

- tidal schemes are necessarily large
- Gezeitenkraftwerke sind naturbedingt groß

tide n Gezeiten pl

- these hydroelectric power plants take advantage of the rise and fall of tides
- diese Wasserkraftwerke nutzen das Steigen und Fallen des Wasserstandes während der Gezeiten

tip speed *(wind)* Blattspitzengeschwindigkeit f

tip-speed ratio (TSR) *(wind)* Schnelllaufzahl f

- using this algorithm, one can estimate rotor performance for all tip speed ratios
- mit Hilfe dieses Algorithmus kann man die Rotorleistung für alle Schnelllaufzahlen annähernd ermitteln

tolerant adj tolerant

- the SPFC is tolerant of CO_2
- improved metal catalysts are needed that are carbon monoxide tolerant
- tdie SPFC ist CO_2-tolerant
- es werden bessere Metallkatalysatoren benötigt, die CO-tolerant sind

topography n Topographie f

- selection of the most economical type of dam for a hydroelectric project is usually dictated by site topography
- die Wahl des wirtschaftlichsten Dammes für ein Wasserkraftwerk wird gewöhnlich durch die Topographie am Standort bestimmt
- the location of a hydroelectric scheme is governed by topography
- für den Standort eines Wasserkraftwerks ist die Topographie vor Ort ausschlaggebend

top speed Spitzengeschwindigkeit f; Höchstgeschwindigkeit f

- the fuel cell vehicle will have a top speed of 70km/h
- die Spitzengeschwindigkeit des Brennstoffzellen-Fahrzeuges wird 70 km/h betragen

torque n Drehmoment n

- turbines for generating electricity do not need much torque
- wind pumps operate with plenty of torque but not much speed
- the rotating turbine exerts a torque on the shaft and rotates the generator
- Turbinen, die der Stromerzeugung dienen, benötigen kein großes Drehmoment
- Windpumpen arbeiten mit großem Drehmoment und geringer Drehzahl
- die sich drehende Turbine übt ein Drehmoment auf die Welle aus und treibt den Generator an

total efficiency Gesamtwirkungsgrad m (see also **overall efficiency**)

- to reach a total efficiency greater than 80%
- einen Gesamtwirkungsgrad von mehr als 80 % erreichen

total energy demand Gesamtenergiebedarf m

tower n (1) (solar) Turm m

- to focus the sun's rays onto a tower
- die Sonnenstrahlen auf einen Turm bündeln
- to focus the light on the top of the tower
- das Licht auf die Spitze des Turms konzentrieren
- to focus the sun's rays onto fine metal tubes at the top of a 90m-tall tower
- die Sonnenstrahlen auf dünne Metallrohre auf der Spitze eines 90 m hohen Turmes fokussieren

tower n (2) *(wind)* Turm m

- the turbines are mounted on towers
- die Turbinen sind auf Türmen befestigt
- some towers are made of concrete
- einige Türme bestehen aus Beton
- the towers are mostly tubular and made of steel
- die Türme bestehen meistens aus Stahlrohr
- towers range from 25 to 80 meters in height
- die Höhe der Türme beträgt 25 bis 80 m

tower height *(wind)* Turmhöhe f

- the wind turbines have a tower height of 30 to 50 m
- die Windturbinen haben eine Turmhöhe von 30 bis 50 m

tower-type solar plant Solarturm-Kraftwerk n

track v *(solar)* nachführen; folgen

- most concentrators must track the sun throughout the day
- die meisten Konzentratoren müssen den ganzen Tag über der Sonne nachgeführt werden

tracking device n *(solar)* Nachführeinrichtung f

- using complicated reflectors and tracking devices would be too costly
- der Einsatz komplizierter Reflektoren und Nachführeinrichtungen wäre zu kostspielig

tracking system n *(solar)* Nachführeinrichtung f

- one-axis and two-axis tracking systems
- ein- und zweiachsige Nachführeinrichtungen

transformer n Transformator m; Umspanner m

- transformers change the alternating current into a very high-voltage current
- Transformatoren formen den Wechselstrom in einen Strom sehr hoher Spannung um

transit bus Transitbus m

- ABC introduced a commercially viable fuel cell powered transit bus
- ABC stellte einen kommerziell einsetzbaren brennstoffzellenangetriebenen Transitbus vor

transit company Verkehrsbetrieb m

transmission line Stromleitung f

- electricity can easily be carried to the places where it is needed by transmission lines
- elektrische Energie lässt sich problemlos über Stromleitungen zum Verbrauchsort transportieren
- the transmission lines are mostly overhead ones
- die meisten Stromleitungen sind Freileitungen

transmission loss Übertragungsverlust m; Leitungsverlust m

- building power stations near where the demand is reduces transmission losses
- durch die Errichtung von Kraftwerken in der Nähe des Verbrauchsschwerpunktes senkt man die Übertragungsverluste
- it is estimated that average transmission losses have gone up by 0.5%
- man schätzt, dass die durchschnittlichen Übertragungsverluste um 0,5 % gestiegen sind

transport n Verkehrsmittel n

- a new generation of clean, quiet, urban transport
- eine neue Generation umweltfreundlicher, ruhiger städtischer Verkehrsmittel

transportable fuel cell mobile Brennstoffzelle

- a transportable fuel cell would allow power generation to be sited close to rural users
- mit Hilfe mobiler Brennstoffzellen könnte die Stromerzeugung in die unmittelbare Nähe von Verbrauchern in ländlichen Regionen verlegt werden

transport application Verkehrsanwendung f

- for several years, the company has been working on AFCs for transport applications
- seit Jahren arbeitet das Unternehmen an alkalischen Brennstoffzellen für Verkehrsanwendungen
- the potential of fuel cells for transportation applications
- das Potenzial von Brennstoffzellen für Verkehrsanwendungen

transportation n Verkehr m

- fuel cells for transportation
- Brennstoffzellen für den Verkehr
- the United States consumes more petroleum for transportation than for any other energy use
- die Vereinigten Staaten verbrauchen mehr Erdöl für den Verkehr als für alle anderen Energieanwendungen

transportation application Verkehrsanwendung f

- fuel cells for transportation applications
- Brennstoffzellen für Verkehrsanwendungen
- the potential of fuel cells for transportation applications
- das Potential von Brennstoffzellen für Verkehrsanwendungen

transportation fuel Treibstoff m

transportation fuel cell system Brennstoffzellensystem für den Verkehr; Brennstoffzellensystem für Verkehrsanwendungen

transportation market Verkehrssektor m

- ABC will expand its fuel cell business in the transportation market
- ABC wird seine Brennstoffzellenaktivitäten auf den Verkehrssektor ausdehnen

transporter n Transporter m

- fuel cell powered transporter
- brennstoffzellenangetriebener Transporter

transport of heat Wärmetransport m

- the construction of infrastructures necessary for the transport of heat is very costly
- der Aufbau einer für den Wärmetransport erforderlichen Infrastruktur ist sehr kostspielig

trial n Versuch m; Erprobung f

- trials are already under way to evaluate which crop can yield the most energy
- es werden schon Versuche durchgeführt, um festzustellen, welche Pflanzen am energiereichsten sind

triple cell *(solar)* Dreifach-Zelle f

trough collector *(solar)* Rinnenkollektor m

TSR (see **tip-speed ratio**)

tubular adj tubular

- the cells themselves may be either flat plates or tubular
- die Zellen selbst sind entweder planar oder tubular

tubular cell *(FC)* Röhrenzelle f

- the SOFC stack consists of 1,152 tubular cells
- the tubular cells are, however, more difficult and costly to fabricate

- der SOFC-Stapel besteht aus 1.152 Röhrenzellen
- die Herstellung von Röhrenzellen ist jedoch schwieriger und teurer

tubular concept *(FC)* Röhrenkonzept n

- we will concentrate on the more advanced tubular concept

- wir werden uns auf das fortschrittlichere Röhrenkonzept konzentrieren

tubular design *(FC)* tubularer Aufbau

tubular SOFC tubulare SOFC

- the program goal is to commercialize the tubular SOFC by 20..

- das Programm hat den kommerziellen Einsatz der tubularen SOFC bis zum Jahre 20.. zum Ziel

tubular steel tower *(wind)* Stahlrohrturm m

- the turbines are mounted on 40 meter tubular steel towers

- die Turbinen sind auf 40 Meter hohen Stahlrohrtürmen befestigt

tunnel n *(hydro)* Tunnel m

- the water is led through tunnels or pipes to the power station
- tunnels of this kind are often lined with concrete or steel to strengthen them

- das Wasser wird durch Tunnel oder Röhren zum Kraftwerk geleitet
- Tunnel dieser Art sind zur Verstärkung oft mit Beton oder Stahl ausgekleidet

turbine exhaust Turbinenabgase npl

- the temperature of the turbine exhaust is too low
- the turbine exhaust is ducted through a waste heat recovery boiler

- die Temperatur der Turbinenabgase ist zu niedrig
- die Turbinenabgase werden durch einen Abhitzekessel geleitet

turbine exhaust steam Turbinenabdampf m

- a heat exchanger uses some turbine exhaust steam to further increase the temperature of the water

- in einem Wärmetauscher wird ein Teil des Turbinenabdampfes dazu genutzt, die Temperatur des Wassers weiter zu erhöhen

turbine rotor *(wind)* Rotor m

- the turbine rotor slows down or speeds up in response to changes in wind velocity

- der Rotor wird je nach Windgeschwindigkeit beschleunigt oder abgebremst

turbine shaft Turbinenwelle f

- the generator is directly coupled with the turbine shaft

- der Generator ist mit der Turbinenwelle direkt gekuppelt

turbo-generator set Turbosatz m; Turbogruppe f

turboset n Turbogruppe f; Turbosatz m

turbulence n *(wind)* Turbulenz f

- turbulence varies as much as the wind speed

- die Turbulenz ändert sich in gleicher Weise wie die Windgeschwindigkeit

twin-blade turbine *(wind)* zweiblättrige Turbine

two-bladed adj *(wind)* zweiblättrig; zweiflügelig

- two bladed machines are cheaper and lighter

- zweiblättrige Maschinen sind billiger und leichter

two-bladed machine *(wind)* Zweiflügler m

- two bladed machines can be noisier
- Zweiflügler sind unter Umständen lauter im Betrieb

two-bladed turbine *(wind)* Zweiflügler m

two-casing turbine zweigehäusige Turbine

type of fuel cell Brennstoffzellentyp m

- this type of fuel cell is still under development
- dieser Brennstoffzellentyp befindet sich noch im Entwicklungsstadium
- there are five basic types of fuel cell in various stages of development
- es gibt fünf grundlegende Brennstoffzellentypen, die sich in unterschiedlichen Entwicklungsstadien befinden
- there are various types of fuel cell
- es gibt mehrere Brennstoffzellentypen

U

under-construction project im Bau befindliche Anlage

underground hydroelectric power plant Kavernenkraftwerk n

- underground hydroelectric power plants offer some advantages over conventional plants
- Kavernenkraftwerke bieten einige Vorteile gegenüber herkömmlichen Kraftwerken

underground power plant Kavernenkraftwerk n

underground power station Kavernenkraftwerk n

- the decision to build underground power stations is based on a lack of suitable surface sites
- Grund für die Entscheidung zum Bau von Kavernenkraftwerken ist der Mangel an geeigneten Standorten über der Erde

underground pumped storage plant Kavernenkraftwerk n

- underground pumped storage plants hold promise in many areas where it is not feasible to develop conventional pumped storage
- Kavernenkraftwerke bieten sich in vielen Gegenden an, wo es nicht möglich ist, herkömmliche Pumpspeicherwerke zu bauen

uninterruptible power supply (UPS) Unterbrechungsfreie Stromversorgung (USV)

- these fuel cells replace conventional uninterruptible power supplies
- diese Brennstoffzellen ersetzen herkömmliche USV

upper reservoir *(hydro)* Oberbecken n

- to pump water from the lower reservoir to the upper reservoir
- upper reservoirs are subject to large fluctuations in water level
- Wasser vom Unterbecken ins Oberbecken pumpen
- der Wasserstand im Oberbecken unterliegt starken Schwankungen

upstream adj oberhalb gelegen; im Oberlauf; flussaufwärts gelegen

- upstream of the dam
- oberhalb des Dammes

upstream adv flussaufwärts; hinter

- fish ladders are meant for species of fish that seasonally migrate upstream
- Fischleitern sind für Fischarten gedacht, die während einer bestimmten Jahreszeit flussaufwärts wandern

upwind turbine *(wind)* Luvläufer m

- the blades of upwind turbines face into the wind
- die Blätter der Luvläufer sind dem Wind zugewandt

urban bus Stadtbus m

- urban bus with fuel cell technology
- Stadtbus mit Brennstoffzellentechnologie

usable energy nutzbare Energie

- fuel cells convert the chemical energy of a fuel directly to usable energy
- Brennstoffzellen wandeln die chemische Energie eines Brennstoffes direkt in nutzbare Energie um

usable heat nutzbare Wärme (see also **useable heat**)

- the simultaneous production of usable heat and electricity in the same plant
- die gleichzeitige Erzeugung von Nutzwärme und Strom in derselben Anlage

U.S. Department of Energy (DOE) Energieministerium der Vereinigten Staaten von Amerika

- these research activities are supported by the U.S. Department of Energy (DOE)
- diese Forschungsaktivitäten werden vom Energieministerium der Vereinigten Staaten von Amerika unterstützt

use n Anwendung f

- for specialized uses
- for maritime uses
- für spezielle Anwendungen
- für maritime Anwendungen

useable heat nutzbare Wärme

- this fuel cell provides 200 KW of power and useable heat
- diese Brennstoffzelle liefert 200 kW Strom und nutzbare Wärme

useful energy nutzbare Energie; Nutzenergie f

- a fuel cell produces useful energy without combustion
- fuel cells may convert fuels to useful energy at an efficiency as high as 60 percent
- the ratio of the useful energy delivered by a system to the energy supplied to it
- eine Brennstoffzelle erzeugt ohne Verbrennung nutzbare Energie
- Brennstoffzellen können Brennstoffe mit einem Wirkungsgrad von bis zu 60 Prozent in nutzbare Energie umwandeln
- das Verhältnis der Nutzenergie eines Systems zur zugeführten Energie

useful heat Nutzwärme f

- to generate useful heat and power with very low emissions
- the fuel cell system generates useful heat and power with very low emissions
- in CHP systems, useful heat is delivered at a relatively high temperature
- Nutzwärme und Strom mit geringen Emissionen erzeugen
- die Brennstoffzellen-Anlage erzeugt Nutzwärme und Strom mit ganz geringen Emissionen
- die in KWK-Anlagen anfallende Nutzwärme hat eine relativ hohe Temperatur

useful thermal energy Nutzwärme f

- this fuel cell converts natural gas into premium power and useful thermal energy
- diese Brennstoffzelle wandelt Erdgas in hochwertigen Strom und Nutzwärme um

utilise v *(GB)*; **utilize** v *(US)* nutzbar machen; nutzen

- this invention was the best method for directly utilizing solar heat
- diese Erfindung stellte die beste Methode zur direkten Nutzbarmachung der Sonnenwärme dar

utility n Energieversorger m; Energieversorgungsunternehmen n (EVU)

- connection to a utility's electrical distribution system
- utilities have installed relatively few PV systems
- Anschluss an das Verteilungsnetz eines Energieversorgungsunternehmens
- die EVU haben verhältnismäßig wenige PV-Anlagen errichtet

utility company Energieversorgungsunternehmen n (EVU); Energieversorger m

- excess electrical energy is resold to the utility company
- der überschüssige Strom wird an das EVU verkauft

utility-connected adj netzgekoppelt

utility grid Stromnetz n; Netz n; öffentliches (Stromversorgungs)Netz

- to be connected to the utitity grid
- to be far from the utility grid
- ans öffentliche Netz angeschlossen sein
- sich weit weg vom öffentlichen Stromversorgungsnetz befinden

utility vehicle n Nutzfahrzeug n

V

valence electron Valenzelektron n

vapor-dominated *(US)*/**vapour-dominated** *(GB)* **system** *(geo)* Trockendampfsystem n

- in vapor-dominated systems the water is vaporized into steam that reaches the surface in a relatively dry condition
- bei Trockendampfsystemen verdampft das Wasser und erreicht die Oberfläche in einem relativ trockenen Zustand

variable-pitch wind turbine Windturbine mit variabler Blatteinstellung

variable-speed operation *(wind)* drehzahlvariabler Betrieb

- the advantages of variable-speed operation
- variable-speed operation is estimated to increase energy capture by up to 15%
- die Vorteile des drehzahlvariablen Betriebs
- durch drehzahlvariablen Betrieb soll die Energieausbeute um bis zu 15 % erhöht werden

variable-speed turbine *(wind)* drehzahlveränderliche Turbine

- the main benefit of variable-speed turbines is that they operate at peak efficiency
- der Hauptvorteil von drehzahlveränderlichen Turbinen ist, dass sie mit maximalem Wirkungsgrad arbeiten

variable-speed wind system drehzahlvariable Windkraftanlage

- two types of generators are preferred in variable-speed wind systems
- zwei Arten von Generatoren werden in drehzahlvariablen Windkraftanlagen bevorzugt eingesetzt

VAT *(wind)* (see **vertical axis turbine**)

VAWT *(wind)* (see **vertical axis wind turbine**)

vehicle application Fahrzeuganwendung f

- researchers are studying other fuel cell alternatives for vehicle applications
- die Forscher untersuchen andere Brennstoffzellen-Alternativen für Fahrzeuganwendungen

vehicle drive Fahrzeugantrieb m

vehicle fleet Fahrzeugflotte f

vehicle propulsion Fahrzeugantrieb m

- ABC suggests that within a few decades fuel cells could become the main form of vehicle propulsion
- nach Meinung von ABC könnten sich Brennstoffzellen innerhalb von ein paar Jahrzehnten zur wichtigsten Art des Fahrzeugantriebes entwickeln

vertical axis turbine *(wind)* Vertikalachsenturbine f

- these vertical-axis turbines use aluminum blades
- diese Vertikalachsenturbinen sind mit Aluminiumflügeln ausgerüstet

vertical axis wind turbine Vertikalachsen-Windturbine f

- it may be difficult to find information on vertical axis wind turbines
- manchmal ist es schwierig, Informationen über Vertikalachsen-Windturbinen zu finden

viability n Einsatzreife f

visual impact optische Beeinträchtigung

- the housing is coloured grey to minimise its visual impact on the landscape
- das Gehäuse ist grau, um die optische Beeinträchtigung der Landschaft gering zu halten
- transformers should be installed within towers to reduce visual impact
- die Transformatoren sollten in den Türmen untergebracht werden, um die optische Beeinträchtigung zu verringern

visual intrusion optische Beeinträchtigung

- complaints about noise and visual intrusion
- Beschwerden über Geräuschbelästigung und optische Beeinträchtigung

visual pollution optische Beeinträchtigung

voltage n Spannung f

- if the fuel cell could be operated at higher voltages
- wenn die Brennstoffzelle bei höherer Spannung betrieben werden könnte
- a voltage is generated between two electrodes
- zwischen zwei Elektroden wird eine Spannung erzeugt
- higher voltages can be created by arranging cells together
- höhere Spannungen können durch Zusammenschalten von Zellen erreicht werden

voltage fluctuation Spannungsschwankung f

- this equipment is sensitive to voltage fluctuations
- diese Einrichtungen reagieren empfindlich auf Spannungsschwankungen

volume Volumen n

- in terms of volume
- volumenbezogen

volume production Serienfertigung f

- the decision on whether to put fuel cells into volume production will not be taken until the turn of the century
- die Entscheidung über eine mögliche Serienfertigung der Brennstoffzellen wird nicht vor der Jahrhundertwende fallen
- fuel cell costs will fall dramatically thanks to process improvements and volume production
- aufgrund von Verfahrensverbesserungen und Serienfertigung werden die Brennstoffzellenkosten stark sinken

W

waste n Müll m; Abfall m

- agricultural waste • landwirtschaftlicher Abfall
- animal waste • Abfälle tierischer Herkunft
- energy from waste • Energie aus Müll
- the plant produces only minor amounts of liquid wastes • die Anlage produziert nur geringe Mengen an flüssigen Abfällen
- municipal waste • kommunaler Abfall
- plant waste • pflanzliche Abfälle
- solid waste • fester Abfall
- burnable wastes can be used to fuel cogeneration plants • Kraft-Wärme-Kopplungsanlagen können mit brennbaren Abfällen betrieben werden

waste-burning plant Müllverbrennungsanlage f

waste disposal Abfallbeseitigung f

- this plant offers low-cost municipal waste disposal • diese Anlage bietet eine kostengünstige kommunale Abfallbeseitigung

waste-disposal problem Abfallbeseitigungsproblem n

- the communities were faced with a waste-disposal problem • die Kommunen waren mit einem Abfallbeseitigungsproblem konfrontiert

waste heat Abwärme f

- these fuel cells produce high-quality waste heat • diese Brennstoffzellen produzieren hochwertige Abwärme
- efficiency can be boosted further by using the cell's waste heat • der Wirkungsgrad kann durch Nutzung der Abwärme der Brennstoffzelle noch weiter gesteigert werden
- to recover the waste heat for space and water heating • die Abwärme für Warmwasser und Heizung nutzen
- to use the fuel cell's waste heat • die Abwärme der Brennstoffzelle nutzen
- the waste heat produced is well-suited to cogeneration or process heat applications • die anfallende Abwärme eignet sich sehr gut für KWK- und Prozesswärme-Anwendungen
- if the waste heat is harnessed, plant efficiencies could reach 85 % • wenn die Abwärme genutzt wird, könnte der Anlagenwirkungsgrad 85 % erreichen
- the conversion of waste heat to useful energy • die Umwandlung von Abwärme in Nutzwärme

waste heat boiler Abhitzekessel m

- the combined cycle plant consists of two gas turbines, two waste heat boilers, and a steam turbine • das Kombikraftwerk besteht aus zwei Gasturbinen, zwei Abhitzekesseln und einer Dampfturbine
- the gas turbine exhausts into a waste heat boiler • die Abgase der Gasturbine strömen in einen Abhitzekessel
- the waste heat from a gas turbine can be used to raise a substantial proportion of site steam demand in a waste heat boiler • mit Hilfe der Abwärme aus der Turbine kann ein großer Teil des Eigenbedarfs an Dampf in einem Abhitzekessel erzeugt werden

waste-heat recovery Wärmerückgewinnung f

waste heat utilisation *(GB)*/**utilization** *(US)* Abwärmenutzung f

- waste heat utilization for water or space heating further reduces CO_2 emissions
- die Abwärmenutzung für Heizung oder Warmwasser führt zu einer weiteren Reduzierung der CO_2-Emissionen

waste incineration Müllverbrennung f

waste material Abfallstoff m

- to convert waste materials to biogas
- these systems primarily burn waste materials from agricultural or industrial processes
- Abfallstoffe in Biogas umwandeln
- diese Anlagen werden hauptsächlich mit Abfallstoffen aus landwirtschaftlichen und industriellen Verarbeitungsprozessen betrieben

waste product Abfallprodukt n

- the only waste product is pure, drinkable water
- the only waste products are carbon dioxide and water
- als einziges Abfallprodukt fällt reines, trinkbares Wasser an
- die einzigen Abfallprodukte sind Kohlendioxid und Wasser

waste-to-energy system Anlage zur Gewinnung von Energie aus Müll; Müllkraftwerk n

waste wood Abfallholz n

- ABC has cofired waste wood and other alternative fuels for nearly two decades
- ABC verfeuert nun schon fast zwanzig Jahre lang zusätzlich Abfallholz und andere alternative Brennstoffe

water n Wasser n

- the water is allowed to flow down again to generate additional electrical energy
- water is split into hydrogen and oxygen
- man lässt das Wasser nach unten strömen, um zusätzliche elektrische Energie zu erzeugen
- Wasser wird in Wasserstoff und Sauerstoff aufgespalten

water cycle Wasserkreislauf m

- the vapour collects in clouds and the water cycle starts all over again
- in the water cycle, water is evaporated and through precipitation returns as rain or snow
- aus dem Dampf bilden sich Wolken und der Wasserkreislauf beginnt von neuem
- innerhalb des Wasserkreislaufs verdampft das Wasser und kehrt in Form von Niederschlägen als Regen oder Schnee zurück

water electrolysis Wasserelektrolyse f

- the reverse of water electrolysis
- die Umkehrung der Wasserelektrolyse

water management Wassermanagement n

waterpower n; **water power** Wasserkraft f

- 75 percent of the potential waterpower has already been developed
- countries with little coal or oil to burn in steam power stations have developed their resources of water power
- use of water power
- only a small percentage of the electricity used in Scotland is obtained from water power
- machinery for converting water power to electric energy
- 75 % der potentiellen Wasserkraft sind schon ausgebaut
- Länder mit wenig Kohle oder Öl für den Betrieb von Dampfkraftwerken haben ihr Wasserkraftpotential ausgebaut
- Wasserkraftnutzung
- nur ein geringer Prozentsatz der in Schottland verwendeten elektrischen Energie wird aus Wasserkraft gewonnen
- Maschinen zur Umwandlung von Wasserkraft in elektrische Energie

water pressure Wasserdruck m

- the water pressure acting on the turbine depends on the height through which the water has to fall to get to the turbine
- der auf die Turbine wirkende Wasserdruck hängt von der Fallhöhe des Wassers bis zur Turbine ab

water reservoir *(geo)* Wasservorkommen n

water storage *(hydro)* Wasserspeicher m; Stausee m; Wasserspeicherung f

- dams are constructed to provide water storages
- Dämme werden zur Schaffung von Stauseen gebaut
- some power plants are located near the water storages
- manche Kraftwerke befinden sich in unmittelbarer Nähe der Wasserspeicher

water turbine Wasserturbine f

- water turbines now are used almost exclusively to generate electric power
- Wasserturbinen werden heutzutage fast ausschließlich zur Stromerzeugung eingesetzt
- the direct precursor of the modern water turbine
- der direkte Vorläufer der heutigen Wasserturbine
- to power water turbines
- Wasserturbinen antreiben
- water turbines may be divided into two types – impulse turbines and reaction turbines
- Wasserturbinen kann man in zwei Gruppen unterteilen – Gleichdruck- und Überdruckturbinen
- water under pressure enters the power station and is directed onto the turbine
- das unter Druck stehende Wasser strömt in das Kraftwerk und wird in die Turbine geleitet

water vapor *(US)*/**vapour** *(GB)* Wasserdampf m

- electricity, heat, water vapor, and carbon dioxide are the products of these basic reactions
- bei diesen grundlegenden Reaktionen entstehen Elektrizität, Wärme, Wasserdampf und Kohlendioxid

wave device Wellenenergiewandler m

wave energy converter Wellenenergiewandler m

- the world's largest wave energy converter
- der größte Wellenenergiewandler der Welt

wave energy device Wellenenergiewandler m

wave energy generator Wellenkraftwerk n

- the sheltered Irish Sea would be a poor site for a wave energy generator
- die geschützte Irische See wäre ein ungeeigneter Standort für ein Wellenkraftwerk

wave energy power station Wellenkraftwerk n

- to build a 1.5MW wave energy power station
- ein 1,5-MW-Wellenkraftwerk bauen

wave energy system; wave-energy system Wellenenergiewandler m

- wave energy systems use the up and down motion of waves to turn a turbine and/or generator
- Wellenenergiewandler nutzen die Auf- und Abbewegung der Wellen, um eine Turbine und/oder Generator anzutreiben

wave generator Wellenkraftwerk n

- the first of these new wave generators is currently being installed at ...
- das erste dieser neuen Wellenkraftwerke wird zurzeit in ... errichtet

wavelength n *(solar)* Wellenlänge f
- the various amounts of energy correspond to the different wavelengths of the solar spectrum
- die unterschiedlichen Energiemengen entsprechen den verschiedenen Wellenlängen des Sonnenspektrums

wave machine Wellenenergiewandler m

wave system Wellenenergiewandler m

wearing part Verschleißteil n

wear out v verschleißen
- a fuel cell has no moving parts to wear out
- eine Brennstoffzelle hat keine beweglichen Teile, die dem Verschleiß unterliegen/die verschleißen

wear property Verschleißeigenschaft f
- a high-alloy material with exceptional wear properties
- ein hochlegierter Werkstoff mit außergewöhnlichen Verschleißeigenschaften

WECS (see **wind energy conversion system**)

weight n Gewicht n
- in just two years, the two companies have reduced the size and weight of the fuel cell engine by 80 percent
- in gerade zwei Jahren haben die beiden Unternehmen Größe und Gewicht des Brennstoffzellenantriebs um 80 Prozent verringert

weir n *(hydro)* Wehr n
- winter flooding can result in damage to the weir
- Winterhochwasser kann Schäden am Wehr verursachen

well depth *(geo)* Bohrlochtiefe f
- well depths range from about 100 m to over 2000 m
- die Bohrlochtiefe beträgt 100 m bis 2000 m

wet steam Nassdampf m
- stainless steel must be used in all equipment exposed to wet steam
- bei allen Ausrüstungen, die mit Nassdampf in Berührung kommen, muss nichtrostender Stahl verwendet werden

wheel hub Radnabe f
- the bus is driven by a pair of air-cooled motors in its wheel hubs
- der Bus wird von einem Paar luftgekühlter Elektromotoren angetrieben, die sich in der Radnabe befinden

willow n Weide f
- energy crops such as willow and poplar are among the largest potential renewable resources
- Energiepflanzen wie Weiden und Pappeln gehören zu den größten potentiellen erneuerbaren Energieressourcen

wind n Wind m
- to turn wind into electricity
- Wind in Elektrizität umwandeln/verstromen
- when the wind stops blowing
- bei Windstille/wenn der Wind nicht mehr weht
- to extract energy from the wind
- die im Wind enthaltene Energie nutzen
- generating electricity from the wind makes economic sense
- die Stromerzeugung aus Wind ist wirtschaftlich sinnvoll
- wind is caused by the uneven heating of the earth by the sun
- Wind entsteht durch die ungleichmäßige Erwärmung der Erde durch die Sonne

wind company Windkraft-Firma f

- Denmark's wind companies have become leading exporters • die dänischen Windkraft-Firmen haben im Export die Führung übernommen

wind conditions Windverhältnisse npl

- these blades change shape in response to wind conditions • diese Blätter passen ihre Form den Windverhältnissen an

wind/diesel system Wind-Diesel-System n

- to investigate a range of wind/diesel systems • eine Reihe von Wind-Diesel-Systemen untersuchen

wind/diesel unit Wind-Diesel-System n

wind electric power generation Stromerzeugung aus Windenergie

wind energy Windenergie f

- to further reduce the cost of wind energy • die Kosten der Windenergie weiter reduzieren
- the comparison of wind energy to fossil fuels • Vergleich der Windenergie mit fossilen Brennstoffen
- to use wind energy for commercial purposes • Windenergie für kommerzielle Zwecke einsetzen
- this organisation campaigns against the development of wind energy • diese Organisation kämpft gegen die Entwicklung/den Ausbau der Windenergie

wind energy capacity Windenergiekapazität f

- the country increased its wind energy capacity to more than 2,800 megawatts • das Land erhöhte seine Windenergiekapazität auf mehr als 2.800 Megawatt
- it is estimated that 22,000 megawatts of wind energy capacity will be installed in the next 10 years • man schätzt, dass in den kommenden zehn Jahren 22.000 Megawatt Windenergiekapazität installiert werden

wind energy conversion Windenergieumwandlung f

wind energy conversion device Windenergiekonverter m; Windkraftanlage f

- the basic wind energy conversion device is the wind turbine • die Hauptkomponente eines Windenergiekonverters ist die Turbine

wind energy conversion system Windenergiekonverter m; Windkraftanlage f

- this document describes a method of determining performance characteristics of wind energy conversion systems • dieses Dokument beschreibt eine Methode zur Bestimmung der Leistungsmerkmale von Windenergiekonvertern

wind energy costs Windenergiekosten pl

- wind energy costs have declined steadily and substantially since ... • seit ... sind die Windenergiekosten stetig und stark gesunken

wind energy market Windenergiemarkt m

- the global wind energy market is expanding rapidly • der Windenergiemarkt expandiert weltweit mit großer Geschwindigkeit
- the wind energy market is at the moment largely dependent on government support or other stimulation programmes • der Windenergiemarkt ist zur Zeit weitgehend auf staatliche Unterstützung oder andere Förderprogamme angewiesen

wind energy pioneer Windkraftpionier m

wind energy potential Windenergiepotential n; Windenergiepotenzial n
- Canada has far more wind energy potential than its current total use of electricity
- das Windenergiepotential Kanadas ist weit größer als sein derzeitiger Gesamt-Stromverbrauch

wind energy system Windenergieanlage f
- the utilization of wind energy systems grew discernibly during the 1980s
- der Einsatz von Windenergieanlagen nahm in den achtziger Jahren deutlich zu

wind energy technology Windenergietechnik f
- important progress has been made in the development of wind energy technology
- bei der Entwicklung der Windenergietechnik sind bedeutende Fortschritte gemacht worden

wind farm; **windfarm** n Windfarm f; Windpark m
- the experience gained in the wind farms of California
- die in den Windfarmen Kaliforniens gewonnenen Erfahrungen
- the construction and operation of wind farms
- der Bau und Betrieb von Windfarmen
- some of the biggest European and American wind farms are sited where the average speed is 16 mph
- einige der größten europäischen und amerikanischen Windfarmen befinden sich an Standorten mit durchschnittlichen Windgeschwindigkeiten von 26 Kilometern pro Stunde
- ABC plan wind farm
- ABC plant die Errichtung einer Windfarm
- wind farms detract tourists
- Windfarmen schrecken Touristen ab
- what happens when a wind farm is taken down/decommissioned
- was passiert, wenn eine Windfarm abgebaut / stillgelegt wird
- windfarms require wind speeds of 6 m/s
- Windfarmen erfordern Windgeschwindigkeiten von 6 m/s
- wind farms consist of several wind turbine generator systems
- Windfarmen bestehen aus mehreren Windenergieanlagen

wind flow Windströmung f
- the rotor axis is parallel to the wind flow
- die Rotorachse ist parallel zur Windströmung angeordnet

wind force Windstärke f

wind-generated electricity Windstrom m
- the utility plans to sell wind-generated electricity
- das EVU plant, Windstrom zu verkaufen
- in 1995, world production of wind-generated electricity stood at 7.5 billion watt-hours
- 1995 betrug die Windstromproduktion weltweit 7,5 Mrd. Wattstunden

wind generating capacity Windkraftkapazität f; Windkraft-Kapazität f; Windkraftleistung f
- the wind turbines added last year have pushed overall wind generating capacity worldwide to 9,600 megawatts
- durch die im vergangenen Jahr zusätzlich errichteten Windturbinen stieg die Windkraftkapazität weltweit auf insgesamt 9.600 MW

wind generating plant Windkraftanlage f
- this wind generating plant produces more than 55,000,000 kilowatt-hours of electricity per year
- diese Windkraftanlage erzeugt pro Jahr mehr als 55.000.000 kWh Strom

wind generation Windstromerzeugung f

wind generation capacity Windkraftleistung f; Windkraftkapazität f
- installed wind generation capacity
  - installierte Windkraftleistung

wind generation costs Windstromerzeugungskosten pl
- Figure 3 shows how generation cost varies with wind speed
  - Abb. 3 zeigt die Abhängigkeit zwischen Windstromerzeugungskosten und Windgeschwindigkeit

wind generation plant Windkraftanlage f
- the country has about 22 megawatts of wind generation plant installed
  - das Land besitzt Windkraftanlagen mit einer installierten Leistung von ungefähr 22 Megawatt

wind generator Windgenerator m
- ABC has created a wind generator that requires neither a gearbox nor a transformer
  - ABC hat einen Windgenerator entwickelt, der weder Getriebe noch Transformator benötigt
- it is important to site wind generators in a place where the wind speed is high
  - es ist wichtig, dass Windgeneratoren an Standorten mit hohen Windgeschwindigkeiten errrichtet werden

wind gust Windbö f
- to dampen torque fluctuations during wind gusts
  - bei Windböen auftretende Drehmomentschwankungen dämpfen

wind industry Windindustrie f; Windkraftindustrie f
- the wind industry is creating thousands of jobs
  - die Windkraftindustrie schafft tausende Arbeitsplätze
- the country's seven-year-old wind industry
  - die sieben Jahre alte Windindustrie des Landes

wind industry representative Vertreter der Windindustrie

wind park Windpark m; Windfarm f
- in a wind park, turbines generally have to be spaced between three and nine rotor diameters apart
  - in einem Windpark muss der Abstand zwischen den einzelnen Windturbinen normalerweise drei bis neun Rotordurchmesser betragen

wind pattern Windverhältnisse npl; Windbedingungen fpl
- there are differing wind patterns at the sites
  - an den Standorten herrschen unterschiedliche Windverhältnisse

wind plant Windanlage f
- the success of this wind plant will encourage others to exploit this environmentally friendly power source
  - der Erfolg dieser Windanlage wird andere dazu ermutigen, diese umweltfreundliche Energiequelle zu nutzen
- how much land is required for large wind plants
  - wieviel Land ist für große Windanlagen erforderlich

wind potential Windpotential n; Windpotenzial n
- the wind potential far exceeds current electricity consumption
  - das Windpotential ist viel größer als der derzeitige Stromverbrauch

wind power Windkraft f; Windenergie f
- they get all of their electricity from wind power
  - sie decken ihren gesamten Strombedarf aus Windkraft
- wind power is now the world's fastest growing energy source
  - die Windkraft ist die weltweit am schnellsten wachsende Energiequelle

wind power advocate Windkraftbefürworter m

wind power capacity Windkraftkapazität f; Windkraft-Kapazität f

- the 200MW or so of wind power capacity installed to date provides less than 0.2% of the UK's electricity
- die ca. 200 MW Windkapazität, die bis jetzt installiert wurden, liefern weniger als 0,2 % der elektrischen Energie Großbritanniens
- world wind power capacity has shot past the 9000 MW milestone
- weltweit ist die Windkraftkapazität über die 9000-MW-Marke hinausgeschossen
- wind power capacity grew rapidly in 1998
- die Windkraftkapazität ist 1998 kräftig gewachsen
- worldwide wind power capacity increased by 32% to 4,912 megawatts
- weltweit stieg die Windkraftkapazität um 32 % auf 4912 Megawatt

wind-powered electricity Windstrom m

- this makes wind-powered electricity only slightly more expensive than electricity generated by coal and other conventional fuel
- auf diese Weise wird Windstrom nur geringfügig teurer als Strom, der mit Kohle oder anderen herkömmlichen Brennstoffen erzeugt wird

wind power enthusiast Windenergieanhänger m

wind power industry Windkraftindustrie f

- the wind power industry is expanding rapidly
- die Windkraftindustrie ist stark im Expandieren begriffen

wind power installation Windkraftanlage f

- wind power installations also grew rapidly in the United States
- die Zahl der Windkraftanlagen in den Vereinigten Staaten nahm ebenfalls stark zu

wind power plant Windkraftanlage f; Windkraftwerk n; Windenergieanlage f

- to construct and operate a wind power plant
- eine Windkraftanlage bauen und betreiben
- the six megawatt wind power plant generated over 2.3 million kilowatt-hours of electricity in the first two months of the year
- das 6-MW-Windkraftwerk hat in den ersten beiden Monaten des Jahres über 2,3 Mio. kWh Strom erzeugt

wind power potential Windkraftpotential n; Windkraftpotenzial n

- wind power potential is based on long-term average wind speed at a site
- das Windkraftpotential beruht auf der mittleren Windgeschwindigkeit, die an einem Standort über einen längeren Zeitraum vorherrscht
- to calculate practical wind power potential
- das erschließbare Windkraftpotential berechnen
- the country has much wind power potential, but virtually no installations so far
- das Land verfügt zwar über beträchtliches Windkraftpotential, besitzt aber bis jetzt noch keine nennenswerten Anlagen

wind power station Windkraftwerk n

- a wind power station comprises a group or groups of wind turbine generator systems
- ein Windkraftwerk besteht aus einer oder mehreren Gruppen von Windenergieanlagen

wind project Windanlage f; Windkraftanlage f

- wind energy costs can be cut substantially if a wind project is owned by a utility
- die Windenergiekosten können beträchtlich reduziert werden, wenn die Windanlage einem EVU gehört

wind pump Windpumpe f

- wind pumps operate with plenty of torque but not much speed
- wind pumps have many blades

- Windpumpen arbeiten mit hohem Drehmoment und niedriger Drehzahl
- Windpumpen besitzen viele Blätter

wind regime Windverhältnisse npl

- the output of a wind turbine depends upon the wind regime where it is located
- this wind turbine type provides quiet, cost effective operation in just about any wind regime

- die Leistungsabgabe einer Windturbine hängt von den Windverhältnissen am Aufstellungsort ab
- dieser Windturbinentyp gewährleistet einen geräuscharmen und wirtschaftlichen Betrieb bei praktisch allen Windverhältnissen

wind resource Windressource f; Windangebot n

- in areas with good wind resources
- in theory, the UK's wind resource is large enough to meet its entire power needs

- in Gebieten mit gutem Windangebot
- theoretisch reicht das Windangebot Großbritanniens aus, um seinen gesamten Strombedarf zu decken

wind rights pl Windrechte npl

- to lease the wind rights to a wind energy company for 30 years

- die Windrechte für 30 Jahre an ein Windenergieunternehmen verpachten

wind shade Windschatten m

wind shadow Windschatten m

- the blades must pass through the tower's wind shadow on every rotation

- die Blätter müssen bei jeder Umdrehung den Windschatten des Turms passieren

wind speed; windspeed Windgeschwindigkeit f

- average/mean wind speed
- note that at lower wind speeds, the power output drops off sharply
- wind turbines start operating at wind speeds of 4 to 5 metres per second
- the wind speed at which the rated power is achieved
- the power is a function of the cube of the wind speed
- at this site, the wind speed averages eight metres per second

- durchschnittliche/mittlere Windgeschwindigkeit
- es ist zu beachten, dass bei niedrigeren Windgeschwindigkeiten die Leistung deutlich abfällt
- Windturbinen laufen bei einer Windgeschwindigkeit von 4 bis 5 Metern pro Sekunde an
- die Windgeschwindigkeit, bei der die Nennleistung erreicht wird
- die Leistung steigt mit der dritten Potenz der Windgeschwindigkeit
- an diesem Standort beträgt die durchschnittliche Windgeschwindigkeit acht Meter pro Sekunde

wind turbine n Windturbine f

- to erect the wind turbines in waters 5m deep and about 1 km out to sea
- today's state-of-the-art wind turbines are 97 percent reliable
- more than 1400 wind turbines have been installed in a total of more than 60 countries
- at very high wind speeds, wind turbines shut down
- a wind turbine typically lasts around 20 - 25 years

- die Windturbinen in 5 Meter tiefem Wasser 1 Kilometer vor der Küste errichten
- die heutigen technisch ausgereiften Windturbinen sind 97 % zuverlässig
- mehr als 1400 Windturbinen sind in insgesamt mehr als 60 Ländern errichtet worden
- bei sehr hohen Windgeschwindigkeiten schalten sich die Windturbinen ab
- eine Windturbine hat im Allgemeinen eine Lebensdauer von 20 bis 25 Jahren

- to design, make, erect, and run wind turbines
- a new generation of advanced wind turbines is now under development
- sophisticated wind turbines have been developed to convert wind energy to electric power

- Windturbinen konstruieren, herstellen, errichten und betreiben
- zur Zeit wird eine neue Generation moderner Windturbinen entwickelt
- man hat technisch hochstehende Windturbinen zur Umwandlung der Windenergie in elektrische Energie entwickelt

wind turbine availability Verfügbarkeit von Windturbinen

wind turbine generating system Windenergieanlage f

wind turbine generator system (WTGS) Windenergieanlage f

- wind turbine generator systems convert the kinetic wind energy into electric energy
- Windenergieanlagen wandeln die kinetische Energie des Windes in elektrische Energie um

wind turbine installation Windenergieanlage f (WEA)

- standards relating to wind turbine installations are becoming more important and widely used
- die Bedeutung und Verbreitung von Normen für Windenergieanlagen nimmt zu

wind turbine rotor Windturbinenrotor m

wind turbine system Windenergieanlage f

- small wind turbine systems are often the most inexpensive source of power for remote sites
- kleine Windenergieanlagen bilden an abgelegenen Standorten oft die kostengünstigste Form der Stromversorgung

wind turbine technology Windturbinentechnik f

- the advancement of wind turbine technology is leading to next-generation wind turbines
- die Fortschritte in der Windturbinentechnik führen zu einer neuen Generation von Windturbinen

wind vane Windfahne f

- an electronic wind vane is located on top of the turbine nacelle
- a wind vane feeds information to the turbine's computer

- eine elektronische Windfahne ist oben auf der Gondel angebracht
- eine Windfahne versorgt den Computer der Turbine mit Informationen

wind velocity Windgeschwindigkeit f; Windgeschwindigkeitsvektor m

- the power varies as the cube of the wind velocity
- die Leistung ändert sich mit der 3. Potenz der Windgeschwindigkeit

windy adj windreich; windig; windgünstig

- in remote, but windy regions
- windy site
- proper siting in windy locations
- in the windy northern state

- in abgelegenen, aber windgünstigen Gegenden
- windgünstiger Standort
- die Wahl des richtigen Standortes an windgünstigen Stellen
- in dem windreichen nördlichen Bundesland

wood n Holz n

- energy can be extracted from wood in two ways
- wood can be burned to heat a boiler
- wood can be heated up to produce hot gases

- Energie kann auf zwei Arten aus Holz gewonnen werden
- Holz kann zur Befeuerung eines Kessels verwendet werden
- Holz kann zur Erzeugung von Heißgasen verwendet werden

wood-burning plant mit Holz befeuerte Anlage; holzbefeuerte Anlage; Holzkraftwerk n

wood combustion Holzverbrennung f

- emissions from clean wood combustion present no problems
- die bei einer sauberen Holzverbrennung entstehenden Emissionen sind problemlos

wood-fired generating station Holzkraftwerk n

wood-fired generating system Holzkraftwerk n

wood-fired plant Holzkraftwerk n

wood-fired power plant Holzkraftwerk n

wood fuel Holzbrennstoff m

- an adjacent sawmill serves as the procurement source for the wood fuel
- eine in der Nähe befindliche Sägemühle dient als Lieferant des Holzbrennstoffes

wood gasification Holzvergasung f

wood gasification system Holzvergasungsanlage f

wood gasifier Holzvergaser m

wood waste Holzabfall m; Holzabfälle mpl

- to build a power plant fueled entirely by wood waste
- ein Kraftwerk bauen, das ausschließlich mit Holzabfällen befeuert wird
- 5- to 10-year contract agreements for wood waste delivery
- vertragliche Abmachung über die Lieferung von Holzabfällen mit einer Laufzeit von 5 bis 10 Jahren
- the company viewed wood waste as an unexploited source of fuel
- das Unternehmen betrachtete Holzabfälle als eine bisher ungenutzte Energiequelle
- the plant burns 56 metric tons of wood waste per hour with an output of 36.2 MW
- die Anlage wird mit 56 Tonnen Holzabfall pro Stunde befeuert

wood-waste-fired generating plant mit Holzabfällen befeuertes Kraftwerk

wood-waste-fired generating station mit Holzabfall befeuertes Kraftwerk; Holzkraftwerk n

working adj funktionsfähig

- ABC officials hope to have a working system within two years
- bei ABC hofft man, innerhalb von zwei Jahren ein funktionsfähiges System zu haben
- ABC and BCD have unveiled working fuel cell vehicles
- ABC und BCD haben funktionsfähige Brennstoffzellen-Fahrzeuge vorgestellt

working fluid *(geo)* Medium n

- to use the heat of the hot water to boil a working fluid
- mit Hilfe der Wärme des Heißwassers ein Medium zum Sieden bringen

WTE system (see **waste-to-energy system**)

WTGS (see **wind turbine generator system**)

yaw drive *(wind)* Azimutantrieb m
- downwind turbines may have a yaw drive
- Leeläufer können mit einem Azimutantrieb ausgerüstet sein

yawing n *(wind)* Gieren n

yawing system *(wind)* Windrichtungsnachführung f
- the lower section of the nacelle contains the yawing system
- im unteren Teil der Gondel befindet sich die Windrichtungsnachführung

yaw system *(wind)* Windrichtungsnachführung f
- the tower top includes a yaw system allowing the nacelle to rotate to face the wind
- auf der Turmspitze befindet sich eine Windrichtungsnachführung, mit deren Hilfe die Gondel in den Wind gedreht werden kann
- these wind turbines have a yaw system to orient them into the wind
- diese Windturbinen sind mit einer Windrichtungsnachführung ausgerüstet, die sie in den Wind dreht

Z

zero emission Nullemission f

- zero emission automotive fuel cell propulsion system
- Brennstoffzellenantrieb für Nullemissionsfahrzeuge

zero emission vehicle; **zero-emission vehicle** Nullemissionsfahrzeug n; Null-Emissions-Fahrzeug n

- hydrogen fuel cell technology is the most likely means to achieve a zero emission vehicle
- mit der Wasserstoff-Brennstoffzellen-technologie lassen sich am ehesten Nullemissionsfahrzeuge verwirklichen
- this breakthrough is a major step toward the advancement of zero emission vehicles
- dieser Durchbruch stellt einen bedeutenden Schritt zur Weiterentwicklung von Nullemissionsfahrzeugen dar

zero-pollution fuel cell vehicle Nullemissions-Brennstoffzellenfahrzeug n

zirconium oxide *(FC)* Zirkonoxid n; Zirkoniumoxid n

zirconium oxide electrolyte *(FC)* Elektrolyt aus Zirkoniumoxid